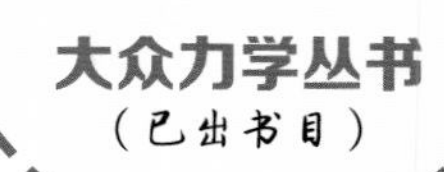

《奥运中的科技之光》 赵致真 著 ISBN:978-7-04-024621-6

本书全景式讲述了奥运中的科学知识。通过经典赛事和有趣故事，深入浅出分析了各项体育运动中生动丰富的力学现象，广泛涉及生物学、化学、数学、电子技术、材料科学等诸多领域，并介绍了当代体育科学前沿的最新成果。旨在“通过科学欣赏体育，通过体育理解科学”，也有助于大中学生开阔眼界，巩固和深化课堂知识。

《拉家常·说力学》 武际可 著 ISBN:978-7-04-024460-1

本书收集了作者近十多年来发表的32篇科普文章。这些文章，都是从常见的诸如捞面条、倒啤酒、洗衣机、肥皂泡、量血压、点火等家常现象入手，结合历史典故阐述隐藏在其中的科学原理。这些文章图文并茂、文理兼长、读来趣味盎然，其中有些曾获有关方面的奖励。本书可供具有高中以上文化读者阅读，也可以供大中学教师参考。

《诗情画意谈力学》 王振东 著 ISBN:978-7-04-024464-9

本书是一本科学与艺术交融的力学科普读物，内容大致可分为“力学诗话”和“力学趣谈”两部分。“力学诗话”的文章，力图从唐宋诗词中对力学现象观察和描述的佳句入手，将诗情画意与近代力学的发展交融在一起阐述。“力学趣谈”的文章，结合问题研究的历史，就日常生活、生产中的力学现象，风趣地揭示出深刻的力学道理。这本科普小册子，能使读者感受力学魅力、体验诗情人生，有益于读者交融文理、开阔思路和激发创造性。

《趣味刚体动力学》 刘延柱 著 ISBN:978-7-04-024753-4

本书通过对日常生活中和工程技术中形形色色力学现象的解释学习刚体动力学。全书包括32个专题，归纳为玩具篇、体育篇和技术篇等三章。每个专题的叙述均以物理概念为主，着重文章的通俗性和趣味性。需要借助数学公式深入分析的内容在各个专题的文末以注释的形式给出。附录里给出必要的刚体动力学基本知识。本书除作为科普读物外，也可作为理工科大学理论力学课程的课外参考书，使读者在获得更多刚体动力学知识的同时，能对身边的力学问题深入思考并提高对力学课程的学习兴趣。

《创建飞机生命密码（力学在航空中的奇妙地位）》 乐卫松 著

ISBN:978-7-04-024754-1

本文从国家决定研制具有中国自主知识产权的大客机谈起，通过设的一组人物，用情景对话、访谈专家学者的方式，描述年轻人不断探索深入了解在整个飞机研发过程中，力学在航空业中特别奇妙的地位。如人的遗传密码DNA，呈长长的双螺旋状，每一小段反映人的一种性状，机的生命密码融入飞机研发到投入市场的长历程，力学乃是组建这长长飞机生命密码中关键的、不可或缺的学科。这是一篇写给大学生和高中阅读的通俗的小册子，当然也可供对航空有兴趣的各界人士浏览阅读。

《力学史杂谈》 武际可 著 ISBN:978-7-04-028074-6

本书收集了作者近20年中陆续发表或尚未发表的30多篇文章，这文章概括了作者认为对力学发展乃至对整个科学发展比较重要而又普关心的课题，介绍了阿基米德、伽利略、牛顿、拉格朗日等科学家的平与贡献，也介绍了我国著名的力学家，还对力学史上比较重要的理和事件，如能量守恒定律、梁和板的理论、永动机等的前前后后进行介绍。本书对科学史有兴趣的读者，对学习力学的学生和教师，都是本难得的参考书。

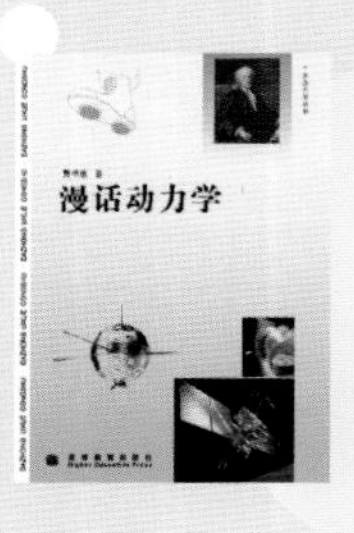

《漫话动力学》 贾书惠 著 ISBN:978-7-04-028494-2

本书从常见的日常现象出发，揭示动力学的力学原理、阐明力学律，并着重介绍这些原理及规律在工程实践，特别是现代科技中的应用从而展示动力学在认识客观世界及改造客观世界中的巨大威力。全书分十个专题，涉及导航定位、火箭卫星、载人航天、陀螺仪器、体育竞技大气气象等多个科技领域。全书配有大量插图，内容丰富而广泛；书中引的故事轶闻，读起来生动有趣。本书对学习力学课程的大学生是一本好的教学参考书，书中动力学在现代科技中应用的实例可以丰富教学容，因而对力学教师也大有裨益。

《涌潮随笔——一种神奇的力学现象》 林炳尧 著

ISBN:978-7-04-029198-8

涌潮是一种很神奇的自然现象。本书力图用各个专业学生都能够明的语言和方式，介绍当前涌潮研究的各个方面，尤其是水动力学方面的要成果。希望读者在回顾探索过程的艰辛,欣赏有关涌潮的诗词歌赋，加知识的同时，激发起对涌潮、对自然的热爱和探索的愿望。

《科学游戏的智慧与启示》 高云峰 著 ISBN:978-7-04-031050-4

本书以游戏的原理和概念为线索，介绍处理问题的方法和思路。作者用生动有趣的生活现象或专门设计的图片来说明道理，读者可以从中领悟如何快速分析问题，如何把复杂问题简单化。本书可以作为中小学生的课外科普读物和试验指南，也可以作为中小学科学课教师的补充教材和案例，还可以作为大学生力学竞赛和动手实践环节的参考书。

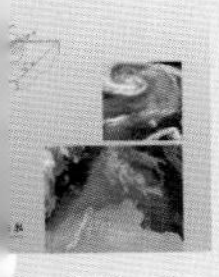

《力学与沙尘暴》郑晓静 王 萍 编著 ISBN:978-7-04-032707-6

本书从一个力学工作者的角度来看沙尘暴、沙丘和沙波纹这些自然现象以及与此相关的风沙灾害和荒漠化及其防治等现实问题。由此希望告诉读者对这些自然现象的理解和规律的揭示，对这些灾害发生机理的认识和防治措施的设计，不仅仅是大气学界、地学界等学科研究的重要内容之一，而且从本质上看，还是一个典型的力学问题，甚至还与数学、物理等其他基础学科有关。

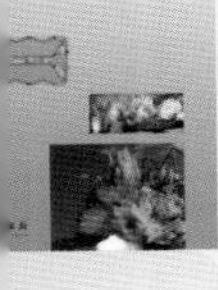

《方方面面话爆炸》 宁建国 编著 ISBN:978-7-04-032275-0

本书用通俗易懂的文字描述复杂的爆炸现象和理论，尽量避免艰深的公式，并配有插图以便于理解；内容广博约略，几乎涵盖了整个爆炸科学领域；本书文字流畅，读者能循序渐进地了解爆炸的各个知识点。本书可供高中以上文化程度的广大读者阅读，对学习兵器科学相关专业的大学生也是一本很好的入门读物，同时书中的知识也能帮助爆炸科技工作者进一步深化对爆炸现象的理解。

《趣味振动力学》 刘延柱 著 ISBN:978-7-04-034345-8

本书以通俗有趣的方式讲述振动力学，包括线性振动的传统内容，从单自由度振动到多自由度和连续体振动，也涉及非线性振动，如干摩擦阻尼、自激振动、参数振动和混沌振动等内容。在叙述方式上力图避免或减少数学公式，着重从物理概念上解释各种振动现象。本书除作为科普读物供读者阅读以外，也可作为理工科大学振动力学课程的课外参考书。

《音乐中的科学》武际可　著　ISBN: 978-7-04-035654-0

本书收录了二十几篇与声学和音乐的科学原理相关的文章，涉及声音的产生和传播、声强的度量、建筑声学、笛子制作、各种乐器的构造和发声原理等。本书对中学、大学，包括艺术类专业的师生都是一本很好的课外读物；对于广大音乐爱好者和对自然科学感兴趣的读者，以及这些方面的专业人员也是一本难得的参考书。

《谈风说雨——大气垂直运动的力学》刘式达 李滇林　著
ISBN: 978-7-04-037081-2

本书以风、雨为主线，讲解了20个日常生活中人们普遍关心的大气科学中的力学问题，内容包括天上的云、气旋和反气旋、风的形成、冷暖气团相遇的锋面、龙卷风和台风等。本书图文并茂，通俗易懂，可供对力学和大气科学感兴趣的学生和教师参考。

《趣话流体力学》王振东　著　ISBN: 978-7-04-045363-8

本书是一本科学与艺术交融的流体力学科普读物，力图从中国古代诗词中对流体力学现象观察和描述的佳句入手，将诗情画意与近代流体力学的内容交融在一起阐述。希望就自然界和日常生活中的流体力学现象，风趣地揭示出深刻的力学道理。本书是一本适合文理工科大学生、大中专物理教师、工程技术人员及诗词和自然科学爱好者的优秀读物。

《趣味刚体动力学（第二版）》刘延柱　著　ISBN: 978-7-04-049968-1

本书通过对日常生活和工程技术中形形色色力学现象的解释学习刚体动力学。全书包括67个专题，均以物理概念为主，着重内容的通俗性与趣味性。本书除作为科普读物外，也可作为理工科大学理论力学课程的课外参考书。希望读者在获得更多刚体动力学知识的同时，能对身边的力学问题深入思考，增强对力学课程的学习兴趣。理工科大学本科生可通过对专题注释的阅读，提高利用力学和数学模型分析解释实际现象的能力。

“十三五”国家重点图书出版规划项目

北京市科学技术协会科普创作出版资金资助

■ 大众力学丛书

趣味刚体动力学

（第二版）

刘延柱 著

高等教育出版社·北京

图书在版编目（CIP）数据

趣味刚体动力学 / 刘延柱著. --2版. --北京：
高等教育出版社，2018.9
（大众力学丛书）
ISBN 978-7-04-049968-1

Ⅰ. ①趣… Ⅱ. ①刘… Ⅲ. ①刚体动力学-普及读物
Ⅳ. ①O313.3-49

中国版本图书馆 CIP 数据核字（2018）第 135849 号

策划编辑 王 超 责任编辑 王 超 封面设计 赵 阳 版式设计 王艳红
插图绘制 于 博 责任校对 高 歌 责任印制 尤 静

出版发行 高等教育出版社
社 址 北京市西城区德外大街4号
邮政编码 100120
印 刷 涿州市京南印刷厂
开 本 850mm×1168mm 1/32
印 张 12.25
插 页 2
字 数 310千字
购书热线 010-58581118
咨询电话 400-810-0598

网 址 http://www.hep.edu.cn
http://www.hep.com.cn
网上订购 http://www.hepmall.com.cn
http://www.hepmall.com
http://www.hepmall.cn

版 次 2008年9月第1版
2018年9月第2版
印 次 2018年9月第1次印刷
定 价 39.00元

物 料 号 49968-00

中国力学学会《大众力学丛书》总 序

科学除了推动社会生产发展外，最重要的社会功能就是破除迷信、战胜愚昧、拓宽人类的视野。随着我国国民经济日新月异的发展，广大人民群众渴望掌握科学知识的热情不断高涨，所以，普及科学知识，传播科学思想，倡导科学方法，弘扬科学精神，提高国民科学素质一直是科学工作者和教育工作者长期的任务。

科学不是少数人的事业，科学必须是广大人民参与的事业。而唤起广大人民的科学意识的主要手段，除了普及义务教育之外就是加强科学普及。力学是自然科学中最重要的一个基础学科，也是与工程建设联系最密切的一个学科。力学知识的普及在各种科学知识的普及中起着最为基础的作用。人们只有对力学有一定程度的理解，才能够深入理解其他门类的科学知识。我国近代力学事业的奠基人周培源、钱学森、钱伟长、郭永怀先生和其他前辈力学家非常重视力学科普工作，并且身体力行，有过不少著述，但是，近年来，与其他兄弟学科（如数学、物理学等）相比，无论从力量投入还是从科普著述的产出看来，力学科普工作显得相对落后，国内广大群众对力学的内涵及在国民经济发展中的重大作用缺乏有深度的了解。有鉴于此，中国力学学会决心采取各种措施，大力推进力学科普工作。除了继续办好现有的力学科普夏令营、周培源力学竞赛等活动以外，还将举办力学科普工作大会，并推出力学科普丛书。2007年，中国力学学会常务理事会决定组成《大众力学丛书》编辑委员会，计划集中出版一批有关力学的科普著作，把它们集结为

《大众力学丛书》，希望在我国科普事业的大军中团结国内力学界人士做出更有效的贡献。

这套丛书的作者是一批颇有学术造诣的资深力学家和相关领域的专家学者。丛书的内容将涵盖力学学科中的所有二级学科：动力学与控制、固体力学、流体力学、工程力学以及交叉性边缘学科。所涉及的力学应用范围将包括：航空、航天、航运、海洋工程、水利工程、石油工程、机械工程、土木工程、化学工程、交通运输工程、生物医药工程、体育工程等等。大到宇宙、星系，小到细胞、粒子，远至古代文物，近至家长里短，深奥到卫星原理和星系演化，优雅到诗画欣赏，只要其中涉及力学，就会有相应的话题。本丛书将以图文并茂的版面形式，生动鲜明的叙述方式，深入浅出、引人入胜地把艰深的力学原理和内在规律介绍给最广大范围的普通读者。这套丛书的主要读者对象是大学生和中学生以及有中学以上文化程度的各个领域的人士。我们相信它们对广大教师和研究人员也会有参考价值。我们欢迎力学界和其他各界的教师、研究人员以及对科普有兴趣的作者踊跃撰稿或提出选题建议，也欢迎对国外优秀科普著作的翻译。

丛书编委会对高等教育出版社的大力支持表示深切的感谢。出版社领导从一开始就非常关注这套丛书的选题、组稿、编辑和出版，派出了精兵强将从事相关工作，从而保证了本丛书以优质的形式亮相于国内科普丛书之林。

中国力学学会《大众力学丛书》编辑委员会

2008年4月

第二版序言

Preface

本书第一版于2008年出版后，作者又陆续在《力学与实践》刊物上发表了一些科普短文。第二版补充了这些内容，使原书的32个专题增加到67个。在原有的玩具篇、体育篇和技术篇基础上增加了杂技篇和生活篇，扩充为五章。如第一版序言所述，此书的写作目的是想对日常生活和工程技术中形形色色与刚体动力学有关的现象给出合理的力学解释，从中学习刚体动力学的基本原理。

各个专题的叙述着重通俗性和趣味性，尽量避免数学符号出现。仅在每节文末的注释中建立力学和数学模型作进一步的理论分析，使读者对所讨论问题有更深入的理解。这部分内容只要具备理工科大学的微积分和微分方程知识就能顺利阅读。读者如从正文的叙述已能领会对所讨论问题的物理解释，注释部分可予忽略。而对于已学过或正在学习理论力学课程的理工科大学的本科生，可将每个专题的注释当作课程的例题。了解如何对观察到的现象利用所学到的力学知识建立简化的力学和数学模型，通过必要的数学推导得出分析结果以解释实际现象。文中列入的专题绝大部分属于刚体或刚体系统的动力学问题，个别专题也与弹性体有关。与第一版情况类似，也涉及运动稳定性、线性振动和非线性振动等学科的基本知识。

作者感谢戴世强教授再次审阅书稿并提出宝贵意见。作者希望这本科普读物能有助于读者对身边力学现象的思考和理解。尤其希望对理工科大学的学生在巩固和扩展理论力学知识、提高对实际现象的分析能力方面能有所裨益。文中不妥处望读者不吝指正。

刘延柱

2017 年 10 月于上海交通大学

第一版序言

Preface

力学是研究物体机械运动的科学，即研究物体的运动和变形的科学。当物体的变形很小或变形虽不小但对物体的运动不产生影响时，可在忽略变形的条件下分析物体的运动。这种抽象化的不变形物体称为刚体。刚体动力学研究刚体在力和力矩作用下的运动规律，是经典力学的重要组成部分。它的历史可追溯到18世纪欧拉对刚体绕固定点运动规律的研究。

理工科大学的理论力学课程里通常仅包括最简单的刚体动力学内容，如刚体的平移和绕固定轴转动。但许多力学现象必须用更多的刚体动力学知识才能说明。本书的目的是通过对日常生活中和工程技术中形形色色力学现象的解释学习刚体动力学。全书包括32个专题，归纳为玩具篇、体育篇和技术篇三章。每个专题的叙述均以物理概念为主，着重文章的通俗性和趣味性，尽量避免文中出现数学符号。需要借助数学公式的深入分析在各个专题的文末以注释的形式给出。读者只要具备理工科大学的微积分和微分方程知识就能顺利阅读。附录里给出必要的刚体动力学基本知识，供读者在阅读正文时参考。除刚体动力学以外，通过各个专题的阅读，还可获得与运动稳定性、线性振动、自激振动、混沌振动等方面有关的力学知识。

本书的部分内容来自作者的力学科普作品，曾发表于《力学与实践》《物理通报》《百科知识》《航空知识》《舰船知识》等刊物。书中在标题后以加注形式说明内容的来源。

戴世强教授对书稿作了详细审阅并提出了许多宝贵意见，作者谨表示衷心感谢。作者希望这本科普读物也能作为理论力学课程的课外参考书，使理工科大学的学生获得更多的动力学知识，并有助于读者对于身边力学问题的深入思考和提高对力学课程的学习兴趣。

刘延柱

2008 年 3 月于上海交通大学

目　录
Contents

第一章　玩　具　篇

1.1 悠悠球 / 3

1.2 滚铁环 / 7

1.3 抖空竹 / 13

1.4 抽陀螺 / 18

1.5 翻身陀螺 / 23

1.6 凯尔特魔石 / 30

1.7 会下楼的软弹簧 / 37

1.8 竹蜻蜓与回旋镖 / 42

1.9 啄木鸟 / 47

1.10 翻滚的玩具人 / 54

1.11 汽车爬墙 / 58

1.12 猴子翻跟斗 / 61

1.13 不倒翁与冈布茨 / 65

参考文献 / 71

第二章 杂 技 篇

2.1 独轮车 / 75

2.2 呼啦圈 / 79

2.3 晃板 / 85

2.4 耍幡 / 91

2.5 走钢丝 / 94

2.6 狮子滚球 / 98

2.7 飞车走壁 / 104

参考文献 / 111

第三章 体育篇

3.1 猫的空中转体 / 115
3.2 旋空翻 / 120
3.3 跳跃 / 125
3.4 步行、竞走与跑步 / 130
3.5 鞍马 / 139
3.6 踢毽子、羽毛球与射箭 / 144
3.7 荡秋千与振浪 / 147
3.8 残奥会赛场上的轮椅 / 151
3.9 滑板 / 156
3.10 赛格威车 / 162
3.11 自平衡滑板 / 167
参考文献 / 172

第四章 生活篇

4.1 拉面条 / 177

4.2 机械钟 / 180

4.3 天平与杆秤 / 189

4.4 捻绳子与葡萄藤 / 193

4.5 竖鸡蛋 / 197

4.6 蛇行 / 204

4.7 大楼的减振摆 / 207

4.8 热气球 / 211

4.9 小竹排与大黄鸭 / 214

4.10 自行车(一) / 219

4.11 自行车(二) / 226

4.12 自行车(三) / 231

4.13 自行车(四) / 235

4.14 自行车(五) / 240

参考文献 / 243

第五章 技术篇

5.1 傅科摆与傅科陀螺 / 247
5.2 振动陀螺 / 251
5.3 陀螺力矩 / 258
5.4 陀螺的内外环支承 / 263
5.5 陀螺的挠性轴支承 / 266
5.6 陀螺的静电支承 / 271
5.7 陀螺垂直仪 / 275
5.8 陀螺罗经 / 280
5.9 舒勒周期 / 285
5.10 人造地球卫星 / 290
5.11 贯穿地球的超级隧道 / 296
5.12 太空中的单摆 / 300
5.13 地月系统中的平衡点 / 304
5.14 卫星的重力梯度稳定 / 310
5.15 卫星的自旋稳定 / 317

5.16 潮汐 / 322
5.17 地球自转 / 327
5.18 船舶稳定器 / 331
5.19 单轨火车 / 335
5.20 航母的拦阻索 / 339
5.21 旋翼飞行器 / 342
5.22 “鱼鹰”飞机 / 348
参考文献 / 351

附录 必要的动力学基本知识

A.1 刚体的质量几何 / 355
A.2 刚体的运动学 / 358
A.3 动量矩定理 / 361
A.4 刚体的动能 / 365
A.5 线性系统的稳定性 / 366
参考文献 / 368

第一章

玩 具 篇

[3] 1.1 悠悠球
[7] 1.2 滚铁环
[13] 1.3 抖空竹
[18] 1.4 抽陀螺
[23] 1.5 翻身陀螺
[30] 1.6 凯尔特魔石
[37] 1.7 会下楼的软弹簧
[42] 1.8 竹蜻蜓与回旋镖
[47] 1.9 啄木鸟
[54] 1.10 翻滚的玩具人
[58] 1.11 汽车爬墙
[61] 1.12 猴子翻跟斗
[65] 1.13 不倒翁与冈布茨
[71] 参考文献

1.1 Section 悠悠球[1]

悠悠球(yo-yo)是人类最古老的玩具之一。这个忽上忽下的缠线小圆轮，曾有过十分辉煌的历史[2]。早在公元前500年，希腊出土的陶盘上已出现年轻人玩悠悠球的绘画(图1.1)。古埃及神庙的壁画里也出现过悠悠球的形象。有种说法认为，是16世纪的菲律宾人为自动收回投掷野兽的石块而发明了悠悠球，yo-yo一词即来源于菲律宾土语“回来，回来”。也有人认为悠悠球最早出自中国，然后从中国传到欧洲。1789年的绘画描绘了童年路易十七皇帝玩悠悠球的画面。由玻璃和象牙制成的悠悠球曾是法国贵族们的宠爱玩具(图1.2)。1791年英国的出版物记载了威尔斯亲王——后来的乔治四世玩悠悠球的逸事。1920年菲律宾移民佛罗雷斯(P. Flores)将悠悠球带到美国批量制造，成为大萧条时期既便宜又有趣的成功商品。1932年，美国商人邓肯(D. Duncan)收购了

图1.1　希腊陶盘上的悠悠球

佛罗雷斯的公司。他对悠悠球作了技术改进，在短轴上增加了滑环使小圆轮能原地空转，使悠悠球的运动更富于变化。他还成立悠悠球俱乐部，组织各种竞赛，使悠悠球声名大振。邓肯的公司在20世纪40年代已发展成为悠悠球制造业之首，直至1965年破产易主。在漫长的发展岁月中，悠悠球的玩耍技巧不断翻新，爱好者俱乐部的各种竞赛年年举行。悠悠球现已成为风靡世界的大众化玩具[2]。

图1.2　玩耍悠悠球的法国贵族

悠悠球的构造十分简单(图1.3)。木制或塑料制的两个厚圆盘中间以短轴相连，缠绕在短轴上的绳索一端与轴固定，另一端绕在手指上。松手后圆盘沿绳自由下落同时产生旋转，转速不断加快，在最低点处转速到达最大值。由于惯性作用，圆盘开始向上滚动，转速渐缓，回到最高点时转速减为零。将操纵悠悠球的手上下微动，可使悠悠球连续不断地上下运动。悠悠球的力学原理并不复杂。圆盘向下运动时，重力和系绳拉力构成的力偶使圆盘加速旋转。向上运动时，力偶方向与圆盘转动方向相反使圆盘减速。重力对圆盘交替作正功或负功，使势能与动能相互转换，因此悠悠球也是演示机械能守恒的理想教具。

图1.3　悠悠球

小小的悠悠球曾于1985年4月12日登上了发现号航天飞机。宇航员在舱内观察微重力条件对悠悠球运动的影响。1992年7月31日悠悠球再次登上阿特兰蒂斯航天飞机。不过悠悠球与太空的联系还不仅限于此。一种称为“悠悠消旋”（yo-yo despin）技术的出现使卫星成为太空中的大号悠悠球。在卫星发射过程中，当卫星与运载火箭分离以后，必须采取措施使卫星停止旋转，才能控制卫星维持相对地球的正确姿态。利用喷气技术可以做到消旋，但要消耗宝贵的能源。所谓悠悠消旋技术，是在卫星的 *A*，*B* 处（图 1.4）对称固定两根细索，端部系质量块，令其与旋转方向相反地缠绕在圆柱形星体上。质量块起先锁定在星体的 *C*，*D* 处，星箭分离后打开锁定装置，质量块在离心力作用下向外运动，绕在星体上的细索逐渐释放，卫星的转动惯量随之增大，转速也随之减小。这种消旋方案不消耗能源，是航天技术中普遍采用的可行方案。

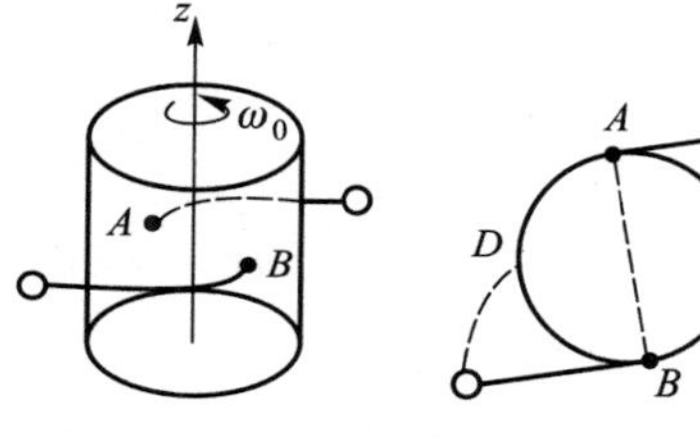

图 1.4　悠悠消旋

卫星作为一个大悠悠球，在消旋过程中的表现却与玩具悠悠球不同。悠悠球的绳索自由段愈长转速愈大，而悠悠消旋的绳索自由段愈长却转速愈小。原因在于影响这两种悠悠球转速变化的力学原理完全不同。玩具悠悠球的转速变化是由于势能与动能之间的能量转换。太空中的卫星如不计微弱的重力梯度力矩，其势能保持常值，不存在能量的转换。玩具悠悠球在重力矩作用下动量矩不断改变，而无力矩状态下的卫星动量矩守恒，消旋过程是由于绳索自由段长度增加使惯量矩不断变大的结果。

近年来出现了对开采近地小行星矿产资源可能性的探索。为保证小行星面朝太阳以持续获得太阳能，消旋成为待解决的关键问题之一。能不能将人造卫星的悠悠技术用于太阳系中小行星的消旋？美国一位查普曼(P. Chapman)博士作了估算：一个直径100m，质量1.6×10^6t的小行星每个地球日自旋4周，如果将两根6km长的细索锚固在小行星上，沿自旋反方向绕小行星缠20圈，末端联结20t的质量块，就足以完成小行星的消旋。20t质量仅为小行星质量的8万分之一。这个宏伟的宇宙开发计划如能实现，太空中将会出现一个蔚为壮观的特大号超级悠悠球了。

注释：悠悠消旋的理论计算[3]

设卫星为半径R的圆柱形刚体，绕旋转轴z的惯量矩为J，质量块的质量为m。在细索开始释放瞬时刚体的角速度为ω_0，质量块的速度为$R\omega_0$。释放结束时刚体角速度被消除为零，设此时质量块的速度为v。利用动量矩守恒定律列出

$$2mlv = J\omega + 2mR^2\omega \tag{1.1.1}$$

根据机械能守恒定律，列出

$$\left(\frac{1}{2}mv^2\right)\times2 = \frac{1}{2}J\omega_0^2 + \left(\frac{1}{2}mR^2\omega_0^2\right)\times2 \tag{1.1.2}$$

从以上二式中消去v，解出为保证完全消旋所需要的细索长度l为

$$l = \sqrt{R^2 + \frac{J}{2m}} \tag{1.1.3}$$

1.2 Section 滚　铁　环[4]

在儿童玩具不如现在丰富的年代里，滚铁环可算是男孩子喜爱的宝物了。找一个箍木桶的铁环，用铁钩钩住铁环，边推动铁环向前滚动边控制方向，或直走或拐弯，可以从家门口一路滚到学校(图 1.5)。可惜随着各种现代化玩具的出现，尤其是街上的机动车日益增多，有着悠久历史的滚铁环游戏早已日渐冷落。只有在欣赏艺术体操表演时，还能看到运动员推动圆环在地面上滚动的情景。

滚铁环需要有些技巧。会滚铁环的孩子懂得，铁环在地面上滚动起来，即使暂时脱离铁钩，也能维持一段时间不倒。但这种稳定性和铁环的转速有关，滚得太慢不行。关于在粗糙平面上滚动的圆环或圆盘的运动问题曾是经典力学的研究内容，是一个典型的非完整约束问题。研究工作可以追溯到 1899 年的阿贝尔(P. Appell)，甚至更早。

图 1.5　滚铁环

滚动中的圆环为何能保持不倒？原因是当圆环受到扰动向一侧倾斜时，圆环在重力作用下出现倾倒的趋势。但与此同时，倾斜运动使转动中的圆环产生绕垂直轴的陀螺力矩(关于陀螺力矩的详细解释可参阅本书第五章的5.3节)，引起圆环绕垂直轴的转动，从而改变圆环的前进方向使轨道产生弯曲。由于轨道弯曲而出现的离心力对接触点产生力矩，与重力的倾覆力矩恰好方向相反。分析表明，圆环的滚动速度 v_0 存在一个临界值 $v_{0,cr}$。当速度大于临界值时，此离心力矩可克服倾覆力矩将圆环扶正。速度小于临界值圆环就会翻倒。

虽然关于滚动圆环的力学问题已在经典力学里讨论得非常充分，但1986年美国人里特伍德(J. E. Littlewood)又提出一个新问题，1997年至1999年美国数学月刊连续发表了多篇讨论文章，重新唤起对滚动圆环问题的注意。所谓里特伍德问题是："在一个细圆环的轮缘上固定一个质点，圆环的质量忽略不计，当圆环在粗糙水平面上作平面滚动时，有无可能解除约束跳起腾空?"

为了确认圆环究竟能否跳起，1999年施瓦布(Schwalbe)等人作了一个实验。他们在一个塑料制的细圈上固定一个小质量块，中间用十字支撑以维持圆环形状不变，然后用频闪仪拍摄圆环的滚动过程[4,5]。从拍摄的照片中可以明显看出圆环确实有短暂的腾空阶段出现(图1.6)。从简单的物理概念考虑，可以设想当质点处于圆心的上方时，由于滚动产生的离心惯性力有可能与地面的法向约束力平衡而解除约束，此时如质点存在向上的垂直速度，必可离地跳起。理论分析表明，圆环的滚动速度 v_0 也存在一个临界值 $v_{0,cr}$

$$v_{0,cr}=\sqrt{gR}$$

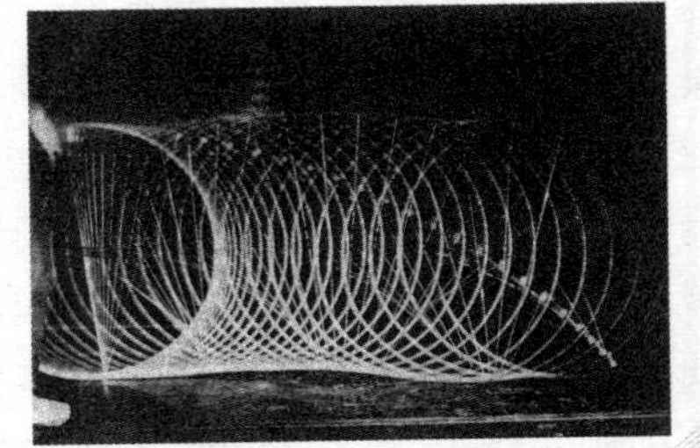

图1.6　圆环滚动的频闪摄影(引自文献[5])

其中 g 为重力加速度，R 为圆环半径。如圆心速度大于或等于临界值，且质点位于圆环平面上某个确定位置时，圆环可向上跳起作抛物线运动。圆环离地腾空后，随着抛物线轨迹的下降而重新与地面接触，与图 1.6 展示的运动过程一致。有趣的是，将公式中的圆环半径 R 改为地球半径，此速度临界值就与 5.10 节导出的物体脱离地球约束的最小圆周速度完全相同。

注释 1：滚动圆环的稳定性分析

设圆环相对粗糙地面作纯滚动。以圆环与地面的接触点 O 为原点，建立参考坐标系($O-XYZ$)，其中 X 轴为水平轴，沿圆环的前进方向，Y 轴为垂直轴，另一个水平轴 Z 轴与前进方向正交。以圆环的质心 O_c 为原点，建立主轴坐标系(O_c-xyz)，直立时与($O-XYZ$)各轴平行，z 轴为圆环的极轴。将(O_c-xyz)的原点移至 O 处，设($O-XYZ$)绕 Y 轴转过 ψ 角到达($O-x_0y_0z_0$)，绕 x_0 轴转过 θ 角后为偏转后的主轴坐标系($O-xyz$)位置(图 1.7)。此转动次序可采用附录中 A.2 节的方式表示为

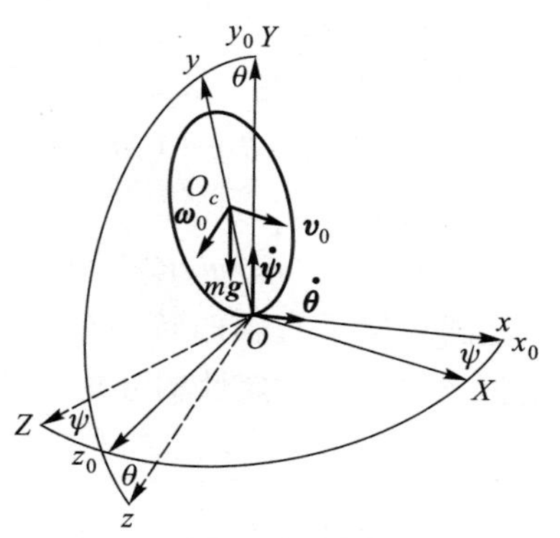

图 1.7　确定圆环姿态的坐标系

$$(O-XYZ)\underset{\psi}{\overset{Y}{\longrightarrow}}(O-x_0y_0z_0)\underset{\theta}{\overset{x_0}{\longrightarrow}}(O-xyz)$$

仅保留 ψ, θ 的一次项, $(O-xyz)$ 的角速度 ω_R 的投影为

$$\omega_{Rx}=\dot{\theta},\ \omega_{Ry}=\dot{\psi},\ \omega_{Rz}=0 \tag{1.2.1}$$

圆环以速度 v_0 沿 X 轴匀速前进时, 纯滚动圆环绕极轴的角速度为 $\omega_0=v_0/R$, 则圆环的角速度 $\boldsymbol{\omega}$ 为绕极轴转动的 $\boldsymbol{\omega}_0$ 与 $\boldsymbol{\omega}_R$ 之和。设圆环相对 Ox 轴的惯量矩和相对 Oz 轴的惯量矩分别为 A 和 C, 则圆环相对 O 点的动量矩 $\boldsymbol{L}$ 在 $(O-xyz)$ 中的投影为

$$L_x=A\dot{\theta},\ L_y=A\dot{\psi},\ L_z=C\omega_0 \tag{1.2.2}$$

设圆环的质量为 m, 半径为 R, 重力对 O 点的力矩 $\boldsymbol{M}$ 在 $(O-xyz)$ 中的投影为

$$M_x=mgR\theta,\ M_y=0,\ M_z=0 \tag{1.2.3}$$

将(1.2.1), (1.2.2), (1.2.3)代入圆环相对 O 点的动量矩定理(A.3.11):

$$\frac{\tilde{\mathrm{d}}\boldsymbol{L}}{\mathrm{d}t}+\boldsymbol{\omega}_R\times\boldsymbol{L}=\boldsymbol{M} \tag{1.2.4}$$

导出线性化的扰动方程:

$$\left.\begin{aligned}&A\ddot{\theta}+C\omega_0\dot{\psi}-mgR\theta=0\\&A\ddot{\psi}-C\omega_0\dot{\theta}=0\end{aligned}\right. \tag{1.2.5}$$

以 $\psi=\theta=0$ 作为圆环的未受扰状态, 设 ψ_0, θ_0 为初始扰动, 利用指数函数特解 $\psi=\psi_0\exp(\lambda t)$, $\theta=\theta_0\exp(\lambda t)$, 导出此线性方程组(1.2.5)的特征方程为

$$\lambda^2(A^2\lambda^2+C^2\omega_0^2-mgRA)=0 \tag{1.2.6}$$

此方程存在零根, 是圆环绕垂直轴的转动具有随遇性所导致的。根据附录 A.5 对线性系统零解稳定性的分析, 其余特征值为虚数的条件为

$$\omega_0>\frac{\sqrt{mgRA}}{C} \tag{1.2.7}$$

由此导出圆环中心速度 $v_0=R\omega_0$ 的临界值 $v_{0,\mathrm{cr}}$

$$v_{0,\mathrm{cr}}=\frac{R\sqrt{mgRA}}{C} \tag{1.2.8}$$

当 $v_0>v_{0,\mathrm{cr}}$时圆环稳定，$v_0\leqslant v_{0,\mathrm{cr}}$时不稳定。将圆环对 O 点的惯量矩 $A=3mR^2/2$，$C=2mR^2$ 代入后，得到 $v_{0,\mathrm{cr}}=0.61\sqrt{gR}$。以上分析也适用于实心圆盘的滚动，将 $A=5mR^2/4$，$C=3mR^2/2$ 代入后，得到 $v_{0,\mathrm{cr}}=0.75\sqrt{gR}$。圆盘的临界速度稍高于圆环，可见相同半径的圆环比圆盘更容易稳定。

注释 2：带偏心质点滚动圆环的理论分析[6]

设半径为 R，圆心为 O 的细圆环在地面上作纯滚动，环上固定一个质量为 m 的质点 P（见图 1.8）。环的质量忽略不计时 P 点即系统的质心。以 O 为原点，建立与地面固定的参考坐标系（O-xy），x 轴和 y 轴分别为水平轴和垂直轴，OP 相对 y 轴的转角为 φ。圆环的圆心沿 x 轴的前进速度为 $v_0=R\omega$，$\omega=\dot{\varphi}$ 为绕极轴的角速度，v_0 和 ω 均随时间 t 变化。

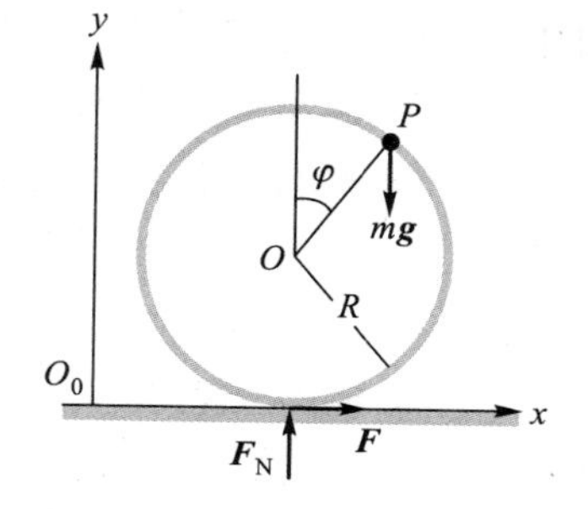

图 1.8　带偏心质点的滚动圆环

以 t_0 表示解除约束时刻，此时地面对圆环的法向约束力 F_N 为零，摩擦力 F 亦随之为零。质点 P 仅受重力 mg 和沿 OP 方向的离心惯性力 $mR\omega^2$的作用，利用沿 y 轴的平衡方程导出

$$\omega_0^2=\frac{g}{R\cos\varphi_0} \tag{1.2.9}$$

其中 $\varphi_0=\varphi(t_0)$，$\omega_0=\omega(t_0)$。为保证 ω_0 有实数解，要求 $0<\cos\varphi_0\leqslant 1$，即

$$-\pi/2<\varphi_0<\pi/2,\qquad \omega_0\geqslant\sqrt{g/R} \tag{1.2.10}$$

即质点 P 的位置位于圆心 O 的上方，且圆环的转速大于或等于临界值 $\sqrt{g/R}$，方能保证圆环的离心力与重力平衡而解除约束。

解除约束时圆环能否离地，还必须由质点 P 在 t_0 时刻有无垂直速度来判断。P 点的速度为 O 点的水平速度 v_0 与相对 O 点的切向速度 $R\omega_0$ 的矢量和。以 v_{0x}，v_{0y} 表示 t_0 时刻的水平和垂直速度，导出

$$v_{0y}=-R\omega_0\sin\varphi_0 \tag{1.2.11}$$

为保证 $v_{0y}>0$，φ_0 应满足

$$-\pi<\varphi_0<0 \tag{1.2.12}$$

综合上述分析，得出圆环离地跳起的充分必要条件：

$$-\pi/2<\varphi_0<0,\ v_{0x}\geqslant\sqrt{gR} \tag{1.2.13}$$

因此在解除约束时刻，如圆心速度大于或等于临界值 $\sqrt{gR}$，且质点位于(O-xy)坐标平面的第二象限时，圆环可向上跳起作抛物线运动。圆环离地腾空后，随着抛物线轨迹的下降而重新与地面接触。

1.3 Section 抖空竹

抖空竹，江南也称扯铃，是我国民间的传统游戏杂耍活动，相传已有上千年历史。明末刘侗、于弈正合撰的描写北京民间风俗的《帝京景物略》中就有

“杨柳儿青，放空钟；杨柳儿活，抽陀螺；杨柳儿死，踢毽子。”

空钟就是空竹。清代记载空竹的文献尤多，梁溪坐观老人著《清代野记》中对空竹的构造有详细的说明：

“京师儿童玩具，有所谓‘空钟’者，即外省之‘地铃’。两头以竹筒为之，中贯以柱，以绳拉之作声。”

潘荣陛的《燕京岁时记》中也有类似的描述：

“空钟者，形如轮，中有短轴，儿童以双仗系棉线播弄之，俨如天外钟声。”

抖空竹的人将棉线绕在短轴上，用力来回抽拉，利用棉线对短轴的摩擦力带动空竹旋转(图 1.9)。带孔空心圆盘在快速转动中产生的气流发出悦耳的嗡嗡声。抽拉棉线的运动是往复运动，

一来一往，棉线相对短轴的滑动方向与短轴时而一致，时而相反。一致时棉线的摩擦力使空竹加速，相反时则减速。善于抖空竹的行家会在方向一致时用力上提绷紧棉线，同时加快抽拉速度。方向相反时则放松棉线且速度减缓，从而使加速时的摩擦力大于减速，空竹则越转越快。如加速与减速的效果相互平衡，则空竹维持转速恒定。

图 1.9　抖空竹

空竹有单轮和双轮之分(图 1.10)。单轮空竹只有一头装有圆盘，双轮空竹则两头均有圆盘对称安装。两种空竹抖起来以后可出现不同的现象。双轮空竹在抖动时转动轴方向保持不变，抖空竹的人可站在原地不动。单轮空竹在抖动时却不停改变转动轴的方向，抖空竹的人不得不随着空竹在原地打转，以维持空竹与棉线的联系。两种不同的运动现象恰好显示出两种不同的陀螺特性，即所谓陀螺的定轴性和进动性。

图 1.10　单轮和双轮空竹

由于棉线对短轴的摩擦力不足以使空竹的质心产生太大的加速度，因此可以足够准确地认为棉线对空竹的支持点 O 在空间中的位置固定不动。于是对空竹运动过程的描述可以应用刚体对定点的动量矩定理(A. 3. 8)：

$$\frac{\mathrm{d}\boldsymbol{L}}{\mathrm{d}t}=\boldsymbol{M}$$

其中 $\boldsymbol{L}$ 为刚体对 O 点的动量矩，$\boldsymbol{M}$ 为作用力对 O 点的力矩。轴对称刚体绕极轴转动时动量矩 $\boldsymbol{L}$ 与极轴方向一致。对称的双轮空竹由于质心 O_c 与支持点 O 重合，重力对 O 点的力矩 $\boldsymbol{M}$ 等于零。动量矩 $\boldsymbol{L}$ 为常矢量，极轴保持空间中的方向不变，即陀螺的定轴性。不对称的单轮空竹由于重心偏在圆盘一边，所产生的力矩 $\boldsymbol{M}$ 促使动量矩 $\boldsymbol{L}$ 在空间中转动。旋转刚体在力矩作用下极轴随同动量矩 $\boldsymbol{L}$ 在空间中的转动称为进动(precession)。单轮空竹改变转动轴方向的现象即陀螺的进动性。

在经典力学发展史中，1760 年欧拉(L. Euler)(图 1.11)建立了刚体绕固定点运动的动力学方程，即附录中的欧拉方程(A.3.12)，奠定了刚体动力学的理论基础。受重力作用的刚体欧拉方程只有三种情形可以积分。其中之一是质心与定点重合，重力对定点无力矩作用的情形，称为欧拉情形。1788 年拉格朗日(J. L. Lagrange)(图 1.12)对于轴对称刚体的质心和定点均在对称轴上的另一种情形也导出了解析积分。上述双轮空竹和单轮空竹恰好就是欧拉情形和拉格朗日情形刚体定点运动的具体体现。

图 1.11　欧拉
(L. Euler，1707—1783)

图 1.12　拉格朗日
(J. L. Lagrange，1736—1813)

在双轮空竹的旋转过程中，还可以观察到极轴的轻微抖动。空竹转得愈快，抖动的频率愈高。这种伴随高速旋转刚体的高频抖动称为刚体的章动(nutation)，是由刚体的惯性作用维持的运动。陀螺的定轴性是由极轴的平均位置所体现。

当空竹被抛向空中时，由于失去固定的支持点，刚体对定点的动量矩定理已不能应用，必须改用对质心的动量矩定理描述其运动。定理中 $\boldsymbol{L}$ 和 $\boldsymbol{M}$ 的定义必须改为对刚体质心的动量矩和力矩。无论双轮或单轮空竹，腾空时重力对质心的力矩均为零，因此腾空状态下两种空竹均保持极轴的方向不变。于是抖空竹人才有可能将下落的空竹稳稳地接住。

旋转中的单轮空竹还能放倒在地上，使短柄的尖端着地继续稳定旋转，于是空竹转变为陀螺。关于陀螺运动的力学分析将是1.4 节和 1.5 节的讨论内容。

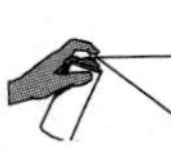

注释：空竹的进动角速度和章动频率的计算[7]

设单轮空竹绕极轴 z 以角速度 ω_0 匀速旋转，极轴保持水平，空竹的质量为 m，质心 O_c 至拉绳支点 O 的距离为 l，极惯量矩为 C。忽略极轴的缓慢进动对动量矩的影响，认为动量矩矢量 $\boldsymbol{L}$ 与极轴重合，利用附录中的动量矩定理(A. 3. 14)，改写为

$$\boldsymbol{M}+\boldsymbol{M}_g=0 \tag{1.3.1}$$

其中 $\boldsymbol{M}_g$ 为陀螺进动所产生的惯性力矩，称为陀螺力矩(可参阅 5. 3 节中更详细的说明)

$$\boldsymbol{M}_g=-\boldsymbol{\omega}_R\times\boldsymbol{L} \tag{1.3.2}$$

则动量矩定理可表达为：转动物体的陀螺力矩 $\boldsymbol{M}_g$ 与外力矩 $\boldsymbol{M}$ 保持平衡。就单轮空竹情形而言，动量矩 $\boldsymbol{L}$ 沿水平轴，$L=C\omega_0$。重力对 O 点的力矩 $\boldsymbol{M}$ 沿水平轴与 $\boldsymbol{L}$ 正交，$M=mgl$。空竹的进动角速度 $\boldsymbol{\omega}_R$ 沿垂直轴，$M_g=C\omega_0\omega_R$。令陀螺力矩 $\boldsymbol{M}_g$ 与重力矩大小相等，方向相反，导出进动角速度：

$$\omega_R = \frac{mgl}{C\omega_0} \tag{1.3.3}$$

设双轮空竹的赤道惯量矩和极惯量矩分别为 A 和 C，角速度 $\boldsymbol{\omega}$ 在与刚体固结的主轴坐标系($O-xyz$)中的投影为 ω_x，ω_y，ω_z。令附录 A. 3 节中的欧拉方程(A. 3. 12)中 $A=B$，$M_x=M_y=M_z=0$，从(A. 3. 12c)积分得到

$$\omega_z = \omega_0 \tag{1.3.4}$$

代入方程(A. 3. 12a)，(A. 3. 12b)，化作

$$A\dot{\omega}_x + (C-A)\omega_0\omega_y = 0 \tag{1.3.5a}$$

$$A\dot{\omega}_y - (C-A)\omega_0\omega_x = 0 \tag{1.3.5b}$$

引入复变量 $z=\omega_x+\mathrm{i}\omega_y$，此方程组可写作复数形式：

$$A\dot{z} - \mathrm{i}(C-A)\omega_0 z = 0 \tag{1.3.6}$$

解出

$$z = z_0\exp(kt) \tag{1.3.7}$$

其中

$$k = \frac{|C-A|}{A}\omega_0 \tag{1.3.8}$$

$z_0=0$，即 ω_x，ω_y 的初值为零时，刚体绕极轴旋转，角速度矢量 $\boldsymbol{\omega}$ 和动量矩矢量 $\boldsymbol{L}$ 均与极轴一致。刚体绕惯量主轴作转速不变，转动轴在惯性空间中的方位也不变的稳态转动称为永久转动(permanent rotation)。如角速度矢量 $\boldsymbol{\omega}$ 偏离极轴，ω_x，ω_y 有非零初值，则随时间周期性变化。极轴绕守恒的动量矩矢量 $\boldsymbol{L}$ 作圆锥运动。刚体的这种无力矩状态下的惯性运动称为章动。章动频率 k 与刚体绕极轴旋转的角频率 ω_0，以及赤道惯量矩与极惯量矩的差值成正比。

1.4 Section 抽陀螺

陀螺可算是最普及也是最古老的民间玩具(图 1.13)。山西夏县西阴村出土的属于仰韶文化的陶制陀螺，以及江苏常州圩墩遗址出土的陀螺，它们的历史少说也有五千年了。关于陀螺最早的文字记载为宋朝宫廷内流行的称为“千千”的陀螺玩具。上文提到的《帝京景物略》中除叙述“杨柳儿活，抽陀螺”的京城民间习俗以外，对陀螺的构造和玩法也有详细的描述：

图 1.13　抽陀螺

“陀螺者，木制如小空钟，中实而无柄，绕以鞭之绳而无竹尺，卓于地，急掣其鞭。一掣，陀螺则转，无声也。视其缓而鞭之，转转无复往。转之疾，正如卓立地上，顶光旋旋，影不动也。”

陀螺是我国各民族的共同喜爱。抽陀螺在彝族、佤族、瑶族、哈尼族、苗族、壮族流传已久，是逢年过节的一项传统的娱乐活动。全国少数民族传统体育运动会就将抽陀螺列为竞赛项目。在西方，陀螺作为消遣玩意最早出现于古代埃及和罗马。14世纪英国的一些乡民将转动陀螺作为御寒的体育活动。新西兰的毛利人在葬礼上转动发响声的陀螺。世界各地的玩具店里都能见到各种各样的陀螺玩具。

陀螺的魅力在于它一旦旋转起来就能直立不倒。各种陀螺游戏就是用鞭抽打或用线绳抽拉等不同的方法促使它不停顿地旋转。陀螺直立不倒的现象可以用上节叙述的拉格朗日情形中刚体的进动性作出简单解释。陀螺绕垂直的极轴旋转时，只要极轴不偏离垂直轴，重力对支点的力矩为零，其直立旋转的状态就能继续保持。如扰动引起极轴相对地垂线 Z 轴倾斜微小角度，则重力产生对支点的力矩 $\boldsymbol{M}$，其方向垂直于 Z 轴和陀螺极轴 z 组成的平面。根据动量矩定理，动量矩矢量 $\boldsymbol{L}$ 的端点速度平行于力矩矢量 $\boldsymbol{M}$ 的方向，于是陀螺受扰后极轴不会朝重力方向倾倒，而是朝与重力呈90°方向围绕 Z 轴作圆锥运动。这种运动称为陀螺的规则进动(图 1.14)。

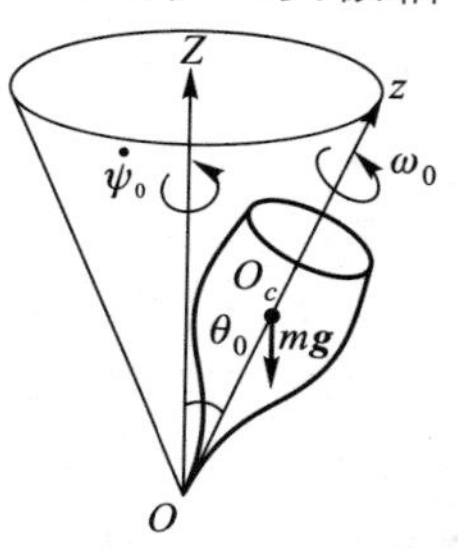

图 1.14　陀螺的规则进动

因此，陀螺绕垂直轴旋转的稳定性，即受扰后能否直立不倒取决于规则进动是否存在。观察表明，陀螺的稳定性与陀螺的转速密切相关，当转速下降到一定程度时陀螺就会倾倒。而且并非任何物体都能成为陀螺。比如捻转一支铅笔，无论用多大的力气让它快转都不可能让它直立不倒。因此对陀螺的运动还必须作更深入的分析。

假定陀螺的支点位置确定不变，且暂不考虑陀螺与地面之间的摩擦。设陀螺的质量为 m，质心 O_c 至支点 O 的距离为 l，相对 O 点的赤道惯量矩和极惯量矩分别为 A 和 C，陀螺绕极轴 z 以角速度 ω_0 匀速旋转，极轴偏离 Z 轴的角度为 θ_0。分析表明，上述规则进动仅在旋转角速度满足 $\omega_0<\omega_{0,cr}$ 条件时才可能存在。$\omega_{0,cr}$

为 ω_0 的临界角速度:

$$\omega_{0,cr}=\frac{2}{C}\sqrt{Amgl\cos\ \theta_0}$$

推导过程在注释中给出。对于在垂直轴附近的规则进动，令 $\theta_0=0$，临界角速度 $\omega_{0,cr}$为 $2\sqrt{Amgl}/C$。由于 $\omega_{0,cr}$与陀螺绕极轴的惯量矩 C 成反比，因此陀螺愈瘦长，C 愈小，$\omega_{0,cr}$就愈大。对于像铅笔这种质量几乎全部集中在极轴上的细长刚体，$\omega_{0,cr}$接近无限大，于是再大的转速也不可能使它直立稳定旋转。还应指出，地面摩擦对陀螺的运动有着重要影响，是 1.5 节中将要详细讨论的问题。

上述关于陀螺稳定性的分析结果也可用于讨论旋转弹丸的稳定性。枪弹或炮弹在飞行过程中的受力状态与陀螺非常相似。接近与速度方向平行但方向相反的空气动力合力 $\boldsymbol{F}$ 相当于重力，其作用点 O_a 在质心 O_c 的前方(图 1.15)。将轨道切线方向代替分析陀螺运动时的地垂线方向，则弹丸的极轴相对轨道切线作偏角为 θ_0 的圆锥运动。为保证弹丸在飞行中不致被空气动力颠覆，弹丸的旋转角速度必须大于上述临界值。

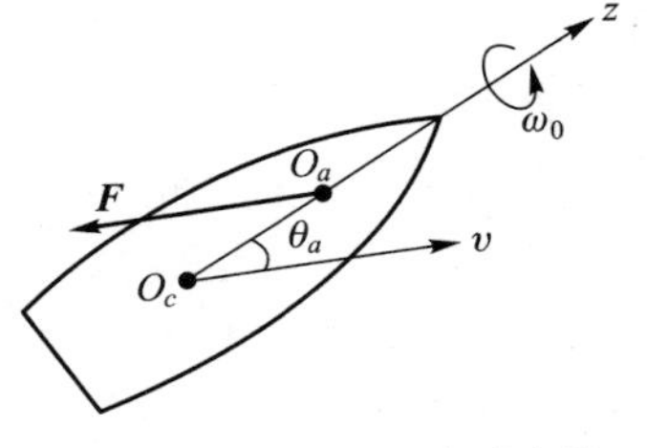

图 1.15　旋转弹丸的稳定性

注释：陀螺临界角速度的计算[7]

设支点 O 为固定点，利用附录中 A.2 节中的欧拉角表示陀螺的姿态(图 1.16)，转动次序为

$$(O-XYZ)\xrightarrow[\psi]{Z}(O-x_0y_0z_0)\xrightarrow[\theta]{x_0}(O-xyz)$$

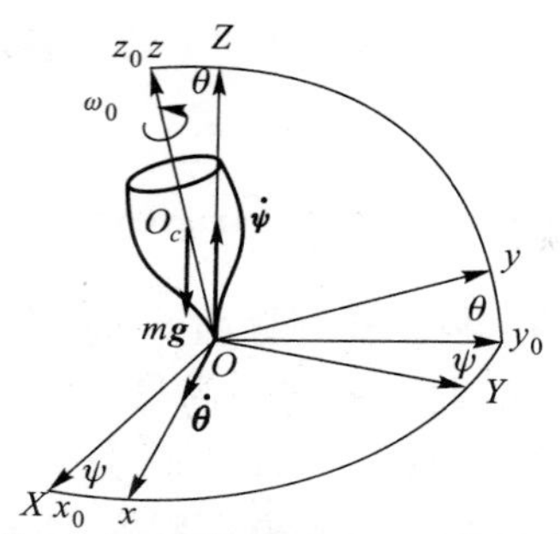

图 1.16　确定陀螺姿态的坐标系

$(O-xyz)$为陀螺的主轴坐标系，z 轴为陀螺的极轴。将轴对称刚体欧拉方程(A. 3. 13)中的角速度分量用欧拉角表示为

$$\omega_x=\dot{\theta},\ \omega_y=\dot{\psi}\sin\theta,\ \omega_{Rz}=\dot{\psi}\cos\theta,\ \omega_z=\dot{\psi}\cos\theta+\dot{\varphi} \tag{1.4.1}$$

重力对支点的力矩为 $\boldsymbol{M}=\boldsymbol{l}\times m\boldsymbol{g}$，其中 $\boldsymbol{g}=-g\boldsymbol{Z}^0$，$\boldsymbol{l}=l\boldsymbol{k}$，得到

$$M_x=mgl\sin\theta,\ M_y=M_z=0 \tag{1.4.2}$$

代入方程(A. 3. 13)，从方程(A. 3. 13c)导出初积分：

$$\omega_z=\omega_0 \tag{1.4.3}$$

即轴对称刚体绕极轴以角速度 ω_0 匀速旋转。将方程(1. 4. 1)代入方程(A. 3. 13a)，(A. 3. 13b)，得到

$$\begin{aligned}&A\ddot{\theta}+(C\omega_0-A\dot{\psi}\cos\theta)\dot{\psi}\sin\theta-mgl\sin\theta=0\\&A\ddot{\psi}\sin\theta+2\dot{\psi}\dot{\theta}\cos\theta-C\omega_0\dot{\theta}=0\end{aligned} \tag{1.4.4}$$

此方程组存在 θ 和 $\dot{\psi}$ 的常值特解：

$$\theta=\theta_0,\ \dot{\psi}=\dot{\psi}_0 \tag{1.4.5}$$

对应于刚体绕极轴匀速旋转，同时极轴围绕垂直轴作偏角为 θ_0 角速度为 $\dot{\psi}_0$ 的圆锥运动，即刚体的规则进动。参数 θ_0，$\dot{\psi}_0$ 应满足以下关系式：

$$A\cos\theta_0\dot{\psi}_0^2-C\omega_0\dot{\psi}_0+mgl=0 \tag{1.4.6}$$

解出

$$\dot{\psi}_0=\frac{C\omega_0}{2A\cos\theta_0}\left(1\pm\sqrt{1-\frac{4Amgl\cos\theta_0}{C^2\omega_0^2}}\right) \tag{1.4.7}$$

如 $0\leqslant\theta_0<\pi/2$，$\cos\theta_0>0$，即刚体重心在支点的上方，则以下条件满足时 $\dot{\psi}_0$ 有实数解：

$$\omega_0<\omega_{0,\mathrm{cr}}=\frac{2}{C}\sqrt{Amgl\cos\theta_0} \tag{1.4.8}$$

此时绕垂直轴旋转的刚体如受到扰动，将围绕垂直轴作小偏角的规则进动而不会倾覆。此条件如不满足，则 $\dot{\psi}_0$ 无实数解，规则进动不存在，刚体绕垂直轴的旋转必不稳定。如 $\pi/2<\theta_0<\pi$，$\cos\theta_0<0$，即刚体重心在支点下方，则不论 ω_0 取何值，$\dot{\psi}_0$ 都有实数解。表明重心在支点下方的陀螺在任何转速下都能稳定。

对于高速旋转的刚体，$Amgl\cos\theta_0/C^2\omega_0^2\ll0$，仅保留其一次项，可从式(1.4.7)导出

$$\dot{\psi}_0=\frac{mgl}{C\omega_0} \tag{1.4.9}$$

将 $\boldsymbol{L}=C\omega_0\boldsymbol{k}$，$\boldsymbol{M}=mgl\sin\theta\boldsymbol{i}$，$\boldsymbol{\omega}_{\mathrm{R}}=\dot{\psi}_0\boldsymbol{k}$ 代入附录中简化的动量矩定理(A.3.14)，可直接得到式(1.4.9)。此结果与章动角 θ_0 无关，1.3 节中叙述的单轮空竹的规则进动是 $\theta_0=\pi/2$ 的特例，其进动角速度(1.3.2)与式(1.4.9)一致。

1.5 Section 翻身陀螺[8]

两位物理学大师玻尔(N. Bohr)和泡利(W. Pauli)弯着腰被地上滚动的小陀螺吸引住了，他们全神贯注地观察这个旋转中的带柄小球突然翻身，向上的短柄突变为向下触地继续旋转的奇特现象(图 1.17)。这张照片摄于 1954 年 5 月瑞典伦德(Lund)大学的物理研究所。照片中的这个称作 tippe top 即翻身陀螺的小玩具曾引起物理学界的巨大兴趣。早在 1841 年前后，后来成为力学大师的开尔文爵士(Lord Kelvin)当时还是剑桥大学的年轻学生，已经注意到旋转中的卵石会出现翻转的现象。1891 年慕尼黑的斯佩尔(Sperl)曾申请过翻身陀螺的专利，但因未支付申请费于一年后专利失效。直到 1950 年翻身陀螺玩具才被丹麦工程师奥斯特伯格(Ostberg)重新发明并获得专利，灵感来自他在

图 1.17　玻尔和泡利观察翻身陀螺

南美洲看到的土著人旋转小圆果实的翻转现象。荷兰是最早生产并出售这种有趣玩具的国家，随后这种玩具风靡于加拿大、英国以至全球。笔者在20世纪60年代也曾购到国产的塑料制翻身陀螺，可惜现在市场上已难觅踪影。

在本章的1.4节中，曾利用陀螺的进动性解释了滚动陀螺绕垂直轴稳定旋转的现象。但这种解释仅适用于尖端触地的陀螺，而且未考虑地面摩擦力对运动的影响。对于上述tippe top陀螺翻身现象的理论解释却要复杂得多。翻身陀螺两端的外形是不同半径的大小球面，陀螺的重心与两个球面的球心均不重合。当陀螺的短柄朝上，大球面与地面接触时，重心在球心的下方，陀螺保持静态稳定。当陀螺翻身为短柄向下，柄端的小球面与地面接触时，重心的高度上升。从能量观点分析，重心上升导致势能增大，动能必减小，且伴随有转速和动量矩的减小。动量矩减小是阻力矩的作用结果。由此判断，陀螺翻身现象的根源必来自地面的摩擦力。这个结论很容易被实验证实，将陀螺放在充分润滑的地面上，翻身现象就很难出现。

最早研究翻身陀螺的论文出自1952年荷兰Rijks大学的布拉姆斯（C. M. Braams）和赫根霍茨（N. M. Hugenholtz）。20世纪50年代，美国《物理》杂志上出现了一系列关于翻身陀螺的讨论文章。除个别文章错误地认为翻身现象来源于质量分布不对称性以外，大多数文章均认为摩擦是引起陀螺翻身的根本原因。1963年康坦苏（P. Contensou）利用线性摩擦规律对滚动陀螺的稳定性和翻身现象作了严格的分析。这一理论在1973年出版的马格努斯（K. Magnus）的陀螺力学著作中有详细的叙述。1978年凯恩（T. R. Kane）等用数值方法分析粗糙平面上滚动的陀螺，在计算机上再现了陀螺的翻身过程。

为从物理概念出发解释翻身陀螺的力学原理，先观察一个在绝对光滑平面上绕垂直的极轴旋转的陀螺运动。由于无水平力作用，陀螺的质心 O_c 保持在同一垂直轴上。在球面与地面接触点 P 处作用的法向约束力与重力共线，不构成对质心的力矩。陀螺匀速旋转且保持旋转轴的方位不变。极轴 O_cz，角速度 $\boldsymbol{\omega}$ 和相对质心的动量矩 $\boldsymbol{L}$ 均与垂直轴 O_cZ 一致。

若陀螺受到扰动以至极轴偏离垂直轴，则角速度矢量和动量矩矢量均与极轴不共线。根据 1.3 节注释中的说明，陀螺产生章动。由于接触点 P 的位置移动，过 P 点的垂线不通过质心 O_c，则重力与法向约束力构成的力偶会引起陀螺的进动。但在短暂时间内，进动造成的动量矩矢量的角位移很小，可以近似地认为角速度矢量和动量矩矢量仍接近垂直轴位置。将短柄朝上大球面触地的状态作为状态 1(图 1.18)，由于球心 O_1 在陀螺质心的上方，图 1.18 中的 P 点向 O_cZ 轴的左方移动，且由于陀螺的旋转而产生滑动，滑动速度从纸面向外。将短柄朝下触地的状态作为状态 2(图 1.19)，由于球心 O_2 在陀螺质心的下方，图 1.19 中的 P 点向 O_cZ 轴的右方移动，滑动速度相反。

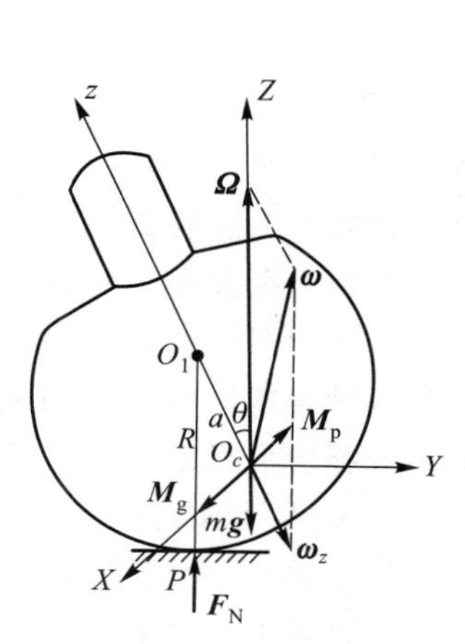

图 1.18　陀螺的状态 1

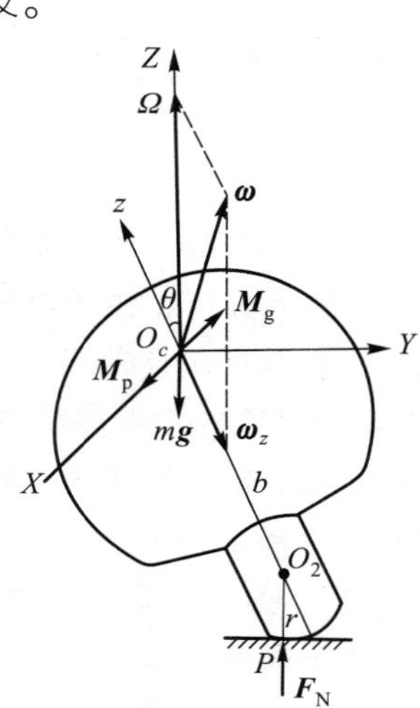

图 1.19　陀螺的状态 2

将上述平面绝对光滑作为零次近似，讨论由此产生的摩擦力对陀螺运动的影响。在状态 1 中，摩擦力的方向指向纸面，对质心产生向右的力矩。状态 2 则相反，摩擦力对质心产生向左的力矩。极轴 O_cz 与 O_cZ 构成的平面 $\boldsymbol{\Pi}$ 随着陀螺转动，摩擦力矩的方向亦随同转动。根据动量矩定理，摩擦力矩 $\boldsymbol{M}_\mathrm{f}$ 应等于动量矩 $\boldsymbol{L}$ 的变化率，陀螺极轴 O_cz 与 O_cZ 的夹角 θ 必须变化以产生动量矩增量 $\Delta\boldsymbol{L}$。使得在 $\boldsymbol{\Pi}$ 平面转动过程中，动量矩增量 $\Delta\boldsymbol{L}$ 的矢端速度与摩擦力矩 $\boldsymbol{M}_\mathrm{f}$ 相等。参照图 1.20 可以清楚地看出，向右的摩擦力矩 $\boldsymbol{M}_\mathrm{f}$ 要求动量矩增量 $\Delta\boldsymbol{L}$ 沿 X 轴正方向，向左的摩擦力矩 $\boldsymbol{M}_\mathrm{f}$ 要求 $\Delta\boldsymbol{L}$ 沿 X 轴的负方向。即状态 1 的章动角必须增大，极轴向地面趋近；状态 2 的章动角必须减小，极轴向垂直轴趋近。从而证明，大球面触地的状态 1 不稳定，短柄触地的状态 2 稳定。Tippe top 陀螺的翻身现象可由此得到解释。

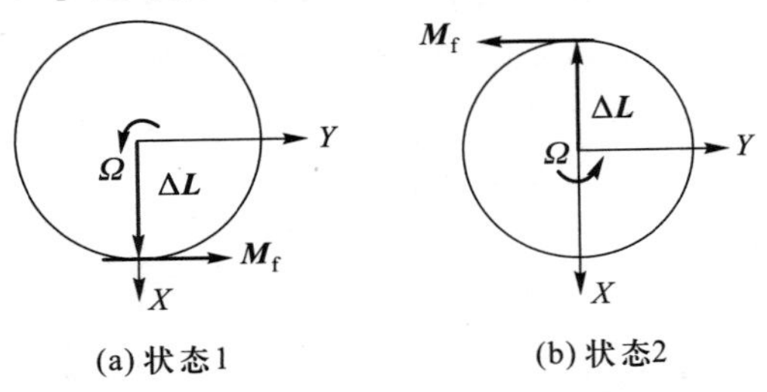

图 1.20　动量矩增量 $\Delta\boldsymbol{L}$ 的矢端轨迹

根据以上分析，由于摩擦力的影响，地面上旋转的陀螺当触地处的曲率中心在重心下方时稳定，曲率中心在重心上方时不稳定。1.4 节讨论的尖端触地的陀螺属于前者，即使考虑地面的摩擦因素，绕极轴的旋转也是稳定的。扁端触地的图钉、纽扣或围棋子属于后者，到达一定转速时绕极轴的旋转变得不稳定，可突然跃起变为绕边缘旋转。类似的有趣例子是所谓“哥伦布蛋”现象。让一枚熟鸡蛋的侧面触地绕赤道轴旋转，可突然跃起变为尖端触地绕极轴旋转。1.6 节中将要叙述的凯尔特魔石只能朝一个特定方向旋转，朝相反方向的旋转可产生抖动和倒退，是摩擦力引起的另一奇特现象。透过上述现象，人们对摩擦力有了新的认识：摩擦力并不仅仅是简单的耗散因素，而且在有些情况下摩擦力可以根本改变物体的运动性态，制造出意想不到的力学奇观。

注释：翻身陀螺稳定性的理论分析[8]

先假设地面绝对光滑，讨论大球面触地的状态1（图1.18）。设大球端面的半径为 R，球心为 O_1，质心为 O_c。以 O_c 为原点，建立参考坐标系（O_c-XYZ），Z 轴沿地垂线向上，X 轴沿水平面与陀螺赤道面的节线。陀螺绕垂直轴旋转时，极轴与 Z 轴重合，球面与地面的接触点 P 为固定点。陀螺的角速度 $\boldsymbol{\omega}$ 和相对质心的动量矩 $\boldsymbol{L}$ 均与 Z 轴一致。

若陀螺受扰动使极轴偏离垂直轴 θ 角，则角速度 $\boldsymbol{\omega}$ 和动量矩 $\boldsymbol{L}$ 均偏离极轴。设（O_c-XYZ）绕 X 轴转过 θ 角的位置为陀螺的主轴坐标系（O_c-xyz），x 轴与 X 轴重合，z 轴为陀螺极轴。（O_c-XYZ）是动坐标系，其绕 Z 轴转动的角速度为 $\boldsymbol{\Omega}$，陀螺绕 z 轴相对（O_c-XYZ）的角速度为 $\boldsymbol{\omega}_z$。在陀螺的极惯量矩 C 大于赤道惯量矩 A 条件下，$\boldsymbol{\omega}_z$ 沿 z 轴的负方向[7]。仅保留 θ 的一次项时，有

$$\boldsymbol{\omega}=\boldsymbol{\Omega}+\boldsymbol{\omega}_z,\ \boldsymbol{\Omega}=\Omega(\theta\boldsymbol{j}+\boldsymbol{k}),\ \boldsymbol{\omega}_z=-\omega_z\boldsymbol{k} \tag{1.5.1}$$

动量矩矢量 $\boldsymbol{L}$ 为

$$\boldsymbol{L}=A\Omega\theta\boldsymbol{j}+C(\Omega-\omega_z)\boldsymbol{k} \tag{1.5.2}$$

设陀螺的质量为 m，O_c 与 O_1 的距离为 a，则重力 $m\boldsymbol{g}$ 与法向约束力 $\boldsymbol{F}_{\mathrm{N}}$ 构成的力偶为

$$\boldsymbol{M}_{\mathrm{p}}=-mga\theta\boldsymbol{i} \tag{1.5.3}$$

动量矩矢量 $\boldsymbol{L}$ 随同（O_c-XYZ）坐标系以角速度 Ω 绕 Z 轴转动，产生陀螺力矩 $\boldsymbol{M}_{\mathrm{g}}$（参阅第五章5.3节对陀螺力矩的解释）：

$$\boldsymbol{M}_{\mathrm{g}}=-\boldsymbol{\Omega}\times\boldsymbol{L}=(\omega_z-\varepsilon\Omega)C\Omega\theta\boldsymbol{i} \tag{1.5.4}$$

其中 $\varepsilon=(C-A)/C$，由于陀螺接近半球体，C 与 A 接近，参数 ε 为小量。令 $\boldsymbol{M}_{\mathrm{g}}$ 与 $\boldsymbol{M}_{\mathrm{p}}$ 平衡，约去 θ 后，导出 ω_z 与 Ω 之间的关

系式：

$$\omega_z = \varepsilon\Omega + \frac{mga}{C\Omega} \tag{1.5.5}$$

极轴偏转后由于陀螺的旋转，球面与地面的接触点 P 相对地面滑动，所引起的滑动速度 v 平行于 X 轴，模为

$$v = (\Omega a - \omega_z R)\theta \tag{1.5.6}$$

将(1.5.5)式代入后，化作

$$v = (\Omega^2 - \Omega_{cr,1}^2)(a - \varepsilon R)(\theta/\Omega) \tag{1.5.7}$$

其中 $\Omega_{cr,1} = \sqrt{mgaR/C(a-\varepsilon R)}$ 为转速 Ω 在状态 1 的临界值。滑动速度 v 的方向取决于转速 Ω，若陀螺的几何参数满足 $a > \varepsilon R$，则有

$\Omega < \Omega_{cr,1}$： v 沿 X 轴负方向

$\Omega > \Omega_{cr,1}$： v 沿 X 轴正方向

如考虑地面的滑动摩擦，摩擦力 $\boldsymbol{F} = -\mu F_N \operatorname{sign} v$ 与滑动速度 v 的方向相反。其中 μ 为动摩擦因数，$F_N = mg$ 为正压力。则摩擦力对质心 O_c 的力矩 $\boldsymbol{M}_f$ 的方向亦取决于转速 Ω：

$\Omega < \Omega_{cr,1}$： $\boldsymbol{F}$ 沿 X 轴正方向，$\boldsymbol{M}_f$ 沿 Y 轴负方向

$\Omega > \Omega_{cr,1}$： $\boldsymbol{F}$ 沿 X 轴负方向，$\boldsymbol{M}_f$ 沿 Y 轴正方向

摩擦力矩引起章动角 θ 变化，产生附加动量矩 $\Delta\boldsymbol{L} = A\dot{\theta}\boldsymbol{X}^0$，$\Delta\boldsymbol{L}$ 随同($O_c - XYZ$)以角速度 $\boldsymbol{\Omega}$ 绕垂直轴旋转引起的附加陀螺力矩 $\Delta\boldsymbol{M}_g = -\boldsymbol{\Omega} \times \Delta\boldsymbol{L}$ 与摩擦力矩 $\boldsymbol{M}_f$ 平衡。$\Delta\boldsymbol{M}_g$ 与 $\boldsymbol{M}_f$ 的方向相反，亦取决于转速 Ω。由于摩擦力矩 $\boldsymbol{M}_f$ 的方向与附加动量矩 $\Delta\boldsymbol{L}$ 的矢端速度一致，参照图 1.20 所示 $\Delta\boldsymbol{L}$ 的矢端轨迹图，可从 $\Delta\boldsymbol{M}_g$ 的方向确定 $\Delta\boldsymbol{L}$ 的方向，从而判断章动角 θ 的变化趋势：

$\Omega < \Omega_{cr,1}$： ΔM_g 沿 Y 轴正方向，ΔL 沿 X 轴负方向，$\dot{\theta} < 0$

$\Omega > \Omega_{cr,1}$： ΔM_g 沿 Y 轴负方向，ΔL 沿 X 轴正方向，$\dot{\theta} > 0$

$\dot{\theta} < 0$ 表明章动角减小，极轴趋近垂直轴，陀螺的旋转稳定；$\dot{\theta} > 0$ 则相反，极轴远离垂直轴，陀螺的旋转不稳定。

对于短柄触地的状态 2(图 1.19)。设小球端面的半径为 r，球心 O_2 与质心 O_c 的距离为 b。陀螺作规则进动时由于质心高于球心，状态 2 的重力矩 $\boldsymbol{M}_p$ 增大且方向与状态 1 相反。从重力矩与惯性力矩的平衡导出

$$\omega_z = \varepsilon\Omega - \frac{mgb}{C\Omega} \tag{1.5.8}$$

由于状态 2 的接触点 P 位于 Z 轴的另一侧，滑动速度仍平行于 X 轴，但方向与状态 1 相反：

$$v = -(\Omega b + \omega_z r)\theta \tag{1.5.9}$$

将式(1.5.8)代入后，导出类似式(1.5.6)的结果

$$v = -(\Omega^2 - \Omega_{cr,2}^2)(b + \varepsilon r)(\theta/\Omega) \tag{1.5.10}$$

其中 $\Omega_{cr,2} = \sqrt{mgbr/C(b+\varepsilon r)}$ 为转速 Ω 在状态 2 的临界值。滑动速度 v 的方向也取决于转速 Ω，但判断出的滑动速度、摩擦力和力矩的方向均与状态 1 相反：

$\Omega<\Omega_{cr,2}$：v 沿 X 轴正方向，$\boldsymbol{F}$ 沿 X 轴负方向，$\boldsymbol{M}_f$ 沿 Y 轴正方向

$\Omega>\Omega_{cr,2}$：v 沿 X 轴负方向，$\boldsymbol{F}$ 沿 X 轴正方向，$\boldsymbol{M}_f$ 沿 Y 轴负方向

章动角 θ 的变化趋势亦与状态 1 相反：

$\Omega<\Omega_{cr,2}$：$\Delta\boldsymbol{M}_g$ 沿 Y 轴负方向，$\Delta\boldsymbol{L}$ 沿 X 轴正方向，$\dot{\theta}>0$

$\Omega>\Omega_{cr,2}$：$\Delta\boldsymbol{M}_g$ 沿 Y 轴正方向，$\Delta\boldsymbol{L}$ 沿 X 轴负方向，$\dot{\theta}<0$

根据上述分析，可得出以下定性结论：转速较低时状态 1 稳定，状态 2 不稳定；转速较高时相反，状态 1 不稳定，状态 2 稳定。陀螺翻身现象由此得到理论解释。

凯尔特魔石[9]

1.6 Section

凯尔特石(Celtic stone)是一种奇异的力学现象，发现于19世纪。凯尔特石现象曾吸引了物理学家们的浓厚兴趣，迄今已发表了大量研究论文和报告，但对这一奇特力学现象的理论探索仍未停止[10]。英国物理学家邦迪(H. Bondi)在1986年的论文中写道："即使训练有素的科学家也难以理解这种现象为何不违背动量矩定理。"

所谓凯尔特石是一个接近半椭球的船形刚体，其底部曲面沿纵向和横向有不同的曲率半径，重心在曲率中心的下方。刚体绕垂直轴有最大主惯量矩，但另外两个惯量主轴与底部曲面的曲率主轴不一致。将这种外观极其普通的刚体放在桌面上，用手推动或叩击使它绕垂直轴旋转或绕水平轴摆动，却能观察到意想不到的以下现象：

现象一：朝某个特定方向推动，刚体作平稳转动。但朝另一方向推动，刚体的转动伴随剧烈的摆动，很快减速，停转，倒退，朝相反方向旋转。

现象二：静止的刚体受到叩击产生绕水平轴的摆动时，能迅速转变为朝上述特定方向绕垂直轴的旋转。

凯尔特石的得名源于19世纪考古学家对欧洲和埃及史前石器的发现。根据它的运动特征，也被称为抖退石(rattleback)或振动石(wobblestone)。在北美和欧洲，凯尔特石是理工科大学力学实验室常见的演示教具，塑料制的凯尔特石玩具在市场出售(图1.21)。其实自制一个凯尔特石并不困难，只需在狭长的船形木块上沿纵轴倾斜5°~10°的直线反对称地埋入两只金属钉，或利用倾斜的金属条调整惯量主轴的位置(图1.22)。凯尔特石特定的旋转方向由惯量主轴的倾斜方向确定。密歇根大学的摩尔(Moore)曾制作了几百个凯尔特石，甚至利用折弯的汤匙或半个熟鸡蛋制成。

图1.21　凯尔特石玩具

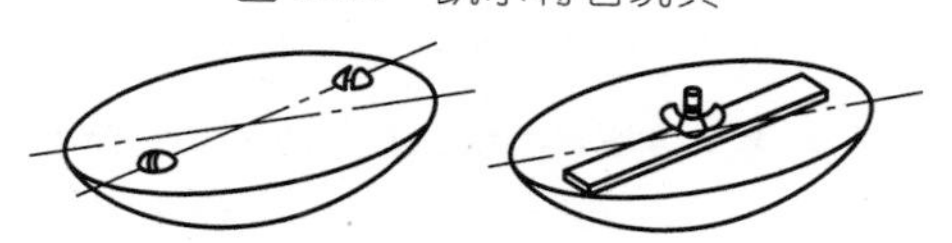

图1.22　自制的凯尔特石

关于凯尔特石的严格理论研究始于1896年剑桥大学的瓦尔克(G. T. Walker)，此后涌现出大量研究论文。其中1909年克拉布特里(H. Crabtree)将桌面视为理想光滑而作出错误解释。1971年马格努斯(K. Magnus)正确指出摩擦力的关键作用，按照线性摩擦规律作了分析。1980年考赫(T. K. Caughey)考虑非线性因素用渐近法讨论稳定性。1981年凯恩(T. R. Kane)等对凯尔特石的运动过程进行了数值仿真。上述基于经典力学原理的研究工作证实，凯尔特石现象是摩擦力的又一杰作。

为解释凯尔特石的力学原理，首先研究这个旋转中的船形刚体左右摇摆的稳定性。狭长船形刚体的底部曲面沿两个主方向有不同的曲率，以刚体质心 O 为原点建立刚体的曲率主轴坐标系 $(O\text{-}xyz)$，x 轴和 y 轴分别为底部曲面的长轴和短轴。曲面在 (y,z) 平面内有最大曲率，曲率中心为 O_1；在 (x,z) 平面内有最小曲率，曲率中心为 O_2。刚体的质心 O_c 低于两个曲率中心 O_1 和 O_2。不失一般性，设在 (x,y) 平面第二、四象限的 x 轴附近高于 O_c 处反对称地附加两个质量均为 m 的质点 P_1，P_2，使刚体的惯量主轴坐标系 $(O\text{-}x_p y_p z_p)$ 相对 $(O\text{-}xyz)$ 绕 z 轴顺时针偏转微小角度。由于底部曲率主轴与刚体的惯量主轴不重合，刚体绕曲率主轴的摆动必受到与刚体惯量积和旋转角速度有关的惯性力矩的影响。惯性力矩的方向取决于旋转方向，因此刚体的摆动稳定性也必与旋转方向有关。

在注释中将要证明：上述非轴对称刚体顺时针转动时，其绕水平轴的摆动满足渐近稳定性条件，摆动幅度将迅速衰减。而逆时针转动刚体的摆动不稳定，摆动幅度必不断增大。在摆动过程中，刚体底部与支承平面之间的摩擦力对质心构成绕垂直轴的力矩。虽然刚体摆动时与支承平面的接触点周期性移动位置，所产生的摩擦力也是周期变化，但分析表明，每个周期内摩擦力对垂直轴的力矩的平均值并不能抵消为零。平均化的摩擦力矩使刚体产生绕垂直轴顺时针方向的角加速度，使刚体减速、停转，转变为朝顺时针方向旋转。从而解释了凯尔特石现象的物理原因：刚体朝特定方向旋转时伴随剧烈的摆动，摆动引起的摩擦力矩推动刚体使其改变旋转方向。

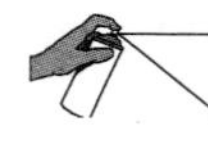

注释：凯尔特石现象的理论分析[11]

设刚体在地面上作无滑动的纯滚动。以静止刚体底部曲面中

点 Q 与地面的接触点 O_0 为原点建立惯性坐标系(O_0-XYZ)，其中 O_0Z 为垂直轴。设刚体未受扰的稳态运动为绕 O_0Z 轴角速度为 ω_0 的匀速转动。将(O_0-XYZ)平移至刚体的质心 O，按以下转动次序确定刚体的受扰后位置(图 1.23)：

$$(O-XYZ)\underset{\gamma}{\overset{Z}{\longrightarrow}}(O-x_0y_0z_0)\underset{\alpha}{\overset{x_0}{\longrightarrow}}(O-x_1y_1z_1)\underset{\beta}{\overset{z_1}{\longrightarrow}}(O-xyz)$$

转动后刚体与地面的接触点为 P。刚体相对 O 点的中心主轴坐标系($O-x_py_pz_p$)中的 Oz_p 与 Oz 轴重合，(x_p,y_p)平面绕 Oz 轴相对(x,y)平面顺时针偏转 δ 角(图 1.24)。仅保留 α，β 的一次项，计算刚体角速度 ω 在($O-xyz$)中的投影：

$$\omega_x=\dot{\alpha}-\dot{\gamma}\beta,\quad \omega_y=\dot{\beta}+\dot{\gamma}\alpha,\quad \omega_z=\dot{\gamma} \tag{1.6.1}$$

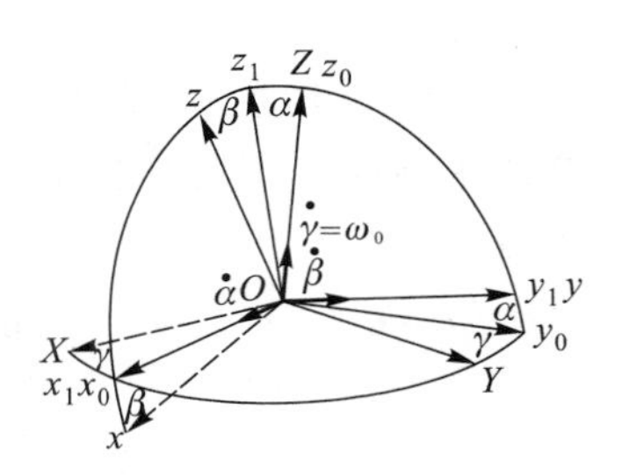

图 1.23　曲率主轴坐标系的角度坐标

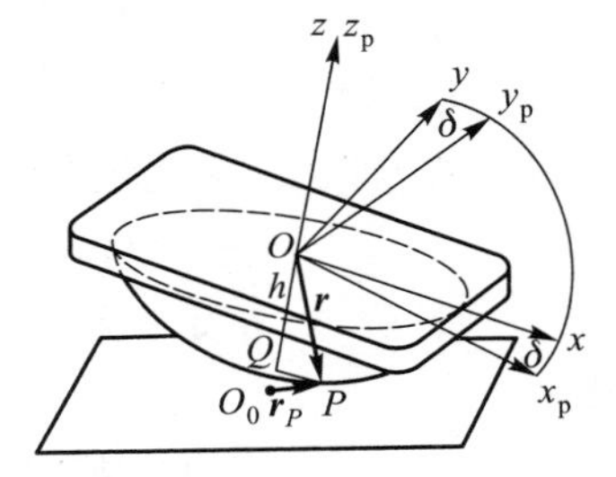

图 1.24　惯量主轴相对曲率主轴的偏转

设刚体相对($O-x_py_pz_p$)各轴的主惯量矩为 A_0，B_0，C_0，则刚体相对($O-xyz$)各轴的惯量矩和惯量积分别为

$$\left.\begin{aligned}&A=A_0\cos^2\delta+B_0\sin^2\delta,\quad B=A_0\sin^2\delta+B_0\cos^2\delta\\&C=C_0,\quad D=-(B_0-A_0)\cos\delta\sin\delta\end{aligned}\right\} \tag{1.6.2}$$

计算表明，绕 Oz 轴的力矩为 α，β 的二阶以上小量，$\dot{\gamma}=\omega_0$ 为常值。刚体相对质心的动量矩 $\boldsymbol{L}$ 在($O-xyz$)中的投影为

$$L_x=A\omega_x-D\omega_y,\quad L_y=B\omega_y-D\omega_x,\quad L_z=C\omega_z \tag{1.6.3}$$

设刚体质量为 m，静止时质心高度为 h，$\boldsymbol{r}$ 为 O 点至 P 点的矢径，底部曲面的横向和纵向曲率半径分别为 ρ_1 和 ρ_2，令

$a_i=\rho_i-h(i=1,2)$，满足 $a_2>a_1>0$。刚体无滑动时 O 点的速度为 $\boldsymbol{v}=\boldsymbol{\omega}\times(-\boldsymbol{r})$，导出

$$v_x=h\dot{\beta}-a_1\omega_0\alpha,\quad v_y=-h\dot{\alpha}-a_2\omega_0\beta,\quad v_z=0 \tag{1.6.4}$$

计算 O 点的加速度 $\boldsymbol{w}=\tilde{\mathrm{d}}\boldsymbol{v}/\mathrm{d}t+\boldsymbol{\omega}\times\boldsymbol{v}$，其中 $\tilde{\mathrm{d}}\boldsymbol{v}/\mathrm{d}t$ 为 $\boldsymbol{v}$ 在 $(O-xyz)$ 中的局部导数。引入 $b_i=\rho_i-2h(i=1,2)$，得到 $\boldsymbol{w}$ 在 $(O-x_0y_0z_0)$ 中的投影：

$$w_x=h\ddot{\beta}-b_1\omega_0\dot{\alpha}+a_2\omega_0^2\beta,\quad w_y=-h\ddot{\alpha}-b_2\omega_0\dot{\beta}-a_1\omega_0^2\alpha,\quad w_z=0 \tag{1.6.5}$$

地面对刚体沿 Oz_0 的法向约束力 $\boldsymbol{F}_\mathrm{N}$ 和摩擦力 $\boldsymbol{F}$ 沿 Ox_0 和 Oy_0 的分量可根据动量定理表示为

$$F_x=mw_x,\quad F_y=mw_y,\quad F_\mathrm{N}=m(g+w_z) \tag{1.6.6}$$

计算外力矩 $\boldsymbol{M}=\boldsymbol{r}\times(\boldsymbol{F}_\mathrm{N}+\boldsymbol{F})$ 在 $(O-xyz)$ 中的投影，与式(1.6.1)，(1.6.3)代入相对质心的动量矩定理(A.3.8)，其在 Ox 和 Oy 轴上的投影式为以 α，β 为变量的刚体绕水平轴摆动的动力学方程：

$$A_*\ddot{\alpha}-D\ddot{\beta}-G_1\dot{\beta}+K_2\alpha-D\omega_0^2\beta=0 \tag{1.6.7a}$$

$$B_*\ddot{\beta}-D\ddot{\alpha}+G_2\dot{\alpha}+K_1\beta-D\omega_0^2\alpha=0 \tag{1.6.7b}$$

其中

$$\left.\begin{aligned}&A_*=A+mh^2,\quad B_*=B+mh^2\\&G_i=(A+B-C-mhb_i)\omega_0(i=1,2)\\&K_1=mga_1+(C-A+mha_1)\omega_0^2\\&K_2=mga_2+(C-B+mha_2)\omega_0^2\end{aligned}\right\} \tag{1.6.8}$$

导出方程组(1.6.7)的特征方程：

$$c_0\lambda^4+c_1\lambda^3+c_2\lambda^2+c_3\lambda+c_4=0 \tag{1.6.9}$$

系数 $c_i(i=0,1,\cdots,4)$ 为

$$\left.\begin{aligned}&c_0=A_*B_*-D^2,\quad c_1=D\omega_0mh(a_2-a_1)\\&c_2=A_*K_2+B_*K_1+G_1G_2-2D^2\omega_0^2\\&c_3=D\omega_0^3mh(a_2-a_1),\quad c_4=K_1K_2-D^2\omega_0^4\end{aligned}\right\} \tag{1.6.10}$$

根据赫尔维茨(Hurwitz)判据，方程组(1.6.7)零解的渐近稳定性

条件为[7]

$$c_i>0(i=0,\cdots,4) \tag{1.6.11a}$$

$$c_3(c_1c_2-c_0c_3)-c_1^2c_4>0 \tag{1.6.11b}$$

由于 $D<0$，$a_2>a_1$，条件(1.6.11a)中若 $\omega_0<0$，则 c_1，c_3 为正值，条件(1.6.11a)均得到满足。若 $\omega_0>0$，则 c_1，c_3 为负值，摆动必不稳定。从而证明，粗糙平面上顺时针转动的非轴对称刚体绕水平轴的摆动满足渐近稳定的必要条件。而逆时针转动刚体的摆动不稳定，摆动幅度必不断增大，导致幅度不断增大的剧烈摆动。

为分析地面摩擦力对刚体运动性态的影响，利用不旋转刚体的摆动规律计算摩擦力及力矩。令方程组(1.6.7)中 $\omega_0=0$，简化为

$$A_*\ddot{\alpha}-D\ddot{\beta}+mga_1\alpha=0 \tag{1.6.12a}$$

$$B_*\ddot{\beta}-D\ddot{\alpha}+mga_2\beta=0 \tag{1.6.12b}$$

其特征方程(1.6.9)中 $c_1=c_3=0$，且 $c_i>0(i=0,2,4)$。若以下条件得到满足：

$$c_2^2-4c_0c_4=m^2g^2[(B_*a_1-A_*a_2)^2+4D^2a_1a_2]>0 \tag{1.6.13}$$

则特征值为纯虚数，表明不旋转刚体作等幅自由摆动。由于$D^2\ll A_*B_*$，仅保留 D^2/A_*B_* 的一次项时，令 $\lambda=\mathrm{i}\nu$，解出摆动的固有角频率 $\nu=\nu_i(i=1,2)$：

$$\nu_1^2=\frac{mga_1}{A_*}\left[1+\frac{D^2a_1}{A_*(B_*a_1-A_*a_2)}\right],\ \nu_2^2=\frac{mga_2}{B_*}\left[1-\frac{D^2a_2}{B_*(B_*a_1-A_*a_2)}\right] \tag{1.6.14}$$

设摆动角的幅值为 θ，摆动轴相对 Ox_0 轴的倾角为 ψ，方程组(1.6.12)的解可写作

$$\alpha=\theta\cos\psi\sin\nu t,\ \beta=\theta\sin\psi\sin\nu t \tag{1.6.15}$$

由于狭长形刚体的摆动接近于绕纵轴即 x 轴进行，利用刚体绕纵轴的摆动方程(1.6.12a)和对应的角频率 ν_1 计算摆动轴倾角 ψ，且由于接近半椭球形的狭长刚体满足 $B_*/A_*>a_2/a_1$，导出

$$\tan\psi=\frac{Da_1}{B_*a_1-A_*a_2}<0 \tag{1.6.16}$$

表明摆动轴位于(x,y)坐标面的第二、四象限，即附加质点所在的象限。

设$\boldsymbol{i}_0$，$\boldsymbol{j}_0$，$\boldsymbol{k}_0$为$(O_0-x_0y_0z_0)$各轴的基矢量，仅保留α，β的一次项，导出摆动引起P点处的切向摩擦力$\boldsymbol{F}=m\ddot{\boldsymbol{r}}$，以及接触点$P$相对固定点$O_0$的矢径$\boldsymbol{r}_P=O_0P$：

$$\boldsymbol{F}=mh(\ddot{\beta}\boldsymbol{i}_0-\ddot{\alpha}\boldsymbol{j}_0)\,,\ \boldsymbol{r}_P=\rho_2\beta\boldsymbol{i}_0-\rho_1\alpha\boldsymbol{j}_0 \tag{1.6.17}$$

摩擦力对固定点O_0的力矩$\boldsymbol{M}$为α，β的二次微量：

$$\boldsymbol{M}=\boldsymbol{r}_P\times\boldsymbol{F}=mh(\rho_1\alpha\ddot{\beta}-\rho_2\beta\ddot{\alpha})\boldsymbol{k}_0 \tag{1.6.18}$$

将式(1.6.15)代入上式，在每个摆动周期内平均化，导出摩擦力矩的平均值：

$$\langle M\rangle=\frac{1}{2\pi}\int_0^{2\pi}M\mathrm{d}(\nu t)=\frac{1}{4}mh(\rho_2-\rho_1)\theta^2\nu^2\sin 2\psi \tag{1.6.19}$$

可见，周期摆动引起的摩擦力矩平均值不为零，其方向取决于ψ，即摆动轴在(x,y)坐标面内的方位。前面已经证明摆动轴位于(x,y)坐标面的第二、四象限，则$\sin 2\psi<0$，即$\langle M\rangle<0$。摩擦力矩推动刚体产生绕垂直轴的顺时针方向角加速度，从而解释了叩击静止刚体引起的摆动转化为绕垂直轴转动的现象。逆时针方向旋转的刚体在顺时针方向摩擦力矩推动下必将减速，停转，最终转变为顺时针方向旋转。若质点P_1，P_2附加在(x,y)坐标面的第一、三象限，$\delta<0$，则上述过程相反，后退现象将出现于顺时针方向旋转的刚体。

1.7 Section　会下楼的软弹簧[12]

在第二次世界大战结束的1945年，美国一位名叫詹姆斯(R. T. James)的海军工程师在做试验时，不留心将一根拉紧的软弹簧掉在了地上，并惊奇地发现，这根弹簧竟以翻跟斗方式不停地从一个台阶翻到下一个台阶。他将弹簧带回家试了多次，突然产生灵感，何不将这弹簧做成一个有趣的玩具。他的妻子给新玩具命名为slinky。这个出自瑞典文的名词是鬼鬼祟祟的意思，因为弹簧的下楼动作很像一个人蹑足下楼时两条腿的移动过程。新玩具于1946年在费城的商场里首次亮相，400个slinky在90分钟内竟被抢购一空。1947年他为新玩具申请了发明专利，自那时算起，全世界出售的slinky已超过3亿个(图1.25)。1999年美国邮政发行的纪念100个美国偶像的邮票里，slinky作为20世纪美国发明的著名玩具也光荣地跻身在内

图1.25　Slinky弹簧

(图 1.26)。

slinky 是一个极其柔软的弹簧，通常用细金属丝或扁矩形断面的塑料制成，图 1.27 给出了可供参考的几何数据。slinky 的弹簧刚度大约是普通弹簧的百分之一，不受力时所有的螺圈都相互接触，因此只能拉伸不能压缩。将弹簧的两个端面平放在双手手掌，将它弯成拱形，然后左右手交替上下移动，可以观察到螺圈自左至右或自右至左交替地急速翻滚。将弹簧的两个端面分别置于楼梯顶部不同高度的两级台阶上，放手以后弹簧的高处端部会突然跃起，弯曲，下降到低处台阶，然后另一端部跃起，重复此过程，直到下降到楼梯的最底部为止。

图 1.26　邮票上的 slinky 弹簧

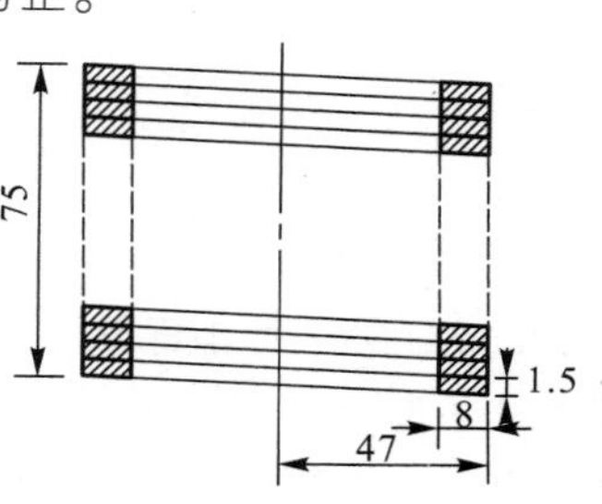

图 1.27　slinky 弹簧的参考数据

不失一般性，设弹簧左端的支承面高于右端。为说明 slinky 弹簧自动下楼的力学原理，将弹簧划分为 3 个部分：弯成拱形的 B_0，左端的短圆柱形 B_1，右端的长圆柱形 B_2(图 1.28)。弹簧处于平衡时，B_0 的两端受到大小相等方向相反的力偶 $\boldsymbol{M}_1$ 和 $\boldsymbol{M}_2$ 的作用以维持弯曲状态。两个反作用力偶 $-\boldsymbol{M}_1$ 和 $-\boldsymbol{M}_2$ 分别作用于 B_1 和 B_2。地面对弹簧的约束是单面约束，只能产生使弹

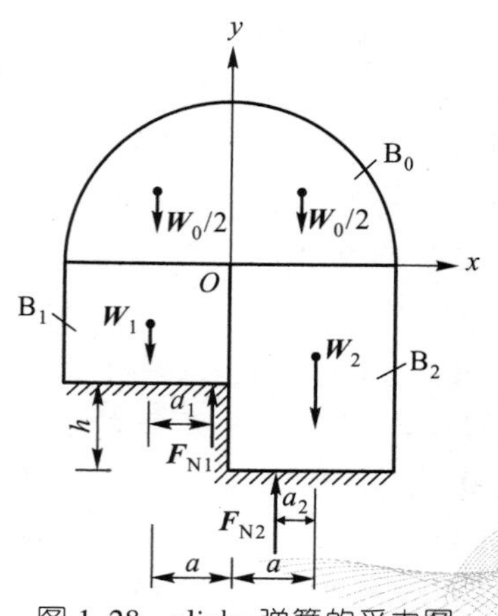

图 1.28　slinky 弹簧的受力图

簧受压的法向约束力 $\boldsymbol{F}_{N1}$和 $\boldsymbol{F}_{N2}$。设 B_0 作用的重力 $\boldsymbol{W}_0$ 为左右两部分重力 $\boldsymbol{W}_0/2$ 之和，B_1、B_2 作用的重力分别为 $\boldsymbol{W}_1$ 和 $\boldsymbol{W}_2$，则约束力 $\boldsymbol{F}_{N1}$和 $\boldsymbol{F}_{N2}$应满足

$$F_{N1}=W_1+W_0/2, \qquad F_{N2}=W_2+W_0/2$$

$\boldsymbol{F}_{N1}$和 $\boldsymbol{F}_{N2}$的作用线必须分别向右和向左偏离弹簧的中心线，与重力 $\boldsymbol{W}_1$ 和 $\boldsymbol{W}_2$ 构成力偶与$-\boldsymbol{M}_1$ 和$-\boldsymbol{M}_2$ 相平衡。设偏移距离分别为 a_1 和 a_2，M 为力偶 $\boldsymbol{M}_1$ 和 $\boldsymbol{M}_2$ 的模，则应满足

$$a_1=M/F_{N1}, \qquad a_2=M/F_{N2}$$

法向约束力 $\boldsymbol{F}_{N1}$和 $\boldsymbol{F}_{N2}$必须在端面范围以内才可能存在。设弹簧的半径为 a，弹簧平衡的充分必要条件为

$$a_1<a,\ a_2<a$$

由于 $W_1<W_2$，$F_{N1}<F_{N2}$，则 $a_1>a_2$。随着两端高度差的增加，W_1 和 F_{N1}不断减小，a_1 随之不断增大。当 a_1 增大到与 a 相等时，弹簧左半部分的平衡处于临界状态。这时只要 a_1 稍稍超过 a，左端面的法向约束力 $\boldsymbol{F}_{N1}$即突然消失而解除约束，并在力矩$-\boldsymbol{M}_1$ 的作用下向上跃起，在空中顺时针向右旋转。弹簧朝相反方向弯曲，一旦左端面越过 B_2，即在重力作用下向下加速坠落，直到与下一级台阶表面接触时为止。在新的约束条件下，弹簧原来的左半部分转化为右半部分，从而完成一级台阶的下降。继续进行此过程，弹簧可连续不断地下降到楼梯的最底部。其动力来自重力所作的功。

除了下楼梯以外，slinky 弹簧还有些其他有趣的问题。例如所谓 Spizzichino 问题：将一只 slinky 弹簧和一只重量相等的链条悬挂在天平的两端，底部贴近秤盘(图 1.29)。将连接绳同时剪断，问弹簧与链条中哪一个落得更快先掉到秤盘上。这是个变质量力学问题，有兴趣的读者不妨先做一个

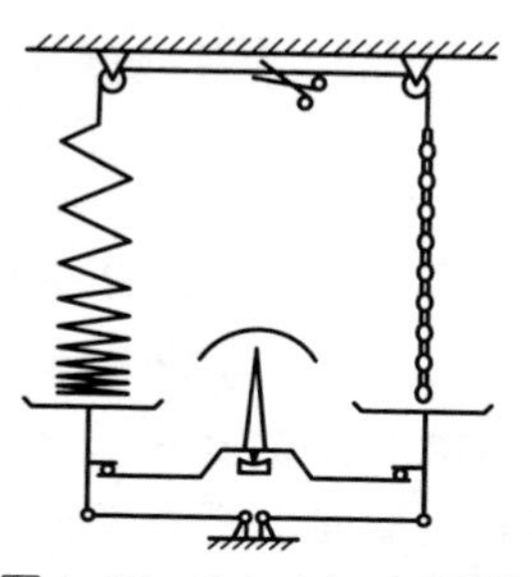
图 1.29　Spizzichino 问题

实验，再想想其中的道理。

注释：slinky 的弹簧力矩计算[12]

将弹簧近似看作是连续体，以体密度 ρ 表示螺圈间隙的疏密程度。设 ρ_0 为无变形时的密度值，ε 为弹簧伸长引起轴线的应变，则有

$$\rho=\rho_0/(1+\varepsilon) \tag{1.7.1}$$

当弹簧弯成弧形时，螺圈之间由于间隙增大产生与应变成比例的弹簧反力矩为

$$M=K\varepsilon \tag{1.7.2}$$

其中 K 为弹簧的力矩刚度系数。将弹簧弯成圆拱形，两个端面在拱心 O 点处接触(图 1.30)。设螺圈外缘的半径为 a，列出张角为 $\mathrm{d}\theta$ 的扇形微元体在弹簧反力和重力作用下相对 O 点的力矩平衡方程：

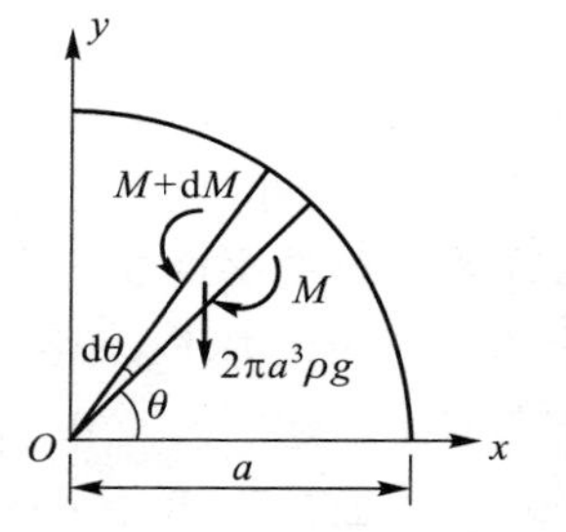

图 1.30　弹簧反力矩计算

$$\mathrm{d}M-2\pi a^4\rho g\cos\theta\mathrm{d}\theta=0 \tag{1.7.3}$$

将式(1.7.1)，(1.7.2)代入上式，自 0 至 θ 积分，设 $\theta=0$ 处的密度为 ρ_0，得到

$$\int_{\rho_0}^{\rho}\frac{\mathrm{d}\rho}{\rho^3}=-\frac{2\pi a^4 g}{K\rho_0}\int_0^{\theta}\cos\theta\mathrm{d}\theta \tag{1.7.4}$$

从上式的积分得到圆拱形弹簧密度的分布规律：

$$\rho(\theta)=\rho_0\left[1+(4\pi a^4\rho_0 g/K)\sin\theta\right]^{-1/2} \tag{1.7.5}$$

表明拱形弹簧自底部至顶部的密度递减，即间隙逐渐增大。若弹簧的左端面上升右端面下降，为保持上述弹簧圆拱部分的密度分布规律，螺圈必自左向右翻动。反之，若弹簧的右端面上升左端面下降，则螺圈必自右向左转移。这种运动也可看作是疏密波在弹簧内的传播过程，只不过由于弹性系数极小，以致弹性波的传播速度缓慢得足以被肉眼观察到。

在顶部 $\theta=\pi/2$ 处密度有最小值，对应于弹簧反力矩的最大值 $M_{\pi/2}$：

$$M_{\pi/2}=K\{[1+(4\pi a^4\rho_0 g/K)]^{1/2}-1\} \tag{1.7.6}$$

当弹簧一侧的端面约束力矩突然消失时，同侧的弹簧部分在力矩 $M_{\pi/2}$ 的作用下向上跃起并向另一侧旋转完成下楼动作。

1.8 Section

竹蜻蜓与回旋镖[13]

竹蜻蜓是我国古代的一大发明。据考证，关于竹蜻蜓的最早文字记载来自晋朝葛洪所著《抱朴子》:

“或用枣心木为飞车，以牛革结环剑，以引其机……上升四十里，名为太清。”

距今已有一千多年历史了。竹蜻蜓虽小，却是世界上最早的直升机模型。据传17世纪苏州巧匠徐正明曾仿照竹蜻蜓制造出一个简陋的直升机，居然能飞离地面一尺多高。竹蜻蜓于18世纪传到欧洲，被称为“中国飞陀螺（Chinese flying top）”。1796年有英国航空之父称谓的乔治·凯利(G. Cayley)制造用钟表发条驱动的竹蜻蜓，飞行高度可高达20多米。

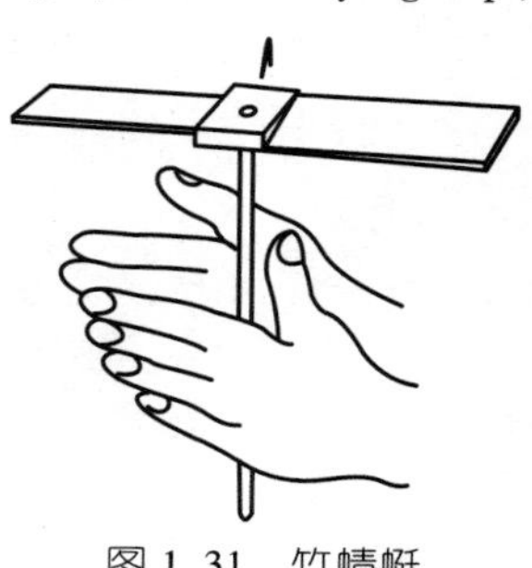

图1.31　竹蜻蜓

竹蜻蜓是由一片横竹片和一根竹柄构成的T字形玩具。竹片两侧反对称地削成斜面，形成一个简单的螺旋桨(图1.31)。用双手搓动竹柄使竹片快速旋转，空气动力作用于斜面的垂直分量形成向上的升力，一松手竹蜻蜓就飞向天空。空气动力的水平分量形成阻力偶使转速衰减升力减弱，待升力降低到小于重力时竹蜻蜓才落到地面。

拔去竹蜻蜓的竹柄，将原来水平的竹片转为垂直，执住竹片一端用力向前抛出，使竹片边旋转边作抛物线运动。由于原来垂直方向的空气动力变为水平，竹片失去向上的升力，但水平力的存在使竹片轨迹的水平投影产生弯曲，于是竹蜻蜓转化成另一个称为“回旋镖”的有趣玩意。

回旋镖又名“飞去来器”，英文名称是 boomerang。回旋镖起源于新石器时代人类的狩猎活动。猎人向猎物投出用硬木片削制成的十字形猎具，投出后能在空中作弧形运动，如果没有击中目标猎具会神奇般的返回到发出者手中。回旋镖或飞去来器的名称即来源于此(图1.32)。回旋镖有香蕉形、V 字形、三叶形、十字形等形状，各带有不同数目的叶片。叶片的断面一侧为弧形的钝头，另一侧为削尖的后缘，类似于机翼形状。香蕉形回旋镖与竹蜻蜓的竹片十分相似，也是两边断面形状反对称地倾斜。

图 1.32　投掷回旋镖

手执回旋镖的前端，以 20°~45°的倾斜角投出，使其边飞行边旋转。从飞行方向的左侧观察，回旋镖的旋转为逆时针方向。在飞行过程中，机翼形的叶片在气流作用下，产生与轨道面垂直的升力。由于存在旋转运动，当叶片处于上方时相对质心有朝前的相对速度，处于下方时有朝后的相对速度。与质心的牵连速度叠加后，上方叶片的绝对速度大于下方，所产生的水平升力也大于下方叶片，于是空气动力在形成升力的同时，还形成相对质心的力矩。如果断面的机翼形状是使所产生的升力指向右侧，则力矩矢量的方向指向飞行方向。向右的升力作用使质心的运动轨迹向右侧发生弯曲。旋转中的回旋镖具有与旋转方向一致的动量矩，动量矩矢量指向左侧。根据动量矩定理，动量矩矢量在空气动力形成的力矩作用下产生进动，进动方向是使动量矩矢量的端点速度与力矩矢量的方向一致。所产生的陀螺效应使回旋镖随同动量矩矢量在空中转动，以跟随弯曲的质心轨道。训练有素的投掷手能以恰当的角度和投掷力使回旋镖做完全顺从的理想飞行。在飞行过程中始终保持旋转轴指向轨道曲率中心的稳定姿态，避免出现翻滚以保持空气动力的稳定性。

在中国，回旋镖的有趣现象可在精彩的杂技表演中看到，在中国杂技史中被列为历史最古老的杂技节目。在内蒙古草原的那达慕大会上，回旋镖是民俗活动的内容之一。回旋镖也是风行欧美的娱乐健身项目，有许多俱乐部定期举办回旋镖的国际比赛。在澳洲，回旋镖是土著人的传统狩猎工具，如今已融入澳洲的主流文化。由回旋镖组成的运动员形象出现在 2000 年悉尼奥运会的会标中，已成为澳洲的象征(图 1.33)。据报道，2008 年 3 月 18 日，日本宇航员土井隆雄在国际空间站内投掷的回旋镖也像在地球上一样地飞了回来(图 1.34)。

图 1.33　2000 年悉尼奥运会的会标

图 1.34　宇航员在国际空间站内投掷回旋镖

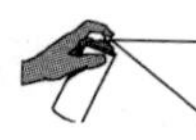

注释：回旋镖的理论分析[14]

以十字形回旋镖为例。为简化计算，设回旋镖的质心沿水平面运动。以质心 O 为原点建立坐标系（$O-xyz$），其中 x 轴沿质心速度 v_0 方向，z 轴为垂直轴，y 轴垂直于回旋镖的叶片组成的平面（图 1.35）。回旋镖在 (x,z) 平面内旋转，角速度 $\boldsymbol{\omega}_0$ 沿 y 轴。设叶片的长度为 l，第 i 叶片的中心轴 z_i 与 z 轴的夹角为 θ_i，$\theta_i=\theta+(i-1)(\pi/2)$，$(i=1,\cdots,4)$。叶片中心轴上坐标为 z_i 的任意点 P_i 处作用的单位长度升力 $\boldsymbol{F}_{Pi}$ 与 P_i 点处的法向速度 v_{Pi} 的平方成正比。设断面翼型的设计使 $\boldsymbol{F}_{Pi}$ 沿 y 轴的负方向。v_{Pi} 为旋转引起的相对速度 $z_i\omega_0$ 与质心速度 v_0 向叶片法向投影之和：

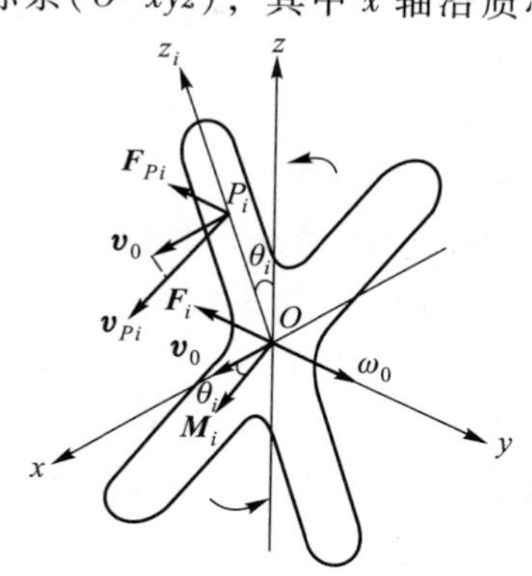

图 1.35　回旋镖的作用力和力矩

$$v_{Pi}=z_i\omega_0+v_0\cos\,\theta_i \tag{1.8.1}$$

设 c 为单位长度叶片的升力系数，则 $F_{Pi}=cv_{Pi}^2$。将 $\boldsymbol{F}_{Pi}$ 沿叶片长度积分，计算第 i 叶片上作用的升力 $\boldsymbol{F}_i$ 和对 O 点的力矩 $\boldsymbol{M}_i$，得到

$$F_i=c\int_0^l v_{Pi}^2\mathrm{d}z_i=C\left(\frac{1}{3}l^2\omega_0^2+l\omega_0v_0\cos\,\theta_i+v_0^2\,\cos^2\theta_i\right) \tag{1.8.2}$$

$$M_i=c\int_0^l v_{Pi}^2z_i\mathrm{d}z_i=Cl\left(\frac{1}{4}l^2\omega_0^2+\frac{2}{3}l\omega_0v_0\cos\,\theta_i+\frac{1}{2}v_0^2\,\cos^2\theta_i\right) \tag{1.8.3}$$

其中 $C=cl$ 为叶片的升力系数，$\boldsymbol{F}_i$ 沿 y 轴的负方向，$\boldsymbol{M}_i$ 位于 (x,z) 平面内与 z_i 轴垂直。计算在 θ 从零到 2π 的一个旋转周期中 4

个叶片的合力 **F** 的平均值以及合力矩 **M** 沿 x 轴和 z 轴的平均值 M_x，M_z，得到

$$\left.\begin{aligned}F &= \frac{1}{2\pi}\int_0^{2\pi}\sum_{i=1}^{4}F_i\mathrm{d}\theta = \frac{2C}{3}(2l^2\omega_0^2 + 3v_0^2)\\ M_x &= \frac{1}{2\pi}\int_0^{2\pi}\sum_{i=1}^{4}M_i\cos\theta_i\mathrm{d}\theta = \frac{4}{3}Cl^2\omega_0 v_0\\ M_z &= \frac{1}{2\pi}\int_0^{2\pi}\sum_{i=1}^{4}M_i\sin\theta_i\mathrm{d}\theta = 0\end{aligned}\right\} \tag{1.8.4}$$

$M_z=0$，表明力矩 **M** 的平均值沿 x 轴方向。设每个叶片的质量为 m，相对 Oy 轴的惯量矩为 $ml^2/3$，忽略空气阻力和重力的影响，利用动量和动量矩定理导出

$$F=4mv_0^2/R,\ M_x=(4ml^2/3)\omega_0\Omega \tag{1.8.5}$$

其中 R 为轨道的曲率半径，Ω 为进动角速度。回旋镖的顺从性要求 $\Omega=v_0/R$，从中导出

大众力学丛书

$$v_0=\sqrt{2/3}\,\omega_0 l \tag{1.8.6}$$

有经验的投掷者能控制回旋镖的投掷速度和角速度以符合上述规律，使回旋镖完全顺从地跟随弧形轨道飞行，实现从飞出到返回的封闭路程。

1.9 Section 啄木鸟[15]

一只小啄木鸟模型通过弹簧联结在套筒上，将套筒置于金属直杆的顶端，放手后啄木鸟开始有节奏地摆动身体，一边啄木一边间歇地时滑时停地向下滑动。这个有趣的玩具作为演示教具，常见于德国理工科大学的力学实验室(图 1.36)。

仔细观察啄木鸟的运动。当套筒倾斜，端部与直杆接触，且接触处的摩擦力足以平衡套筒和啄木鸟的重量时，啄木鸟即作短暂的停留。而当接触处的摩擦力小于重力时，约束即被解除，啄木鸟向下滑动，直到套筒再次倾斜，端部与直杆再次接触时为止。在此过程中，啄木鸟作周期性摆动，使套筒的姿态以及套筒与直杆接触处的法向约束力随之改变。与法向约束力成正比的摩擦力亦随之改变。摩擦力的周期性变化正是套筒与直杆之间发生粘着-滑动-再粘着现象的根本原因。在啄木鸟运动的整个过程中，维

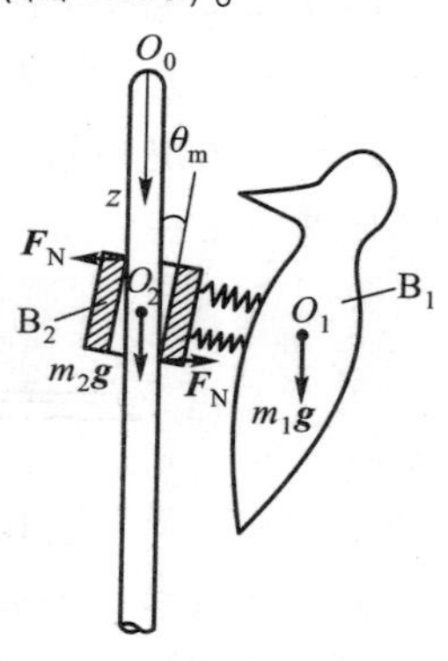

图 1.36　啄木鸟玩具

持运动的能源来自重力。当套筒向下滑动时，重力的势能转换成啄木鸟的动能。而套筒与直杆接触时的碰撞使向下滑动的动能转换成啄木鸟往复摆动的动能和弹簧的势能。重力势能是恒定的能源，并非周期变化，但它对啄木鸟运动的输送是周期变化的。变化的原因在于啄木鸟自身的运动控制了能源的分配，而库仑摩擦的非线性规律扮演了能源分配阀的角色。在振动理论中，这种由系统本身的控制阀从恒定能源吸取能量而实现的不衰减振动称为自激振动。描述自激振动的数学形式是非线性微分方程，因此自激振动属于非线性振动。

在自然界和工程技术中，自激振动是常见的振动形式。微风下树叶的摆动、发动机的活塞运动、钟表的运动都是典型的自激振动。上述由库仑摩擦激发的啄木鸟的振动称为干摩擦自激振动，是日常生活里普遍存在的现象。独轮车的咿呀作响、推门时轴承的噪声，乃至提琴弓子擦弦产生的美妙音乐都是干摩擦自激振动。将琴弦简化成弹簧-滑块系统(图 1.37)。当向前运动的弓子借助摩擦力带动琴弦移动到一定程度时，不断增长的弹性恢复力促使琴弦脱离弓子产生滑动而返回。随着返回的滑动速度不断增大，动摩擦力随之增大，以致弓子能再次抓住琴弦一同向前运动。从而也出现粘着-滑动-再粘着的不断重复的过程，琴弦的振动便得以维持[16]。

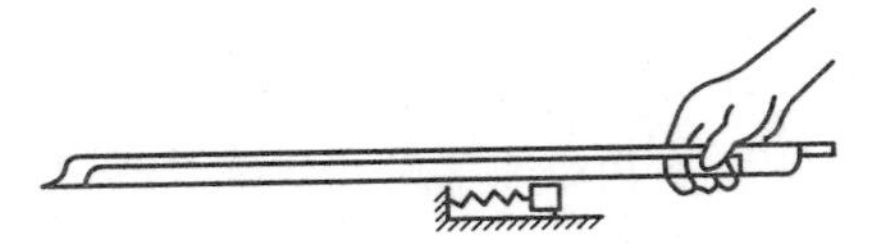

图 1.37　琴弦的干摩擦自激振动

不仅弦乐器，所有管乐器的发声也都是自激振动。云南布依族青年将新鲜树叶夹在唇间能吹出清脆动听的笛声。因为振动改变了叶片的间隙使气流对叶片的正压力周期性变化，从而使振动得到维持。这种叶笛就是各种管乐器的雏形。木管乐器的发声来自簧片的自激振动，铜管乐器的发声来自嘴唇的自激振动，它们的发声原理和叶笛相同。区别在于簧片或嘴唇产生的声波能激起管道内的气流和管壁的振动，使声音更为洪亮，音色更为丰富。

自激振动在工程技术中的重要性是不言而喻的。1940 年美国塔科玛（Tacoma）桥因风载下的自激振动而倒塌就是典型的案例（图 1.38）。此后，桥梁和高层建筑设计中防止风致自激振动的技术问题被提到了重要位置。输电线在阵风作用下可产生强烈的自激振动而导致严重事故。飞机机翼可由于空气动力与蒙皮弹性变形的耦合而产生颤振。类似的自激振动也发生在燃气流作用下的涡轮机叶片。车刀切削时可由于干摩擦自激振动而影响切削精度。润滑不良的齿轮传动链也能产生类似于啄木鸟的粘着—滑动—再粘着的爬行过程。

图 1.38　塔科玛桥的自激振动

自激振动也存在于人类自身。本书第三章 3.7 节讨论的荡秋千运动和单杠振浪运动就属于自激振动。将人类和动物的声带看作与木管乐器类似的特殊簧片，我们的说话和歌唱也都是自激振动。心脏的周期性搏动、寒冷或恐惧引起的颤抖则是自激振动在生理学中的表现。与上述工程中的自激振动相比，生命科学中的自激振动有着更为复杂的内在机制，就不是用简单的振动理论和知识可以解释的了。

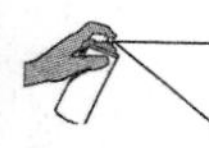

注释：啄木鸟运动的理论分析[15]

将啄木鸟模型记作 B_1，套筒记作 B_2，所组成的系统记作 $\{B\}$。设 B_1 通过弹簧与 B_2 联结，弹簧为扭簧，仅产生由角位移引起的扭矩。令 ψ 和 θ 为 B_1 和 B_2 相对垂直轴的偏角，在图 1.39 中以顺时针方向为正值。在 B_2 与直杆粘着阶段，设 B_2 上的 P_1 和 P_2 点与直杆接触且粘着，倾角保持常值 θ_m。此时，B_1 作固定基座的自由摆动，摆动中心 O 与 B_2 固结，与 O_1 点的距离为 a。设 B_1 的质量为 m_1，相对 O 点的惯量矩为 J_1，

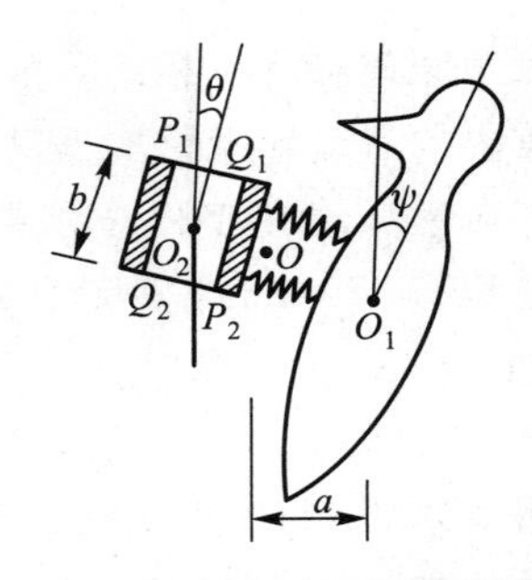

图 1.39　啄木鸟的角度坐标

弹簧的刚度系数为 K_1，仅保留 ψ 和 θ_m 的一次项，动力学方程为

$$J_1\ddot{\psi}+K_1(\psi-\theta_m)-m_1ga=0 \tag{1.9.1}$$

对于 $\psi(0)=\psi_0$，$\dot{\psi}(0)=\dot{\psi}_0$ 的初始条件，解出

$$\psi=\psi_s+(\psi_0-\psi_s)\cos k_1t+(\dot{\psi}_0/k_1)\sin k_1t \tag{1.9.2}$$

B_1 在静位移 $\psi_s=\theta_m+(m_1ga/K_1)$ 附近作角频率 $k_1=\sqrt{K_1/J_1}$ 的谐振动。设直杆对 B_2 的法向约束力为 F_N，B_2 的高度为 b，弹簧作用于 B_2 的力矩 $M=K_1(\psi-\theta_m)$ 与直杆作用于 B_2 的力矩 F_Nb 互相平衡，导出

$$F_N=(K_1/b)(\psi-\theta_m) \tag{1.9.3}$$

设 B_2 与直杆之间的静摩擦因数为 f_s，则最大静摩擦力为 $F=f_sN$。设 B_2 的质量为 m_2，$m=m_1+m_2$ 为总质量，为保证摩擦力能支撑 $\{B\}$ 的重力，应满足

$$\psi\geqslant\psi_m \tag{1.9.4}$$

ψ_m 为维持粘着状态时 B_1 偏角 ψ 的最小值：

$$\psi_m=\theta_m+\frac{mgb}{2f_sK} \tag{1.9.5}$$

设运动从套筒与直杆粘着时开始，令 $\psi_0=\psi_m$。B_1 的偏角 ψ 顺时针转动，弹簧力矩和相应的静摩擦力增大，使套筒继续维持粘着状态。ψ 到达最大值后开始减小，摆动方向从顺时针变为逆时针。

若在 t_1 时刻 ψ 减至 ψ_m 且继续减小，则直杆对 B_2 的摩擦力不能承受{B}的重量而向下开始滑动。但在法向约束力 F_N 减小为零以前，直杆仍保持对 B_2 的约束，B_2 倾角仍保持 θ_m 不变。以直杆顶端 O_0 为原点建立向下的垂直坐标轴 z，以确定 O 点的位置。B_2 在重力和摩擦力作用下滑动的动力学方程为

$$m\ddot{z}+m_1 a\ddot{\psi}=mg-2f_s\boldsymbol{F}_N \tag{1.9.6}$$

根据对动点的动量矩定理(A.3.10)，列出 B_1 对 O 点的动力学方程：

$$J_1\ddot{\psi}+K_1(\psi-\theta_m)-m_1(g-\ddot{z})a=0 \tag{1.9.7}$$

利用 B_2 的平衡方程(1.9.3)和式(1.9.6)消去 $m_1(g-\ddot{z})$，化为

$$J\ddot{\psi}+K(\psi-\theta_m)=0 \tag{1.9.8}$$

其中

$$J=J_1-\frac{m_1^2a^2}{m},\quad K=K_1\left(1-\frac{2f_s m_1 a}{mb}\right) \tag{1.9.9}$$

除 $J_1=m_1^2a^2/m$ 时 ψ 与 θ_m 恒保持相等以外，B_1 在 θ_m 附近作角频率为 $k=\sqrt{K/J}$ 的谐振动。

当 B_1 在 t_2 时刻的偏角到达 $\psi(t_2)=\theta_m$ 且继续减小时，弹簧作用力矩和法向约束力 F_N 同时为零，约束即被解除。解除约束后的{B}处于自由下落的腾空状态，其相对总质心的动量矩守恒。近似忽略 B_1 和 B_2 的转动对总质心位置的影响，设总质心与 O 点重合。设 B_2 相对 O 点的惯量矩为 J_2，以 $\dot{\psi}(t_2)=\dot{\psi}_{01}$ 和 $\dot{\theta}(t_2)=0$ 为初值，其中 $\dot{\psi}_{01}$ 为方程(1.9.8)的解在 t_2 时刻的值。动量矩守恒定律要求

$$J_1\dot{\psi}+J_2\dot{\theta}=J_1\dot{\psi}_{01} \tag{1.9.10}$$

在弹簧保持松弛时 $\dot{\theta}$ 和 $\dot{\psi}$ 取常值，对应于以下特解：

$$\dot{\theta}=\dot{\psi}=\dot{\psi}_{02},\quad \dot{\psi}_{02}=J_1\dot{\psi}_{01}/(J_1+J_2) \tag{1.9.11}$$

B_1 和 B_2 以相同角速度逆时针同步转动。由于约束瞬间消失引起的碰撞效应，B_2 和 B_1 的角速度分别由零和 $\dot{\psi}_{01}$ 突变为同一角速度 $\dot{\psi}_{02}$。

设在 t_3 时刻，B_2 和 B_1 逆时针转至 $\psi=\theta=-\theta_m$，端部在 Q_1 和 Q_2 处与直杆发生碰撞。由低弹性材料制造的套筒碰撞后角速度突变为零。则 B_2 沿直杆向下滑动，B_1 相对套筒的动基座摆动。其动力学方程与方程(1.9.8)相似，只需将 θ_m 前的负号改为正号：

$$J\ddot{\psi}+K(\psi+\theta_m)=0 \tag{1.9.12}$$

B_1 在 $-\theta_m$ 附近作角频率为 $k=\sqrt{K/J}$ 的谐振动。

在 t_4 时刻，当 $|\psi|$ 增加到 $|\psi|=\psi_m$ 且继续增大时，约束力 F_N 增大到能使静摩擦力足以承受 $\{B\}$ 的重量，则 B_2 重新与直杆粘着，B_1 再次作固定基座的摆动，动力学方程为

$$J_1\ddot{\psi}+K_1(\psi+\theta_m)-m_1ga=0 \tag{1.9.13}$$

在 t_5 时刻，当逆时针转动的 $|\psi|$ 到达最大值 ψ_{max} 时，鸟喙与直杆作弹性碰撞，所产生的冲量使 B_1 改朝顺时针方向摆动。在 t_6 时刻，当 $|\psi|$ 回复到 $|\psi|=\psi_m$ 且继续减小时，静摩擦力不能继续承受 $\{B\}$ 的重量，套筒开始向下滑动。B_1 的摆动规律重新由动力学方程(1.9.12)确定。

在 t_7 时刻，当 B_1 的偏角到达 $\psi=-\theta_m$ 时，弹簧作用力矩和法向约束力 F_N 再次消失，$\{B\}$ 再次自由下落。B_1 从约束消失前的角速度，B_2 从零角速度突变为同一角速度作顺时针同步转动。至 t_8 时刻，当 B_2 和 B_1 顺时针匀速转至 $\psi=\theta=\theta_m$ 时，B_2 端部重新在 P_1 和 P_2 处与直杆发生碰撞。B_1 的摆动规律由方程(1.9.8)确定，直至 t_9 时刻，约束力 F_N 增大到使静摩擦力足以承受 $\{B\}$ 的重量时，B_2 重新与直杆粘着，B_1 再次作固定基座的摆动。于是啄木鸟完成一个周期的运动，开始新的一轮循环。

以上分析表明，在 $\{B\}$ 运动的每个周期内，B_2 依次经历不同约束状态的 8 个阶段。在图 1.40 中以 $(\psi,\dot{\psi})$ 平面内的相轨迹表示。

(1) 1—2 ($t=0\sim t_1$)：B_2 在 P_1 和 P_2 处粘着；

(2) 2—3 ($t=t_1\sim t_2$)：B_2 在 P_1 和 P_2 处沿直杆滑动；

（3）3—4（$t=t_2\sim t_3$）：B_2 自由下落；

（4）4—5（$t=t_3\sim t_4$）：B_2 在 Q_1 和 Q_2 处沿直杆滑动；

（5）5—6（$t=t_4\sim t_6$）：B_2 在 Q_1 和 Q_2 处粘着，$t=t_5$ 时 B_1 与直杆弹性碰撞。

（6）6—7（$t=t_6\sim t_7$）：B_2 在 Q_1 和 Q_2 处沿直杆滑动；

（7）7—8（$t=t_7\sim t_8$）：B_2 自由下落；

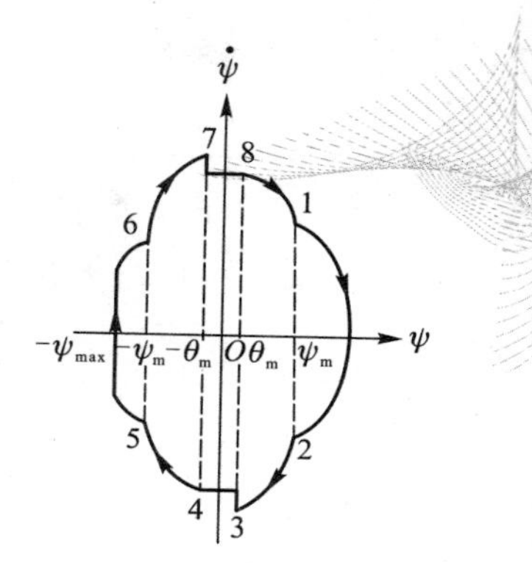

图 1.40　啄木鸟自激振动的相轨迹

（8）8—1（$t=t_8\sim t_9$）：B_2 在 P_1 和 P_2 处沿直杆滑动，然后回复到第一阶段。

在力学中，这种约束状态在运动过程中不断改变的系统称为变结构系统。对这类系统的动力学分析必须按照不同的支承状况分段进行，然后在保证运动参数连续性的条件下将各段的运动状态进行拼接。在工程技术中，有干摩擦的或有间隙的机械传动系统都是变结构系统。第三章 3.4 节讨论的人的双脚步行运动和 3.5 节讨论的鞍马全旋运动也都是变结构系统。

翻滚的玩具人[17]

1.10 Section

仔细观察一个模仿体操运动员的有趣玩具。只见一个玩具小人手握单杠做着各种动作，但所做的动作看不出任何规律。他时而向前时而向后，或摆动或翻滚，顺序永远不会重复（图1.41），你无法根据他的当前动作判断他的下一步动作。

这个玩具由固定支架 B_0、摆架 B_1和小人 B_2三部分组成（图1.42）。摆架 B_1在 O 点处与支架 B_0铰接，小人 B_2在 O_1 处与摆架

图 1.41　体操运动员玩具

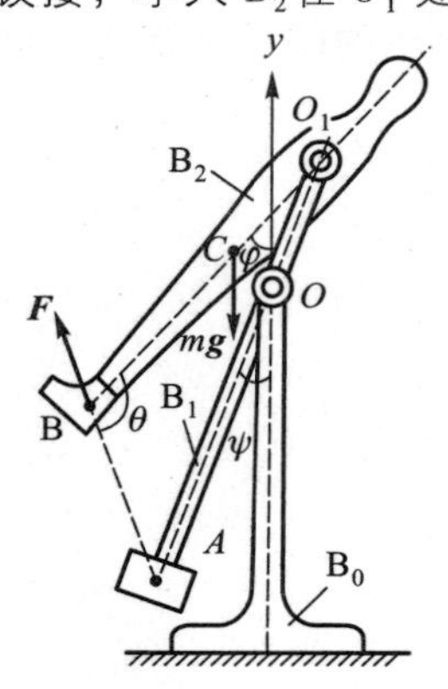

图 1.42　玩具人与摆架之间的磁耦合

B_1铰接。支架B_0在中点 C 处置有电磁铁，电池能源供应的电流使电磁铁的磁感应强度产生周期性脉动。摆架 B_1的下端 A 点处镶有磁铁块，当 B_1受到初始推动开始摆动时，在 C 点附近周期变化的磁场引力作用下产生绕 O 点的受迫周期摆动。设摆动的周期为 T，令 $\omega=2\pi/T$，将 B_1的摆轴相对垂直轴 Oy 的倾角 ψ 的规律表示为

$$\psi=\psi_0\sin\omega t$$

玩具小人 B_2的下端 B 点处也镶有磁铁块，与摆架 B_1的磁铁块有相同的极性。摆架摆动时，在 A，B 之间的磁场斥力推动下，B_2也被迫绕 O_1 点摆动。磁场斥力 $\boldsymbol{F}$ 与 A，B 两点间的距离平方成反比，沿两点连线方向。设 B_2的摆轴相对垂直轴 Oy 的倾角为 φ，计算磁场斥力 $\boldsymbol{F}$ 作用于 B_2的相对 O_1 点的力矩，得到

$$M=\frac{cl_0l\sin(\varphi-\psi)}{[l_0^2+l^2-2l_0l\cos(\varphi-\psi)]^{3/2}}$$

其中 $O_1A=l_0$，$O_1B=l$，系数 c 取决于磁铁的磁感应强度。利用刚体相对动点的动量矩定理，可以列出 B_2在重力和磁场斥力作用下相对 O_1 点摆动的动力学方程。由于上述磁场斥力为摆动角 φ 的非线性函数，所列出的方程为非线性微分方程。从所观察到的现象可以看出，尽管 B_1的摆动是有规则的周期运动，但 B_2的摆动却是毫无规则的非周期往复运动。因此周期变化的激励 $\psi(t)$ 输入 B_2的非线性动力学方程，可产生出貌似随机的非周期响应。这种非周期往复运动是混沌现象的基本特征之一。玩具小人的运动是典型的混沌运动。

无规则的混沌运动也存在于自然界。太阳系中土星的众多卫星中第七个星体(简称土卫七)的无规则转动就是最典型的例子。土卫七的直径为 286 km，发现于 1848 年。和一般的球形天体不同，土卫七的形状高度不规则，是一颗形似海绵的星体(图 1.43)。观测到的土卫七的自转极不规则，也是时而摆动时而翻滚。形状不规则的星体在万有引力力矩作用下，其绕质心运动的

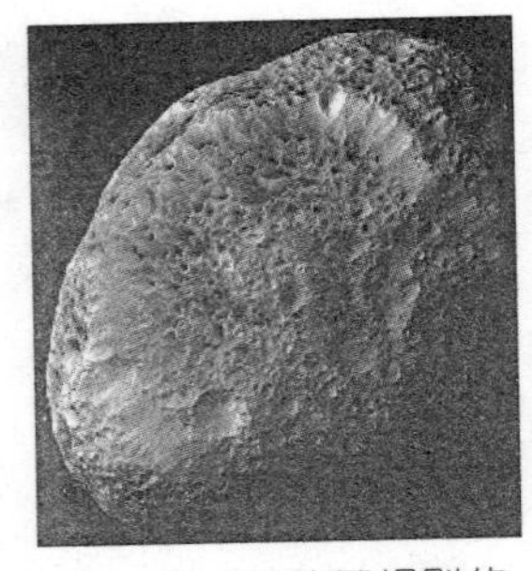
图 1.43　运动不规则的星体土卫七

动力学方程是不存在解析积分的非线性微分方程。土卫七的无规则转动也是典型的混沌运动。在太阳系中，土卫七是观测到的唯一一颗自转混乱的星体，不过在远古时期，也许尚未成球形的其他星体也作这种运动。

在轨道中运行的航天器一旦失去控制，也会发生与土卫七类似的混沌姿态运动。在航天实践中，有必要将航天器的混沌姿态运动转化为规则运动。于是发展了一个具有实际意义的理论研究课题，即混沌控制问题。

无规则的混沌运动也存在于人类自身。心律不齐病人的脉搏就是明显的例子。脑科学的研究结果认为，无规则混沌状态的脑电波是人脑处于等待状态的正常表现，只有在接受或处理信息时的脑电波才是有序的。

注释：翻滚玩具小人的 Poincaré 图[17]

Poincaré 图是鉴别混沌运动的有效工具。以上述玩具小人为例，所谓 Poincaré 图是在坐标 φ 和角速度 $\dot{\varphi}$ 组成的相平面$(\varphi,\dot{\varphi})$上，每隔一个周期 T 标出一个相点以反映玩具小人 B_2 的运动状态。如果 B_2 的运动是周期运动，则每个周期的相点均落在同一点上。无论运动时间有多长，相平面上只有一个相点。混沌运动则不然，相点每经历一个时间间隔 T 均落到一个新位置。随着运动的进行，不断有新的相点在无法预测的位置上出现。时间一长，相平面上将出现无数个分布混乱的点组成点集。点集分布所表现出的随机性来源于微分方程的确定性解，而不同于通常理解的随机性。这种确定性问题中出现的随机性称为动力学系统的内禀随机性[16]。

设 B_2的质量为 m，相对 O_1 点的惯量矩为 J，O_1 点与质心 C 的距离为 a，与 O 点的距离为 b，参照附录 A.5 中列出的单摆动力学方程(A.5.6)，增加磁场斥力的力矩，列出 B_2相对 O_1 点摆动的动力学方程：

$$J\ddot{\varphi}+mga\sin\varphi+f(\varphi,\psi(t))=0 \quad (1.10.1)$$

其中

$$f(\varphi,\psi(t))=mab[\ddot{\psi}\cos(\varphi-\psi)+\dot{\psi}^2\sin(\varphi-\psi)]+ cl_0 l\sin(\varphi-\psi)[l_0^2+l^2-2l_0 l\cos(\varphi-\psi)]^{-3/2} \quad (1.10.2)$$

利用以下原始数据：$l_0=0.1\text{m}$，$l=0.08\text{m}$，$a=0.02\text{m}$，$b=0.03\text{m}$，$m=0.015\ \text{kg}$，$J=1.4\times10^{-5}\text{kg}\cdot\text{m}^2$，$\psi_0=60°$，$T=1\ \text{s}$，$c=0.02\ \text{N}\cdot\text{m}^2$，对此微分方程作数值积分，从$(\varphi,\dot{\varphi})$平面上的 6 个起始点出发，作出的 Poincaré 图具有明显的混沌特征(图 1.44)。从而为翻滚玩具小人的混沌运动给出了严格的理论根据。

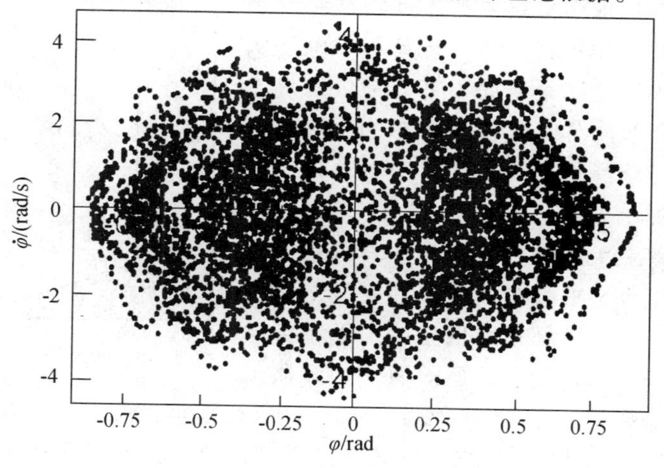

图 1.44　Poincaré 截面图

1.11 汽车爬墙[18]

Section

一只看似普通的遥控玩具汽车能爬上墙壁，沿着墙面前进、后退、转弯、打圈。甚至能贴着天花板倒立行驶而不坠地(图 1.45)。

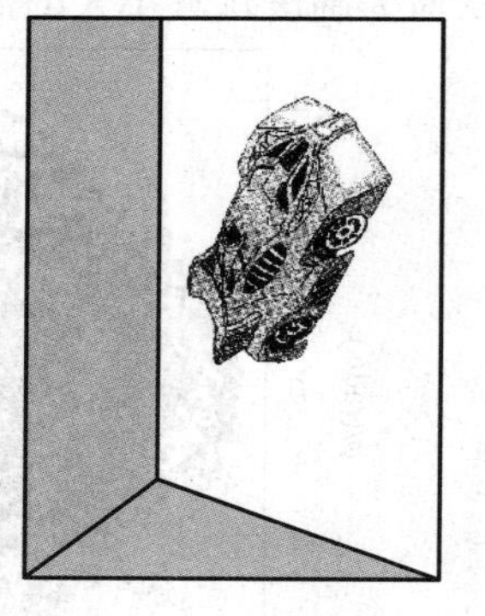

图 1.45　爬墙汽车玩具

在地球引力场中，所有物体都受到垂直向下的重力作用，玩具小车也不例外。小车能贴紧墙壁不下落是依靠气流的负压吸附作用。打开小车的外壳，除了遥控玩具必须具备的驱动主动轮和转向轮的小电机、减速箱以外，增加了一只功率更大的电机。它带动一只轴流风机，不停地抽吸车内底部的空气造成负压。小车的腹部紧贴墙壁，周围稍突起围成一个封闭的负压区。两侧的纸质密封条加强了气流的密封性，形成一个吸盘牢牢将汽车附着在墙壁上。但负压产生的吸力是沿墙壁法线的水平方向，不可能平衡垂直方向的重力。实际对重力的抗衡来自小车车轮与墙壁之间的摩擦力 F_f。吸力只是起了产生摩擦所必需的正压力 F_n 的作用(图

1.46)。

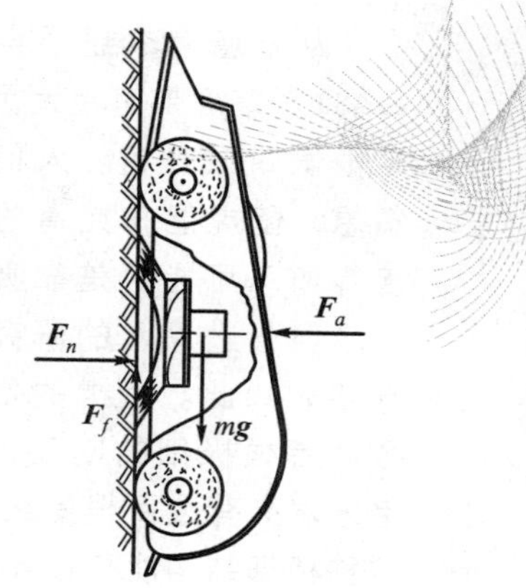

图 1.46　爬墙汽车受力分析

设吸盘的平均负压为 Δp，即环境气压 p_0 与吸盘内气压 p 之差。如吸盘区的面积为 S，产生的吸力为 $F_a=\Delta pS$。根据库仑摩擦定律，摩擦力 F_f 受车轮与墙壁的静摩擦系数 μ 的限制，即 $F_f<\mu F_a$。要使摩擦力能平衡质量为 m 的小车，令 $F_f=mg$，负压 Δp 必须满足 $\Delta p>mg/\mu S$。如 $\mu=0.4$，$m=54$ g，$S=16\ \mathrm{cm}^2$，算出负压的最小值约为 820 $\mathrm{N/m^2}$，约合 0.008 atm。用拉力计勾住被墙壁吸附的小车进行实测，测出的最大摩擦力为 1.72 N，折算成工程单位制为175 gf，远远超过小车的重量 54 gf。汽车内的实际负压值约为 0.03 atm，远大于最小允许值。

若小车在天花板上爬行，情况就完全不同。不需要摩擦力参与，小车的重力被垂直向上的吸力直接平衡。需要满足的平衡条件为 $F_a>mg$，即 $\Delta p>mg/S$。对应的负压最小值约为 330 $\mathrm{N/m^2}$。与爬墙情形比较，对负压的要求明显降低。可见小车在天花板上倒立行驶看起来十分惊险，实际上却比爬墙更容易实现。

爬墙汽车玩具虽小，却是真空吸盘式爬壁机器人，一种现代科技产物的缩微模型。爬壁机器人的力学原理与爬墙汽车玩具完全相同，只是承载的重量大得多，要产生的负压和制造负压的电机功率也都要大得多。利用软导线可以直接从地面输入电源，代替玩具汽车的充电锂电池板。利用爬壁机器人担负清洗玻璃幕墙等高层建筑保洁工作或擦拭天花板工作，可以降低保洁成本，改善工人的劳动条件(图 1.47)。

图 1.47　爬壁机器人

从爬墙汽车还很容易联想到一种爬墙小动物——壁虎(图1.48)。壁虎带有粗大足趾的四足很像四只吸盘。人们很自然猜想，壁虎能在光滑的墙面上疾步如飞可能也是靠吸盘的负压。但通过深入的研究发现情况并非如此。壁虎的足底长有数百万根极细的刚毛，每根刚毛末端又有数百根更细的分支。这种精细结构能使刚毛分子与墙壁表面分子之间的距离非常贴近，以至分子间的电磁引力增强到能承载壁虎重量的程度。可见壁虎的爬墙能力并非来自负压，而是有着更复杂的自然机理。

图1.48　壁虎

1.12 Section 猴子翻跟斗

将一只猴子玩具放在桌上，拧紧发条，猴子先缓缓向前弯腰，然后突然后仰，腾的一下离地跃起，在空中翻转360°后稳稳落到桌面上。如发条开足，此动作可重复多次，直到发条完全松弛后停止(图1.49)[19]。

从力学观点分析，站立的猴子受到桌面的单面约束。参照1.7节关于弹簧下楼的分析，约束力消失为零是物体解除约束的充分必要条件。此外，解除约束时物体还必须具备向上的质心速度，物体才能离地跳起。要弄清以上条件如何实现，必须了解猴子玩具的具体构造。猴子玩具由躯体 B_1 和下肢 B_2 两部分组成，在腰部以圆柱铰 O 联系。作为能源的发条机构和弹簧固定在 B_2 上，发条和弹簧的另一端固定于 B_1。发条拧紧后拉动 B_1 向前弯腰，同时拉伸弹簧。发条和弹簧的反作用力作用于下肢 B_2 与桌面的支承力平衡，使 B_2 保持静止成为 B_1 运动的固定支座。发条和弹簧对 B_1 的作

图1.49　猴子玩具

用力是内力，而桌面支承的外力才是改变系统运动状态真正的推动力。

在弹簧拉伸过程中，发条中蕴藏的能量一部分转换为弹簧的势能。当弯腰动作到达某个极限值时，利用凸轮控制使发条驱动突然断开，B_1 在弹簧拉力的作用下向后转动，弹簧的势能释放为 B_1 向后运动的动能。弹簧对 B_2 的反作用力使 B_2 出现转动趋势，桌面支承力必须向前方移动才能维持 B_2 的平衡。当支承力的合力作用线越出接触面的边缘时，支承力突然消失，桌面的约束随之被解除。此时如 B_1 的后仰运动使系统的总质心有向上速度发生，猴子即离地跳起。因后仰运动产生的转动角速度使猴子腾空后继续向后翻转。适当选择玩具零件的物理参数，可使猴子在腾空过程中的翻转角度恰好等于 360°，猴子就能稳稳落地站立。如弹簧尚未完全松弛，以上过程可重复多次直至弹簧势能耗尽为止。

观察猴子玩具跳起翻身的运动过程，很容易联想到体操运动员的类似行为。解除地面约束的条件二者完全相同，只是玩具的发条和弹簧被人体的肌肉和神经所代替。运动员先下蹲，然后突然伸展，带动躯体垂直向上运动，先加速后减速，当减速的负加速度使人体对地面的压力减为零，即地面约束力减为零时，约束即被解除。此时在加速过程中积累的垂直向上速度使运动员离地跳起。关于人体的跳跃运动，还将在本书第三章的 3.3 节中详细讨论。

注释：猴子翻跟斗的力学分析

猴子玩具是由躯体 B_1 和作为支座的下肢 B_2 以转动铰 O 联系组成的系统。以静止时的 O 点为原点建立定坐标系 $(O-x_0y_0)$，x_0 和 y_0 分别为水平轴和垂直轴。B_1 的连体坐标系 $(O-xy)$ 相对 $(O-x_0y_0)$ 的倾角为 θ，静止时上身直立，$\theta=0$。弹簧两端分别与 B_1

和 B_2 固定，静止时固定点 A_1 和 A_2 的连线与 Oy_0 平行。A_1 与 Oy 轴的距离及 A_2 与 Oy_0 的距离均为 a。设 B_i 的质量为 m_i，质心为 $O_{Ci}(i=1,2)$，O_{C1} 与 Ox 轴的距离为 l，与 Oy 轴的距离和 O_{C2} 与 Oy_0 的距离均为 b(图 1.50)。

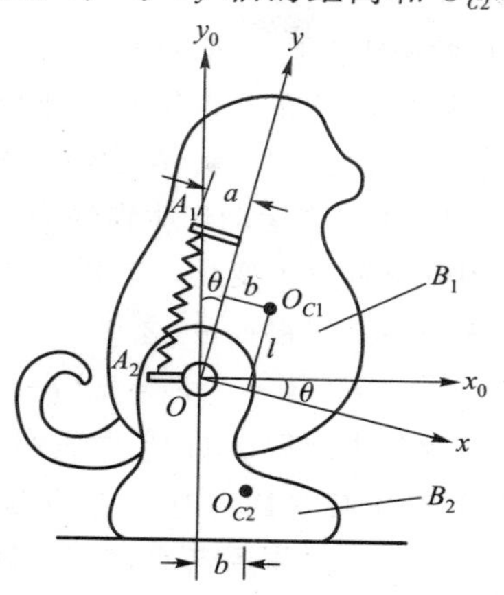

图 1.50 猴子玩具的简化模型

设跳起前 B_2 保持静止，拧紧弹簧时 B_1 绕 O 点向前转动做弯腰动作，同时拉伸弹簧。设弹簧常量为 K，拉力为 $F=Ka\theta$。释放后 B_1 上作用的重力和弹簧拉力对 O 点的力矩分别为 $m_1g(l\sin\theta+b\cos\theta)$和$-Ka^2\theta$。设 B_1 对 O 点的惯量矩为 J，利用附录 A.5 中的欧拉方程(A.3.12c)，仅保留 θ 的一次项，列写 B_1 绕 O 点转动的动力学方程

$$J\ddot{\theta}+(Ka^2-m_1gl)\theta=m_1gb \tag{1.12.1}$$

设 $Ka^2>m_1gb$，令 $k^2=(Ka^2-m_1gl)/J$，$\theta_0=m_1gb/(Ka^2-m_1gl)$，写作

$$\ddot{\theta}+k^2(\theta-\theta_0)=0 \tag{1.12.2}$$

设 $\theta=0$ 时 $\dot{\theta}=0$，此方程存在初积分。

$$\dot{\theta}^2+k^2(\theta-\theta_0)^2=k^2\theta_0^2 \tag{1.12.3}$$

上式在$(\theta,\dot{\theta})$相平面上确定的相轨迹是以 $\theta=\theta_0$ 为中心，以 θ_0 和 $k\theta_0$ 为半轴的椭圆 C_1(图 1.51)。

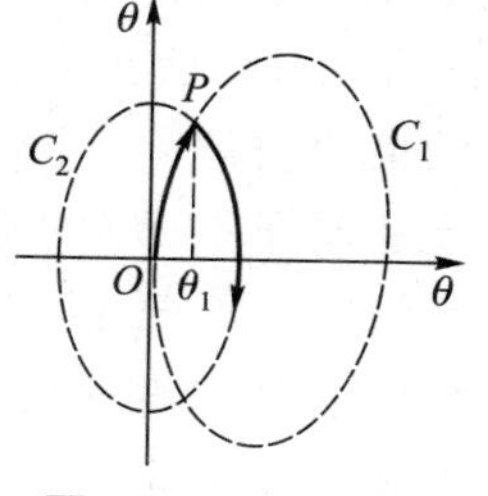

图 1.51 躯体运动的相轨迹

当 B_1 向前弯腰，相点沿相轨迹从 $\theta=0$ 移至 $\theta=\theta_1$ 的 P 点时，设发条驱动突然中断，M 突变为零。此时的角速度 $\dot{\theta}_1$ 可令式(1.12.3)中 $\theta=\theta_1$ 导出

$$\dot{\theta}_1=k\sqrt{\theta_1(2\theta_0-\theta_1)} \tag{1.12.4}$$

令式(1.12.3)左边中 $\theta_0=0$，以 $\theta=\theta_1$，$\dot{\theta}=\dot{\theta}_1$ 为初始值，相轨迹方程突变为

$$\dot{\theta}^2+k^2\theta^2=2k^2\theta_0\theta_1 \tag{1.12.5}$$

对应的相轨迹是以 O 点为中心，$\sqrt{2\theta_0\theta_1}$ 和 $k\sqrt{2\theta_0\theta_1}$ 为半轴的椭圆 C_2。椭圆 C_1 上的相点从 P 点开始改沿椭圆 C_2 移动，越过横坐标轴后 $\dot{\theta}$ 从正值变为负值，B_1 的转动从向前变为向后，弯腰变为后仰。

B_1 的后仰运动产生惯性力，使桌面对 B_2 的约束力的大小和作用点位置发生变化。支承力 F_n 等于静压力 $(m_1+m_2)g$ 与动压力 $F^*=-m_1(l\dot{\theta}^2+a\ddot{\theta})$ 之和

$$F_n=m_1(g-l\dot{\theta}^2-a\ddot{\theta})+m_2g \tag{1.12.6}$$

发条驱动中断后，如 B_1 做后仰运动时 B_2 仍继续保持静止，则弹簧对 B_2 的反作用力对 O 点的力矩 $Ka^2\theta$ 必须与桌面的约束力矩平衡。约束力的作用点 Q 与 Oy_0 轴的距离 s 应满足平衡方程

$$F_ns+Ka^2\theta+m_2gb=0 \tag{1.12.7}$$

设 B_2 的脚底前端与 Oy_0 轴的距离为 s_0，则约束力作用点位置应满足

$$s=\frac{Ka^2\theta+m_2g}{m_1(g-l\dot{\theta}^2-\ddot{\theta})+m_2gb}<s_0 \tag{1.12.8}$$

距离 s 随仰角速度 $\dot{\theta}$ 增大，当作用点 Q 前移至端点时，s 到达极限值 s_0，约束力突然消失，桌面对猴子的约束即被解除。图 1.52 为 $\theta=0$ 时无驱动下肢 B_2 的受力图。解除约束瞬间，B_1 质心 O_{C1} 因后仰运动产生向上的垂直速度 $a\dot{\theta}$，带动系统整体向上跃起。B_1 的后仰角速度 $\dot{\theta}$ 则成为腾空的初始角速度，猴子的跳起翻身动作得以完成。

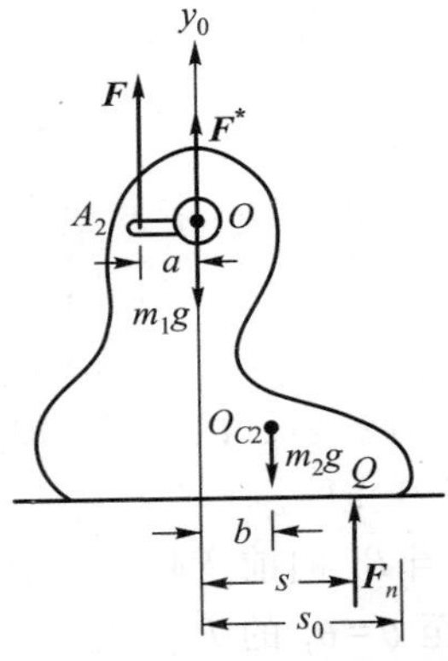

图 1.52　无驱动下肢的受力图($\theta=0$)

1.13 Section 不倒翁与冈布茨[20]

推之不倒，左右摇摆的不倒翁是一个历史悠久的民间玩具（图 1.53）。据考证早在唐代就有类似的劝酒玩具出现。不倒翁摇头晃脑的形象在民间被看成是贪官的象征。明代江南才子徐渭有一首咏不倒翁的诗：

> “乌纱玉带俨然官，此翁原来泥半团；忽然将你来打碎，通身上下无心肝。”

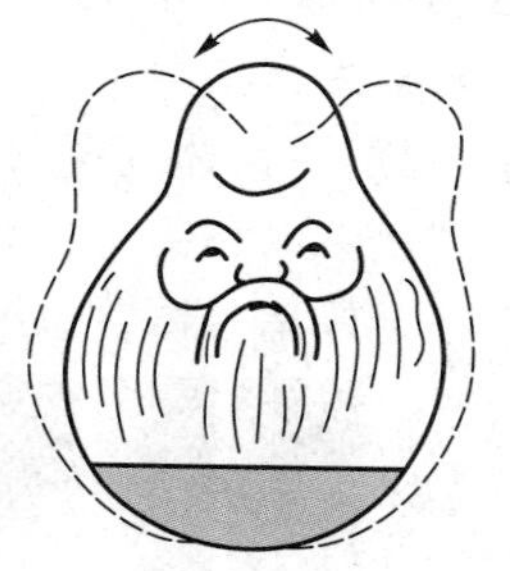

图 1.53　不倒翁

这首诗不仅借物嘲讽了贪官，而且道出了不倒翁推不倒的关键是在空肚里塞进了半团泥。将不倒翁底部曲面的曲率中心视为支点，半团泥产生的效果是使重心下移，当重心移到支点的下方时就形成一个复摆，不倒翁就能维持稳定不倒的平衡状态。如果将不倒翁翻转成头朝下的倒立姿态，仔细将重心与支点调整在同一垂直线上，倒置后的不倒翁也能平衡，但极不稳定，轻轻一碰即刻翻倒。由此可见，不倒翁有两种平衡状态，一种稳定，另一种不稳定。

上述不倒翁的力学原理并不复杂，但与不倒翁有关的所谓

"阿诺德猜想"却是一个数学难题。一般情况下,任何一个质量均匀的实心物体的稳定平衡状态都不是唯一的,不稳定平衡状态也是如此。比如一本书,正反两面搁在桌上都是稳定平衡。再比如一支铅笔两头竖在桌上都是不稳定平衡。乍一看来不倒翁不在此例,它只有唯一的稳定平衡和唯一的不稳定平衡。但不倒翁并非实心物体,而是利用内部填充物使重心下移的质量不均匀物体,不能成为反例。

1995 年俄罗斯数学家阿诺德(V. I. Arnold)提出:是否存在一种均质三维凸几何体,它的稳定平衡位置和不稳定平衡位置各只有一个(图 1.54)。这种物体如果存在可称之为"单-单静平衡体"(mono-monostatic body)。所谓"阿诺德猜想"简单说来就是:单-单静平衡体是否真正存在。

图 1.54 阿诺德

匈牙利的一位数学教授多莫科斯(G. Domokos)与阿诺德有过一次交谈,随后与学生瓦尔科尼(P. Várkonyi)开始了对单-单静平衡体的探索(图 1.55,图 1.56)。从上述书本和铅笔的例子可以判断,单-单静平衡体如果存在,绝不会是扁平体,也绝不会是细长体。这种物体如果存在必具有

图 1.55 多莫科斯

图 1.56 瓦尔科尼

接近球体的外形。均质理想球体在任何位置上都能平衡，有无数个随遇的平衡点，既非稳定也非不稳定。但如果对球体表面稍作修正，就有可能人为制造出新的稳定平衡点和不稳定平衡点。以哥伦布竖鸡蛋的故事作比喻：对鸡蛋表面的微小修正（敲开一个小孔）原来不稳定的平衡点就转变成为稳定平衡。

为了寻找自然界中有无单-单静平衡体，多莫科斯和瓦尔科尼在希腊的罗德岛（Rode island）海滩检视了2000多枚卵石，可惜竟无一枚符合单-单静平衡体的特征。他俩又跑遍了布达佩斯的动物园和宠物店。有趣的是，居然在一只乌龟身上发现了类似的现象。这只被称为“印度星龟（Indian star tortoise，学名 Geochelone elegans）”的乌龟背负着高高拱起的带棱边的厚壳。当这只乌龟被掀翻成厚壳着地四脚朝天的状态时，它不需要头颈和四肢的帮助就能迅速翻转成四肢落地的正常位置，从而表现出明显的单-单静平衡现象（图1.57）。虽然乌龟并非严格的均质凸几何体，但它证实了自然界确实有唯一稳定平衡和唯一不稳定平衡状态的生物体存在。

图1.57　印度星龟的自动翻转

经过十多年锲而不舍的探索，2006年多莫科斯和瓦尔科尼终于造出了世上第一只单-单静平衡体[21]（图1.58）。将这个人造物体放在桌上，它能从任意位置自动恢复到唯一的稳定平衡位置。这个特殊物体被命名为 Gömböc，是由匈

图1.58　冈布茨

牙利语的球形(gömb)演化成的名词，国内报刊音译为“冈布茨”。第一个人造的冈布茨与球体的区别非常微小，它的曲面函数与球面只有10^{-5}的差别。制造工艺难度极大。进一步的改进是取消对几何体表面光滑性的限制，即允许有棱边存在。改进后用电脑控制雕刻机成形的冈布茨，其相对误差也只有10^{-3}。从球体演化成的单-单静平衡体并非只有唯一解。根据多莫科斯和瓦尔科尼的数学分析，可以产生出无数个不同的冈布茨，形成冈布茨系列。在 2010 年上海世博会上一个用钢材制成，高 1.5 m，宽 3 m，质量达 2 t，世上最大的冈布茨陈列在匈牙利馆的大厅里成为镇馆之宝。

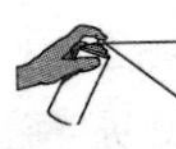

注释：关于阿诺德猜想

桌上的物体如处于平衡，其重心 O 与接触点 Q 必在同一垂线上。如接触点处物体表面的曲率中心 O'高于重心 O，当物体绕 O'点有微小偏转时，重心 O 上升，重力 $\boldsymbol{F}_{\mathrm{G}}$ 与约束力 $\boldsymbol{F}_{\mathrm{N}}$ 组成的力偶推动物体返回原来位置，其平衡状态是稳定的[7](图 1.59a)。反之，如曲率中心 O'低于重心 O，物体的微小偏转使重心 O 下降，重力与约束力构成倾覆力矩，为不稳定平衡(图

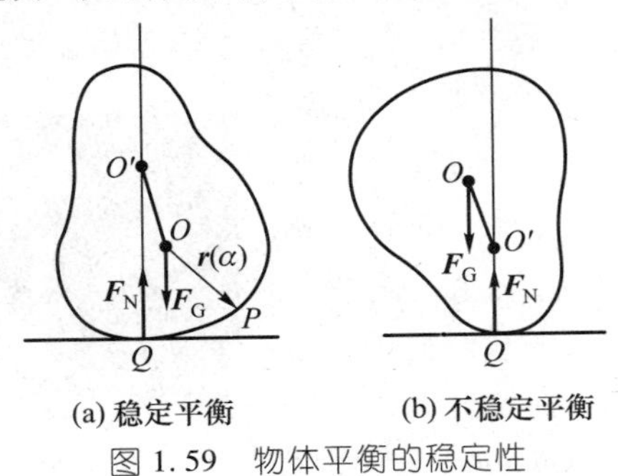

图 1.59　物体平衡的稳定性

1.59b)。以物体的重心 O 为原点，向物体表面任意点 P 引矢径 $\boldsymbol{r}(\alpha)$，α 为表示 P 点位置的参数。则平衡时重心 O 相对接触点 P 的高度必满足极值条件 $\mathrm{d}r/\mathrm{d}\alpha=0$。平衡的稳定性取决于重心高度为极大值还是极小值，表示为

$$\frac{\mathrm{d}^2 r}{\mathrm{d}\alpha^2}\begin{cases}>0: \text{稳定}\\ <0: \text{不稳定}\end{cases} \tag{1.13.1}$$

以外形扁平的卵石为例，共有 6 个平衡接触点(以下简称平衡点)。其中 2 个扁平的侧面为稳定平衡点，记作 S；沿长轴的 2 个尖端的平衡不稳定，记作 U；沿短轴的 2 条棱边的中点沿棱边方向稳定，沿垂直棱边的方向不稳定，这种特殊的平衡状态称为鞍点，记作 T(图 1.60a)。再以均质立方体为例，共有 26 个平衡点，其中 6 个平面中点为稳定平衡点，8 个角点为不稳定平衡点，12 个棱边中点为鞍点(图 1.60b)。若几何体存在 i 个稳定 j 个不稳定平衡点和 k 个鞍点，根据 Poincaré-Hopf 定理[22]，凸几何体各种平衡点的数目遵循以下规律：

$$i+j-k=2 \tag{1.13.2}$$

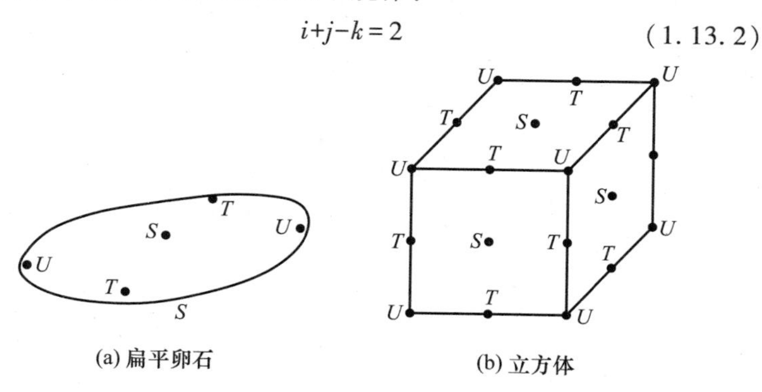

图 1.60　凸几何体的平衡点

所谓凸几何体，是指体内任意两点的连线都被包含在体内的几何体。公式(1.13.2)不难用前面提到的卵石和立方体的例子检验。如将凸几何体的平衡状态用稳定和不稳定平衡点的数目表示为(i,j)，则扁平卵石为(2,2)，立方体为(6,8)。由此产生一个有

趣的问题：均质凸几何体最少有几个平衡点？有无可能只存在一对平衡点，一个稳定，另一个不稳定？或简述为：是否存在“单-单静平衡体”，即平衡状态为(1,1)的均质凸几何体。

就二维的平面物体而言，以上问题的答案是否定的。因为微分几何中的“四顶点定理”表明：任意封闭的平面凸曲线的曲率函数最少有4个极值，即2个极小值和2个极大值[23]。根据平衡点的定义，平面物体的平衡状态不可能小于(2,2)。所谓阿诺德猜想就是：既然单-单静平衡体在平面凸几何体中不可能，有无可能在三维凸几何体中存在呢？

参考文献
References

[1] 刘延柱．太空中的悠悠球[J]．力学与实践，2006，28(6)：93.

[2] Bürger W. The yo-yo：a toy flywheel[J]. *Amer. Scientist*, 1984, March-April：137-142.

[3] 刘延柱，朱本华，杨海兴．理论力学(第三版)[M]．北京：高等教育出版社，2009：264.

[4] 刘延柱．滚动圆环的力学问题[J]．力学与实践，2002，24(5)：74-76.

[5] Pritchett T. The hopping hoop revisited, Amer. *Math. Monthly*, 1999, 106：609-617.

[6] Liu Yanzhu, Xue Yun. Qualitative analysis of a rolling hoop with mass unbalance[J]. *Acta Mechanica Sinica*, 2004, 20(5)：672-674.

[7] 刘延柱．高等动力学(第二版)[M]．北京：高等教育出版社，2016.

[8] 刘延柱．翻身陀螺简史及其力学分析[J]．力学与实践，2007，29(2)：88-90.

[9] 刘延柱．凯尔特石现象及其力学解释[J]．力学与实

践，1991，13 (4)：52-54.

[10] Walker J. The mysterious "rattleback"：A stone that spins in one direction and then reverses[J]. *Scientific American*, 1979，241：172-184.

[11] Liu Yanzhu. On the motion of an asymmetrical rigid body rolling on a horizontal plane[J]. *Z. für Angew. Math. und Mech.*, 1985，65：180-183.

[12] 刘延柱. 奇妙的弹簧：Slinky[J]. 力学与实践，1996，18 (3)：72.

[13] 刘延柱. 竹蜻蜓与回旋镖. 力学与实践，2008，30 (3)：104-105.

[14] 巴杰，奥尔森. 经典力学新编[M]. 孙国锟，译. 北京：科学出版社，1981.

[15] 刘延柱. 啄木鸟玩具演示自激振动[J]. 力学与实践，2008，30(5)：94-96.

[16] 刘延柱. 曾逐东风拂舞筵：再谈自激振动[J]. 力学与实践，2007，29(6)：87-88.

[17] 刘延柱，彭建华. 磁耦合双摆的混沌运动[J]. 力学与实践，2006，28(5)：76-77.

[18] 庄表中，刘延柱. 会爬墙的汽车玩具[J]. 力学与实践，2013，35(2)：99-100.

[19] 王永，田燕萍，庄表中. 猴子玩具跳起360度翻跟斗能站稳[J]. 力学与实践，2012，34(1)：120-121.

[20] 刘延柱. 不倒翁、乌龟翻身和冈布茨[J]. 力学与实践，2010，32(2)：147-149.

[21] Várkonyi P L, Domokos G. Mono-monostatic bodies, the answer to Arnold's question [J]. *Mathematical Intelligencer*, 2006，28(4)：34-38.

[22] 徐森林，胡自胜，薛春华. 微分拓扑[M]. 北京：清华大学出版社，2008.

[23] 苏步青，胡和生. 微分几何[M]. 北京：高等教育出版社，1979.

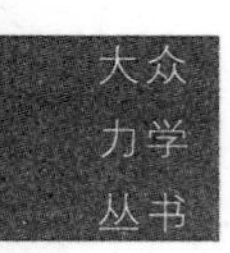

第二章 杂技篇

[75] 2.1 独轮车
[79] 2.2 呼啦圈
[85] 2.3 晃板
[91] 2.4 耍幡
[94] 2.5 走钢丝
[98] 2.6 狮子滚球
[104] 2.7 飞车走壁
[111] 参考文献

2.1 Section 独 轮 车

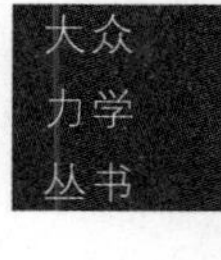

杂技中的独轮车表演已有一百多年历史(图 2.1)。它的来源可追溯到 1870 年英国人斯塔利(J. K. Starley)发明的高轮自行车(图 2.2)。这种双轮车被戏称为“Penny-farthing”，意思是“1 便士加 1/4 便士”，因为高大的前轮带一个矮小的后轮恰似一个大硬币配一个小硬币。骑车人紧急刹车时会由于惯性前倾，带动后轮离开地面。于是发现带一个轮子的自行车也能稳定不倒，脚踏独轮车就此诞生。

独轮车的单点支承和高重心特点相当于一个不稳定的倒摆。车轮的陀螺效应虽有助于稳定但不是主要因素，因为即使车轮不转，独轮车也能在原地保持稳定。独轮车直立状态的稳定性主要依靠驾车人的操纵技术。当车身连同驾车人的下躯干前后倾斜时，驾车人通过脚蹬和链轮施加与倾覆方向相反的控制力矩作用于车轮，使地面的反作用摩擦力克服重力的倾覆力矩。当车身左右倾斜时，驾车人利用上躯干朝倾覆相反方向的弯腰动作，使上躯干的重力矩与倾覆力矩保持平衡。训练有素的驾车人能控制自己的动作使独轮车保持稳定。

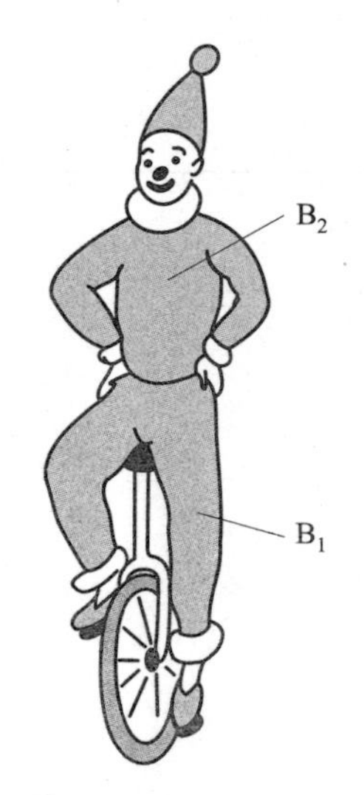

图 2.1 脚蹬独轮车　　图 2.2 斯塔利的双轮自行车

脚蹬独轮车不仅是杂技表演的经典节目，而且成为一项新兴的运动项目受到青少年的喜爱。许多欧美国家将独轮车运动列入中小学的体育教学内容，我国教育部也于 1996 年列为校园体育项目之一。

注释：独轮车的稳定性分析[1]

将独轮车简化为两个部分：由车架连同车轮和固结在车架上的驾车人下躯干 B_1、上躯干 B_2。$B_i(i=1,2)$ 组成的系统记作 $\{B\}$（图 2.1）。设独轮车接近于原地不动，忽略分体之间的相对转动对质心 O_c 位置的影响。以 O_c 为原点，建立平动参考坐标系(O_c-XYZ)，X 和 Y 轴与地面平行，X 轴沿前进方向，Z 轴为垂直轴。按以下顺序定义独轮车的角度坐标：

$$(O_c-XYZ)\xrightarrow[\psi]{X}(O_c-x_0y_0z_0)\xrightarrow[\theta]{x_0}(O_c-x_1y_1z_1)\xrightarrow[\varphi]{x_1}(O_c-x_2y_2z_2)$$

其中$(O_c-x_1y_1z_1)$和$(O_c-x_2y_2z_2)$分别为 B_1 和 B_2 的主轴坐标系(图 2.3)。设{B}相对 x_1 轴和 y_1 轴的主惯量矩分别为 A，B，上躯干 B_2 相对 x_2 轴的主惯量矩为 A_2，仅保留 ψ 和 θ 的一次项，忽略车轮的微小相对转动，{B}相对 x_1 轴和 y_1 轴的动量矩分别为

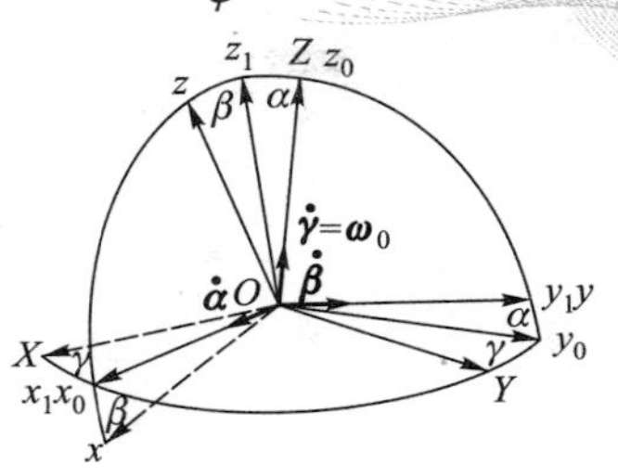

图 2.3　确定独轮车姿态的坐标系

$$L_x=A\dot{\psi}+A_2\dot{\varphi},\ L_y=B\dot{\theta} \tag{2.1.1}$$

设{B}的质量为 m，脚蹬传至车轮的力矩为 M_c，车轮的半径为 R，则地面对车轮的法向支承力 $\boldsymbol{F}_n$ 和切向摩擦力 $\boldsymbol{F}$ 为

$$F_n=mg,\ F=M_c/R \tag{2.1.2}$$

$\boldsymbol{F}_n$ 的方向沿 Z 轴，若脚蹬对车轮的力矩 M_c 为绕 y_1 轴顺时针方向，则摩擦力 $\boldsymbol{F}$ 沿 X 轴的负方向。设质心 O_c 至车轮与地面的接触点 P 的距离为 l，上躯干 B_2 的质量和质心 O_2 至总质心的距离分别为 m_2 和 l_2。引入参数 $\alpha=m_2/m$，$\beta=l_2/l$，计算地面的支承力和摩擦力与上躯干的重力相对 O_c 的力矩之和 $\boldsymbol{M}$ 沿 x_1 轴和 y_1 轴的投影，得到

$$M_x=(g\psi+\alpha\beta\varphi)ml,\ M_y=(mg\theta+F)l \tag{2.1.3}$$

将以上各式代入附录 A.3 中的动量矩定理(A.3.8)，导出动力学方程组：

$$\begin{aligned}&A\ddot{\psi}+A_2\ddot{\varphi}-mgl(\psi+\alpha\beta\varphi)=0\\&B\ddot{\theta}-mgl\theta-(M_cl/R)=0\end{aligned} \tag{2.1.4}$$

设脚蹬和弯体动作的控制规律近似为

$$M_c=-k_1\theta,\ \varphi=-k_2\psi \tag{2.1.5}$$

代入方程组(2.1.4)，解耦为

$$(A-k_2A_2)\ddot{\psi}+mgl(\alpha\beta k_2-1)\psi=0 \tag{2.1.6a}$$

$$B\ddot{\theta}+[(k_1/R)-mg]l\theta=0 \tag{2.1.6b}$$

如方程组(2.1.6)的系数均为正值，则特征值为纯虚数。根据附录 A.5 对线性系统零解稳定性的分析，平衡状态稳定。此条件要求控制规律中的系数 k_1，k_2 满足

$$k_1>mgR,\ A/A_2>k_2>1/\alpha\beta \tag{2.1.7}$$

杂技演员凭借其熟练的动作使上述稳定性条件得到满足，独轮车就能直立不倒。

2.2 Section 呼 啦 圈[2]

20世纪50年代风靡欧美的呼啦圈，在国内不仅出现在杂技舞台上，而且作为一种减肥瘦身的健身运动也流行起来。这种将细圆圈用于体育和娱乐活动有着非常古老的历史。投掷藤圈以套中地面目标为乐的游戏在我国流传已久，也曾是古希腊的运动项目。套在身上靠扭动腰肢旋转的大圆圈最早出现在1957年的澳大利亚。一家称为Toltoy的玩具公司起先用竹制成这种细圈，后来改为塑料圈，一年内售出了40万只。看到商机的两个年轻美国玩具商随即将这个新奇玩意儿推到美国。由于扭动身体的舞姿很像夏威夷土著称为Hula的草裙舞，呼啦圈(Hula hoop)的名称就此产生。1958年美国Wham-O公司制造的2500万只呼啦圈在四个月内就销售一空，一年内竟售出了一亿只。作为老少咸宜的娱乐活动，呼啦圈狂潮瞬间席卷全美国。历年举行的全美呼啦圈竞赛，从1968年500个参加城镇增加到1980年2000个城镇的200万人。呼啦圈于1983年流行到欧洲。德国、荷兰和英国相继举行了呼啦圈的全国竞赛。最长呼啦圈旋转时间、最大最重的呼啦圈、一次转动最多的呼啦圈、边转呼啦圈边跑最长距离等世界纪录被不断刷新。呼啦圈不仅是风靡世界的大众化玩具和健身运动，而且也成为杂技表演的重要道具，在各种精彩的杂技节目中出现。

呼啦圈的玩法并不复杂。将一个呼啦圈套在腰部用力一甩，让它围绕身体旋转起来，然后不停地扭动腰肢，使呼啦圈持续地旋转。扭腰动作愈剧烈，呼啦圈转动愈快，愈不容易往下掉。不过对于初学者，这种看似简单的动作也必须多次练习才能掌握(图 2.4)。

图 2.4　呼啦圈运动

从力学观点分析，可认为呼啦圈是在腰肢扭动的摩擦力驱动下，相对腰肢作无滑动的滚动，表现为绕躯体的旋转。将扭动的躯体视为约束，呼啦圈的运动属于物体在非定常单面约束下的三维运动。通过注释中的理论分析，可以了解呼啦圈的旋转速度与腰肢扭动速度之间的关系，以及不往下掉落，不离开躯体，加速或减速，转动平面的倾斜度等现象与转速和摩擦等因素之间的关系。

呼啦圈运动简便易行，不须进健身房就能起健身作用而受到欢迎。不过呼啦圈是强度很大的运动，主要靠腰部用力。过度用力可能会引起腰肌劳损，反而得不偿失。这倒是急于减肥的朋友们要引起注意的。

注释：呼啦圈运动的力学分析

为便于分析，将复杂的动力学问题分解为几步进行。假定转呼啦圈的人十分发福，可用一个圆柱体近似地代表身体。令一个半径比圆柱体大的刚性细圈套在圆柱体上滚动。以半径为 R 圆心为 O 的圆 C 表示圆环，半径为 r 圆心为 O_1 的圆 C_1 表示圆柱体，$R>r$（图 2.5）。先近似将细圈的运动限制为水平面内的平面运动。C 与 C_1 内切于 P 点，C 以 P 为接触点，沿顺时针方向在 C_1 上作无滑动的纯滚动。O_1，O 与 P 三点共线，将线段 $\overline{OO_1}$ 与 y 轴的夹角记作 θ。设与此同时，C_1 的圆心 O_1 围绕固定点 O_0 沿顺时针方向作半径为 a 的匀速圆周运动。圆柱体 C_1 随同 O_1 平动以模拟腰肢的扭摆运动。固定点 O_0 位于 $\overrightarrow{O_1P}$ 逆时针偏转 γ 角，与 O_1 点距离为 a 的位置。以 O_0 为原点，建立惯性坐标系 (O_0-xyz)，z 轴为垂直轴，x，y 轴在水平面内。利用矢量等式 $\overrightarrow{O_0O}=\overrightarrow{O_0O_1}+\overrightarrow{O_1O}$ 导出圆环 C 的圆心 O 沿 x，y 轴的坐标：

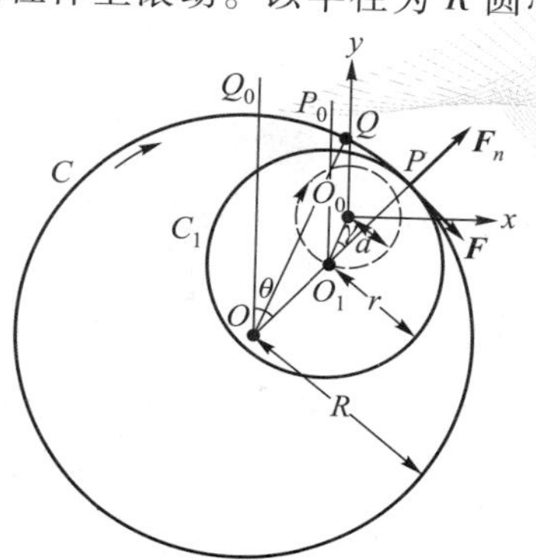

图 2.5　受约束圆环在水平面内的运动

$$
\begin{aligned}
x &= -[(R-r)\sin\theta+a\sin(\theta+\gamma)] \\
y &= -[(R-r)\cos\theta+a\cos(\theta+\gamma)]
\end{aligned}
\tag{2.2.1}
$$

设圆环的质量为 m，圆环与圆柱体接触的法向约束力和切向摩擦力分别为 $\boldsymbol{F}_n$ 和 $\boldsymbol{F}$。暂不讨论垂直方向的运动，列写圆环在 (x,y) 平面内的质心运动方程：

$$
\begin{aligned}
m\ddot{x} &= F_n\sin\theta+F\cos\theta \\
m\ddot{y} &= F_n\cos\theta-F\sin\theta
\end{aligned}
\tag{2.2.2}
$$

C 与 C_1 的切点 P 移动时相对 O_1 的中心角变化率即圆环的滚动角速度，记作 Ω，则 $\theta=\Omega t$。设 γ 为常值，将方程（2.2.1）对 t 微分两次，代入方程（2.2.2）后导出

$$
F_n=m\Omega^2(R-r+a\cos\gamma),\quad F=m\Omega^2a\sin\gamma \tag{2.2.3}
$$

上式表示法向约束力 $\boldsymbol{F}_n$ 和摩擦力 $\boldsymbol{F}$ 与圆环的惯性力之间的平衡。式(2.2.3)中的正压力 F_n 在任何情况下均应满足 $F_n>0$，单面约束方能持续存在。摩擦力 F 的最大值与 F_n 成正比，以静摩擦系数 f 为比例系数：

$$F\leqslant fF_n \tag{2.2.4}$$

圆环的滚动角速度 Ω 并不等于圆环的旋转角速度。以 O_1 为原点作与(O_0-xyz)平行的平动坐标系$(O_1-x_1y_1z_1)$，设在初始时刻，$\theta=0$，圆环 C 与圆柱体 C_1 的接触点为 y 轴上的 P_0 点。当 P 点移动至当前位置时，圆环上与 P_0 的重合点移动至 Q 点处。Q 点相对初始位置 Q_0 点转过的角度为圆环的实际转角，即

$$\angle Q_0OQ=\angle Q_0OP-\angle QOP \tag{2.2.5}$$

其中 $\angle Q_0OP=\theta$，$\angle QOP=r\theta/R$。代入上式后导出

$$\angle Q_0OQ=\left(1-\frac{r}{R}\right)\theta \tag{2.2.6}$$

将上式对 t 微分后导出圆环的旋转角速度 ω：

$$\omega=\left(1-\frac{r}{R}\right)\Omega \tag{2.2.7}$$

作为两种极端情况，C_1 缩成一点时 $r=0$，$\omega=\Omega$，圆环角速度与滚动角速度相等；C_1 与 C 的半径相同时 $r=R$，$\omega=0$，圆环角速度为零。

匀速滚动圆环的旋转角速度为常值，应满足(x,y)平面内对质心的力矩平衡。柔软的身体并非刚体，与圆环接触点处存在与变形有关的滚动摩擦。圆柱体借助扭动产生的摩擦力推动圆环，其对质心的力矩 FR 应能克服滚阻力偶 M_f。M_f 与正压力 F_n 成正比，比例系数 δ 即滚阻系数，取决于圆环和身体的接触区宽度：

$$M_f=\delta F_n \tag{2.2.8}$$

从力矩平衡方程导出

$$FR\begin{cases}>\delta F_n：\text{圆环加速转动} & (2.2.9\text{a})\\ =\delta F_n：\text{圆环匀速转动} & (2.2.9\text{b})\\ <\delta F_n：\text{圆环减速转动} & (2.2.9\text{c})\end{cases}$$

将式(2.2.3)代入不等式(2.2.4)和等式(2.2.9b)，导出为保证圆环实现匀速纯滚动，腰肢扭动的幅度 a 和角度 γ 应满足的条件：

$$f \geqslant \frac{a\sin\gamma}{R-r+a\cos\gamma}=\frac{\delta}{R} \tag{2.2.10}$$

假设不存在滚动摩擦，由于式(2.2.3)中 $F_n>0$ 条件在 $a=0$ 时也成立，圆环只要从初始甩动获得滚动角速度 $\boldsymbol{\Omega}$，就能依靠惯性围绕静止的圆柱体滚动下去。但这种情况实际上不可能发生，因为 $a=0$ 不符合受滚阻力偶限制的条件(2.2.10)。呼啦圈匀速旋转的稳态运动只能在腰肢持续扭动的推动下实现。

要分析旋转中的呼啦圈能否往下掉落，必须分析圆环在垂直平面内的运动。圆环的重力 $m\boldsymbol{g}$ 和 P 点处沿垂直方向的摩擦力 $\boldsymbol{F}_z$ 应互相平衡。由于最大垂直静摩擦力为 fF_n，沿 z 轴的平衡要求满足

$$mg \leqslant fF_n \tag{2.2.11}$$

将式(2.2.3)代入，导出

$$\Omega \geqslant \Omega_{cr}, \quad \Omega_{cr}=\sqrt{\frac{g}{f(R-r+a)}} \tag{2.2.12}$$

其中 Ω_{cr} 为临界角速度，当圆环的滚动角速度超过此临界值时，就不会往下掉落。

从图 2.6 看出，圆环的重力 $m\boldsymbol{g}$ 与摩擦力 $\boldsymbol{F}_z$ 构成一对力偶。暂不考虑与圆环转动有关的惯性效应，要满足力矩的平衡，圆环平面必须向下偏离水平面一个微小角度 ε，使法向约束力 $\boldsymbol{F}_n$ 与惯性力在 (x_P, z_P) 平面内的分量 $\boldsymbol{F}_c$ 构成另一对力偶与之平衡。从力矩平衡方程

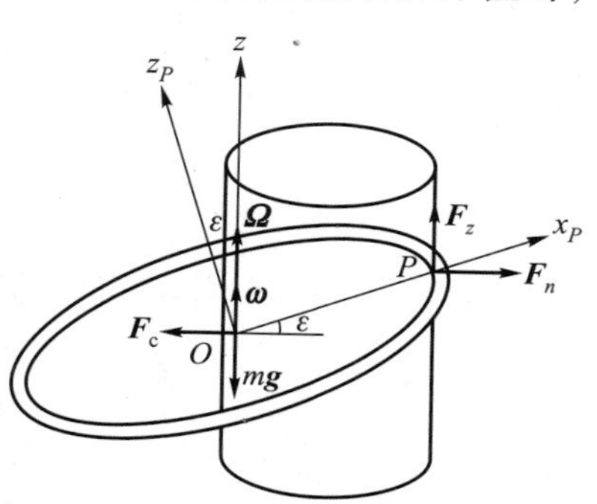

图 2.6　受约束圆环在垂直平面内的运动

导出圆环的偏角为

$$\varepsilon=\frac{g}{\Omega^2(R-r+a)} \tag{2.2.13}$$

圆环的滚动角速度 Ω 愈大，偏转角 ε 愈小，圆环愈接近水平。

更准确的分析必须考虑圆环的惯性效应，即由于圆环偏转使角速度矢量 $\boldsymbol{\omega}$ 偏离圆环主轴而引起的陀螺效应。以 O 为原点建立圆环的主轴坐标系 $(O-x_Py_Pz_P)$，其中 z_P 轴沿圆环平面的法线，x_P 轴沿 $\overrightarrow{OP}$ 方向，相对水平面的倾角为 ε。将垂直轴 z 的原点移至 O 点，$(O-x_Py_Pz_P)$ 随同 P 点的移动以角速度 Ω 绕垂直轴 z 转动（见图 2.6）。将坐标系转动角速度 Ω 和圆环绕 z 轴旋转的角速度 $\boldsymbol{\omega}$ 向 x_P 轴和 z_P 轴投影，$(O-x_Py_Pz_P)$ 各轴的基矢量记作 $\boldsymbol{i}$，$\boldsymbol{j}$，$\boldsymbol{k}$，仅保留 ε 的一次项，得到

$$\boldsymbol{\Omega}=\Omega(\varepsilon\boldsymbol{i}+\boldsymbol{k}),\ \boldsymbol{\omega}=\omega(\varepsilon\boldsymbol{i}+\boldsymbol{k}) \tag{2.2.14}$$

圆环的极惯量矩和赤道惯量矩分别为 J 和 $J/2$，$J=mR^2$，写出圆环对 O 点的动量矩 $\boldsymbol{L}$：

$$\boldsymbol{L}=J\omega[(\varepsilon/2)\boldsymbol{i}+\boldsymbol{k}] \tag{2.2.15}$$

动量矩矢量 $\boldsymbol{L}$ 偏离垂直轴，由于 $(O-x_Py_Pz_P)$ 的转动而进动，所产生的惯性力矩即陀螺力矩 $\boldsymbol{M}_g$：

$$\boldsymbol{M}_g=-\boldsymbol{\Omega}\times\boldsymbol{L}=\frac{1}{2}J\omega\Omega\varepsilon\boldsymbol{j} \tag{2.2.16}$$

考虑陀螺力矩 $\boldsymbol{M}_g$ 列写圆环的力矩平衡方程，得到

$$F_nR\varepsilon-mgR+\frac{1}{2}J\omega\Omega\varepsilon=0 \tag{2.2.17}$$

将(2.2.3)，(2.2.7)等式代入后，导出

$$\varepsilon=\frac{g}{\Omega^2[(3/2)(R-r)+a]} \tag{2.2.18}$$

与式(2.2.13)比较，倾角 ε 因陀螺力矩的存在而减小。

2.3 Section 晃板[3]

晃板，英文名称为“rolla bolla”。无论在中国或是在国际杂技表演中，晃板都是一种常见的表演项目。杂技艺术在我国有着古老的历史，汉代流行的“百戏”包罗了流行于两汉的各类竞技和杂耍。晃板是否在百戏之内尚有待严格的考证。

晃板的演出过程是在平台上放一只圆柱形滚筒，上面搁一块木制厚板，演员站立在板上。由于圆筒很容易滚动，木板上面的演员处于极不稳定的状态。如圆筒滚出木板的覆盖范围，木板连同站立的人体即掉落下来。训练有素的演员利用双脚驾驭木板，使木板不停地晃动，可使自己在木板上的直立状态保持稳定，得以完成各种精彩的表演动作(图 2.7)。例如将放在板子一头的碗弹起，落在头上，再将一只一只的碗弹起摞在顶着的碗里，即所谓“晃板弹碗”，是我国最受欢迎的杂技节目之一。

图 2.7　晃板

晃板的道具很简单，但晃板运动的动力

学原理却并不简单。将晃板和操纵晃板的演员简化为 3 个刚体，即圆筒 B_1，木板 B_2 和直立的演员 B_3 组成的多体系统$\{B\}$。木板在圆筒上滚动，圆筒在固定基座上滚动，如均为无滑动的滚动，则 B_1 与固定基座 B_0 之间，B_2 与 B_1 之间均以非完整约束相联系。仅讨论平面运动时，纯滚动约束转化为完整约束。晃板的运动实际上是一个受迫振动过程。演员利用下肢控制木板相对圆筒往复运动，造成圆筒的滚动与站立在木板上的人体作受迫振动。尽管是不稳定系统，但其受迫振动的周期往复性使系统在运动中仍维持平均位置不变，从而实现一种特殊的动态稳定。

利用注释中导出的受迫振动的振幅公式(2.3.18)判断。由于人体 B_3 的惯量矩远大于木板 B_2 的惯量矩，$J_{30} \gg J_{20}$，人体在垂直轴附近的摆动幅度极小。设 $J_{30} = 5\ \text{kg} \cdot \text{m}^2$，木板质量 2 kg，长度 1 m，则 $J_{20} = 0.17\ \text{kg} \cdot \text{m}^2$，人体与木板的摆动幅度之比为 0.034。即使木板摆动幅度为30°，人体摆动幅度也仅为 1°，仍基本保持直立状态。圆筒在平台上滚动的最大水平距离，以及木板在圆筒上滚动的最大距离分别为 $r\Phi$ 和 $r(\Psi-\Phi)$。如人体重心高度 $h=1.2$ m，圆筒半径 $r=10$ cm，则圆筒和木板滚动的最大距离约为 1 cm 和 4 cm。熟练的晃板演员通过对木板摆动的频率和幅度的控制，能使圆筒在中心位置附近的滚动不越出木板的覆盖范围，能从容不迫地在板上完成各种精彩的杂技动作。

要体会这种人为制造受迫振动使不稳定平衡转化为稳定的特殊方法。不妨取一条鸡毛掸帚顶在手指上，然后左右快速挥动，检验一下这种动态稳定方法是否有效。

注释：晃板的力学分析

忽略双腿屈伸对质量分布的影响，认为演员 B_3 与木板 B_2 之间以受控的圆柱铰相联系。设圆筒 B_1 的半径为 r，B_2 的长度为 l，B_3 的质心高度为 h，各分体 B_i 的质心记作 $O_i(i=1,2,3)$。设在初始时刻平板 B_2 水平，与圆筒 B_1 的接触点为板的中点 O_1，演员 B_3 直立在板上。过初始接触点的空间位置作垂直轴与固定基座交于 O_0 点，即圆筒与固定平台的初始接触点。以 O_0 为原点建立固定的平面参考坐标系 $(O_0-x_0y_0)$，x_0 轴为水平轴，y_0 为垂直轴。木板与初始接触点重合的点即板的质心 O_2，圆筒与初始接触点重合的点记作 P_0。各分体质心 O_i 在 $(O_0-x_0y_0)$ 中的坐标记作 x_i，$y_i(i=1,2,3)$（图 2.8）。

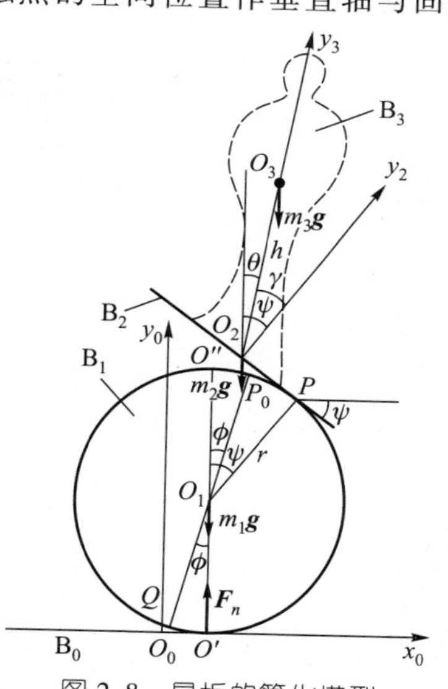

图 2.8　晃板的简化模型

设在任意时刻 t，演员伸展左脚踏板，躯体顺势沿顺时针方向作微小偏转，使 B_3 的重心向左侧偏移，所产生的重力矩作用于木板，使木板 B_2 沿图 2 的顺时针方向在圆筒 B_1 上滚动，形成与水平面的偏角 ψ。设此时木板与圆筒的接触点为 P，B_3 的重力通过接触点传至圆筒，使圆筒 B_1 也沿顺时针方向在平台 B_0 上滚动，转过的角度为 ϕ。此时 B_1 的质心 O_1 沿 x_0 轴的水平位移即 $(O_0-x_0y_0)$ 中的横坐标 x_1，纵坐标 y_1 等于圆筒半径 r 而保持常值。设过 O_1 点的垂直轴与圆筒交于 O' 和 O'' 点，圆筒上与平台初始接触点重合的点为 Q，从圆筒的纯滚动条件导出

$$\angle QO_1O'=\angle P_0O_1O''=\phi\ ,\ \overline{O_0O'}=\widehat{O'Q}=x_1=r\phi \quad (2.3.1)$$

忽略板的厚度，从木板的纯滚动条件导出

$$\angle PO_1P_0=\psi-\phi,\ \overline{PO_2}=\widehat{PP_0}=r(\psi-\phi) \quad (2.3.2)$$

利用矢量关系式：

$$\overrightarrow{O_0P}=\overrightarrow{O_0O'}+\overrightarrow{O'O_1}+\overrightarrow{O_1P} \tag{2.3.3}$$

导出 P 点在$(O_0-x_0y_0)$中的坐标：

$$x_P=x_1+r\sin\psi,\quad y_P=r(1+\cos\psi) \tag{2.3.4}$$

设木板 B_2 的法线轴为 y_2，从 O_2 沿质心 O_3 建立人体 B_3 的对称轴 y_3。y_2 轴相对垂直轴 y_0 的倾角即木板的转角 ψ。设 y_3 轴相对 y_0 轴的倾角为 θ，B_3 与 B_2 之间的相对偏角 γ 是演员控制木板姿态的控制变量：

$$\gamma=\psi-\theta \tag{2.3.5}$$

设人体的质心高度$\overline{O_2O_3}=h$，利用矢量关系式：

$$\overrightarrow{O_0O_2}=\overrightarrow{O_0P}+\overrightarrow{PO_2},\quad \overrightarrow{O_0O_3}=\overrightarrow{O_0O_2}+\overrightarrow{O_2O_3} \tag{2.3.6}$$

导出 O_2 和 O_3 点在$(O_0-x_0y_0)$中的坐标：

$$\begin{aligned}&x_2=x_1+r[\sin\psi-(\psi-\phi)\cos\psi]\\&y_2=r[1+\cos\psi+(\psi-\phi)\sin\psi]\\&x_3=x_2+h\sin\theta, y_3=y_2+h\cos\theta\end{aligned} \tag{2.3.7}$$

设各分体 B_i 的质量和分别为中心主惯量矩分别为 m_i 和 J_{i0} $(i=1,2,3)$，其中 $J_{10}=m_1r^2/2$，$J_{20}=m_2l^2/12$，系统的总质量为 m。设接触点 O'_0处的法向约束力 $\boldsymbol{F}_n$，以系统{B}为对象列写沿 y_0 轴的动量定理和对固定点 O_0 的动量矩定理，得到

$$\sum_{i=1}^{3} m_i\ddot{y}_i=F_n-mg \tag{2.3.8}$$

$$\frac{\mathrm{d}}{\mathrm{d}t}\left[J_{20}\dot{\psi}+J_{30}\dot{\theta}+J_{10}\dot{\phi}+\sum_{i=1}^{3} m_i(y_i\dot{x}_i-x_i\dot{y}_i)\right]=g\sum_{i=1}^{3} m_ix_i-F_nx \tag{2.3.9}$$

再列写 B_2 和 B_3 组成的分系统对接触点 P 的动量矩定理。因 P 为动点，必须计入因 P 点运动引起的惯性力对 P 点的矩。得到

$$\frac{\mathrm{d}}{\mathrm{d}t}\left\{J_{20}\dot{\psi}+J_{30}\dot{\theta}+\sum_{i=2}^{3} m_i[(y_i-y_P)(\dot{x}_i-\dot{x}_P)-(x_i-x_P)(\dot{y}_i-\dot{y}_P)]\right\}$$

$$= \sum_{i=2}^{3} m_i \left[(x_i - x_P)(g + \ddot{y}_P) - (y_i - y_P)\ddot{x}_P \right] \tag{2.3.10}$$

利用式(2.3.1)和(2.3.5)将 x_1 用 ϕ 表示，ψ 用 θ 和 γ 表示。设偏角 ψ，ϕ 和 θ 均为小量，仅保留其一次项。将式(2.3.4)，(2.3.6)代入后从方程(2.3.8)导出

$$F_n = mg \tag{2.3.11}$$

代入方程(2.3.9)，(2.3.10)，整理为

$$a_{11}\ddot{\theta} - b_{11}\theta + a_{12}\ddot{\phi} - b_{12}\phi = J_{20}\ddot{\gamma} \tag{2.3.12a}$$

$$a_{21}\ddot{\theta} - b_{21}\theta + a_{22}\ddot{\phi} - b_{22}\phi = J_{20}\ddot{\gamma} - b_{22}\gamma \tag{2.3.12b}$$

令 $J_1 = J_{10} + m_1 r^2$，$J_3 = J_{30} + m_3 h^2$ 分别为 B_1 相对 O'点和 B_3 相对 O_2 点的惯量矩，方程组(2.3.12)的系数为

$$\left.\begin{aligned} & a_{11} = J_{20} + J_3 + 2m_3 hr, \quad b_{11} = m_3 gh \\ & a_{12} = J_1 + 2r[2m_2 r + m_3(h + 2r)], b_{12} = (m_2 + m_3)gr \\ & a_{21} = J_2 + J_3, \quad b_{21} = g[m_3 h - (m_2 + m_3)r] \\ & a_{22} = 2m_3 hr, \quad b_{22} = (m_2 + m_3)gr \end{aligned}\right\} \tag{2.3.13}$$

控制变量 $\gamma(t)$ 给定以后，方程组(2.3.12)完全确定 $\theta(t)$ 和 $\phi(t)$ 的变化规律。

先假定演员对木板不加控制，则 $\gamma(t) \equiv 0$，方程组(2.3.12)存在 $\theta = \phi = 0$ 的稳态解，对应于人体在水平板上直立，圆筒无滚动的平衡状态。将表示扰动的特解 $\theta = \Theta e^{\lambda t}$，$\phi = \Psi e^{\lambda t}$ 代入方程组(2.3.12)。根据附录 A.5 的分析，直立状态的稳定性由特征根 λ 的性质确定[4]。因人体的质量远大于晃板道具的质量，为避免表达式过于烦琐，略去系数中除 m_3，J_3 以外其余部件的惯性参数，导出特征方程：

$$a\lambda^4 + b\lambda^2 + c = 0 \tag{2.3.14}$$

其中

$$a = 4J_{30}, \quad b = 4m_3 gr, \quad c = -m_3 g^2 \tag{2.3.15}$$

由于系数 a，b 与 c 异号，方程(2.3.14)的特征根存在正实部，平衡状态不稳定。从而证明，如不对晃板施加控制，直立在晃板

大众力学丛书

上的演员稍受扰动即失去平衡摔倒。

再假定演员通过下肢的控制使木板相对躯体作幅度为 Γ，角频率为 ω 的周期摆动：

$$\gamma(t)=\Gamma\sin\omega t \tag{2.3.16}$$

则变量 θ，ϕ 在 $\gamma(t)$ 的周期激励下产生频率相同的受迫振动。令

$$\theta(t)=\Theta\sin\omega t,\ \phi(t)=\Phi\sin\omega t,\ \psi(t)=\Psi\sin\omega t \tag{2.3.17}$$

将式(2.3.16)，(2.3.17)代入方程组(2.3.12)，设板的摆动频率较高，$\omega\gg1$，略去 ω^{-1}的二次以上微量，解出

$$\Theta=\left(\frac{J_{20}}{J_{30}}\right)\Gamma,\ \Phi=\left(\frac{hJ_{20}}{2rJ_{30}}\right)\Gamma,\ \Psi=\left(1+\frac{J_{20}}{J_{30}}\right)\Gamma \tag{2.3.18}$$

可见人体倾斜和圆筒滚动的幅度均与木板的摆动幅度成正比，相位也相同。人体的倾斜方向和圆筒的滚动方向均与木板转动方向一致。只要 ψ 的变化幅度保持在木板与圆筒接触的范围以内，晃板表演就能成功进行。

2.4 Section 耍　　幡[5]

耍幡是中国民间的杂技项目，是国家级非物质文化遗产之一，也是北京天桥的传统绝技(图 2.9)。幡是皇室出行仪仗中装饰华丽的长条形旗帜，起源于晋代，已有一千多年历史。旗手将幡旗在手中耍舞能显示军队的勇武智慧，鼓舞斗志。耍幡在清代盛极一时，是朝佛、庆典等走会活动的必备项目。根据《百戏竹枝词》的记载：

> “幡为四五尺高，上悬铃铎，健儿数辈舞之，指挥甚如意，佐以金鼓声，观者如堵墙焉。”

表演耍幡的艺人将高十余米、质量几十斤的幡竖起，托在手中或支在肩膀、脑门、下巴、项背上，上下飞舞、交替腾挪，舞出许多花样，而幡始终竖立不倒。耍幡表演不仅精彩万分，而且所展现的力学现象也是个饶有趣味的话题。

将幡简化成复摆，却是个支点在下的倒置复摆。众所周知，倒置复摆处于不稳定平衡状态，稍受扰动即倾覆。不过这个不稳定性的结论仅适用于支点固定情形，而幡在表演者身上的支点是不固定的。在耍幡过程中，熟练的耍幡艺人能根据幡的状态随时

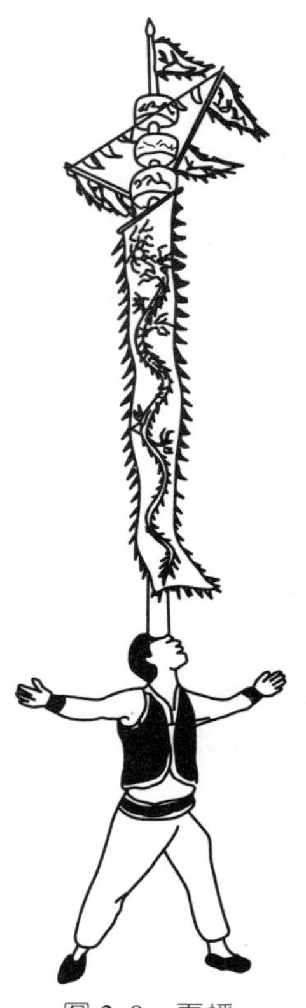
图 2.9　耍幡

控制支点的移动使幡保持稳定。

从注释中导出幡的摆动周期公式(2.4.5)可看出，杆愈长则周期愈长。对于长度超过 10m 的幡，其摆动周期极长，幡上的缨珞、小旗和彩绸迎风飞舞产生的空气阻尼更使摆动过程延缓，表演者得以从容不迫地完成霸王举鼎、苏秦背剑等各种精彩动作。

一旦幡被表演者脱手抛起，转变为悬空状态时，对其运动的描述必须改用对质心的动量矩定理。由于重力对质心的力矩为零，幡对质心的动量矩守恒。表演者只要在脱手时避免幡出现初始角速度，随后在空中必保持竖直状态不变。

耍幡是杂技表演中形形色色的顶技功夫之一。对耍幡的力学分析也完全适用于所有的顶技表演。其稳定性的保持均得力于支点的受控运动，而控制规律的实现则取决于表演者的功底，就不是一朝一夕所能达到的了。

注释：耍幡的力学分析

将幡简化为复摆(图 2.10)。设复摆的支点 P 与地面保持等高度，O 为与 P 高度相等的固定点，以 O 为原点建立惯性坐标系(O-x_0y_0)，x_0 轴沿 P 点的运动方向，y_0 轴为垂直轴。以 P 为原点建立动坐标系(P-xy)，x 轴与 x_0 轴重合，y 轴平行于 y_0 轴。

复摆的动力学方程建立在动量矩定理基础上，但矩心 P 为动点，必须利用附录 A.3 中列出的对动点的动量矩定理(A.3.10)。令 $OP=x$，复摆的摆轴与 y 轴的夹角为 θ，设复摆的质量为 m，其相对 P 点的惯量矩为 J，质心与 P 点的距离为 l，外力矩中除重力以外增加因坐标系($P-xy$)运动引起的惯性力，列出动支点复摆的动力学方程

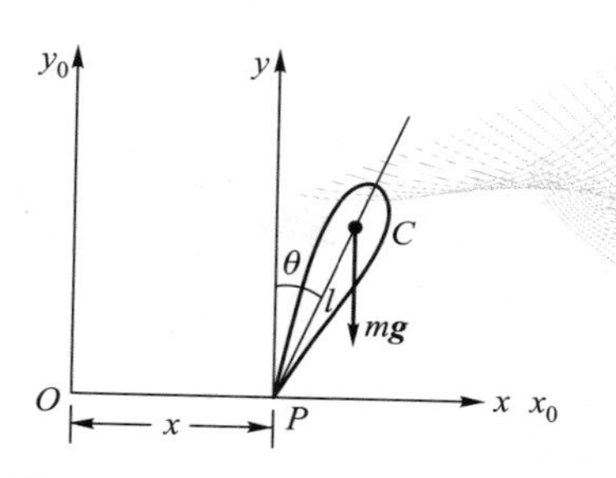

图 2.10　支在动点上的倒置复摆

$$J\ddot{\theta}=mgl\sin\theta-ml\cos\theta\ddot{x} \tag{2.4.1}$$

此方程包含两个未知变量：θ 和 x。为使方程封闭，必须补充表演者对幡的控制规律。在表演过程中，表演者密切观察手中托起的幡的状态，如发觉幡向一边倾斜，立即通过支点朝倾斜方向对幡用力。这个控制过程可用以下线性规律近似地描述：

$$\ddot{x}=k\theta \tag{2.4.2}$$

将上式代入式(2.4.1)，略去 θ 的 2 次以上小量，得到仅含 θ 的微分方程：

$$J\ddot{\theta}+ml(k-g)\theta=0 \tag{2.4.3}$$

如 $k>g$ 条件满足，则特征值为纯虚数。根据附录 A.5 的分析，倒置的复摆就能保持稳定[4]。复摆受扰后在地垂线附近作微幅摆动，周期为

$$T=2\pi\sqrt{\frac{J}{ml(k-g)}} \tag{2.4.4}$$

将幡简化为长度为 $2l$ 的均质直杆，则 $J=4ml^2/3$，摆动周期为

$$T=2\pi\sqrt{\frac{4l}{3(k-g)}} \tag{2.4.5}$$

走 钢 丝[6]

走钢丝是杂技表演的传统项目，在我国已有两千年历史。汉朝张衡在《西京赋》里就曾生动地描写了走绳索艺人的表演情景。走钢丝在新疆称为“达瓦孜”，是维吾尔族传统的民间杂技艺术。维吾尔族的达瓦孜传人阿迪力曾以精湛的技艺和惊险表演打破多项吉尼斯世界纪录，赢得各种荣誉(图 2.11)。

图 2.11　阿迪力走钢丝

走钢丝演员在钢丝上健步行走如履平地，靠的是手持的平衡棒。通常认为，平衡棒的作用是调整演员的重心。实际上并非如此，因为演员对平衡棒的着力点相对棒的中心对称，而平衡棒绕中心的转动对演员重心的位置不会产生影响。平衡棒并非简单的调整重心的工具，而是靠转动过程的动力学效应起平衡作用。这个平衡过程不能用静力学方法解释清楚，而必须分析人和棒所组成系统的受控动力学过程。

当演员在钢丝上的行走速度十分缓慢时，可以忽略支点的前后移动和钢丝绳的侧向摆动，将支点 O 近似地视为定点，简化为绕支点转动的倒置复摆。熟练的走钢丝演员能借助内耳对自身倾斜状态的感知，通过双手对平衡棒施加与倾斜角 φ 成比例的力矩。平衡棒的反作用力矩推动身体朝反方向转动，以消除倾斜角 φ，恢复身体的直立状态。只要满足注释中导出的稳定性条件，不稳定的倒置复摆就能转化为稳定的复摆。

如果演员在超长钢丝绳上表演，例如阿迪力在衡山表演时，架在两个山峰之间的钢丝绳长达 1400 m。一般情况下，超长钢丝绳难以避免侧向晃动，支点 O 不能再视为定点，而必须简化成受弹簧支承的动点。只要适当修改控制规律，即使出现钢丝绳的侧向晃动，仍可能使直立状态稳定。虽然从理论上可以证明，对平衡棒施加正确的力矩控制可以保证走钢丝演员的稳定性，但实际的控制规律并非如文中设计的那样简单。这种控制作用是演员在艰苦训练中获得的经验日积月累所形成的生理反应，难以用简单的数学公式表达，也不是演员的一日之功了。

注释：走钢丝的力学分析

将演员在钢丝上的支点 O 近似地视为定点。平衡棒绕中心点的转动不影响人-棒系统的重心 O_1 的位置。设 O_1 距支点 O 的高度为 h，人体的纵轴和平衡棒相对垂直轴 z 的倾角分别为 φ 和 θ，人和棒的质量分别为 m_0 和 m_1，$m=m_0+m_1$ 为系统的总质量，对 O 点的惯量矩分别为 J_0 和 J。仅保留微小偏角 φ 的一次项，以人-棒系统为对象，列写对 O 点的动量矩定理(图 2.12)[6]。得到

$$J_0\ddot{\varphi}+J\ddot{\theta}-mgh\varphi=0 \qquad (2.5.1)$$

如不对平衡棒作任何控制，令上式的第二项为零，简化为

$$J_0\ddot{\varphi}-mgh\varphi=0 \qquad (2.5.2)$$

相当于倒置复摆的动力学方程，其垂直位置 $\varphi=0$ 为不稳定平衡状态。

当演员根据对自身倾斜状态 φ 的感知，控制双手对平衡棒施加力矩以产生角加速度 $\ddot{\theta}$，利用简化的线性控制规律表示为

$$\ddot{\theta}=K\varphi \tag{2.5.3}$$

代入式(2.5.1)，化作

$$J_0\ddot{\varphi}+(JK-mgh)\varphi=0 \tag{2.5.4}$$

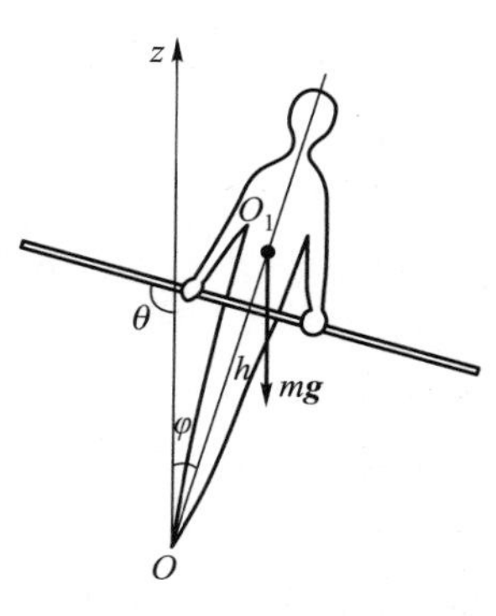

图 2.12　人-棒受控系统

参照附录 A.5 的分析，线性方程的零解稳定性取决于特征根的性质。可利用方程(2.5.4)中 φ 前的系数符号确定。系数为正值时特征根为纯虚数，平衡稳定。为负值时有正实数特征根，平衡不稳定。由此导出稳定性条件为

$$JK>mgh \tag{2.5.5}$$

要使此稳定性条件得到满足，必须提高演员的控制能力，以增加灵敏度 K。或者将棒的长度 l 加长，以增大平衡棒的惯量矩 J。阿迪力的平衡棒就长达 10 m。

如考虑超长钢丝绳可能产生的侧向晃动，则必须将支点 O 简化为受弹簧支承的动点(图 2.13)。列写系统对 O 点的动量矩定理时，必须考虑系统随 O 点平动所产生的惯性力。列写水平方向的动量定理时，则必须考虑弹簧的作用力。设弹簧刚度为 k，O 点相对平衡位置的偏移为 x。如果仍采用式(2.5.3)表示的控制规律，列出

$$J_0\ddot{\varphi}+(JK-mgh)\varphi+mh\ddot{x}=0 \tag{2.5.6a}$$

$$m(\ddot{x}+h\ddot{\varphi})+kx=0 \tag{2.5.6b}$$

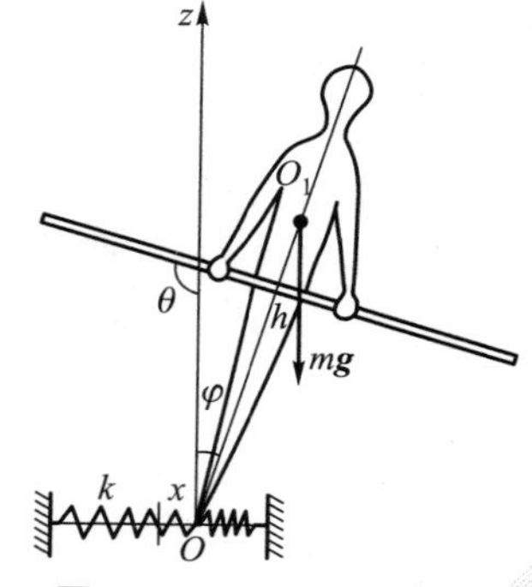

图 2.13　支点侧晃的人-棒受控系统

利用指数函数特解 $\varphi=\varphi_0\mathrm{e}^{\lambda t}$，$x=$

$x_0 e^{\lambda t}$，导出方程组(2.5.6)的特征方程

$$a\lambda^4+b\lambda^2+c=0 \tag{2.5.7}$$

各系数表示为

$$a=J_0-mh^2,\ b=J_0\omega^2+JK-mgh,\ c=\omega^2(JK-mgh) \tag{2.5.8}$$

其中 $\omega=\sqrt{k/m}$ 为钢丝绳侧向振动的固有频率。如 $a>0$，$b>0$，$c>0$，$b^2-4ac>0$，则 λ^2 为负值，特征值 λ 为纯虚数。如条件(2.5.5)已满足，则 $b>0$，$c>0$ 条件必满足。但由于 mh^2 通常大于 J_0，$a>0$ 条件难以满足。因此演员还必须敏感支点侧晃的加速度 $\ddot{x}$，将平衡棒的控制规律修改为

$$\ddot{\theta}=K\varphi-K^*\ddot{x} \tag{2.5.9}$$

则动力学方程(2.5.6a)变为

$$J_0\ddot{\varphi}+(JK-mgh)\varphi+(mh-JK^*)\ddot{x}=0 \tag{2.5.10}$$

修改后的控制规律(2.5.9)不影响方程(2.5.6b)和特征方程的系数 b，c，但系数 a 变为

$$a=J_0+h(JK^*-mh) \tag{2.5.11}$$

令控制系数 K^* 满足

$$mh+\frac{(J_0\omega^2-d)^2}{4\omega^2hd}>JK^*>mh-\frac{J_0}{h} \tag{2.5.12}$$

其中 $d=JK-mgh$。则 $a>0$，纯虚根的所有条件均得到满足。从而证明，即使钢丝绳有侧向晃动，通过演员对平衡棒的控制仍可能使直立状态稳定。

2.6 Section

狮子滚球[7]

舞狮是我国独特的民俗表演和杂技艺术。中国其实并没有狮子，据《后汉书》记载，狮子是汉景帝时西域的月氏国通过丝绸之路进贡来的，时称“狻猊”。这只百兽之王来到中国以后，以其威猛的雄姿被民间视为驱魔祛邪和吉祥喜庆的象征。人们对狮子威武的形象和动作的模仿发展成为舞狮的民间艺术。可见这种独特的舞蹈艺术乃是东西方文化交流的产物。舞狮表演起源于汉代，至唐代极盛，曾发展成为百人集体表演的“五方狮子舞”。诗人白居易的诗句对此有极为形象的描述：

“假面胡人假狮子，刻木为头丝作尾，金镀眼睛银贴齿，奋迅毛衣摆双耳。”

此后舞狮表演在民间广为流传，成为一种喜闻乐见的民间艺术。两千年来流传至今，无论在国内或在国外的华埠，每逢春节元宵节等喜庆节日，舞狮都是不可缺少的表演项目。

狮子滚球是舞狮表演的精彩内容之一（图 2.14）。装扮成狮子的舞狮人踩在大球上，通过双足的踩踏使球滚动，从平地滚动发展为过桥和过跷跷板。高难度的动作显示出高超的平衡技巧和协调能力。

当舞狮人一边用双脚踩球一边向后倒退时，大球即被推动向前滚动。乍一看来，似乎舞狮人踩踏大球的内力是驱动大球前进的因素。但这看法明显错误。因为根据牛顿力学的基本原理，系统的动量和动量矩只能由系统的外力改变，内力不能改变系统的运动状态。因此要正确理解大球前进的动力，须要作认真的理论分析。

图 2.14　狮子滚球

舞狮人要驱使大球运动，他在球上的站立位置必须稍稍靠前，以自身的重力对支点的力矩驱使大球向前滚动。一旦大球滚起来，舞狮人必须向后倒退避免向前摔下，同时保持其原来的站立位置。可见驱使大球转动的外力来自舞狮人的重力。不过大球要实现滚动，还需要地面足够粗糙，能产生足够的向前的摩擦力以避免打滑。这摩擦力就是推动大球前进的外力。舞狮人在踩球过程中消耗的能量一部分被摩擦力损耗，另一部分转换为大球的动能。舞狮人对大球作用的内力能改变系统的能量，却改变不了系统的运动状态。

牛顿力学的基本原理表明，任何机械系统的动能变化和动量变化遵循不同的规律，分别是动能定理和动量定理[8]。外力和内力作的功都可以改变系统的能量，但系统的动量只能由外力改变而与内力无关。由内力的功转化成的能量是驱使系统运动的动力，但内力不可能成为改变系统动量的作用力。

狮子滚球的力学原理也适用于所有靠车轮滚动前行的车辆。驱动车轮转动的动力，无论来自内燃机或电机的驱动力，或骑自行车人蹬踏板的力都是系统的内力。内力对车轮或踏板所作的功转化为车轮转动的动能，但不能改变系统的动量。在光滑地面上，内力提供的能量完全浪费在车轮的空转上。仅当粗糙地面的摩擦力阻滞了车轮的相对滑动时，才能使车轮的转动转化为向前的滚动。摩擦力的存在作为系统的外力，才是真正推动车辆前进的作用力。

注释：狮子滚球的力学分析

讨论由球形刚体和简化成刚体的狮子组成的系统。设球体的球心为 O_1，半径为 R，与地面的接触点为 O。以 O 为原点建立平动坐标系($O-xyz$)，水平轴 x 沿前进方向，y 轴为垂直轴，z 轴沿运动平面的法线(图 2.15)。舞狮人站立在球体的 P 点处不停向后踩步，使狮子维持直立姿态，且质心 O_2 与 y 轴的距离保持常值 a。设 $a \ll R$，O_2 距球面的高度为 h，矢径 $\overrightarrow{O_1O_2}$ 相对 y 轴的倾角 $\varepsilon = a/(R+h)$ 为小量。直立的狮子在原位与球体保持为一体做平动，其质心 O_2 点的速度与($O-xyz$)坐标系的平动速度 v 相等。设球体和狮子的质量分别为 m_1 和 m_2，O 点处的摩阻力矩为 M_f。列写系统对 O 点的动量矩定理时，除狮子的重力矩和摩阻力矩等外力矩以外，还必须考虑由于球体滚动带动($O-xyz$)坐标系平动所产生的惯性力。列出

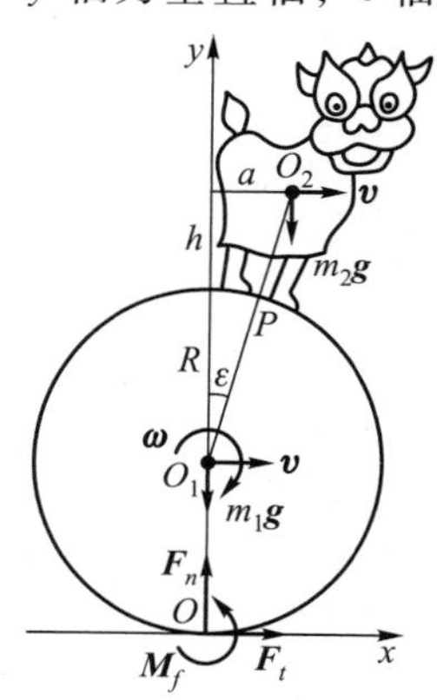

图 2.15 狮子滚球的受力图

$$J_0(\mathrm{d}\omega/\mathrm{d}t) = m_2ga-(m_1+\gamma m_2)R\dot{v}-M_f \qquad (2.6.1)$$

其中 $J_0 = 2m_1R^2/5$ 为球体绕过质心与 z 轴平行的 O_1z_1 轴的惯量矩，$\gamma = (2R+h)/R$。表明狮子的重力矩克服摩阻力矩后成为推动球体转动的外力。

球体的转动仅当地面足够粗糙时，才能转化为滚动。作为一

种理想情况，设球体在地面上做纯滚动，则球心 O_1 的速度 v 与球体的角速度 ω 之间满足

$$v=\omega R \tag{2.6.2}$$

利用式(2.6.2)消去式(2.6.1)中的 ω，解出

$$\frac{\mathrm{d}v}{\mathrm{d}t}=\frac{m_2ga-M_f}{(1.4m_1+\gamma m_2)R} \tag{2.6.3}$$

据此判断：$a>M_f/m_2g$ 时 $\mathrm{d}v/\mathrm{d}t>0$，球体加速；$a<M_f/m_2g$ 时 $\mathrm{d}v/\mathrm{d}t<0$，球体减速；球体作匀速滚动时 $\mathrm{d}v/\mathrm{d}t=0$，要求 $a=M_f/m_2g$。如摩阻力矩小到可以忽略不计，令 $M_f=0$，则狮子重心在正中时匀速滚动，向前或向后偏离中心时加速或减速。

上述球体做纯滚动的可能性取决于地面是否有足够大的摩擦力存在。设 $m=m_1+m_2$ 为系统的总质量，利用动量定理判断，地面的法向约束力 F_n 等于系统的重力 mg，切向的摩擦力 F_t 等于系统的水平动量的变化率

$$F_n=mg,\quad F_t=m\dot{v} \tag{2.6.4}$$

实际可能发生的摩擦力应小于球体与地面之间的最大静摩擦力

$$F_t\leqslant fF_n \tag{2.6.5}$$

将式(2.6.3)，(2.6.4)代入后，导出地面的静摩擦因数 f 应满足的条件

$$f\geqslant\frac{m_2ga-M_f}{(1.4m_1+\gamma m_2)gR} \tag{2.6.6}$$

地面的粗糙度必须满足此条件，方能使球体的纯滚动得以实现。

以上分析表明，驱使球体滚动前进的推动力是地面的摩擦力，而并非来自舞狮人踩踏球体的内力。此内力是舞狮人与球体之间的约束力，不是可独立控制的主动力，必须与系统的运动状态同时确定。要计算约束力，必须将系统分解为两个隔离体。将球体对舞狮人的法向和切向约束力分别记作 F_{Pn} 和 F_{Pt}，对于舞狮人隔离体，利用动量定理导出

$$F_{Pn}=m_2g,\quad F_{Pt}=m_2(\mathrm{d}v/\mathrm{d}t) \tag{2.6.7}$$

系统作加速或减速运动时，舞狮人的惯性力与切向约束力 F_{Pt} 组成力偶，此时模仿狮子“前腿”和“后腿”的舞狮人在 P 点处的法向约束力必存在差异，以构成约束力矩 M_P 与之平衡(图 2.16)，

$$M_P = m_2 h(\mathrm{d}v/\mathrm{d}t) \tag{2.6.8}$$

单独对球体列写动量定理，可导出与式(2.6.4)相同的切向约束力 F_t(图 2.17)。再列写对质心的动量矩定理，得到

$$J_0(\mathrm{d}\omega/\mathrm{d}t) = F_{Pn}a - M_f - (F_t + F_{Pt})R - M_P \tag{2.6.9}$$

将(2.6.2)，(2.6.4)，(2.6.7)，(2.6.8)等式代入后，可解出与式(2.6.3)完全相同的加速度 $\mathrm{d}v/\mathrm{d}t$。

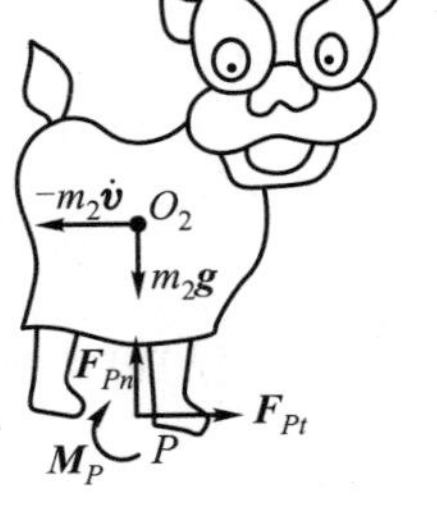

图 2.16　舞狮人的受力图

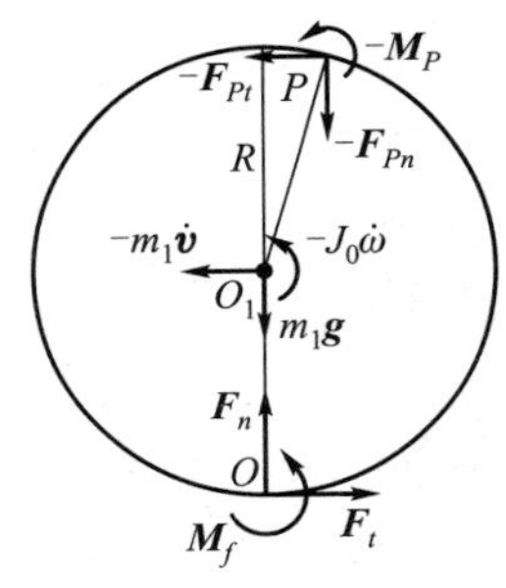

图 2.17　球体的受力图

再从能量观点分析。在运动过程中，系统的势能没有变化，狮子和球体的动能就是系统的总机械能 T

$$T = \frac{1}{2}(mv^2 + J_0\omega^2) \tag{2.6.10}$$

摩擦力 F_t 对纯滚动球体的功为零，法向约束力 F_n 和球体重力 $m_1 g$ 的功亦为零。在 $\mathrm{d}t$ 时间内，包括舞狮人的重力 $m_2 g$ 和摩阻力矩 M_f 等外力对球体的功为

$$\mathrm{d}W_1 = (m_2 g a - M_f)\omega \mathrm{d}t \tag{2.6.11}$$

在系统的内力中，法向约束力 $\boldsymbol{F}_{Pn}$ 和约束力矩 $\boldsymbol{M}_P$ 对狮子的功为零，切向约束力 $\boldsymbol{F}_{Pt}$ 对狮子作正功，$-\boldsymbol{F}_{Pt}$ 和约束力矩 $-\boldsymbol{M}_P$ 对球体作负功。内力所作的总功为

$$dW_2 = (-2F_{Pt}v + F_{Pt}v - M_P\omega)\,dt \qquad (2.6.12)$$

根据动能定理，系统的动能变化 dT 等于外力功 dW_1 与内力功 dW_2 之和。即

$$dT = dW_1 + dW_2 \qquad (2.6.13)$$

将(2.6.2)，(2.6.7)，(2.6.8)等式代入后，即导出与式(2.6.3)完全相同的加速度。

2.7 Section

飞车走壁[9]

与具有古老历史和传统的其他杂技项目不同，飞车走壁是和自行车、摩托车和汽车等现代交通工具相关，极具时代特征的杂技项目(图 2.18)。我国飞车运动的创始人皮德福于 20 世纪 30 年代从英国引进木桶飞车创立了飞车表演团，曾以其难度、技巧和观赏性引起轰动。50 年代以后，国内不少省市出现了各自的飞车团队。走壁的飞车从自行车发展成摩托车和小汽车，原始的大木桶也发展成钢制的圆球形网状结构。观众不必攀登到木桶顶部的边缘向下俯视，就能以任意角度欣赏精彩的飞车表演(图 2.19)。在上海杂技团的“时空飞车”节目中，8 名现代化勇士骑着摩托车从四面八方冲进直径 6.5 m 的巨型钢球，高速飞驰穿梭翻腾的表演令观众惊心动魄。

摩托车或汽车能紧贴桶壁疾驰而不下落，是因为桶壁对车轮的摩擦力平衡了车的重力。只要车的重力不超过桶壁的最大静摩擦力就不会垂直下落。根据库仑摩擦定律，最大静摩擦力等于正压力乘以静摩擦系数。飞车要维持车轮紧贴球壁的滚动状态，必须满足以下条件：

图 2.18　大木桶内的飞车走壁

图 2.19　球形钢网内的飞车走壁

1）桶壁对车体的单面约束力必须为正值；

2）与重力平衡的摩擦力必须小于最大静摩擦力。

由于摩擦力与正压力成正比，而正压力与挤压桶壁的离心力平衡，后者与车速的平方成正比，上述条件规定了飞车的最低速度。对于沿半径为 R 的圆柱面作水平圆周运动的简单情况，设摩托车连车手的质量为 m，速度为 v，车轮与桶壁之间的摩擦系数为 f，则平衡条件要求 $f(mv^2/R) \geqslant mg$。约去两边的 m，导出的飞车最低速度

$$v_{\min} = \sqrt{\frac{gR}{f}} \qquad (2.7.1)$$

设 $R=6$ m，$f=0.4$，算出的最低速度约为 12 m/s，与摩托车的质量无关。此时的加速度 v^2/R 为 24 m/s^2 $\approx 2.4g$，超过了重力加速度的两倍。实际上飞车的表演速度大大超过此最低速度，如车速增至 18 m/s，车手就必须承受 5 g 以上的加速度。

在接近圆柱形的木桶内，车手在与地面接近平行的平面内能紧贴桶壁完成圆周运动。如飞车偏离水平面，轨迹的曲率就会减小，离心惯性力和正压力，乃至最大静摩擦力都随之减小。因此车手在木桶内的运动不能偏离水平面太远。当木桶发展成钢制圆球时，情况就不同了。车手沿球面内的任意圆弧运动都有离心惯性力存在，它不仅产生正压力和摩擦力，而且沿铅垂轴的分量直接参与了重力的平衡。由于摩擦力和离心惯性力共同分担车的重

力，车手甚至可在过顶点的垂直平面内飞驰而获得更大的自由度。

对于在球网内沿大圆弧运动的飞车。设大圆弧平面 Π 相对水平赤道面 E 的倾角为 α，车体质心 P 与球壁中心 O 的连线相对平面 Π 与赤道面 E 交线的倾角为 β(图 2.20)，注释中对飞车算出的最低车速 $v_{\min}$ 见式(2.7.5)，(2.7.6)。上述沿水平赤道面行驶的最低速度(2.7.1)为 $\alpha=0$ 的特例。$\alpha=90°$是在垂直平面内运动的另一特例，最低速度随车体的不同位置而改变。在 $\beta=90°$的圆周顶端达最小值 $v_{\min}=\sqrt{gR}$，此时车的重力完全由离心惯性力平衡。按以上数据算出的最低速度$\sqrt{gR}$约为 8 m/s，可见虽然看起来沿垂直面运动的飞车惊险万分，在顶端甚至处于倒悬状态，所要求的最低速度反而比沿水平面的飞车小得多。

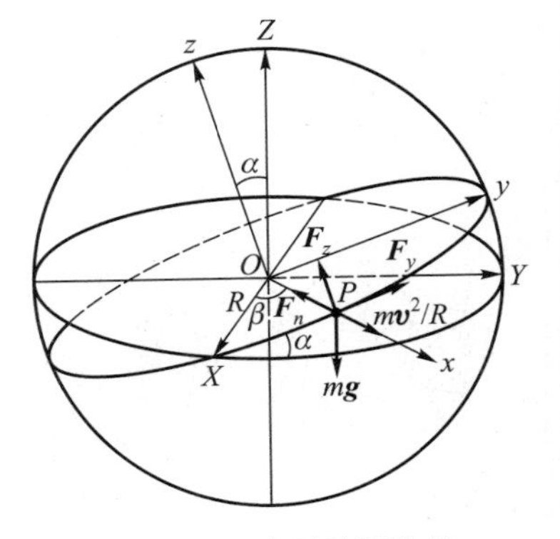

图 2.20　沿球形壁运动的飞车受力图

再回到圆筒形木桶内的飞车。木桶相对垂直轴通常有 $\gamma=10°$ 左右的倾角，因此飞车实际上是在圆锥面上行驶(图 2.21)。注释中对圆锥面上的飞车考虑重力、惯性力和约束力作用下的平衡条件，导出的最低车速 $v_{\min}$ 见式(2.7.8)。当 γ 增大桶壁趋于平坦时，最低速度随之降低。对于 $\tan\gamma=1/f$ 的特殊情形，即 $\gamma=68°$，或桶壁相对地面坡度为 22°的特殊情形，$v_{\min}=0$。此时重力的切向分量等于最大摩擦力而产生自锁，车速为任意值，即使接近零也不会下滑。车在此位置以任意速度行驶时，所产生的离心惯性力均能与重力平衡。

类似现象也发生在自行车场地赛。自行车赛场的圆形赛道外圈高于内圈，形成弧形断面，便于使车的重力产生向心力分量。根据式(2.7.8)，最低速度与半径的平方根成正比，内圈的最低速度低于外圈。当内圈上的自行车手速度过快时，离心惯性力将车向上推至外圈。速度降低时，重力再将车拉回内圈(图 2.22)。

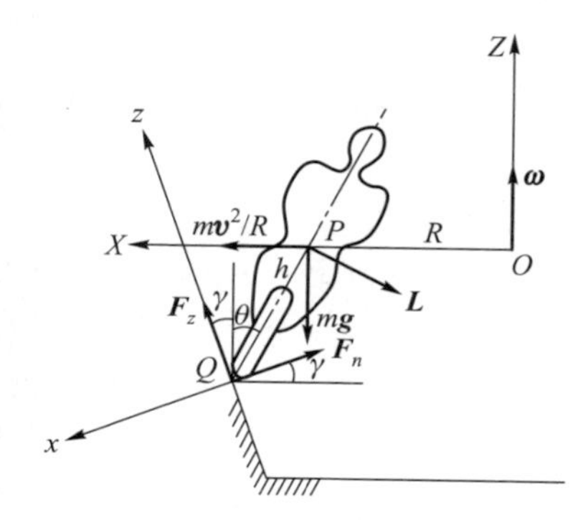

图 2.21 沿锥形壁运动的飞车受力图

图 2.22 赛道上的自行车

以上分析仅考虑力与惯性力的平衡，未考虑力矩的平衡。实际上在运动过程中，重力和离心惯性力作用于质心 P，法向约束力和摩擦力作用于车轮与桶壁的接触点 Q，P 与 Q 并不重合。以水平圆周运动为例，由于离心惯性力与支承力构成一对力偶，车体必须向一侧倾斜，使重力与摩擦力构成方向相反的力偶与之平衡。设车体的纵轴相对垂直轴的倾角为 θ，根据注释的理论分析，如忽略陀螺力矩，θ 近似为

$$\theta=\arctan\left(\frac{v^2}{gR}\right) \tag{2.7.2}$$

将 v 以最低飞车速度 $\sqrt{gR/f}$ 代入，化作 $\theta=\arctan(1/f)=68°$。从而对图 2.18、图 2.19 和图 2.22 中所有飞驰中的车体都保持倾斜姿态给出了解释。

注释：飞车走壁的力学分析

以球壁的球心 O 为原点，建立固定参考坐标系($O-XYZ$)。Z

轴为垂直轴，X 轴沿运动平面与过 O 点水平面的交线(图 2.20)。令($O-XYZ$)绕 X 轴转过 α 角，使 Z 轴到达的新位置与运动平面的法线轴 z 重合。再绕 z 轴转过 β 角的位置为($O-xyz$)，x 轴沿球壁的外法线指向车和车手的质心 P，y 轴沿车的速度方向。α 和 β 为确定飞车位置 P 的两个角度坐标。设载人车的质量为 m，速度为 v，球面的半径为 R，桶壁对车轮的约束力 $\boldsymbol{F}$ 作用于前后轮接触点连线的中点 Q，沿 x，y，z 各轴的分量为 F_x，F_y，F_z，其中法向约束力 $F_x=-F_n$ 沿 x 轴的负方向，F_y，F_z 为沿切向的摩擦力。离心惯性力 mv^2/R 沿 x 轴的正方向，重力 mg 沿 Z 轴的负方向。根据达朗贝尔原理列出车沿 x，y，z 各轴的平衡方程[8]

$$\begin{aligned}&(mv^2/R)-F_n-mg\sin\alpha\sin\beta=0\\&F_y-mg\sin\alpha\cos\beta=0\\&F_z-mg\cos\alpha=0\end{aligned}\qquad(2.7.3)$$

为保证法向的单面约束力 F_n 为正值，且摩擦力 F_y，F_z 的模小于最大静摩擦力，应同时满足以下约束条件：

$$F_n>0,\quad |F_y|<fF_n,\quad |F_z|<fF_n\qquad(2.7.4)$$

其中 f 为静摩擦系数。各约束条件均与车的质量无关，因为所有的作用力均包含质量因素而相互抵消。满足全部约束条件(2.7.4)的最低车速为

$$v_{\min}=\max(v_1,v_2,v_3)\qquad(2.7.5)$$

其中 $v_j(j=1,2,3)$ 为

$$\begin{aligned}&v_1=\sqrt{gR|\sin\alpha\sin\beta|}\\&v_2=\sqrt{gR|\sin\alpha|(|\sin\beta|+f^{-1}|\cos\beta|)}\\&v_3=\sqrt{gR(|\sin\alpha\sin\beta|+f^{-1}|\cos\alpha|)}\end{aligned}\qquad(2.7.6)$$

在圆柱面上作水平圆周运动的最低车速(2.7.1)为 $\alpha=0$ 时的特例。图 2.23 为 $v_{\min}/\sqrt{gR}$ 随角度坐标 α 和 β 的变化曲线。

讨论车体在圆锥面内作半径为 R 的水平圆周运动时，以圆心

O 为原点，Z 轴为垂直轴，O 点至车的质心 P 的连线为水平轴 X。令$(O-XYZ)$绕 Y 轴转过 γ 角，使 X 轴和 Z 轴到达的新位置平行于接触点 Q 处桶壁的法线轴 x 和切线轴 z，y 轴沿飞车前进方向(图 2.21)。仅保留 γ 的一次项，列出车体在重力、惯性力和约束力作用下沿 x 轴和 z 轴的平衡方程

$$\begin{aligned} &F_n-mg[(v^2/gR)\cos\gamma+\sin\gamma]=0 \\ &F_z+mg[(v^2/gR)\sin\gamma-\cos\gamma]=0 \end{aligned} \tag{2.7.7}$$

γ 角在 0°至90°范围内变化时，法向约束力 $F_n>0$ 条件可自动满足。从摩擦力条件 $|F_z|<fF_n$ 导出飞车的最低速度

$$v_{\min}=\sqrt{gR\left(\frac{1-f\tan\gamma}{\tan\gamma+f}\right)} \tag{2.7.8}$$

直立桶壁上飞车的最低速度(2.7.1)为 $\gamma=0$ 时的特例。图 2.24 为 $f=0.4$ 时，最低速度 $v_{\min}/\sqrt{gR}$ 随 γ 角的变化曲线。

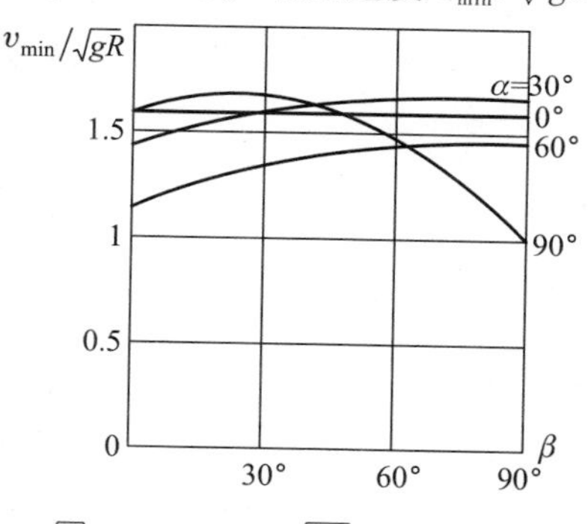

图 2.23　$v_{\min}/\sqrt{gR}$ 随 α，β 的变化曲线

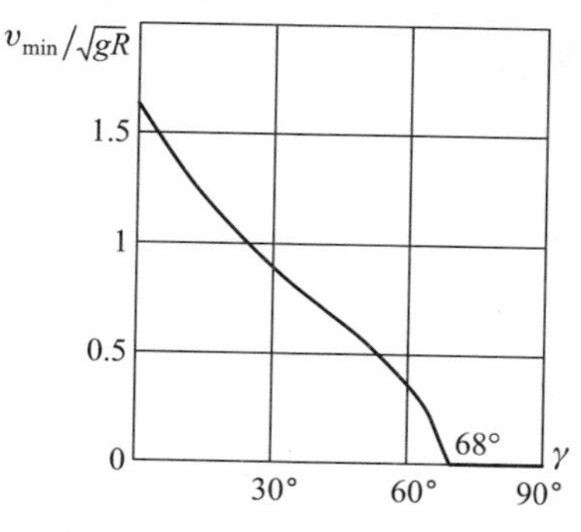

图 2.24　$v_{\min}/\sqrt{gR}$ 随 γ 的变化曲线

将 P 与 Q 的连线作为车的纵轴，相对垂直轴的倾角为 θ，设 h 为车直立时的质心高度，即 P 与 Q 之间的距离(图 2.21)。则作用力对质心 P 的合力矩 $\boldsymbol{M}$ 沿切线轴 y 的负方向，模为

$$M=h[F_z\sin(\gamma+\theta)-F_n\cos(\gamma+\theta)] \tag{2.7.9}$$

此力矩必须平衡因动量矩改变方向而出现的陀螺力矩 $\boldsymbol{M}_g$[4]

$$\boldsymbol{M}_g = -\boldsymbol{\omega} \times \boldsymbol{L} \tag{2.7.10}$$

其中 $\boldsymbol{\omega}$ 为动量矩矢量 $\boldsymbol{L}$ 随同摩托车的圆周运动绕 Z 轴转动的角速度，模为 $\omega = v/R$。$\boldsymbol{L}$ 为前后车轮旋转产生的对质心的动量矩，沿车轮平面的法线。设车轮沿 y 轴作无滑动的纯滚动，r 为车轮半径，则车轮的角速度为 $\Omega = v/r$，如 J 为车轮的惯量矩，$\boldsymbol{L}$ 的模为 $L = 2Jv/r$。根据图 2.21 判断，$\boldsymbol{M}_g$ 指向 y 轴的正方向。利用达朗贝尔原理，将式(2.7.7)解出的 F_n，F_z 代入式(2.7.9)，与 $\boldsymbol{\omega} \times \boldsymbol{L}$ 的模 $(2Jv^2/Rr)\cos\gamma$ 相等，引入 $\varepsilon = 2J\cos\gamma/mhr$ 为体现陀螺效应的参数，解出

$$\sin\theta - \frac{v^2}{gR}(\cos\theta + \varepsilon) = 0 \tag{2.7.11}$$

由于 $mhr \gg J$，ε 为小量。仅保留 ε 的一次项，解出

$$\theta = \arctan\left(\frac{v^2}{gR}\right) + \varepsilon\left(\frac{v^2}{gR}\right)\left[1 + \left(\frac{v^2}{gR}\right)^2\right]^{-1/2} \tag{2.7.12}$$

如忽略微弱的陀螺力矩，令 $\varepsilon = 0$，即得到式(2.7.2)的近似结果。

参考文献

References

[1] 刘延柱. 独轮车运动的动力学解释[J]. 力学与实践, 1993, 15 (5): 53-56.

[2] 刘延柱. 呼啦圈的力学[J]. 力学与实践, 2010, 32 (1): 102-104.

[3] 刘延柱. 晃板的力学[J]. 力学与实践, 2010, 32(5): 107-109.

[4] 刘延柱. 高等动力学(第二版)[M]. 北京, 高等教育出版社, 2016.

[5] 刘延柱. 漫谈耍幡[J]. 力学与实践, 2009, 31(5): 100-101.

[6] 刘延柱. 走钢丝的力学[J]. 力学与实践, 2011, 33 (1): 100-101.

[7] 刘延柱. 春节话舞狮子[J]. 力学与实践, 2012, 34 (1): 118-120.

[8] 刘延柱, 朱本华, 杨海兴. 理论力学(第三版)[M]. 北京: 高等教育出版社, 2009.

[9] 刘延柱. 飞车走壁的动力学[J]. 力学与实践, 2014, 36(2): 246-248.

第三章

体育篇

[115] 3.1 猫的空中转体
[120] 3.2 旋空翻
[125] 3.3 跳跃
[130] 3.4 步行、竞走与跑步
[139] 3.5 鞍马
[144] 3.6 踢毽子、羽毛球与射箭
[147] 3.7 荡秋千与振浪
[151] 3.8 残奥会赛场上的轮椅
[156] 3.9 滑板
[162] 3.10 赛格威车
[167] 3.11 自平衡滑板
[172] 参考文献

3.1 Section 猫的空中转体[1]

从高处下落的猫总是四肢先着地的现象很早就引起了学者们的注意。1894 年法国科学院的生理学家马勒(M. Marey)曾用摄影技术记录了猫的下落过程，发现猫能在 1/8 s 的短暂时间内从四足朝天姿势自动翻转过来。这一现象给物理学家们出了个大难题。根据牛顿力学的动量矩守恒原理，猫在下落前处于静止状态，动量矩为零。腾空后的猫处于无力矩的自由状态，在下落过程中应维持初始状态的零动量矩不变，可是 180°翻转所需要的动量矩增量从何而来?

1894 年另一位法国人古尤(M. Guyou)对此提出一种解释。他认为猫的转体可能分前后半身两阶段实现。在第一阶段前半身转体时，前腿向头部靠拢以减小转动惯量。为保持零动量矩，后半身必同时朝相反方向转动，由于转动惯量的差异，后半身转过的角度必小于前半身。在第二阶段后半身转体时，后腿向尾部贴近，使前半身逆转的角度小于后半身。这种解释虽然符合动量矩守恒，但缺少摄影记录的证实。

苏联的洛强斯基(L. G. Loytsiansky)编著的理论力学教科书中

对猫转体问题有一个著名的解释:“只要急速转动尾巴,猫就能使身体朝相反方向翻转,而动量矩仍保持为零”。受这本教材的影响,“猫靠尾巴转体”理论很长时期内曾是国内理论力学课堂上讲述动量矩守恒的有趣例证。但稍作分析就能察觉其中的谬误。细长的猫尾与躯体的转动惯量相差如此之悬殊,要求猫尾在1/8 s内急速旋转几十圈以实现躯体的翻转显然是不可能的事。1960年英国生理学家麦克唐纳(D. A. McDonald)将猫的尾巴截去,实验证明无尾猫同样也能完成空中转体,从根本上否定了转尾理论[2]。

1935年两位医生拉德麦克(G. G. J. Rademaker)和特布拉克(J. W. G. Ter Braak)提出了比较合理的解释。他们认为,猫在下落过程中依靠脊柱的弯曲使前半身相对后半身作圆锥运动,则整个身体必朝相反方向旋转以维持零动量矩。1969年斯坦福大学的力学教授凯恩用两个圆柱形刚体代表猫的前后半身,在腰部用球铰连接作为猫的力学模型,建立了无力矩状态下的动力学方程(图3.1)。数值计算表明,当刚体之间作相对圆锥运动时,整体的翻转过程与实验纪录基本吻合。猫空中转体的物理难题才得到了合理的解答。

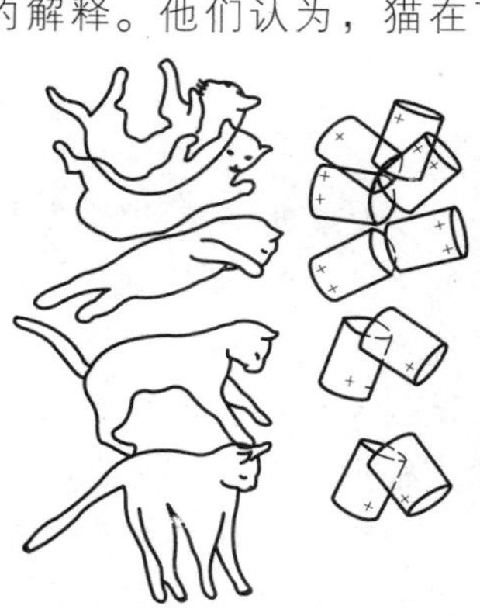

图3.1 猫的空中转体及其力学模型

猫的空中转体现象表明,包括人体在内的任何腾空生物体借助肢体的相对运动可以影响整个身躯的转动。在体育运动中,腾空状态的运动员能利用肢体的动作实现空中转体。在航天技术中,失重状态下的宇航员也能借助肢体的动作完成空中行走任务。所有这些运动无不遵循动量矩守恒原理,这将在下节中作详细讨论。

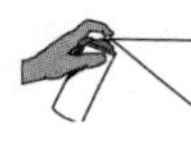

注释：关于猫空中转体的理论分析[3]

以相同的圆柱形刚体 B_1，B_2 代表猫的前后体，在腰部的 O 点处以万向铰相连结（图 3.2）。以 O 为原点建立与 B_i（$i=1,2$）固结的主轴坐标系（$O-x_iy_iz_i$），z_i 轴沿脊柱指向头部（$i=1$）或从尾部指向腰部（$i=2$），y_i 轴指向腹部。前后体之间的相对姿态按以下转动次序定义的坐标系确定：

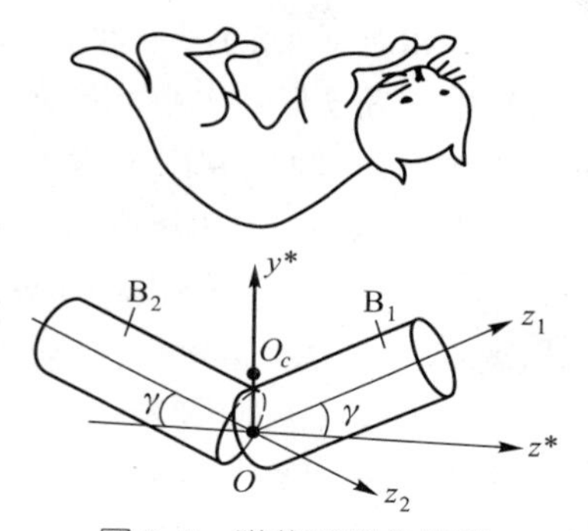

图 3.2　猫的双刚体模型

$$(O-x_2y_2z_2)\xrightarrow[\psi]{z_2}(O-x'y'z')\xrightarrow[\theta]{x'}(O-x_1^*\,y_1^*\,z_1^*)\xrightarrow[\varphi]{z_1^*}(O-x_1y_1z_1)$$

ψ，θ，φ 为确定 B_1 相对 B_2 姿态的欧拉角（图 3.3）。

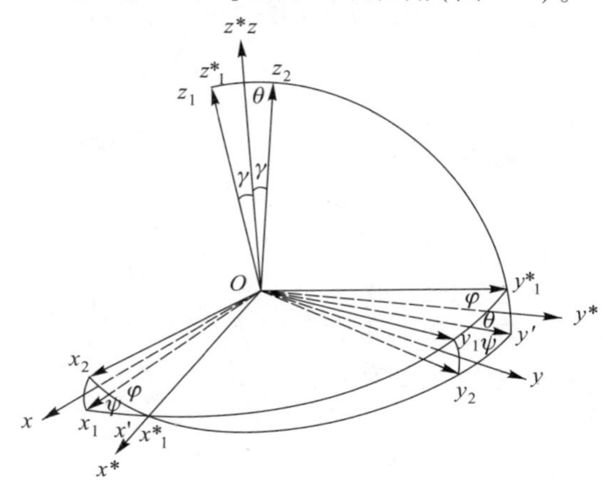

图 3.3　参考坐标系

令 x^* 轴与 x_1^* 轴重合，y^* 和 z^* 轴分别沿 y_1^* 和 y'轴，z_1 与 z_2 轴夹角的角平分线方向，构成$(O-x^*y^*z^*)$坐标系，如图 3.3 所示(图中令 $\varphi=-\psi$,详见后文的说明)。设 z^* 轴在起始时刻处于水平，前后脊柱相对 z^* 轴的弯曲角 $\gamma=\theta/2$ 为常值。观察表明，z^* 轴在转体过程中接近于保持水平。包含 z_1、z_2 的平面 $\boldsymbol{\Pi}$，即(y^*,z^*)坐标面为猫的脊柱弯曲平面。ψ 角标志脊柱弯曲平面相对猫后体的方位。将 B_1 相对 B_2 的角速度 $\boldsymbol{\omega}'$向$(O-x^*y^*z^*)$投影，得到

$$\boldsymbol{\omega}'=(\dot{\psi}-\dot{\varphi})\sin\gamma\boldsymbol{j}^*+(\dot{\psi}+\dot{\varphi})\cos\gamma\boldsymbol{k}^* \qquad (3.1.1)$$

根据观察，猫的前体相对后体作圆锥运动时，前后体之间不会有相对扭转发生。从而判断 $\boldsymbol{\omega}'$沿 z^* 轴的投影必须为零，要求 $\dot{\varphi}=-\dot{\psi}$。积分后得到约束条件

$$\varphi=-\psi \qquad (3.1.2)$$

则 $B_i(i=1,2)$相对$(O-x^*y^*z^*)$的角速度 $\boldsymbol{\omega}_i'$为

$$\boldsymbol{\omega}_i'=-\dot{\psi}[(-1)^i\sin\gamma\boldsymbol{j}^*+\cos\gamma\boldsymbol{k}^*] \quad (i=1,2) \qquad (3.1.3)$$

令 y_1 与 y_2 轴的角平分线方向为 y 轴，也指向腹部，其基矢量 $\boldsymbol{j}$ 沿 $\boldsymbol{j}_1+\boldsymbol{j}_2$ 方向，导出

$$\boldsymbol{j}=(\sin\psi\boldsymbol{i}^*+\cos\gamma\cos\psi\boldsymbol{j}^*)/R,\ R=\sqrt{1-\sin^2\gamma\cos^2\psi} \qquad (3.1.4)$$

设 z 轴与 z^* 轴重合，与 y 轴组成的平面 $\boldsymbol{\Pi}_1$ 为猫躯体的纵剖面。包含 y 轴和 z 轴的坐标系$(O-xyz)$标志猫躯体的实际位置。y 轴与 y^* 轴之间的夹角 σ，即二平面 $\boldsymbol{\Pi}_1$ 与 $\boldsymbol{\Pi}$ 之间的夹角为脊柱弯曲平面相对纵剖面的转角(图 3.4)：

$$\sigma=\arccos(\cos\gamma\cos\psi/R) \qquad (3.1.5)$$

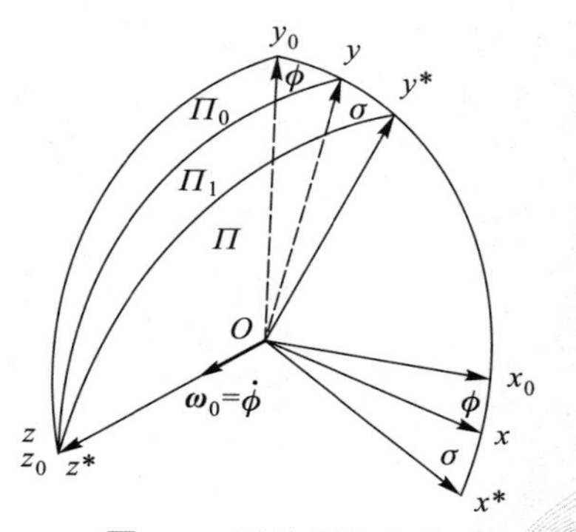

图 3.4　猫的脊柱弯曲平面和纵剖面

过 z^* 轴作垂直平面$(O-x_0y_0z_0)$，

记作 Π_0，z_0 轴与 z^* 轴、z 轴均重合，y_0 为垂直轴，Π_1 平面相对 Π_0 的转角为 ϕ(图 3.4)。设 $\boldsymbol{\omega}_0=\dot{\phi}\boldsymbol{k}^*$ 为$(O-xyz)$相对$(O-x_0y_0z_0)$的绝对角速度，则$(O-x^*y^*z^*)$的绝对角速度为 $\boldsymbol{\omega}^*=(\dot{\phi}+\dot{\sigma})\boldsymbol{k}^*$，前后体 $B_i(i=1,2)$的角速度为 $\boldsymbol{\omega}_i=\boldsymbol{\omega}^*+\boldsymbol{\omega}'_i$，得到

$$\boldsymbol{\omega}_i=(-1)^i\dot{\psi}\sin\gamma\boldsymbol{j}^*+(\dot{\phi}+\dot{\psi}R^{-2}\cos\gamma\sin^2\gamma\cos^2\psi)\boldsymbol{k}^*\quad(i=1,2)\tag{3.1.6}$$

将$(O-x_iy_iz_i)$的原点移至猫的总质心 O_c，设 $B_i(i=1,2)$相对$(O_c-x_iy_iz_i)$有相同的惯量矩 A，B，C，为不致使计算过繁，近似令 $A=B$，且忽略惯量积。将 $\boldsymbol{\omega}_i$ 投影到$(O_c-x_iy_iz_i)(i=1,2)$，计算 $B_i(i=1,2)$相对 O_c 的动量矩 $\boldsymbol{L}_i(i=1,2)$，相加后得到沿 z^* 轴方向的总动量矩 $\boldsymbol{L}=\boldsymbol{L}_1+\boldsymbol{L}_2$：

$$\boldsymbol{L}=2[\dot{\phi}(A\sin^2\gamma+C\cos^2\gamma)+\dot{\psi}(A-C\sin^2\psi)R^{-2}\cos\gamma\sin^2\gamma]\boldsymbol{k}^*\tag{3.1.7}$$

在无力矩状态下，猫的动量矩应保持零初始值不变。令 $L=0$，导出躯体转动角速度 $\dot{\phi}$：

$$\dot{\phi}=-\frac{\dot{\psi}\cos\gamma\sin^2\gamma(A-C\sin^2\psi)}{(A\sin^2\gamma+C\cos^2\gamma)(1-\sin^2\gamma\cos^2\psi)}\tag{3.1.8}$$

$\dot{\phi}$ 与 $\dot{\psi}$ 反号，表明躯体转动方向与脊柱弯曲方向相反。当猫的前半部相对后半部完成一周圆锥运动时，躯体反向转过的角度为

$$\phi=-\frac{\cos\gamma\sin^2\gamma}{A\sin^2\gamma+C\cos^2\gamma}\int_0^{2\pi}\frac{A-C\sin^2\psi}{1-\sin^2\gamma\cos^2\psi}\mathrm{d}\psi\tag{3.1.9}$$

利用数值积分的计算结果证实，翻转角度 ϕ 可达 180°。

旋　空　翻[1,4]

3.2
Section

1972年举行的第20届奥运会上，日本的体操运动员冢原光男第一次完成了同时绕身体的横轴（自右至左）和纵轴（自脚至头）旋转的高难动作而获得了单杠世界冠军。这种被称为旋空翻的动作现已成为体操、跳水、技巧、绷床等项目中的常规动作（图3.5）。但是关于旋空翻的理论解释却有过一番争论。争论的焦点是如何解释绕横轴转动向绕纵轴转动的转化。高速摄影证实运动员在离杠瞬间并无绕纵轴的初始转动，而当运动员改变双臂姿势时，绕纵轴的转体似乎无中生有地产生出来。类似于3.1节讨论的猫空中转体，腾空的运动员也处于无力矩状态，也受动量矩守恒原理的支配。不同点在于，猫的转体可看作是绕水平轴的转动，而运动员的旋运动是绕一个点，即绕质量中心的转动。因此不可能应用绕定轴转动的简单规律对旋运动

图3.5　旋空翻

作出正确解释。

在经典力学的发展史中，关于刚体定点运动的研究曾占据重要地位。从1758年欧拉建立刚体定点运动的动力学方程开始，寻求方程的解析积分以解释刚体定点运动规律的努力曾是经典力学中延续百年之久的重大课题。刚体质心与定点重合的特殊情形称为刚体定点运动的欧拉情形，即无力矩作用的特殊情形。1834年潘索(L. Poinsot)提出一种几何方法，可以对欧拉情形的刚体定点运动规律作直观的叙述。

刚体在运动过程中，瞬时角速度矢量 $\boldsymbol{\omega}$ 的大小和方向都随时间变化。无力矩作用时，刚体相对质心的动量矩守恒，动能也守恒。刚体的角速度 $\boldsymbol{\omega}$ 的变化必须同时保证动量矩和动能为常值。利用附录中给出的动能公式(A. 3. 17)可以判断，$\boldsymbol{\omega}$ 的矢量端点轨迹应保持在与常值动能所对应的椭球面上，称为能量椭球。在动能不变的条件下，角速度取最大值的椭球长半轴对应于最小主惯量矩，短半轴则对应于最大主惯量矩。因此动能椭球也称为惯量椭球。$\boldsymbol{\omega}$ 矢量的端点轨迹在惯量椭球上描绘出的曲线族如图3.6所示。沿惯量主轴方向端点轨迹缩小为三对奇点。指向奇点的角速度矢量将在此位置上停留不动。这种转速不变，转动轴的方位也不变的稳态转动即1.3节注释中定义的永久转动。

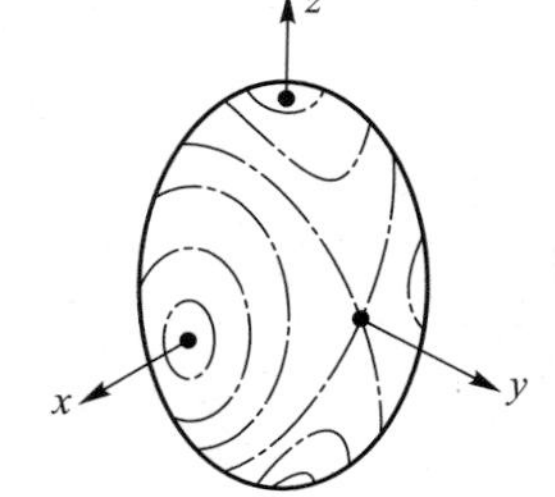

图3.6 人体的惯量椭球

在上述三对奇点中，沿最大和最小主惯量矩的两对奇点附近的轨迹为围绕奇点的椭圆族，这种类型的奇点称为中心(图3.6中的 x 轴和 z 轴)。刚体绕指向中心的惯量主轴转动时，即使受到扰动，角速度矢量仍在转动轴附近作周期摆动。沿主惯量矩中间值的奇点附近的轨迹为双曲线，这种奇点称为鞍点。刚体绕指向鞍点的惯量主轴转动时，若受到扰动角速度，矢量将无限远离转动轴。可归纳为：在刚体的三个惯量主轴中，刚体绕与最大和最小惯量矩对应的主轴永久转动稳定，而绕与惯量矩中间值对应的主轴永久转动不稳定(图 3.6 中的 y 轴)。对于轴对称刚体的特殊情形，中心缩减为只有沿对称轴的一对，而赤道轴上的每个点都是鞍点。因此刚体绕对称轴的永久转动稳定，绕赤道轴的永久转动不稳定。

这一结论的正确性可利用上抛的旋转物体，例如用一只上抛的羽毛球拍来验证。球拍的三个主惯量矩各不相同，垂直于把柄和网的主轴有最大主惯量矩，记作 x；垂直于把柄但在网平面内的主轴对应的主惯量矩为中间值，记作 y；沿把柄的主轴有最小主惯量矩，记作 z。上抛时依次使球拍同时绕 x，y，z 各轴旋转，就可以观察到球拍绕 x 和 z 轴的转动平稳，绕 y 轴转动时晃动的不稳定现象。

有趣的是，上述经典力学结论也在运动员的旋空翻运动中得到了验证。将人体简化为刚体，绕从背后指向胸前的矢状轴 x 的主惯量矩最大，绕从右至左的额状轴 y 的主惯量矩为中间值，绕从足底至头顶的纵轴 z 的主惯量矩最小(图 3.7a)。因此芭蕾舞演员或花样溜冰运动员绕纵轴 z 的旋转是稳定运动，体操运动员绕矢状轴 x 的侧手翻也稳定，而运动员腾空绕额状轴 y 的空翻运动是不稳定运动。当运动员绕 y 轴作空翻运动时，角速度矢量 $\boldsymbol{\omega}$ 指向惯性椭球上的鞍点。过鞍点的轨迹将椭球分隔为 4 个区域。当运动员作出上肢的反对称动作使惯量主轴发生偏转时，角速度矢量 $\boldsymbol{\omega}$ 不再与主轴一致，其端点轨迹偏离鞍点进入含 z 轴的区域，并沿围绕 z 轴的封闭轨迹移动，如图 3.7b 所示。角速度矢量 $\boldsymbol{\omega}$ 在 z 轴上的投影形成绕 z 轴的转体运动。这就从理论上解释了旋空翻运动的产生原因[5]。

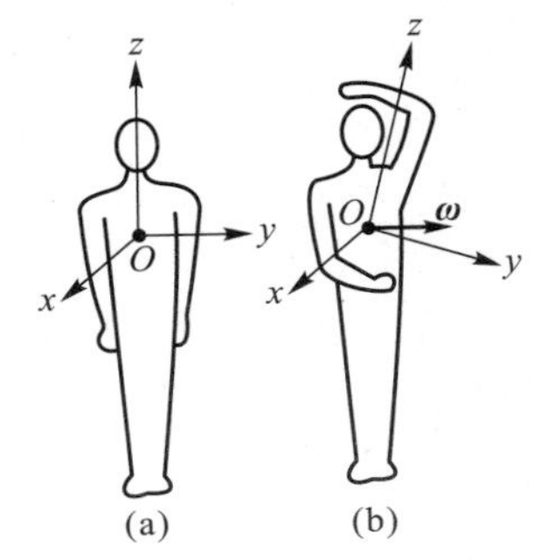

图 3.7 人体惯量主轴的偏转

以上分析说明，遵循动量矩守恒原理，任何腾空的生物体都能借助肢体的相对运动来影响整个身躯的转动。跳远运动员在起跳后将高举的双臂急速向下挥动，可使躯体朝相反方向转动，使双足抬高而提高跳远成绩。体操、跳水、技巧、绷床运动员可控制躯体和四肢的相对运动，完成使人眼花缭乱的各种空中高难动作。失重状态下的宇航员可借助双臂或双腿的动作来控制其身体的方位，完成太空行走任务。1964 年美国的哈纳凡(E. P. Hanavan)将人体分解为头、上下躯干、上下臂、大小腿、手、足等 15 个部件，各部件简化为刚体，连接各部件的关节简化为球铰，组成具有 48 个自由度的多体系统。依据牛顿力学原理建立此多体系统的动力学微分方程，输入各部件的几何参数和惯性参数以及各部件的设定动作，就有可能对腾空人体的运动规律进行计算机数值模拟。此虚拟的人体模型可作为教练员的辅助工具，用于修改或创造新动作。体育科学与力学分析的结合形成了运动生物力学的交叉学科。

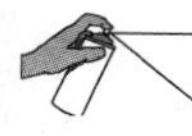

注释：欧拉情形刚体绕主轴永久转动的稳定性分析[6]

利用附录中刚体定点运动的欧拉方程(A. 3. 12)，令其中力矩项为零：

$$A\dot{\omega}_x+(C-B)\omega_y\omega_z=0 \qquad (3.2.1a)$$

$$B\dot{\omega}_y+(A-C)\omega_z\omega_x=0 \qquad (3.2.1b)$$

$$C\dot{\omega}_z+(B-A)\omega_x\omega_y=0 \qquad (3.2.1c)$$

此方程组存在三组特解，即惯量椭球上的三对奇点，分别对应于刚体绕三个主轴的永久转动。

$$\left.\begin{aligned} S_1:\ \omega_x=\omega_y=0,\ \omega_z=\omega_0 \\ S_2:\ \omega_y=\omega_z=0,\ \omega_x=\omega_0 \\ S_3:\ \omega_z=\omega_x=0,\ \omega_y=\omega_0 \end{aligned}\right\} \qquad (3.2.2)$$

将式(3. 2. 1a)和(3. 2. 1b)的第二项移至等号右边并将二式相除，得到只含 ω_x，ω_y 的一阶方程：

$$\frac{\mathrm{d}\omega_x}{\mathrm{d}\omega_y}=-\frac{a\omega_y}{\omega_x},\quad a=\frac{B(C-B)}{A(C-A)} \tag{3.2.3}$$

积分得到

$$\omega_x^2+a\omega_y^2=\mathrm{const} \tag{3.2.4}$$

如 $a>0$，则沿 z 轴的奇点 S_1 附近的角速度矢量端点轨迹为椭圆，受扰后转动轴仍保持在原位置附近，表明绕 z 轴的永久转动稳定。如 $a<0$，则 S_1 附近的端点轨迹为双曲线，受扰后转动轴无限偏离原位置，表明绕 z 轴的永久转动不稳定[6]。由于

$a>0$：$C>A$，$C>B$　或　$C<A$，$C<B$　C 为最大或最小主惯量矩

$a<0$：　$A>C>B$　或　$A<C<B$　C 为主惯量矩的中间值

于是得出结论：无力矩作用的刚体绕最大或最小惯量矩主轴的永久转动稳定，绕中间惯量矩主轴的永久转动不稳定。

对于轴对称刚体的特殊情形，设 z 轴为极轴，令 $A=B$，则 $a=1$，表明轴对称刚体绕极轴的永久转动稳定。若 z 轴为赤道轴，令 $C=B$，则 $a=0$，转动轴在赤道面上处于随遇状态，受扰后不能回复到原位置。因此轴对称刚体绕赤道轴的永久转动不稳定。若刚体为球对称，令 $A=B=C$，则惯量椭球为圆球，刚体绕任意轴都能作永久转动，转动轴是随遇的。

3.3 Section 跳 跃[6]

跳跃不仅是跳高、跳远运动的基本动作，也是球类，尤其是排球运动员的基本功。从力学观点分析，跳跃是人体解除地面约束转变为腾空状态的过程。地面约束是单侧约束，就是只限制物体朝一侧的运动，而另一侧完全自由。约束是通过约束力实现的，当地面对物体的法向约束力减小为零时约束即不存在。若物体在解除约束的同时具有向上的速度，就能脱离地面跳起。

为有助于了解跳跃过程，将一个简单的弹簧-质点系统置于地面但不与地面固定，向下压缩弹簧突然松手，可以观察到质点在弹簧反力作用下向上运动和离地跳起的过程。单自由度弹簧-质点系统的运动是正弦规律的周期运动。质点从初始时刻向上的加速运动逐渐转变为减速，当向下的负加速度与重力加速度 g 相等时，向上的惯性力恰好与重力平衡，法向约束力为零，约束即被解除。

人体的原地跳跃过程也很相似，弹簧的上述过程由联结膝关节的肌肉实现。肌肉收缩产生的张力控制膝关节角度的变化，使下肢从静止的下蹲状态突然伸展，带动躯体以初始加速度 a_0 垂

直向上运动，然后逐渐减小为负值。为便于分析，设人体质心的垂直加速度 $a(t)$ 按简单的线性规律变化

$$a(t)=a_0-kt$$

对于质量为 m 的人体，地面的支承力为 $F_N=m(a+g)$。若 t_s 为下肢开始伸展到离地跳起之间的时间间隔，令 t_s 时刻的 F_N 为零，加速度应等于 $-g$，从上式导出

$$k=(a_0+g)/t_s$$

设 $t=0$ 的初速度为零，对 $a(t)$ 积分计算起跳速度 v_s，得到

$$v_s=(a_0-g)t_s/2$$

起跳的必要条件 $v_s>0$ 要求 $a_0>g$，即起跳的初始加速度 a_0 必须大于重力加速度 g。此条件要求初始蹬地力 F_{N0} 大于 2 倍体重

$$F_{N0}=m(a_0+g)>2mg$$

因此运动员伸展膝关节的动作必须有足够的爆发性才能完成起跳(图 3.8)。实践经验也表明，缓慢地伸展躯体不能让自己离地跳起。

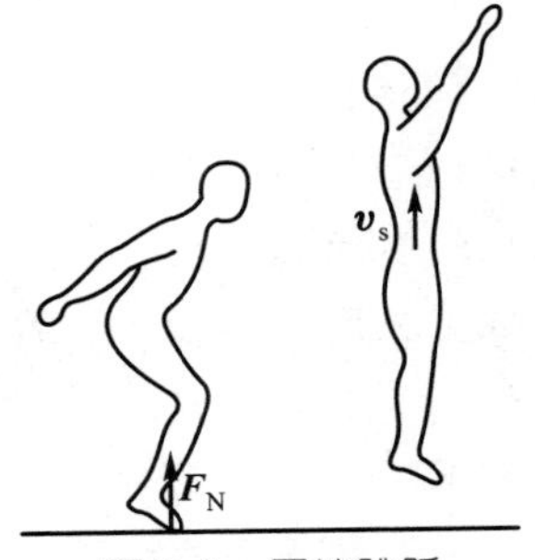

图 3.8　原地跳跃

起跳后的腾空阶段能够到达的最大高度是衡量跳跃运动的最重要指标，而最大高度 h 取决于人体在起跳过程中耗费的总能量 E:

$$E=\frac{1}{2}mv_s^2=mgh$$

起跳速度 v_s 的值不仅取决于初始加速度 a_0，而且与伸展时间 t_s 有关。为保证在伸展阶段内有充分的时间使速度得到积累，解除约束的时间 t_s 不能过早。过分急剧的加速度变化率无助于提高腾空高度。作为极端的特例，当 $k\to\infty$且蹬地力为有限值时，伸展时间 t_s 趋近于零。于是躯体在开始伸展的瞬间即离地，离地速度 v_s 和腾空高度 h 均接近于零。

原地跳跃只是最简单的跳跃模式。跳远、跳高、三级跳，乃

至跑步运动的每一次腾空都属于带助跑的跳跃。与静止状态下开始蹬地的原地跳跃不同，在助跑的带动下运动员以碰撞形式用力踏地。即使踏地过程极其短暂，所产生的碰撞冲量也足以使速度产生突变。腾空后的初速度为垂直离地速度与水平助跑速度的合成。优秀的运动员能依据训练中取得的经验控制腾空速度的大小和角度，以取得跳远或跳高的最佳效果。

上述关于跳跃的力学分析适用于任何物体的跳跃过程，如工程中夯土机的跳跃，或袋鼠、青蛙、跳蚤等生物体的跳跃。对生物体而言，为实现跳跃所能提供的能量往往与它的质量成比例，即 $E \sim m$。将上述能量公式两边的 m 约去，则最大高度 h 的估计值应与质量无关。实际观察不同大小的生物体的跳跃高度，大体上也都在以米为度量单位的同一个数量级。常被称为跳跃冠军的跳蚤也不例外。尽管跳蚤的跳跃高度是自身长度的一百多倍，但也完全符合客观的力学规律[7]。

注释：跳跃过程的定性分析[8]

利用弹簧-质点系统的简化模型可以对跳跃过程作出定性解释。将躯干简化为刚体，与模拟下肢运动的弹簧连接，弹簧的另一端受地面的单侧约束(图 3.9)。以弹簧松弛状态下刚体质心 O_c 的位置 O 为原点，建立垂直坐标轴 Oz。设 O_c 的坐标为 z，刚体的质量为 m，弹簧刚度为 K，动力学方程为

$$m\ddot{z}+Kz=-mg \tag{3.3.1}$$

设地面的法向约束力为 F_N，系统解除约束离地跳起的条件为

$$F_N=0,\ \dot{z}>0 \tag{3.3.2}$$

忽略弹簧的质量，法向约束力为

$$F_N=m(\ddot{z}+g)=-Kz \tag{3.3.3}$$

则起跳条件(3.3.2)化为

$$\ddot{z}=-g,\ \dot{z}>0 \qquad (3.3.4)$$

引入参数 $k=\sqrt{K/m}$，方程(3.3.1)改写为

$$\ddot{z}+k^2z=-g \qquad (3.3.5)$$

设刚体从弹簧的静平衡位置 $z_0=-g/k^2$ 开始向上运动，质心的初始速度为 v_0，解出

$$z=z_0+(v_0/k)\sin kt \qquad (3.3.6)$$

将上式对 t 求导计算质心的速度和加速度，得到

$$\dot{z}=v_0\cos kt,\ \ddot{z}=-v_0k\sin kt \qquad (3.3.7)$$

从上式消去 t，导出

$$\frac{\dot{z}^2}{v_0^2}+\frac{\ddot{z}^2}{(kv_0)^2}=1 \qquad (3.3.8)$$

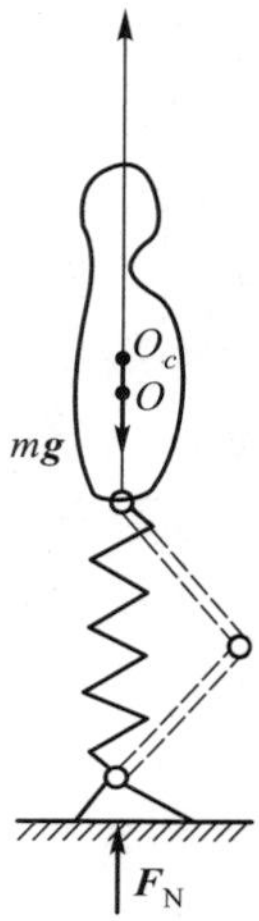

图 3.9　跳跃过程的简化模型

上式在以速度 $\dot{z}$ 和加速度 $\ddot{z}$ 为坐标轴的相平面$(\dot{z},\ddot{z})$中的相轨迹是以原点为中心，v_0 为参变量的椭圆族，可用于定性描述质心的运动过程。起跳条件(3.3.4)在相平面$(\dot{z},\ddot{z})$中体现为过$(0,-g)$点向右平行于横坐标的直线，记作 S(图 3.10)。若起跳运动对应的相轨迹与直线 S 相交，则刚体离地跳起。交点的横坐标表示离地速度 v_s。将相轨迹族中与直线 S 相切的椭圆记作 E，表示为

$$\frac{\dot{z}^2}{(g/k)^2}+\frac{\ddot{z}^2}{g^2}=1 \qquad (3.3.9)$$

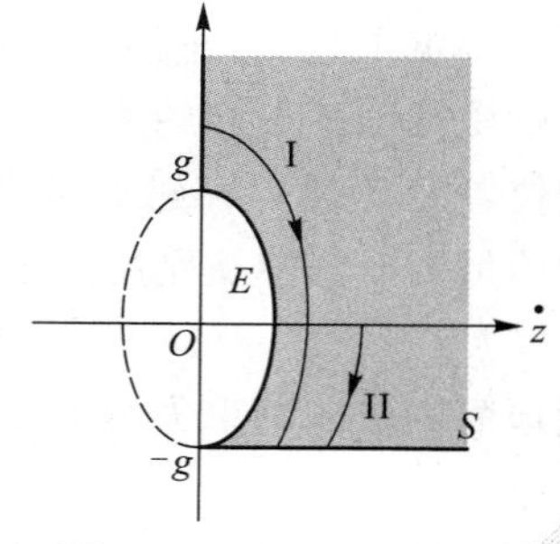

图 3.10　$(\dot{z},\ddot{z})$平面中的相轨迹

对于原地起跳情形，令 $v_0=0$，相轨迹族的起点在纵坐标轴上。由椭圆 E 与直线 S 和纵坐标轴 $\ddot{z}$ 所围成的区域为起跳区(图 3.10 中的阴影部分)，在此区内的相轨迹均能实现起跳。所对应的加速度和约束力的起始值满足：

$$\ddot{z}(0) \geqslant g, \quad F_{\mathrm{N}}(0) \geqslant 2mg \tag{3.3.10}$$

即初始蹬地力应大于2倍体重。根据相轨迹曲线的走向判断，质心从零垂直速度开始，先加速后减速，直至相轨迹与直线 S 相交，加速度等于 $-g$ 时解除约束跳起(图3.10中的曲线Ⅰ)。

对于踏地起跳情形，设踏地的碰撞冲量为 I，碰撞产生的初速度为 $v_0=I/m$。上述原地起跳的加速阶段缩短为零，相轨迹族以横坐标轴为起点作减速运动，与直线 S 相交时跳起(图3.10中的曲线Ⅱ)。起跳过程明显缩短。

步行、竞走与跑步[6,9]

3.4 Section

双足直立行走是人类移动自身的运动形式。直立行走并不容易，原始人从四足爬行到直立双足行走经历了一千多万年的漫长历程。从力学观点考察，四肢落地与双足直立的根本差别在于：四肢与地面的接触点连线围成一个四边形，无论躯体怎样动，其重心在地面的投影都不会越出这个范围。因此四肢落地可保证静平衡条件永远满足，由支承点围成的区域可称为静态稳定域。

双足直立则不然，足底与地面接触面形成的稳定域极其狭小，躯体稍有动作就可能使重心投影越出稳定域而跌倒。因此直立的人体如同一个倒置的复摆，是不稳定平衡。要实现双足直立，人类必须具备足够的协调能力。一旦感觉到重心向一侧偏移，必须立刻控制足底支承力的作用点向同一侧移动，同时向另一侧做弯腰动作使重心回复到平衡位置，以实现动力学意义上的平衡稳定性。由于驱使重心水平移动的动力来自足底的静摩擦力，因此直立人体的稳定性还受到地面能够提供的最大静摩擦力的制约。在直立过程中，重心在地面的投影必须限制在支承中心周围的椭圆形动态稳定域内，域的大小与地面的静摩擦系数成正比。

缓慢的四肢爬行仍有可能使静平衡条件得到满足。当爬行动物抬起一条腿向前缓慢移动时，其重心仍落在其余三条腿与地面接触点连线围成的三角形以内，因此每个时刻仍处于静力学平衡状态(图 3.11)。

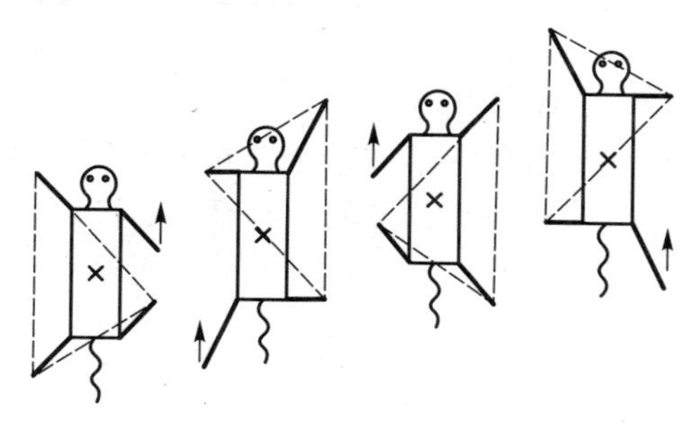

图 3.11　保持静平衡的爬行运动

人类的步行运动要求双足交替移动，属于第一章 1.9 节中提到的约束条件不断改变的所谓变结构系统。双足支承的人体只要抬起一条腿即转化为单足支承。除非躯体有意识地向支承足方向作大幅度摆动，其重心必越出狭小的单足支承面而跌倒。因此静力学平衡条件在双足步行过程中难以满足。双足步行的稳定性也必须依靠肢体的协调动作完成，是一个动力学过程。当移动腿向前踏地时，足底与地面之间产生向后的摩擦力 $\boldsymbol{F}$ 与向前的惯性力平衡。其相对质心 O_c 的力矩恰好与法向支承力 $\boldsymbol{F}_{\mathrm{N}}$ 对质心的力矩相平衡。支承足向后蹬地时则相反，足底产生向前的摩擦力，与法向支承力的力矩平衡(图 3.12)。人类必须学会这套协调动作方能实现稳定的双足步行。任何人无论走路姿势如何优美，幼年时也都经历过摇摇晃晃的学步阶段。

可见与双足直立相同，双足步行的稳定性也是依靠摩擦力实现。步行运动也存在围绕支承足的动态稳定域。在步行过程中，重心的地面投影必须保持在域内才能实现稳定的步行。为估计动态稳定域的大小，设质心距地面的高度为 h，椭圆形的稳定域沿前进方向的半径为 r，相对质心的力矩平衡条件要求 $Fh = F_{\mathrm{N}}r$（图 3.12）。设 f_{s} 为地面的静摩擦系数，将 $F = f_{\mathrm{s}}F_{\mathrm{N}}$ 代入平衡条件得到 $r = f_{\mathrm{s}}h$，即稳定域与地面摩擦系数成正比。为保证步行的连续性，左、右足的动态稳定域必须连通，从而限制了跨步的距离。地面愈粗糙，容许的步距愈大。在光滑冰面上人们寸步难移，因为太小的摩擦系数使动态稳定域趋近于零。

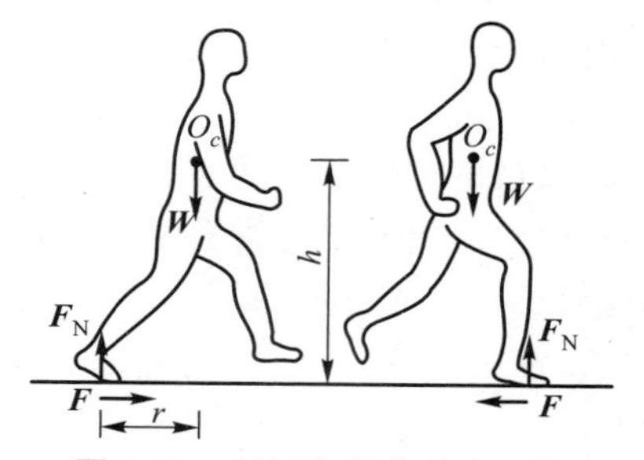

图 3.12　双足步行的动态平衡

竞走和跑步作为双足步行的两种特殊形式都与跳跃有关。竞走是列入竞技体育项目的步行运动，它严格要求步行过程中双足不得同时离地，即不得出现跳跃现象。跑步则恰好相反，每次踏步均导致跳跃，出现双足同时离地的腾空状态。根据上节对跳跃运动的分析，解除约束只能在减速阶段发生。当步行时质心的垂直加速度到达 $-g$ 时，法向约束力减小为零，约束即被解除。此时若质心具有向上的垂直速度，支承足即离地跳起。竞走运动运动员为避免出现跳跃，就要尽量减轻踏地时的冲击。跑步运动员则相反，要尽量加强踏地冲击。

就上文中叙述的等高度步行的理想模式而言，由于不存在垂直方向的加速度，踏地时必不存在碰撞，足底的法向支承力恒保持与重力相等，就能完全避免跳跃发生。如果在步行过程中，人体的重心存在上下波动，所产生的惯性力使地面支承力也相应地波动。当支承腿的伸展运动过于强劲时，离地现象即可能出现。因此在竞走运动的技术要领中，运动员必须尽可能保持重心的高度不变。臀部的周期性扭动可使左、右髋关节连线的中点保持高度不变，有助于维持重心的等高度。于是这种夸张的扭臀动作就成为竞走运动的一大特色。

在跑步运动中，单足支承阶段和双足离地的腾空阶段交替进行。在支承阶段结束时，支承足必须离地跳起。根据上节的分析，要实现跳跃，蹬地力 F_{N0} 的初值至少要大于 2 倍体重。实际上跑步运动员踏地时的强烈冲击所产生的蹬地力远超过此临界值。优秀的赛跑运动员能控制其下肢的踏地和伸展动作，以产生最大的和方向最佳的离地速度，使随后的腾空阶段能实现最大的前进距离。由于跑步运动的步长明显增大，其动态稳定域应远大于步行运动。为使地面有足够大的摩擦力以实现稳定的跑步运动，运动员必须穿着钉子鞋来增强鞋底与地面的摩擦。在起跑阶段，运动员必须以最快的反应速度从静止状态迅速转为运动状态，仅靠摩擦力已远远不够，必须利用起跑器的反推力实现对运动员的驱动。

注释 1：直立状态的动态稳定域计算[10]

将人体简化为由下躯干 B_1 和上躯干 B_2 组成的系统 $\{B\}$，腰部以万向铰 O 联结。设 B_i 的质量为 m_i，质心 O_i 与直立时足底支承中心 O_0 的距离为 $l_i(i=1,2)$，人体的总质量为 $m=m_1+m_2$，总质心 O_c 的高度为

$$h=(m_1l_1+m_2l_2)/m \tag{3.4.1}$$

以 O_0 为原点建立参考坐标系 (O_0-xyz)，其中 z 轴为垂直轴，x 轴和 y 轴分别与直立人体的矢状轴和额状轴平行。仅分析人体绕 x 轴的左右摆动对直立稳定性的影响。设 B_i 的纵轴 $z_i(i=1,2)$ 绕 x 轴的偏角为 $\theta_i(i=1,2)$，直立状态下 B_i 相对 O_0x 轴的惯量矩为 A_i $(i=1,2)$，足底支承力作用点 P 沿 y 轴偏离 O_0 的距离为 y_P（图 3.13）。忽略躯干的微小转动对质心高度和惯量矩的影响，利用

对 O_0x 轴的动量矩定理列出 $\{B\}$ 的动力学方程

$$A_1\ddot{\theta}_1+A_2\ddot{\theta}_2-(m_1l_1\theta_1+m_2l_2\theta_2+my_P)=0 \quad (3.4.2)$$

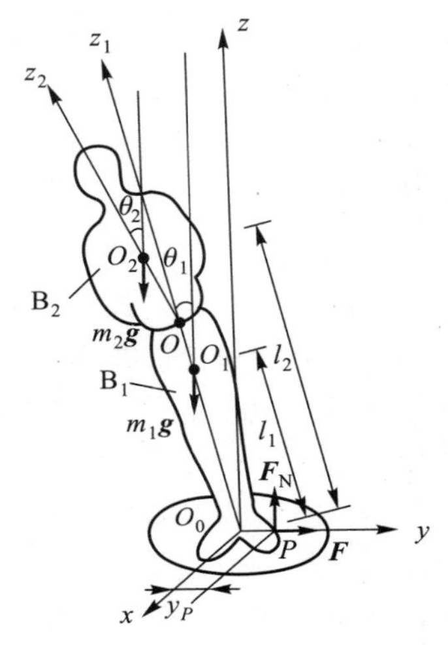

图 3.13　直立人体的动态稳定域

当下躯干 B_1 向一侧偏转出现倾倒趋势时，人的主观控制作用驱使上躯干 B_2 绕 O 点相对下躯干 B_1 向另一侧产生转角 $\theta_2-\theta_1$，并向另一侧调整足底支承力作用点 P 的位置。设控制规律为线性函数：

$$\theta_2-\theta_1=-k_1\theta_1,\ y_P=-k_2\theta_1 \quad (3.4.3)$$

代入方程(3.4.2)，化为

$$A\ddot{\theta}_1+K\theta_1=0 \quad (3.4.4)$$

其中

$$A=A_1+A_2(1-k_1),$$
$$K=mg[k_2+(m_2l_2/m)k_1-h] \quad (3.4.5)$$

根据附录 A.5 中的分析，人体的直立稳定性由方程(3.4.4)的纯虚特征值保证，要求参数 A，K 均为正值。导出控制系数 k_1 和 k_2 必须满足的稳定性条件：

$$m(h-k_2)/m_2l_2<k_1<1+(A_1/A_2) \quad (3.4.6)$$

有正常控制能力的人能通过腰部和足底肌肉的协调动作使此条件得到满足，人体才有可能稳定站立。除上述内部条件以外，人体的控制作用能否实现还取决于地面的外部条件，即地面的静摩擦系数能否产生足够的摩擦力。设总质心 O_c 在 y 轴上的坐标为

$$y=(m_1l_1\theta_1+m_2l_2\theta_2)/m+y_P \quad (3.4.7)$$

将控制规律(3.4.3)代入后化为

$$y=\{[m_1l_1+m_2l_2(1-k_1)]/m-k_2\}\theta_1 \quad (3.4.8)$$

对上式微分两次，利用动量定理计算足底沿 y 轴的摩擦力 $F_y=m$

$\ddot{y}$，并利用式(3.4.4)，(3.4.8)导出

$$F_y=-(mK/A)y \tag{3.4.9}$$

此摩擦力能否实现受到地面能够提供的最大静摩擦力的限制。设 f_s 为地面的静摩擦系数，将 $|F_y|\leqslant f_sF_N$ 代入后，消去两边的 $F_N=mg$，导出容许的质心偏移

$$|y|\leqslant\frac{f_s[A_1+A_2(1-k_1)]}{m[k_2+(m_2l_2/m)k_1-h]} \tag{3.4.10}$$

对人体绕 y 轴前后摆动的控制过程作类似的分析，设 B_i 绕 y 轴的偏角为 $\psi_i(i=1,2)$，相对 O_0y 轴的惯量矩为 $B_i(i=1,2)$，足底支承力作用点 P 沿 x 轴的偏移为 x_P，控制规律为

$$\psi_2-\psi_1=-k_3\psi_1,\ x_P=-k_4\psi_1 \tag{3.4.11}$$

则在直立过程中，重心在地面的投影必须限制在以支承中心 O_0 为中心的椭圆形动态稳定域内，此稳定域可表示为

$$\frac{x^2}{r_x^2}+\frac{y^2}{r_y^2}\leqslant 1 \tag{3.4.12}$$

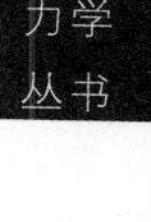

椭圆半轴 r_x，r_y 为

$$r_x=\frac{f_s[B_1+B_2(1-k_3)]}{m[k_4+(m_2l_2/m)k_3-h]},\ r_y=\frac{f_s[A_1+A_2(1-k_1)]}{m[k_2+(m_2l_2/m)k_1-h]} \tag{3.4.13}$$

稳定域的大小与地面的静摩擦系数成正比。

注释 2：步行运动的动态稳定域计算[11,12]

设步行运动由周期性左右交替的单足支承阶段组成。支承足与地面接触区域的几何中心 O_L(左)和 O_R(右)沿宽度为 b 的平行直线反对称等距离分布，步长为 a。不失一般性，只讨论右足支承阶段。以 O_R 为原点建立地面参考坐标系(O_R-xyz)以确定人体

质心 O_c 的位置，x 轴沿足迹道向前，y 轴指向左侧，z 轴为垂直轴。设 O 为左右髋关节连线的中点，设在步行过程中 O 作高度为 h_0 平行于足迹道的等高度匀速直线运动，这种理想化的步行运动模式可称之为"舒适步行"(图 3.14)。躯干相对 O 点绕横轴左右摆动，纵轴相对垂直轴的偏角为 θ。躯干的前后摆动和绕纵轴的扭动均明显小于左右摆动而予以忽略。

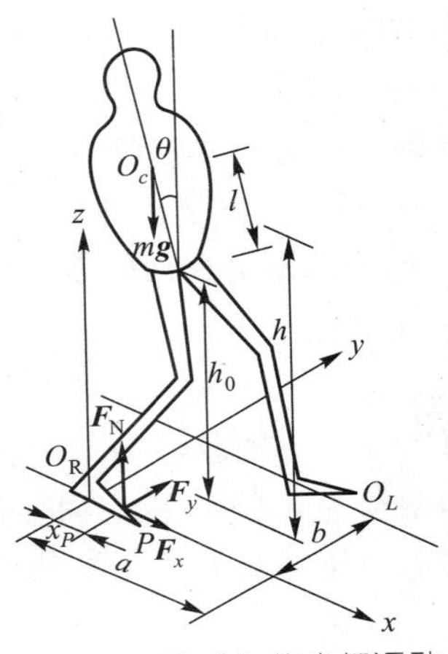

图 3.14　模式化的步行运动

为简化公式推导，近似忽略四肢的质量，人体的质心 O_c 与躯干的质心重合。设 O_c 与 O 点的距离为 l，微幅摆动时仅保留 θ 的一次项，质心 O_c 保持等高度 $h=h_0+l$，沿 y 轴的坐标为

$$y=\frac{b}{2}-l\theta \tag{3.4.14}$$

设 m，J 为躯干的质量和相对矢状轴的主惯量矩，F_x，F_y 为地面对人体的切向摩擦力沿 x 轴和 y 轴的投影，$\boldsymbol{F}_N$ 为法向支承力。利用对质心的动量矩定理列出

$$J\ddot{\theta}+F_N y-F_y h=0 \tag{3.4.15a}$$

$$F_N(x-x_P)-F_x h=0 \tag{3.4.15b}$$

$$F_x y-F_y x+M_z=0 \tag{3.4.15c}$$

其中方程(3.4.15c)确定地面摩擦力形成的力偶 M_z，以消除躯干绕纵轴的扭动。F_x，F_y，F_N 由动量定理确定：

$$F_x=m\ddot{x},\ F_y=m\ddot{y},\ F_N=mg \tag{3.4.16}$$

x_P 为地面支承力的作用点 P 沿 x 轴方向的偏移，随躯干质心的前移由足根向足尖趋近。近似以线性规律表示为

$$x_P=kx \tag{3.4.17}$$

参数 k 取决于步长 a 和足长 c，即 $k=c/a$。从方程(3.4.14b)，(3.4.15)，(3.4.16)消去 F_x，从方程(3.4.15a)，(3.4.14)，(3.4.16)消去 θ，F_y，化为以 x，y 为独立变量的解耦的方程组：

$$\ddot{x}-\nu_1^2x=0,\qquad \ddot{y}-\nu_2^2y=0 \tag{3.4.18}$$

其中参数 $\nu_i(i=1,2)$ 定义为

$$\nu_1^2=\frac{g}{h}(1-k),\ \nu_2^2=\frac{g}{h}(1+\lambda)^{-1},\ \lambda=\frac{J}{mhl} \tag{3.4.19}$$

以 $x=0$，即质心 O_c 与 (y,z) 坐标面重合时刻为起始时刻。设 T 为步行运动的半周期，并考虑躯体绕横轴的周期性摆动，则 x 和 y 的边界条件为

$$\begin{aligned}&x(-T/2)=-a/2,\ x(T/2)=a/2\\&y(-T/2)=-b/2,\ y(T/2)=b/2\end{aligned} \tag{3.4.20}$$

此条件可以保证支承足转换时运动参数的连续性。方程(3.4.18)满足此边界条件的解确定重心的运动轨迹：

$$x=\frac{a\mathrm{sh}\nu_1t}{2\mathrm{sh}(\nu_1T/2)},\ y=\frac{b\mathrm{ch}\nu_1t}{2\mathrm{ch}(\nu_2T/2)} \tag{3.4.21}$$

将式(3.4.18)代入式(3.4.16)，导出为实现稳态步行所需要的摩擦力：

$$F_x=\frac{(1-k)F_{\mathrm{N}}x}{h},\ F_y=\frac{F_{\mathrm{N}}y}{h(1+\lambda)} \tag{3.4.22}$$

F_x，F_y 应小于最大静摩擦力，设 f_s 为足底与地面之间的静摩擦系数，应满足：

$$(F_x^2+F_y^2)^{1/2}\leqslant f_sF_{\mathrm{N}} \tag{3.4.23}$$

将式(3.4.22)代入上式，消去 F_{N} 后化为

$$\frac{x^2}{r_x^2}+\frac{y^2}{r_y^2}\leqslant 1 \tag{3.4.24}$$

其中

$$r_x=\frac{f_sh}{1-k},\ r_y=f_sh(1+\lambda) \tag{3.4.25}$$

不等式(3.4.24)确定地面上以 O_R 为中心，r_x，r_y 为半轴的椭圆域，即步行运动的动态稳定域(图 3.15)。域的大小与静摩擦系数成正比。为保证步行运动的连续性，左右足的稳定域必须连通。即稳定域必须覆盖 O_L 和 O_R 距离的中点 O_0，其坐标为 $x=a/2$，$y=b/2$。从而导出对静摩擦系数 f_s 的限制条件：

$$2f_s h \geqslant [a^2(1-k)^2+b^2(1+\lambda)^{-2}]^{1/2} \tag{3.4.26}$$

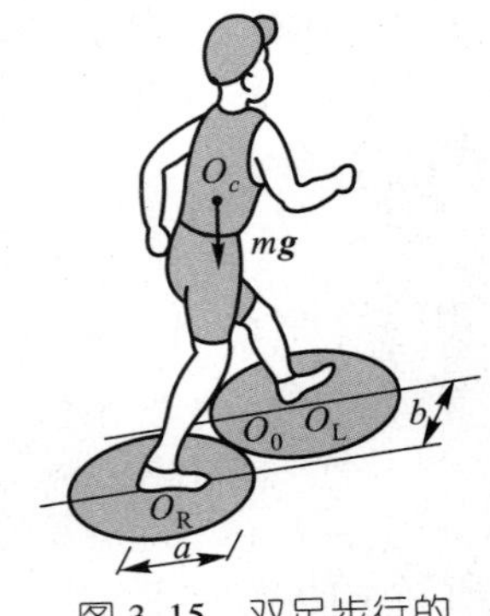

图 3.15 双足步行的动态稳定域

此条件要求有足够大的静摩擦系数。对于确定的地面条件，步长 a 受地面粗糙程度的限制，能实现的最大值为

$$a_{\max}=(1-k)^{-1}[4f_s^2h^2-b^2(1+\lambda)^{-2}]^{1/2} \tag{3.4.27}$$

3.5 Section 鞍马

鞍马运动起源于欧洲，来源于罗马人利用木制模型马对骑手的训练课目。将木马的头部和尾部去除，成为体操器械的鞍马则出现于19世纪初的德国。1896年鞍马运动被列为男子体操的比赛项目。现代比赛用的鞍马器械长160 cm，宽35 cm，马背中央木环的上沿离地面120 cm。鞍马比赛的成套动作包括：两臂交替支撑的各种单腿摆越，正、反交叉，单、双腿全旋和各种移位转体等动作。

忽略手臂的质量，将运动员的躯干简化为单个刚体。当运动员作鞍马的双腿全旋动作时，人体纵轴绕垂直轴作圆锥运动，与经典力学中的刚体规则进动非常相像(图3.16)。不同点在于：

1. 刚体绕定点运动只有唯一的支承点，而运动员为使身体能越过马背，必须双臂交替支撑。

2. 运动员在全旋过程中始终面对前方。尽管人体的纵轴绕垂直轴

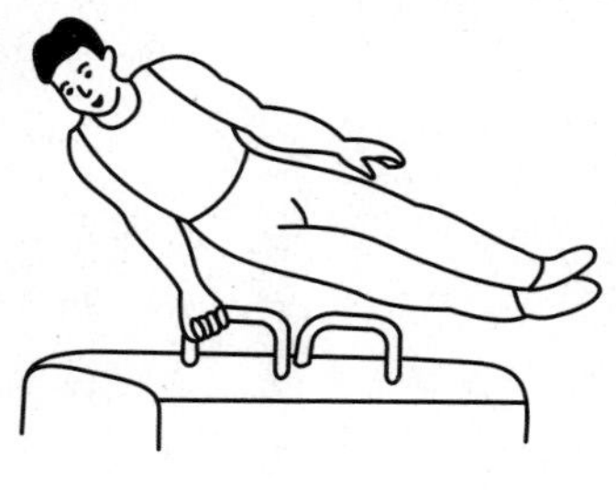

图3.16 鞍马全旋运动

旋转 180°，但身体在空间中没有转动。

3. 刚体绕定点运动的支点为理想球铰，无约束力矩存在。而运动员是以木环为支点，手掌与木环之间存在摩擦力矩。

上述周期性改变支点的情况类似于上节中叙述的双足步行运动，也属于变结构系统的动力学问题。因此对鞍马全旋运动的分析也必须按照不同的支承状况分段进行，然后在保证运动参数连续性的条件下将各段运动状态进行拼接。

用欧拉角 ψ，θ，φ 表示运动员的姿态(见图 3.17，图 3.18)。设运动员作附录 A.2 中定义的规则进动，其章动角 θ，进动角速度 $\dot{\psi}$ 和自旋角速度 $\dot{\varphi}$ 均为常值。如近似将躯体视为相对纵轴的轴对称刚体，则角速度 $\boldsymbol{\omega}$ 在躯干的中心主轴坐标系(O_c-xyz)中的投影为

$$\omega_x=0,\ \omega_y=\dot{\psi}\sin\theta,\ \omega_z=\dot{\psi}\cos\theta+\dot{\varphi}$$

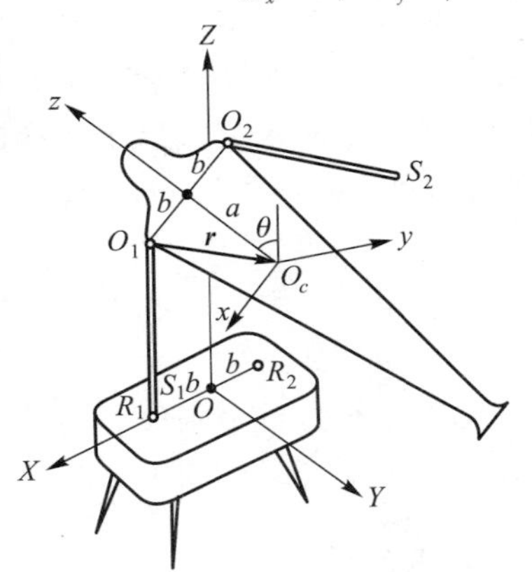

图 3.17 鞍马全旋运动的简化模式

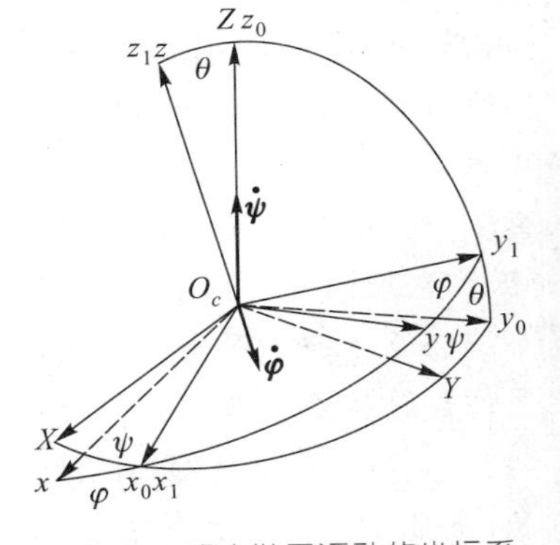

图 3.18 确定鞍马运动的坐标系

为使运动员始终面对前方，必须保证 $\omega_z=0$，要求自旋角速度满足约束条件：$\dot{\varphi}=-\dot{\psi}\cos\theta$。即人体绕纵轴的自旋必须与进动引起的转动方向相反，使绕纵轴的绝对角速度为零。满足此约束条件的规则进动称之为平规则进动。3.1 节中讨论猫的转体过程时，猫的前半身相对后半身所作的圆锥运动也是平规则进动，对应的

约束条件可以避免猫的前后体之间出现扭转。

经典力学在讨论刚体定点运动时，重力矩与刚体的惯性力矩（即陀螺力矩，详见5.3节中的解释）互相平衡。但对于作平规则进动的轴对称刚体，由于绕纵轴的绝对角速度为零，进动所产生的陀螺力矩非常微弱，不足以平衡重力矩。重力对支点的力矩除部分与陀螺力矩平衡以外，其余部分与支点的约束力矩平衡。后者通过运动员的手掌与木环之间的摩擦力实现。因此鞍马运动员在完成动作以前，必须用镁粉擦手以增加手掌握环的摩擦力。约束力矩与重力矩和惯性力矩的平衡还必须通过腕关节、肘关节和肩关节等一系列关节的传递才能实现。要确定各个关节的肌肉作用力矩，还必须以人体的各个分体为对象，分别列写动力学方程进行分析。

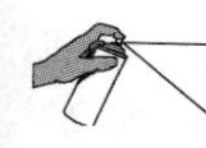

注释：鞍马全旋运动的理论分析[13]

设人体的双腿并拢与躯干合并简化为轴对称刚体，双臂简化为无质量的刚性细杆，在肩关节 O_i 处与躯干铰接（$i=1$ 或 2 分别表示右侧或左侧）。在旋转过程中，左、右臂交替支撑以保证躯体不受阻碍地通过。设质心 O_c 与肩关节连线 O_1O_2 的距离为 a，以 S_i 表示手掌，R_i 表示左右支撑环，环间距离 R_1R_2 与肩关节距离 O_1O_2 均为 $2b$。以 i 表示支撑侧，则 S_i 与 R_i 重合，无质量的非支撑臂对刚体的运动不产生影响。以 R_1R_2 连线的中点 O 为原点建立惯性坐标系 $(O-XYZ)$，X 轴为水平轴，自左至右平行于 R_1R_2，Z 轴为垂直轴。将 $(O-XYZ)$ 的原点移至 O_c 作为参考坐标系 (O_c-XYZ)（图3.17）。按以下转动次序确定人体的姿态（图3.18）：

$$(O_c-XYZ)\xrightarrow[\psi]{Z}(O_c-x_0y_0z_0)\xrightarrow[\theta]{x_0}(O_c-x_1y_1z_1)\xrightarrow[\varphi]{z_1}(O_c-xyz)$$

(O_c-xyz)为人体的主轴坐标系，其中 z 轴沿人体纵轴指向头顶，额状轴 x 平行于左右肩关节连线，矢状轴 y 自背部指向腹部。ψ，θ，φ 为确定躯干姿态的欧拉角。规定鞍马全旋运动的简化模式：

1. 躯干作平规则进动，θ 为常值，且满足 $\dot{\psi}\cos\theta+\dot{\varphi}=0$ 条件；

2. 近似认为支撑臂保持垂直，O_i 和 R_i 均为固定点；

3. 双臂周期性交替支撑：$0\leqslant\psi\leqslant\pi$ 时右臂支撑($i=1$)，$\pi\leqslant\psi\leqslant 2\pi$ 时左臂支撑($i=2$)。

条件 1，2 能保证当 $\psi=0$ 或 π 时双肩 O_1 和 O_2 相对(Y,Z)坐标面对称，且分别与 R_1，R_2 有相同的距离，以保证实现条件 3 规定的换臂动作。

不失一般性，令 $i=1$，将$(O_c-x_1y_1z_1)$的原点移至起支撑作用的右肩关节 O_1，$(O_1-x_1y_1z_1)$的角速度 $\boldsymbol{\omega}_{\mathrm{R}}$ 的投影为

$$\boldsymbol{\omega}_{\mathrm{R}}=\dot{\psi}(\sin\theta\boldsymbol{j}_1+\cos\theta\boldsymbol{k}_1), \tag{3.5.1}$$

躯干的角速度为 $\boldsymbol{\omega}=\boldsymbol{\omega}_{\mathrm{R}}+\dot{\varphi}\boldsymbol{k}$。由于平规则进动约束条件，$\boldsymbol{\omega}$ 沿 z 轴的分量为零，简化为

$$\boldsymbol{\omega}=\dot{\psi}\sin\theta\boldsymbol{j}_1 \tag{3.5.2}$$

将进动角速度记作 $\dot{\psi}=\omega_0$，对于躯干的轴对称刚体简化模型，其相对 O_1 点的动量矩 $\boldsymbol{L}$ 为

$$\boldsymbol{L}=\omega_0\sin\theta(B\boldsymbol{j}_1+D\boldsymbol{k}_1) \tag{3.5.3}$$

其中

$$B=A_0+ma^2,\ D=-mab \tag{3.5.4}$$

A_0 为躯干相对质心 O_c 的赤道惯量矩，m 为躯干的质量。设质心 O_c 相对支点 O_1 的矢径为 $\boldsymbol{r}=b\boldsymbol{j}-a\boldsymbol{k}$，重力对 O_1 点的力矩为

$$\boldsymbol{M}_{\mathrm{P}}=\boldsymbol{r}\times m\boldsymbol{g}=-mg(b\cos\theta+a\sin\theta)\boldsymbol{i} \tag{3.5.5}$$

设肩关节 O_1 的肌肉作用力矩为 $\boldsymbol{M}_{\mathrm{s}}$，将力矩 $\boldsymbol{M}_{\mathrm{P}}$ 和 $\boldsymbol{M}_{\mathrm{s}}$ 代入动量矩定理：

$$\frac{\mathrm{d}\boldsymbol{L}}{\mathrm{d}t}=\boldsymbol{M}_{\mathrm{P}}+\boldsymbol{M}_{\mathrm{s}} \tag{3.5.6}$$

其中动量矩 $\boldsymbol{L}$ 的变化率为

$$\frac{\mathrm{d}\boldsymbol{L}}{\mathrm{d}t}=\boldsymbol{\omega}_{\mathrm{R}}\times\boldsymbol{L}=-\omega_0^2\sin\,\theta(B\cos\,\theta+D\sin\,\theta)\boldsymbol{i}_1 \tag{3.5.7}$$

将式(3.5.5)，(3.5.7)代入方程(3.5.6)，令 $\boldsymbol{i}_1=\boldsymbol{i}\cos\,\varphi+\boldsymbol{j}\sin\,\varphi$，导出 $\boldsymbol{M}_{\mathrm{s}}$ 沿额状轴 x 和矢状轴 y 的分量：

$$\left.\begin{aligned}M_{sx}&=mg(b\cos\,\theta+a\sin\,\theta)-\omega_0^2\sin\,\theta[(A_0+ma^2)\cos\,\theta+mab\sin\,\theta]\cos\,\varphi\\M_{sy}&=-\omega_0^2\sin\,\theta[(A_0+ma^2)\cos\,\theta+mab\sin\,\theta]\sin\,\varphi\end{aligned}\right\} \tag{3.5.8}$$

对于 ψ，φ 同时为零的初始条件，从平规则进动约束条件积分得到 $\varphi=-(\omega_0\cos\,\theta)t$，则 $\boldsymbol{M}_{sx}$ 和 $\boldsymbol{M}_{sy}$ 为时间的周期函数。忽略支撑臂的质量时，手掌与木环之间的摩擦力矩以及腕关节、肘关节的肌肉力矩均与肩关节肌肉控制力矩 $\boldsymbol{M}_{\mathrm{s}}$ 相等。

踢毽子、羽毛球与射箭[14]

3.6 Section

踢毽子是我国民间的传统游戏和体育活动(图 3.19)。根据汉代画像砖上的踢毽子形象,踢毽子最晚也起源于汉代,至今已有两千多年的历史了。踢毽子在南北朝和隋唐时期已十分盛行,已有各种高超技巧。宋代高承编撰的《事物纪原》记载:

图 3.19　踢毽子

"今时小儿以铅锡为钱,装以鸡羽,呼为鞬子,三五成群走踢,有里外廉、拖枪、耸膝、突肚、佛顶珠、剪刀、拐子各色。"

到明清时期踢毽子更为普及,踢法多达百余种。即使在近代,踢毽子仍是我国青少年喜爱的体育活动,许多省市都举办过踢毽子比赛。在 1935 年第六届全国运动会上踢毽子曾被列为比赛项目。

关于毽子的构造,清人潘荣陛的《燕京岁时记》有详细说明:

"毽儿者,垫以皮钱,衬以铜钱,束以雕翎,缚以皮带,儿童踢弄之,足以活血御寒"

表明毽铊和毽羽是构成毽子的两个部分。毽铊集中了毽子的几乎全部重量，毽羽的作用在于避免毽铊在空中翻滚，维持毽子在飞行中的稳定姿态。

踢毽子是羽毛球运动的始祖。同样都是利用羽毛起稳定作用，区别仅在于将脚踢改为用球拍击打。这种与毽子非常类似的运动最早出现于18世纪印度的蒲那(Poona)。游戏者将鹅毛插在圆形小硬纸板上，用木拍击来击去。这种运动被带入英国后，1870年改进为用羽毛和软木做的球和带弦网的球拍。1873年在伯明顿镇(Badminton)举行的表演赛促使这种有趣的运动风行全国。这个带羽毛的小球因此被命名为badminton，至今仍是羽毛球的英文正式名称。1992年的巴塞罗那奥运会上将羽毛球定为比赛项目。羽毛球运动在我国发展迅速，我国羽毛球运动员在历次国际重大比赛中都取得了好成绩。羽毛球也是最普及的深受群众喜爱的体育活动。

与羽毛有关的另一个运动项目是射箭。将毽铊改成尖锐的箭镞，插羽毛的鹅管加长成为箭杆，雕翎作成箭羽，毽子就转变成箭。从狩猎工具到重要的战争武器，弓箭的使用是人类发展史的重要事件，至今已有数万年历史了。射箭运动在我国尤其是少数民族运动会不可缺少的比赛项目。现代射箭运动也是奥林匹克的运动项目之一。

毽子、羽毛球或箭都是利用了羽毛对飞行起稳定的作用。以羽毛球为例，羽毛球的质心 O 位于前方的橡皮头附近。羽毛球在空中飞行时，设 O 点的速度为 v，与速度方向相反的空气阻力合力 $\boldsymbol{F}$ 作用在圆锥形羽毛的后方位置。设空气阻力 $\boldsymbol{F}$ 的作用点 P 相对 O 点的距离为 l，当羽毛球的中心轴 z 相对沿飞行方向的 Z 轴偏转 θ 角时，阻力 $\boldsymbol{F}$ 对 O 点的力矩 $Fl\sin\theta$ 驱使羽毛球回复到原来位置(图3.20)。毽子和箭的稳定原理也完全相同，只是羽毛球和箭的飞行速度比毽子快得多。与毽子的软羽毛相比，羽毛球的硬羽毛能产生更强烈的空气动力效应。箭的加长的箭杆为空气动力提供更长的力臂使稳定作用更为有效。

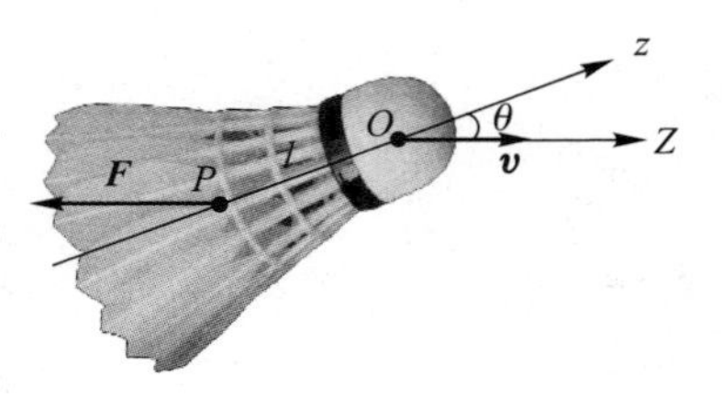

图 3.20 羽毛球的受力图

上述利用空气动力的稳定作用也在现代战争中得到应用。1.4 节中曾说明，旋转弹丸可利用陀螺的进动性保证其稳定性。而不旋转的弹丸，如迫击炮弹、火箭弹、空投炸弹等，其稳定性是靠尾翼保证的。弹丸如不带尾翼，接近圆柱形的弹体在飞行时所受到空气动力的合力作用点位于弹体质心的前方。当弹体的轴线偏离轨道时，空气动力对弹体质心的力矩与偏离方向一致起倾覆作用，引起弹体的翻滚。尾翼的作用在于将空气动力的作用点移到弹体质心的后方，使倾覆力矩转变为恢复力矩，起了与羽毛球相同的稳定作用。

属于双子叶植物的槭树科(aceraceae)俗称枫树。许多种枫树的种子包含在外形带有翅翼的翅果内(图 3.21)。翅翼的作用不仅能借用风力将翅果散播到各处，而且在翅果下落时能使包含种子的一端先着地，有利于生根发芽。它的稳定飞行原理也和上述毽子或羽毛球相同，可见这种稳定方式早已存在于大自然之中了。

图 3.21 枫树的翅果

3.7 Section 荡秋千与振浪[15]

秋千，这一传统的民间体育活动已在我国延续了两千多年（图 3.22）。相传远在春秋时期，齐桓公北征山戎时将流行于北方民族的秋千带进了中原。汉武帝时后廷有秋千戏，根据唐高无际《汉武帝后庭秋千赋》的记载：

“秋千者，千秋也。汉武祈千秋之寿，故后宫多秋千之乐。”

在民间，秋千已成为清明、端午等传统节日中必不可少的娱乐项目。正如杜甫在《秋千》诗中所云：

“十年蹴鞠将雏远，万里秋千习俗同。”

秋千不仅限于汉族，也是朝鲜族、拉祜族等民族欢庆节日的竞赛活动，被全国少数民族运动会列为竞技体育项目。作为少年儿童喜爱的游戏，秋千更是中外儿童游乐场必备的设施。

唐代诗人王建有一首《秋千词》。抄录如下：

长长系绳紫复碧，袅袅横枝高百尺。
少男少女重秋千，盘巾结带分两边。
身轻裙薄易生力，双手向空如鸟翼。
下来立定重系衣，复畏斜风高不得。

旁人送上那足贵，终睹鸣珰斗身起。
回回若与高树齐，头上宝钗从堕地。
眼前争胜难为休，足踏平地看始愁。

王建的《秋千词》不仅生动地刻画了荡秋千少女的可爱形象，而且准确地阐明了荡秋千的力学特征。说明不需“旁人送上”，秋千也能越荡越高。荡秋千人可由自己“生力”而“斗身起”。荡秋千需要有些技巧的，刚踏上踏板，秋千会微微摆动。你只要控制住自己的下肢，努力完成在高处屈膝下蹲，低处挺身直立的动作，秋千就会越荡越高，直至“与高树齐”。将秋千简化成一个单摆，荡秋千人的屈伸动作使单摆的摆长周期性改变。在摆动过程中，重力和系绳的合力对秋千作功。由于存在向心加速度，系绳的拉力大于重力。而低处的摆动速度和向心加速度均大于高处，因此在低处直体使摆长缩短，高处下蹲使摆长增加，则拉力的正功必大于负功，积累起来的能量使得秋千越荡越高。

图 3.22　荡秋千

体操运动员的单杠振浪是与荡秋千相似的运动。悬挂在单杠上的运动员微微荡起后，在高处作收腹和屈臂的引体向上动作，在低处作挺腹和下肢鞭打动作，使重心与单杠的距离周期性改变。其效果是使运动员从初始静止的悬垂状态转变为绕横杆的摆动，摆动幅度迅速增大[16]。

分析上述荡秋千和振浪运动的运动性质。产生运动的能量来源于外力的功，荡秋千人或单杠运动员借助重心的变化控制能量的输入。根据第一章 1.9 节中的说明，这种由系统本身的控制阀从恒定能源吸取能量而实现的不衰减振动称为自激振动。因此荡秋千和振浪运动都是由人类自身参与的自激振动。

如果在秋千上反其道而行之，在高处挺身直立，低处屈膝下蹲，可以设想，秋千必越荡越低，乃至最后停止不动。这一现象在现代航天技术中可被用于消除绳系卫星的振荡。绳系卫星是用细绳联系母星和子星组成的航天器，当母星在确定的轨道中运动时，子星作类似于单摆的运动（图 3.23）。子星从母星释放以后可出现不衰减的自由振荡。按上述规律控制系绳的长度可使振荡得到抑制，最终停留在指向地心的稳定位置。

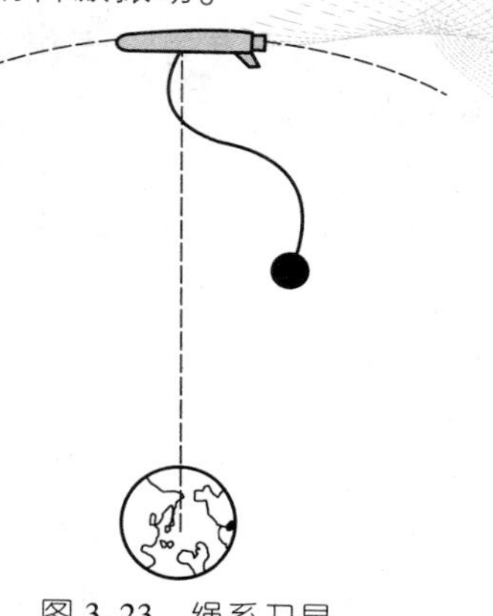

图 3.23　绳系卫星

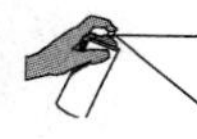

注释：荡秋千运动的定性分析

利用变长度的单摆作为荡秋千运动的简化模型。设单摆的质量为 m，摆长 $l=l(\varphi)$ 为摆动角 φ 的函数，将单摆对支点的动量矩 $L=ml^2\dot{\varphi}$ 对时间 t 求导，得到

$$\dot{L}=ml(l\ddot{\varphi}+2l'\dot{\varphi}^2) \tag{3.7.1}$$

其中以点号和撇号表示对时间 t 和摆动角 φ 的导数。将 $\dot{L}$ 和重力矩 $M=-mgl\sin\varphi$ 代入动量矩定理 $\dot{L}=M$，得到动力学方程：

$$\ddot{\varphi}+\left(\frac{2l'}{l}\right)\dot{\varphi}^2+\left(\frac{g}{l}\right)\sin\varphi=0 \tag{3.7.2}$$

引入变量 $x=\varphi$，$y=\dot{\varphi}$，仅保留 x 的一次项，化为一阶自治系统：

$$\frac{\mathrm{d}y}{\mathrm{d}x}=-\left(\frac{g}{l}\right)\frac{x}{y}-\left(\frac{2l'}{l}\right)y \tag{3.7.3}$$

将摆动角 φ 和角速度 $\dot{\varphi}$ 组成(x,y)相平面，方程(3.7.3)确定此平面内的相轨迹。设摆长的控制规律为

$$l=l_0(1+\varepsilon x) \tag{3.7.4}$$

其中参数 ε 为小量，其符号与 y 的符号相反，

$$\varepsilon=-|\varepsilon|\operatorname{sign} y \tag{3.7.5}$$

控制规律(3.7.4)，(3.7.5)为人体重心缓慢升高，至最高点处快速下降过程的近似表达(图 3.24)。将其代入方程(3.7.3)，保留 ε 的一次项，化为

$$\frac{\mathrm{d}y}{\mathrm{d}x}=-\left(\frac{g}{l}\right)\frac{x}{y}+2|\varepsilon||y| \tag{3.7.6}$$

$\varepsilon=0$ 为长度 l_0 的等长度单摆情形，其相轨迹微分方程为

$$\frac{\mathrm{d}y}{\mathrm{d}x}=-\left(\frac{g}{l_0}\right)\frac{x}{y} \tag{3.7.7}$$

此方程与本章 3.2 节注释中的方程(3.2.3)为同一类型，所确定的相轨迹为围绕奇点 $x=y=0$ 的椭圆族[16]。将变长度单摆的方程(3.7.6)与方程(3.7.7)对照，其右边第一项接近相同，所确定的相轨迹仍接近椭圆。第二项为保持正值的斜率增量，其存在使(x,y)相平面内的方向场偏向椭圆外侧。所确定的相轨迹必向外扩展，表明摆幅将不断增长。

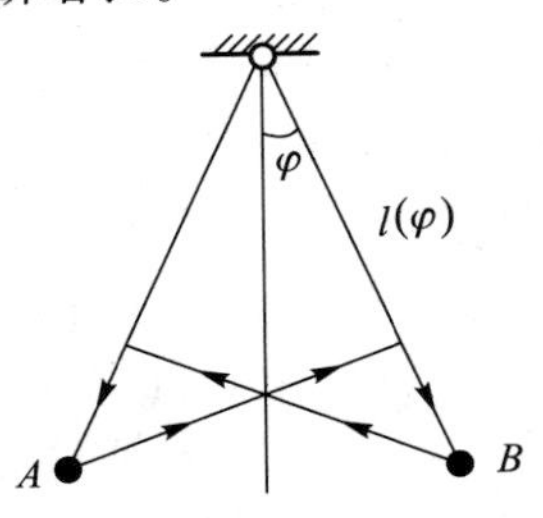

图 3.24　受控的变长度摆

3.8 Section 残奥会赛场上的轮椅[17]

轮椅是残障人士和老年人的助行工具，也是残障体育运动不可缺少的设备。轮椅的历史很古老。从南北朝出土石棺上雕刻的轮椅推测，在此之前古人就已能用轮椅代步了(图 3. 25)。“二战”后为残障退伍军人组织的康复活动逐渐发展成残障体育运动，1952 年开始举行国际性残障体育竞赛，1960 年发展为正式的残障奥运会。2012 年伦敦残奥会上，驾驭着轮椅的残障运动员在跑道上飞驰已成为一道独特的风景(图 3. 26)。

图 3. 25　用轮椅代步的孔夫子

稍稍留意便能发现，残奥赛场上的竞速轮椅和普通轮椅有些不一样。轮椅前方增加了一个转向轮，而且两侧的车轮倾斜安装形成对称的八字形。为何采用这种不同于直立车轮的独特设计，有些文献从运动生理学角度出发，认为这种车轮便于运动员发力和减少能量消耗。也有文献根据实验研究，认为八字形倾斜车轮能增强轮椅的侧向稳定性。单凭常识也能判断，岔开两腿站立总要比直立更稳定些。不过要深入了解其中的道理，还要应用力学知识作些分析。

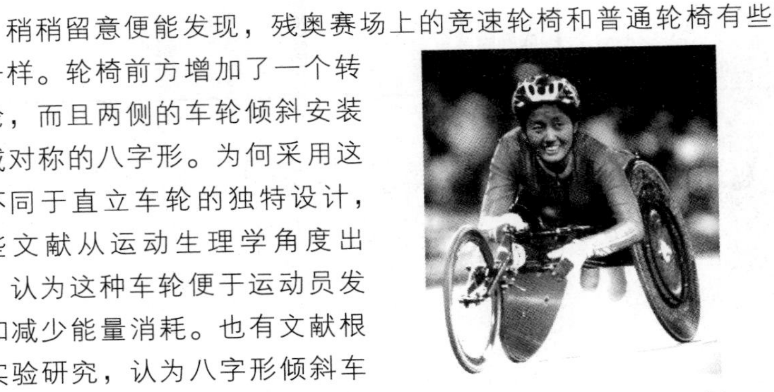

图 3.26　伦敦残奥会上周红转女子 800 米轮椅竞速夺金

轮椅运动员在弯道上行驶时，扳动转向轮就能改变行驶方向。设 O 点为左右车轮的中心 O_1 和 O_2 的连线中点，转向轮的中心 O_a 在 O 点前方距离为 a 的位置。过 O_a 点与转向轮垂直的直线与连接 O_1 和 O_2 的直线相交于 O_0 点，即轮椅曲线运动的瞬心。O 与 O_0 点的距离为轮椅轨迹的曲率半径，记作 r。若转向轮的偏转角为 φ，则 $r=a\cot\varphi$(图 3.27)。

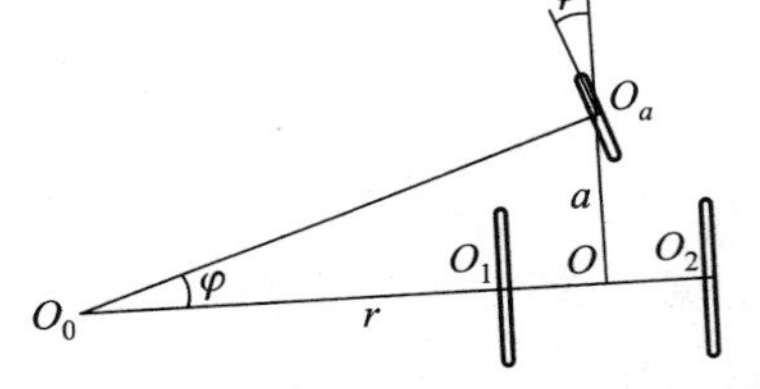

图 3.27　轮椅运动的瞬心和曲率半径

上述转向轮的作用仅限于运动学范畴。与轮椅双侧的两个驱动轮相比，它对轮椅行驶稳定性的影响要小得多。在动力学分析中，不妨将转向轮略去使问题简化。以 O 为原点，建立轮椅的连体坐标系($O-xyz$)。O 点至 O_2 点的水平轴为 x 轴，至前方的水平轴为 y 轴，向上的垂直轴为 z 轴。设轮椅连同运动员的重心 O_c 在 z 轴上，离地面的高度为 h，O_1 与 O_2 的距离为 l_0，两轮与地

面的接触点 P_1 与 P_2 的距离为 l。车轮倾斜安装时，$l>l_0$。若轮子半径为 R，轮盘相对垂直面的倾斜角为 θ，则 $l=l_0+2R\sin\theta$（图 3.28）。

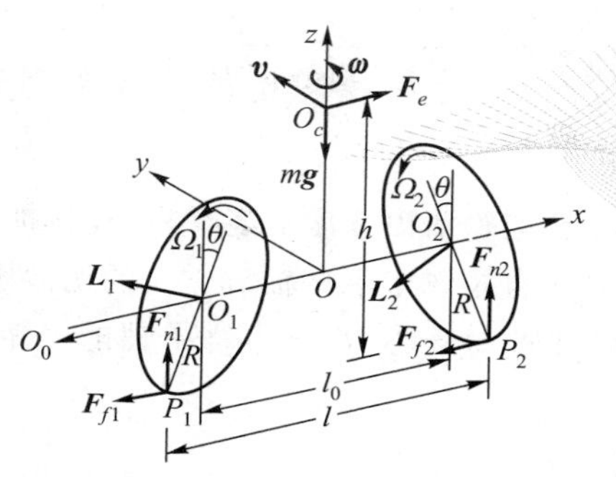

图 3.28　轮椅的坐标系和受力图

当轮椅以速度 v 绕瞬心 O_0 作曲线运动时，质心 O_c 上产生沿 x 轴方向的离心惯性力 $\boldsymbol{F}_e$。设轮椅连同运动员的总质量为 m，则 $\boldsymbol{F}_e=mv^2/r$。地面在 P_1，P_2 处对左右轮产生沿 x 轴负方向的切向摩擦力 $\boldsymbol{F}_{f1}$ 和 $\boldsymbol{F}_{f2}$ 与离心力 $\boldsymbol{F}_e$ 平衡。总摩擦力 $\boldsymbol{F}_{f1}+\boldsymbol{F}_{f2}$ 对质心 O_c 产生绕 y 轴的力矩 $\boldsymbol{M}_f$，成为推动轮椅侧翻的因素。此外，轮椅作曲线运动时，其绕垂直轴的角速度 $\boldsymbol{\omega}$ 使车轮的动量矩 $\boldsymbol{L}_i$ 转向而产生绕 y 轴的陀螺力矩 $\boldsymbol{M}_{gi}=-\boldsymbol{\omega}\times\boldsymbol{L}_i\,(i=1,2)$，也促使轮椅侧翻。

与此同时，地面对左右轮的法向支承力 $\boldsymbol{F}_{n1}$ 和 $\boldsymbol{F}_{n2}$ 的差值可对质心 O_c 构成绕 y 轴方向相反的恢复力矩与侧翻力矩抗衡。即外侧支承力增大，内侧支承力减小。车速愈快，离心力愈大，法向支承力的差值就愈大。当内侧支承力减小到零时，如速度再增大内侧车轮就要解除地面约束，轮椅即朝侧向翻倒。

从注释中的分析可以看出，支承力的恢复力矩与车轮的倾斜角 θ 有关。θ 角愈大，愈不容易翻倒。此即竞速轮椅的车轮八字形设计的理论依据。从物理概念理解，倾斜安装的车轮加大了接触点之间的距离，使倾覆力矩对双侧支承力的影响降低。且由于车轮的动量矩矢量偏离水平轴，也在一定程度上削弱了陀螺效应的倾覆作用。

注释：轮椅的稳定性分析

当轮椅以速度 v 绕瞬心 O_0 作曲线运动时，地面在 P_1，P_2 处对左右轮产生沿 x 轴负方向的切向摩擦力 $\boldsymbol{F}_{fi}(i=1,2)$。总摩擦力 $F_{f1}+F_{f2}$ 对质心 O_c 产生绕 y 轴的力矩 $\boldsymbol{M}_f$ 与作用在质心 O_c 上的离心力 $\boldsymbol{F}_e$ 平衡

$$M_f=(F_{f1}+F_{f2})h=\frac{mv^2h}{r} \tag{3.8.1}$$

其中 m 为轮椅连同运动员的总质量。因质心 O_c 无垂直运动，重力 $m\boldsymbol{g}$ 与地面对左右轮的法向支承力 $\boldsymbol{F}_{n1}$ 和 $\boldsymbol{F}_{n2}$ 平衡

$$F_{n1}+F_{n2}=mg \tag{3.8.2}$$

支承力对质心 O_c 产生绕 y 轴的力矩 $\boldsymbol{M}_n$

$$M_n=\frac{l}{2}(F_{n1}-F_{n2})=l\left(F_{n1}-\frac{mg}{2}\right) \tag{3.8.3}$$

此外，快速旋转的车轮因曲线运动产生陀螺力矩 $\boldsymbol{M}_{gi}=-\boldsymbol{\omega}\times\boldsymbol{L}_i(i=1,2)$。其中 $\boldsymbol{\omega}$ 为曲线运动引起轮椅绕 z 轴的角速度，$\omega=v/r$。$\boldsymbol{L}_i(i=1,2)$ 为车轮的动量矩，沿轮面的法线方向，$L_i=J\Omega_i(i=1,2)$。其中 $J=m_wR^2/2$ 为圆盘形车轮的中心惯量矩，m_w 为单只车轮的质量，$\Omega_i(i=1,2)$ 为车轮的角速度。利用轮胎接触点速度为零的无滑动条件导出

$$\Omega_1=\frac{\omega}{R}\left(r-\frac{l}{2}\right),\ \Omega_2=\frac{\omega}{R}\left(r+\frac{l}{2}\right) \tag{3.8.4}$$

则两侧车轮的总陀螺力矩 $\boldsymbol{M}_g$ 均沿 y 轴方向，将上式和 $\omega=v/r$ 代入整理后得到

$$M_g=M_{g1}+M_{g2}=\frac{m_wRv^2}{r}\cos\theta \tag{3.8.5}$$

轮椅稳态运动时，绕 y 轴的支承力矩 M_n 与倾覆力矩 M_f+M_g 平衡。设 v 为常值，令 $M_n=-(M_f+M_g)$，引入无量纲参数 $\lambda=h/r$，

$\rho=R/l_0$，$\sigma=m_w R/mr$，导出

$$F_{n1}=m\left[\frac{g}{2}-\frac{v^2}{l_0}\left(\frac{\lambda+\sigma\cos\theta}{1+2\rho\sin\theta}\right)\right],\quad F_{n2}=m\left[\frac{g}{2}+\frac{v^2}{l_0}\left(\frac{\lambda+\sigma\cos\theta}{1+2\rho\sin\theta}\right)\right] \tag{3.8.6}$$

绕 y 轴的倾覆力矩是促使轮椅向外侧倾翻的不稳定因素。从式(3.8.6)可看出，倾覆力矩使外侧车轮的支承力 F_{n2} 增大，内侧车轮的支承力 F_{n1} 减小。F_{n1} 减小至零时内侧车轮的地面约束被解除，F_{n2} 增大到与重力 mg 相等，达到法向约束力的上限。此时轮椅处于稳定与不稳定之间的临界状态。只要倾覆力矩因扰动稍有增加，外侧车轮的支承力即无法与之平衡，轮椅即朝外侧倾覆。于是可将 $F_{n1}>0$ 作为轮椅的稳定性条件。从中导出

$$\frac{1+2\rho\sin\theta}{\lambda+\sigma\cos\theta}>\frac{2v^2}{gl_0} \tag{3.8.7}$$

上式的左项为 θ 的增函数。竞速轮椅的速度 v 大大超过普通轮椅，如直立车轮($\theta=0$)不能满足此条件，就必须加大车轮的倾斜角 θ，方有可能使稳定性条件得到满足。此即竞速轮椅的车轮八字形设计能增强侧向稳定性的理论依据。

滑　板[18]

3.9
Section

20 世纪 50 年代后期，美国南加州海滩的居民们发明了一种简单的运动器械。将一块木板固定在铁轮子上，人站在木板上用脚蹬地可以快速向前滑行。这种称为滑板（skate board）的器械经过了不断的改进，板面改用碳纤维材料，轮子改用高硬度和高弹性的尼龙材料。改进后的滑板不仅能向前直滑，而且能急速转弯，还能越过障碍，能在陆地上制造类似海上冲浪的快感。到了 20 世纪 70 年代，被比喻为陆上冲浪的滑板运动已经风靡全美国。20 世纪 80 年代出现了 U 形滑板池，利用重力的加速，滑板乘员可以往复滑行，做出各种使人眼花缭乱的腾空翻转动作。滑板运动不同于传统的运动项目，它极富观赏刺激性和自我挑战性，因此深受年轻人的喜爱，很快流行于全世界。近年来也逐渐在我国流行起来（图 3.29）。

图 3.29　滑板运动

驾驭滑板的人只能靠蹬地或靠重力推动前进。而一种改进的滑板，称为活力板(vigor board)，却能依靠乘员身体的扭动产生前进的动力。根据动量定理，任何系统不能靠内力改变其运动状态。那么驱动滑板前进的动力从何而来?

活力板的板面分为前后两个部分，中间用轴连接，前后板可绕水平的连接轴作相对转动。前后轮通过轮架安装在板的下方，轮架可绕倾斜的转轴自由转动(图3.30)。转轴的延长线与地面的交点与轮子在地面上的接触点不重合。滑板作直线运动时前后轮平面均与过滑板纵轴的垂直面平行。当前板或后板绕连接轴转为倾斜位置时，作用于轮缘的法向约束力与轮架转轴不相交而产生力矩推动轮架转动。由于轮架的转动，轮平面相对过滑板纵轴的垂直面产生偏转。当乘员扭动身体，使前后脚反对称地交替向左或向右蹬板时，轮缘上作用的与轮平面垂直的摩擦力可产生向前的纵向分量推动滑板前进。

图3.30 活力板

在第四章4.11节关于自行车稳定性的讨论中，提到超市手推车的脚轮转轴总是位于脚轮前面的现象。自行车的设计也总是让前叉转轴的延长线指向轮胎与地面接触点的前方。这种设计是保证自行车稳定性的关键，称为自行车的“脚轮效应”。活力板轮架的特殊设计也是如此。板面倾斜时带动轮子转轴倾斜，地面的支承力对轮子转轴产生力矩使轮子偏转，摩擦力就产生向前的分量，推动滑板前进。

可见活力板与普通滑板都是靠地面摩擦力作为前进的驱动力。区别仅在于：普通滑板靠乘员直接蹬地产生的摩擦力推动前进，而活力板靠乘员间接通过前后轮的摩擦力推动前进。在活力板的推动过程中，摩擦力的横向分量构成绕垂直轴的力偶使滑板的轨迹发生弯曲。要使滑板维持前进方向，乘员必须交替地沿顺时针或逆时针改变扭动方向，使滑板的轨迹交替朝不同方向弯曲，从而形成活力板蛇形游动的独特运动方式。技术熟练的乘员还能控制轮架的倾斜方向，利用摩擦力实现倒退或原地旋转等高难动作。

注释：活力板运动的理论分析

以滑板的中心 O 为原点，建立参考坐标系($O-xyz$)，x 轴沿滑板纵轴向前，y 轴为横向水平轴，z 轴为垂直轴向上。设前轮架的转轴 z_1 相对 z 轴的倾角为 β，延长线与地面的交点 Q_1 在前轮与地面接触点 P_1 的前方，与 P_1 的距离为 a。滑板作直线运动时，前后轮平面均与过 x 轴的垂直平面一致(图 3.31)。不失一般性，设乘员的前脚向左蹬板，蹬板时前脚掌必自然倾斜使左侧略高于右侧，并带动前板绕 x 轴逆时针偏转 φ_1 角，前轮平面随同前板相对垂直平面偏转 φ_1 角。此时地面在 P_1 点处作用的法向约束力 $\boldsymbol{F}_{N1}$ 必偏离前轮平面，其沿前轮平面法线方向的投影为 $F_{N1}\sin\varphi_1$，仅保留 φ_1 的一次项时，简化为 $F_{N1}\varphi_1$。此分量以 $a\cos\beta$ 为力臂，产生绕前轮架转轴 z_1 负方向的力矩 $\boldsymbol{M}_1$：

$$\boldsymbol{M}_1 = -F_{N1}a\varphi_1\cos\beta\boldsymbol{k}_1 \tag{3.9.1}$$

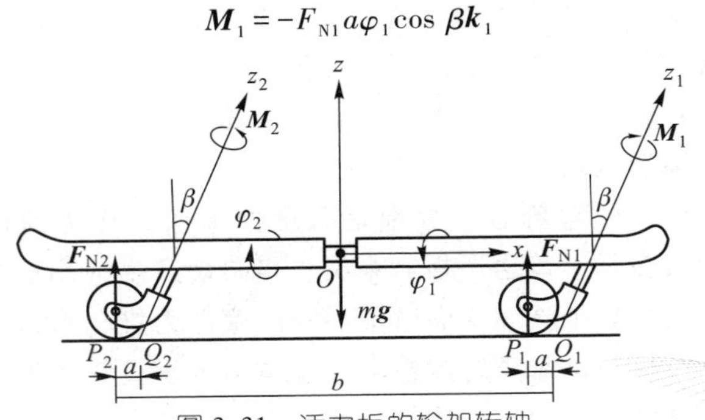

图 3.31 活力板的轮架转轴

若乘员周期性改变蹬板方向和前板转动方向，令 φ_1 角为以角频率 ω 变化的周期函数：

$$\varphi_1=\varphi_{10}\sin\omega t \tag{3.9.2}$$

代入式(3.9.1)，设 J 为前轮架和前轮相对转轴 z_1 的惯量矩，则前轮架在 $\boldsymbol{M}_1$ 作用下产生绕 z_1 轴的角加速度 ε_1：

$$\varepsilon_1=-F_{N1}a\cos\beta\varphi_{10}\sin\omega t/J \tag{3.9.3}$$

将上式积分两次，导出前轮架绕 z_1 轴的转角 θ_1 与角加速度 ε_1 的相位相反：

$$\theta_1=F_{N1}a\cos\beta\varphi_{10}\sin\omega t/J\omega^2 \tag{3.9.4}$$

表明前轮架是按逆时针方向绕 z_1 轴转过 θ_1 角。前脚向左的蹬板动作使地面产生向右前方的摩擦力 $\boldsymbol{F}_1$，作用线与前轮平面垂直。由于乘员的施力与前板的转动同步完成，摩擦力 F_1 也是以 ω 为角频率的周期函数：

$$F_1=f_sF_{N1}\sin\omega t \tag{3.9.5}$$

其中 f_s 为轮缘与地面的摩擦系数。仅保留 θ_1 的一次项时，$\boldsymbol{F}_1$ 沿 x 轴的投影为 $F_{x1}=F_1\theta_1$，沿 y 轴的投影为 $F_{y1}=-F_1$。前者即推动滑板前进的动力(图 3.32)。利用(3.9.4)，(3.9.5)导出

$$F_{x1}=f_sF_{N1}^2a\cos\beta\varphi_0\sin^2\omega t/J\omega^2 \tag{3.9.6}$$

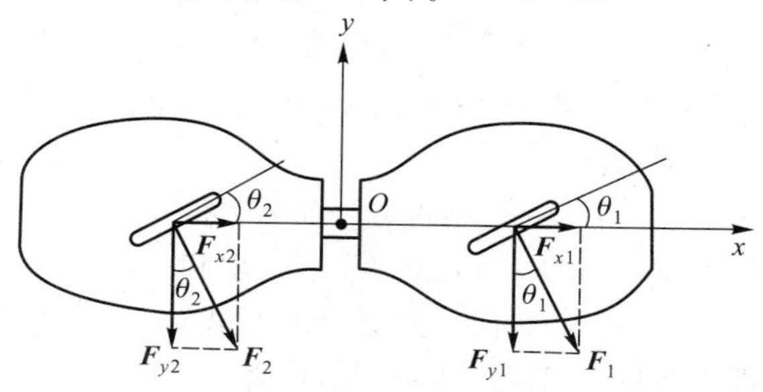

图 3.32　对称模式的摩擦力

对后轮的分析也完全相同。设后轮架的转轴相对垂直轴的倾角也是 β，转轴延长线与地面交点 Q_2 也在后轮与地面接触点 P_2 的前方，与 P_2 的距离也是 a。如果乘员的后脚与前脚同步，也

向左蹬板作前后对称的同样动作，后板的转角与前板相同，$\varphi_2=\varphi_1$，则产生推力 $F_2=f_sF_{N2}\sin\omega t$，其沿 x 轴的投影 $F_{x2}=F_2\theta_2$ 为

$$F_{x2}=f_sF_{N2}^2a\cos\beta\varphi_0\sin^2\omega t/J\omega^2 \tag{3.9.7}$$

其中 $\boldsymbol{F}_{N2}$ 为后轮的法向约束力。设 $F_{N2}=F_{N2}=mg/2$，m 为乘员与滑板的质量，则前后轮摩擦力产生的推力总和为

$$F_x=F_{x1}+F_{x2}=f_sm^2g^2a\cos\beta\varphi_0\sin^2\omega t/2J\omega^2 \tag{3.9.8}$$

乘员蹬板的另一种模式是前后脚蹬板的方向相反。前脚向左蹬板时后脚向右蹬板，并带动后板连通后轮平面绕 x 轴顺时针偏转 φ_2 角。则前后板之间绕连接轴作相对扭转(图 3.33)。φ_2 为以 ω 为角频率的幅值相同的周期函数，但与 φ_1 反相。即

$$\varphi_2=-\varphi_0\sin\omega t \tag{3.9.9}$$

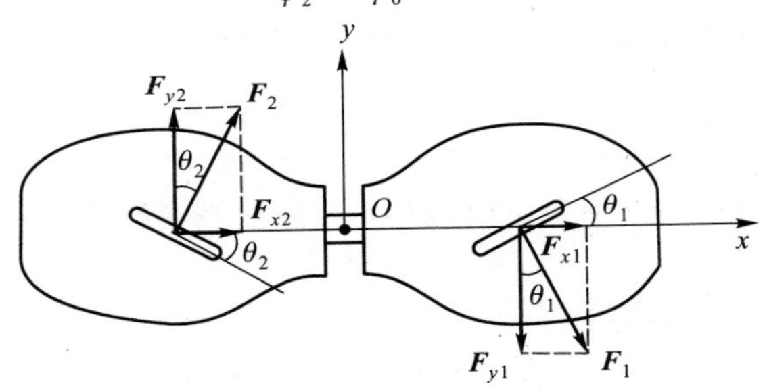

图 3.33　反对称模式的摩擦力

后轮架在法向约束力 $\boldsymbol{F}_{N2}$ 产生的力矩 $\boldsymbol{M}_2$ 推动下绕 z_2 轴顺时针转过的 θ_2 角与 θ_1 反相：

$$\theta_2=-F_{N2}a\cos\beta\varphi_0\sin\omega t/J\omega^2 \tag{3.9.10}$$

后轮的摩擦力 $F_2=-f_sF_{N2}\sin\omega t$ 也与 F_1 反相，但沿 x 轴的推力 $F_{x2}=F_2\theta_2$ 与式(3.9.6)相同，总推力亦与式(3.9.8)相同。两种模式的总推力在每个周期内的平均值均为

$$\widetilde{F}_x=\frac{1}{2\pi}\int_0^{2\pi}F_x\mathrm{d}t=\mu m^2g^2a\cos\beta\varphi_0/4J\omega^2 \tag{3.9.11}$$

不同模式蹬板的区别仅在于，前后脚向同一侧蹬板时，摩擦力沿 y 轴的分量也指向同一侧。而反向蹬板时指向相反。对于第

一种模式，其横向力的总和为

$$F_y = F_{y1} + F_{y2} = -f_s mg\sin \omega t \tag{3.9.12}$$

F_y 的周期性变化引起前进轨迹的周期性弯曲，表现为蛇形游动的独特运动形式。对于第二种模式，方向相反的横向力构成力偶，推动滑板绕垂直轴转动。这种转动是滑板转弯的必要条件。乘员必须采用反对称模式蹬板才能使转弯动作实现。

赛格威车[19]

3.10 Section

2008年的北京奥运会场上，一种来回穿梭的新奇两轮车吸引了不少人的眼球。这种车的构造很简单，由一个水平底盘和两个车轮组成，很像一只放大了的滑板。不过与滑板不同，车轮不是一前一后，而是一左一右对称安装在底盘上。车轮由电池驱动，驾车人站立在底盘上操纵垂直的手柄掌握前进方向。车内的控制系统可使驾驶人的直立状态保持稳定而不会向前或向后摔倒(图3.34)。这种时尚的代步工具不仅出现在奥运场馆，北京机场的候机楼里也能见到它的身影。

图3.34　赛格威车

20世纪末，研究自动轮椅的美国人卡门(D. Kamen)发明了这种两轮车，最高时速为12.5 mile，即大约20 km/h。2001年他创办赛格威(Segway)公司，通过亚马逊(Amazon)网店销售。并成功地推动一些州修改交通法规，允许这种两轮车在人行道上行驶。新产品的正式名称是“segway HT”，seg 来自英文单词 segue，即平顺转换的意思，HT 是 human transporter 的缩写，可直译为“赛格威运人机”，或简称为“赛格威车”。这种驱动靠电力、外形像滑板的发明如称作“动力滑板车”也许更为确切。赛格威车的问世曾被奉为“前所未有的自我平衡交通工具”和“高效率、零污染的跨时代崭新交通概念”而受到青睐，被认为是具有广阔前景的新产品。曾作为警察巡逻工具和机场、火车站和市内游览的代步工具而打开销路，也曾引起美国国防部门的兴趣。不过昂贵的价格影响了后来的销售。2005 年美国前总统小布什访问日本时曾赠送前首相小泉一辆动力滑板车作为见面礼。不过布什自己兴致勃勃试用时却不慎从滑板车摔了下来。

赛格威车的稳定性与 2.1 节叙述的杂技表演的独轮车基于相同的力学原理(图 2.1)。区别仅在于，独轮车表演者敏感姿态变化的内耳平衡器官被陀螺仪或加速度计代替(关于这种微型陀螺仪和加速度计可参阅 5.2 节的叙述)，表演者向脚蹬施力的肌肉系统被驱动电机代替，表演者根据主观意识控制脚蹬的神经系统被微处理器的电子系统代替。

在底盘上沿底盘平面的 x 轴和垂直底盘平面的 y 轴各安装一台加速度计。当车体相对垂直轴倾斜 θ 角时，加速度计检测到的重力信息 a_x 和 a_y 分别与 $\sin\theta$ 和 $\cos\theta$ 成比例，倾斜角即被确定为 $\theta=\arctan(a_x/a_y)$。将测得的倾斜角 θ 信息送至车轮的驱动电机。向前倾斜时让车轮加速，向后倾斜时让车轮减速，所产生的惯性力就能使直立状态保持稳定。

表面上看来，任何车辆的前进动力均来自发动机或电机对车轮的驱动力矩。但根据牛顿力学的基本原理，任何系统的动量或动量矩的改变只能来源于系统以外的作用力和力矩。而安装在车辆上的发动机驱动力矩是系统的内力矩，不可能改变系统的运动状态。对于有前后轮的汽车或自行车，可以通过前后轮法向约束力的差异提供外力矩使车轮加速或减速。赛格威车只有一对并列的车轮，不可能产生这种力矩。对车轮的驱动或制动是通过驾车人姿态变化引起的重力矩实现的。当身体向前或向后倾斜时，与控制系统使电机产生驱动或制动力矩的同时，车体连同驾车人的重力与车轮受到的地面支承力构成一对力偶与电机对车体的反作用力矩平衡。此过程将属于内力矩的驱动力矩转换为外力矩，车的加速或减速方可能实现。注释中的分析将证明，上述控制过程可自动维持车体直立状态的稳定性。手柄的作用是控制两侧车轮驱动力矩的差值。当一侧车轮加速另一侧减速时，车体就能绕垂直轴旋转，从而改变行进方向。

注释：赛格威车稳定性的理论分析

首先建立赛格威车的力学模型。将驾车人与底盘固结，简化为一个刚体，左右两轮连同轮轴简化为另一个刚体，则赛格威车是由车体 B_1 和车轮 B_2 两个刚体组成的系统。设车轮与地面的接触点为 P，车体作水平直线运动。以 P 点的初始位置 O_0 为原点建立惯性坐标系(O_0-xyz)，其中 x 轴沿车体的前进方向，y 轴为垂直轴，z 轴与轮轴平行。令 $O_0P=x$，轮轴 O 与 P 点的距离等于车轮半径 R。以 O 为原点建立动坐标系($O-x'y'z'$)，x'，y'，z'轴与 x，y，z 各轴平行，其中 z'轴为轮轴。可绕轮轴转动的车体 B_1 由于重心高于支点，相当于一个倒置的复摆。设车体的质量为 m_1，相对过质心 O_1 平行 z'轴的惯量矩为 J_1，其纵轴与 y'轴的夹角为 θ，O_1 与 O 点的距离为 l，电机通过轮轴对车体的力矩为驱动力矩的反力矩 $-\boldsymbol{M}_m$，轮轴对车体的约束力沿 x 轴和 y 轴的分量为 $\boldsymbol{F}_x$ 和 $\boldsymbol{F}_y$(图 3.35)。列写车体相对过质心 O_1 与 z'轴平行的主轴的动量矩定理，仅保留 θ 的一次项，得到

$$J_1\ddot{\theta}=-M_m-F_x l+F_y l\theta \qquad (3.10.1)$$

再根据动量定理列出

$$F_x = m_1 \ddot{x}, \quad F_y = m_1 g \tag{3.10.2}$$

设车轮 B_2 在地面上作无滑动的滚动，角速度为 $\boldsymbol{\omega}$，质量为 m_2，相对 z'轴的惯量矩为 J_2，地面对车轮的法向约束力和切向摩擦力分别为 $\boldsymbol{F}_n$ 和 $\boldsymbol{F}_t$，驱动力矩和摩阻力矩分别为 $\boldsymbol{M}_m$ 和 $\boldsymbol{M}_d$(图 3.36)。列写车轮 B_2 相对质心 O 的动量矩定理，利用车轮的纯滚动条件 $\dot{x} = R\omega$，得到

$$(J_2/R)\ddot{x} = M_m - M_d - F_t R \tag{3.10.3}$$

利用对全系统的动量定理和式(3.10.2)，解出地面对车轮的约束力

$$F_t = m\ddot{x}, \quad F_n = mg \tag{3.10.4}$$

其中 $m = m_1 + m_2$ 为系统的总质量。

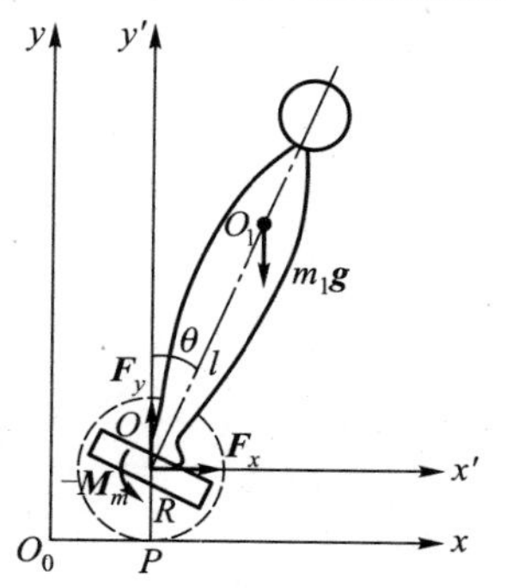

图 3.35　驾车人-底盘的受力图

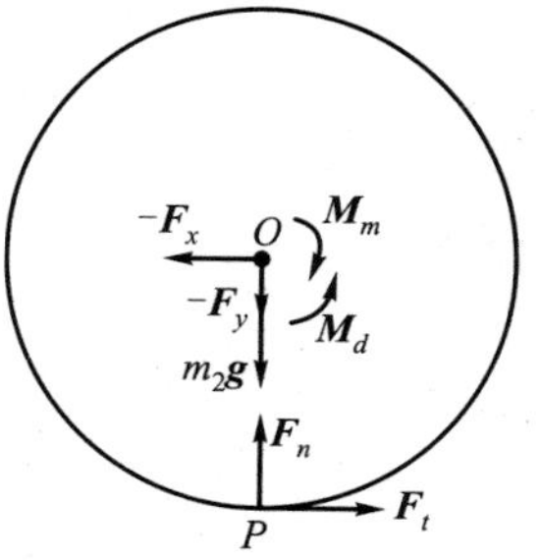

图 3.36　车轮的受力图

设车轮匀速滚动、车体匀速前进为滑板车的稳态运动，令 $\ddot{x} = 0$，$\theta = \theta_0$，从方程(3.10.3)和(3.10.1)导出驱动力矩的稳态值 M_0 和车体倾角的稳态值 θ_0

$$M_0 = M_d, \quad \theta_0 = \frac{M_0}{m_1 g l} \tag{3.10.5}$$

即驱动力矩的稳态值 M_0 等于摩阻力矩 M_d。虽然摩阻力矩很小，所引起的前倾角 θ_0 并不明显，但 $\theta_0 \neq 0$ 表明驾车人的稳态位置并非严格垂直。所产生的重力矩成为克服摩阻力矩的外力矩。还可

推论，驾车人必须前倾或后仰方可能实现赛格威车的加速或减速。

一般情况下，令 $M_m = M_0 + \Delta M$。引入变量 $s = \theta - \theta_0$，利用固定在车体上的陀螺仪或加速度计量测 s 的数据，作为控制系统的输入以控制驱动力矩 M_m。设控制规律为

$$\Delta M = ks \tag{3.10.6}$$

代入方程(3.10.1)，(3.10.3)，消去变量 $\ddot{x}$，化作

$$J_1\ddot{s} + (k_1 - m_1 gl)s = 0 \tag{3.10.7}$$

其中参数 k_1 为

$$k_1 = k\left[1 + \frac{m_1 l}{(J_2/R) + mR}\right] \tag{3.10.8}$$

根据附录 A.5 中的分析，如参数 k_1 为正值，则方程(3.10.7)的特征值为纯虚数，零解稳定。导致以下条件

$$k_1 > m_1 gl \tag{3.10.9}$$

只要控制系统的参数 k 满足此条件，赛格威车的直立稳态运动就能保持稳定。

3.11 Section 自平衡滑板[20]

2015年11月美国《Time》周刊公布该年25件最佳发明之一是一个能自动平衡的滑板车。这个由底板和一对车轮组成的简单玩意儿却有着惊人的平衡能力。站立在底板上的玩家能自动保持直立状态，脚底稍做动作就能自由自在地前进后退、左转右转而无跌倒之虑(图3.37)。这个美国发明中国制造的产品很快成为一种新时尚，成为青年族群的新宠。

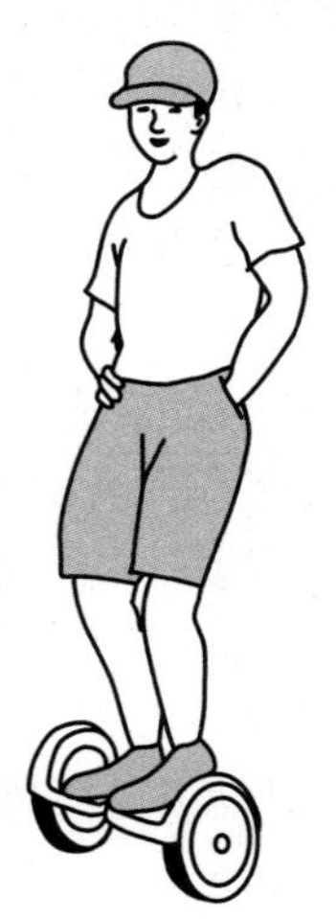

图3.37　滑板玩家的新宠

实际上，这个被称为“双轮自平衡滑板”的发明乃是上一节讨论的赛格威车的缩小版。赛格威车自2008年在北京奥运会场上亮相以后，在各大机场和火车站频频出现而逐渐为大众所习惯。将赛格威车的车轮缩小，去掉控制行进方向的操纵手柄，底板分成左右两块，就演变成两轮自平衡滑板的新产品。因此自平衡滑板的另一个名称就是“无手柄的赛格威车”。

自平衡滑板与赛格威车的最大不同，就是底

板分解为能相对转动的两个部分，外形上很像3.9节讨论过的“活力板”(图3.30)。但车轮不是一前一后，而是一左一右安装在底板上。车轮的行进方向与底板的转轴正交，与活力板相差90°(图3.38)。这种特殊的底板结构正是能代替手柄控制方向的关键。

图3.38　双轮自平衡滑板

赛格威车是利用加速度计检测加速度信息 a_x 和 a_y，转换为底板的倾斜角信息以控制车轮的驱动电机。底板向前倾斜时让车轮加速，向后倾斜时让车轮减速。所产生的惯性力就能使直立状态保持稳定。由于电机的驱动或制动力矩属于内力，不能改变系统的运动状态。实际产生驱动或制动效果的外力是驾驶人倾斜时重力对支点的力矩，即重力与法向支承力组成的力偶。

自平衡滑板采用的控制方案与赛格威车基本相同。区别仅在于，自平衡滑板对行进方向的控制不是借助手柄，而是靠驾车人脚底对两侧底板的控制动作。在左右两部分底板上各独立安装一套加速度计。如上所述，当两侧底板同时向前或同时向后倾斜时，可导致车体的加速或减速。但如控制两侧底板朝相反方向倾斜，一侧向前另一侧向后，则左右车轮一侧加速另一侧减速，车体就能绕垂直轴旋转改变行进方向。

无论在国内或国外，赛格威车的主要功能都是作为一种方便的交通工具。而自平衡滑板却将这种交通工具演变成一种时尚的体育器械。作为滑板的升级产品，这个“两轮自平衡滑板”还有一个更响亮的名称——“悬浮滑板”(Hoverboard)。虽然这个名称并不准确，因为它有受地面约束的轮子，不能让人真正离地悬浮起来。但它能使驾驶人感受到自由自在的飞翔般的飘浮感觉。因此尽管价格不菲，但刚一亮相就成为年青族群趋之若鹜的时尚也就不以为怪了。

注释：自平衡滑板的动力学分析

设包括底板、车轮和驾驶人在内的自平衡滑板系统的质心为 O_c，左右车轮的质心为 $O_i(i=1,2)$。以底板转轴$\overrightarrow{O_1O_2}$的中点 O 为原点建立$(O-x_0y_0z_0)$坐标系，x_0 轴沿行进方向，y_0 轴为垂直轴，z_0 轴垂直运动平面。设 O 至 O_c 的距离为 l，纵轴$\overrightarrow{OO_c}$相对垂直轴 y_0 的倾斜角为 θ。以底板 $W_i(i=1,2)$转轴上的 O_i 为原点，建立底板的连体坐标系$(O_i-x_iy_iz_i)(i=1,2)$，x_i 轴沿底板平面指向行进方向，y_i 轴沿底板平面的法线，z_i 轴沿底板转轴，与 z_0 轴平行。设底板相对平衡位置的偏角，即 y_i 轴相对$\overrightarrow{OO_c}$的偏角为 $\psi_i(i=1,2)$。加速度计量测底板倾角 $\theta+\psi_i(i=1,2)$，通过控制系统传至车轮的驱动电机，产生对车轮的驱动力矩 $M_{mi}(i=1,2)$，与$\theta+\psi_i$ 信息成正比(图 3.39)

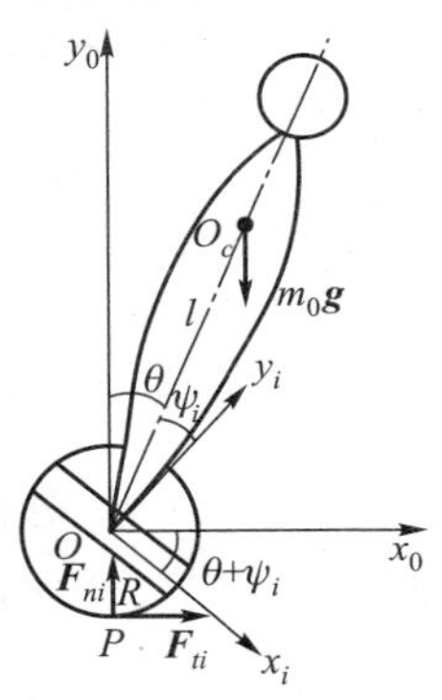

图 3.39　自平衡滑板的受力图

$$M_{mi}=k(\theta+\psi_i)\quad (i=1,2) \tag{3.11.1}$$

设左右车轮有相同的半径 R，质量 m 和中心主惯量矩 J，质心速度和角速度为 v_i 和 $\omega_i(i=1,2)$。设地面在接触点 P 对车轮作用的法向支承力和摩擦力为 F_{ni}和 $F_{ti}(i=1,2)$，受力图见图 3.40。其中省略了不影响对质心力矩的重力和轴承约束力。忽略车轮的阻力矩，列写车轮对质心 O_i 的动量矩定理，得到

$$J\dot{\omega}_i=M_{mi}-F_{ti}R \tag{3.11.2}$$

设滑板车系统的总质量为 m_0，绕过 O_c 点平行 z_0 轴的惯量矩为 J_0，仅保留 θ 的一次项，列写系统对质心 O_c 的动量矩定理(图

3.40)。

$$J_0\ddot{\theta}+J(\dot{\omega}_1+\dot{\omega}_2)=\sum_{i=1}^{2}\left[F_{ni}l\theta-F_{ti}(l+R)\right] \tag{3.11.3}$$

忽略质心垂直运动加速度的高阶小量，法向支承力 $F_{n1}=F_{n2}=m_0g/2$ 与重力平衡，切向摩擦力 $F_{ti}(i=1,2)$ 可从式(3.11.2)解出。将上述条件和驱动力矩(3.11.1)代入式(3.11.3)后化作

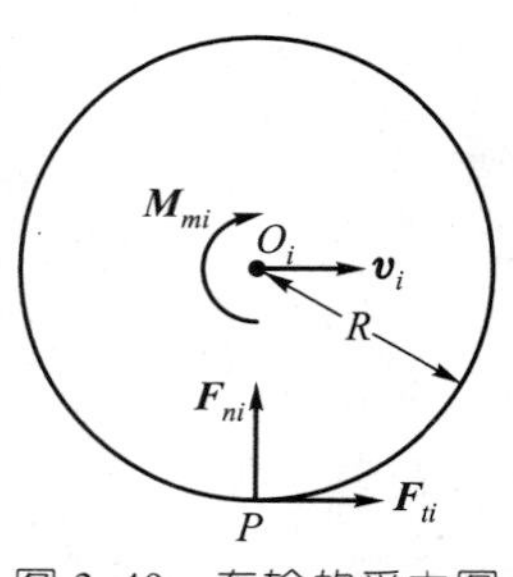

图 3.40　车轮的受力图

$$J_0\ddot{\theta}+(2k_0-m_0gl)\theta+k_0(\psi_1+\psi_2)-\frac{Jl}{R}(\dot{\omega}_1+\dot{\omega}_2)=0 \tag{3.11.4}$$

其中 $k_0=k(l+R)/R$。分析驾驶人直立平衡的稳定性时，设滑板作匀速稳态运动，底板无控制动作，令 $\dot{\omega}_i=\psi_i=0(i=1,2)$，方程(3.11.4)简化为

$$J_0\ddot{\theta}+(2k_0-m_0gl)\theta=0 \tag{3.11.5}$$

与3.10节对滑板的分析类似。只要控制系统满足 $k_0>m_0gl/2$，就能使 $\theta=0$ 的直立平衡状态保持稳定。

在驾驶人控制底板执行变速或转向的过程中，设车体保持稳定的直立状态。令式(3.11.1)中 $\theta=0$，控制规律简化为 $M_{mi}=k\psi_i$ $(i=1,2)$。列写系统沿行进方向的动量定理

$$m_0\dot{v}_0=F_{t1}+F_{t2} \tag{3.11.6}$$

其中 $v_0=(v_1+v_2)/2$ 为系统的质心速度。设车轮作纯滚动，令式(3.11.2)中 $\omega_i=v_i/R$，解出

$$F_{ti}=\frac{1}{R}\left(M_{mi}-\frac{J\dot{v}_i}{R}\right)\quad(i=1,2) \tag{3.11.7}$$

将上式和控制规律代入式(3.11.6)，导出

$$\dot{v}_0=\frac{kR}{m_0R^2+2J}(\psi_1+\psi_2) \tag{3.11.8}$$

如两侧底板的控制动作相同，令 $\psi_1=\psi_2=\psi$，上式化作

$$\dot{v}_0 = \frac{2kR\psi}{m_0 R^2 + 2J} \tag{3.11.9}$$

则滑板加速或减速取决于 ψ 的符号

$$\begin{aligned} &\psi>0：\dot{v}_0>0 \text{ 滑板车加速} \\ &\psi<0：\dot{v}_0<0 \text{ 滑板车减速} \end{aligned} \tag{3.11.10}$$

如两侧底板的控制动作相反，令 $\psi_1=-\psi_2=\psi$，则式(3.11.8)化作 $\dot{v}_0=0$。设 O_1 与 O_2 的距离为 b，滑板绕 y_0 轴的惯量矩为 J_{0y}，则方向相反的摩擦力构成绕垂直轴转动的力偶，驱使滑板绕垂直轴 y_0 产生角加速度 $\dot{\omega}_y=(\dot{v}_1-\dot{v}_2)/b$。列出滑板绕 y_0 轴转动的动力学方程

$$J_{0y}\dot{\omega}_y = R(F_{t1}-F_{t2}) \tag{3.11.11}$$

利用式(3.11.7)解出的 $F_{ti}(i=1,2)$，从上式导出

$$\dot{\omega}_y = \frac{Rk}{RJ_{0y}+bJ}(\psi_1-\psi_2) = \frac{2Rk\psi}{RJ_{0y}+bJ} \tag{3.11.12}$$

滑板转动的加速方向取决于 ψ 的符号

$$\begin{aligned} &\psi>0：\dot{\omega}_y>0 \text{ 滑板车逆时针加速} \\ &\psi<0：\dot{\omega}_y<0 \text{ 滑板车顺时针加速} \end{aligned} \tag{3.11.13}$$

参考文献

References

[1] 刘延柱. 猫的空中转体与运动员的旋空翻[J]. 百科知识，1982(10)：49-51.

[2] 贾书惠. 从猫的下落谈起[M]. 北京，高等教育出版社，1990.

[3] 刘延柱. 自由下落猫的转体运动[J]. 力学学报，1982，14(4)：388-393.

[4] 刘延柱. 腾空运动[J]. 物理通报，2005，(5)：48-49.

[5] 刘延柱. 人体空翻转体运动的动力学分析[J]. 上海交通大学学报，1984，18(1)：75-86.

[6] 刘延柱. 双足步行与跳跃的力学分析[J]. 力学与实践，2008，30(3)：47-51.

[7] 武际可. 跳蚤应当与人跳同样的高度[J]. 力学与实践，2008，30(3)：97-99.

[8] 刘延柱. 跳跃运动的动力学解释[J]. 上海力学，1986，7(2)：21-26.

[9] 刘延柱. 双足步行与竞走运动[J]. 物理通报，2005，(8)：53-54.

[10] 刘延柱. 直立人体的稳定性[J]. 力学学报，1995，

27(增刊)：88-91.
[11] 刘延柱，徐俊. 人体步行的稳定性[J]. 应用力学学报，1996，13(4)：22-27.
[12] 刘延柱. 双足步行的动态稳定性[M]//杨桂通，吴望一，刘延柱，等. 生物力学进展. 北京：科学出版社，1993：12-15.
[13] 刘延柱. 鞍马全旋运动的动力学[J]. 力学学报，1988，20(3)：243-250.
[14] 刘延柱. 漫话踢毽子、羽毛球和射箭[J]. 力学与实践，2008，30(3)：106-107.
[15] 刘延柱. 再谈荡秋千：兼谈自激振动[J]. 力学与实践，2007，29(3)：92-93.
[16] 刘延柱，忻鼎亮. 单杠振浪的力学特征[J]. 体育科学，1987，7(2)：57-60.
[17] 刘延柱. 残奥赛场上的特殊轮椅[J]. 力学与实践，2012，34(5)：88-89.
[18] 刘延柱，苗英恺. 活力板运动的动力学分析[J]. 力学与实践，2008，30(3)：60-62.
[19] 刘延柱. 动力滑板车漫话[J]. 力学与实践，2009，31(6)：95-96.
[20] 刘延柱. 缩小的赛格威车——谈自平衡滑板[J]. 力学与实践，2017，39(2)：208-210.

第四章
生　活　篇

[177] 4.1 拉面条
[180] 4.2 机械钟
[189] 4.3 天平与杆秤
[193] 4.4 捻绳子与葡萄藤
[197] 4.5 竖鸡蛋
[204] 4.6 蛇行
[207] 4.7 大楼的减振摆
[211] 4.8 热气球
[214] 4.9 小竹排与大黄鸭
[219] 4.10 自行车(一)
[226] 4.11 自行车(二)
[231] 4.12 自行车(三)
[235] 4.13 自行车(四)
[240] 4.14 自行车(五)
[243] 参考文献

4.1 Section 拉面条[1]

一位膀圆力大的小伙子捧起一大团软面，手握面团两端，两臂用力向外抻拉，然后两头对折，反复抻拉，如此数次，一捧又细又长的面条魔术般地出现在拉面师傅手上(图 4.1)。看罢这精彩的拉面表演，不妨思索一个有趣的问题。

图 4.1　拉面条

设想面团里的同一位置有两个小面粉颗粒，试问经过拉面师傅反复抻拉成了细面条以后，这两个颗粒各自落在面条的什么位置上呢？再试问，稍微变动一下颗粒的初始位置，即使位置的变动极其微小，它们在面条上最终位置的变动有多大呢？这问题显然难以回答，因为多次抻拉使距离的误差不断放大，以致大到无法预计的程度。

一位研究恒星运动的法国天文学家埃农(M. Hénon)于 1976 年发现了一个数学现象，称为埃农映射问题。它的数学形式为

$$x_{n+1}=1+0.3y_n-1.4x_n^2 \quad (n=1,2,\cdots) \qquad (4.1.1)$$
$$y_{n+1}=x_n$$

将(x,y)坐标面上的4个点P，Q，R，S连接成四边形，4个顶点的坐标分别为

$P(-1.325,1.39)$，$Q(1.32,0.45)$，$R(1.25,-0.41)$，$S(-1.05,-1.56)$

将这个四边形域记作Σ，其中任一点的坐标作为x_n，y_n值代入埃农方程的右边，算出的x_{n+1}，y_{n+1}再代入右边反复进行。可以观察到，Σ内的每个点经过一次迭代后形成新的域Σ'。代入数据实际计算，结果是新域的面积比原来的域Σ缩小，而且折弯成马蹄形被包含在Σ域内。将Σ'内的点再次代入方程迭代，形成的新域Σ''被包含在Σ'内，而且再次被压扁拉长在Σ'内折弯两次。如此继续不止，每增加一次迭代都使新域被包含在旧域内部，面积更缩小形状更细长，且来回盘旋的次数增加一倍。无限次迭代后形成面积无限小无限细长且无限次迂回盘旋的域(图4.2)。可以看出，这个埃农映射与拉面条过程何等相似。Σ域内同一位置的两个点在多次迭代以后，它们的确切位置也就无法确定。

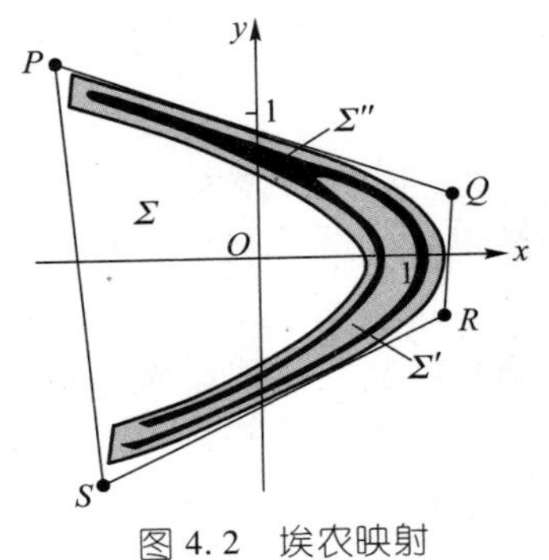

图4.2　埃农映射

上述现象揭示出非线性系统对于初始条件的极端敏感性，是混沌现象的基本属性之一。1961年美国气象学家洛伦兹(E. Lorenz)最先注意到这个问题。气象学的研究主要依靠流体力学知识。奉牛顿力学为经典的科学家们相信，只要根据力学定律建立微分方程，给出初始条件，任何物理量的变化规律都能通过数学计算完全确定。初始条件的微小差异只会影响计算结果的误差。但是洛伦兹使用同一初始条件重复计算气候过程，长时间的计算后竟得到分道扬镳的不同结果(图4.3)。从而发现，非线性

系统的初值敏感性可以使确定性问题的解出现不确定性。洛伦兹将这种初值敏感性形象化地比拟为蝴蝶效应，他的“一只蝴蝶在巴西扇动翅膀会在德克萨斯掀起龙卷风”的名言已在文献中被无数次引用。翻开我国的历史文献，古书中的一句格言“失之毫厘，差以千里”已表达了同样的意思。早在近两千年前我们的祖先已对这种现象作出了精辟的论述。

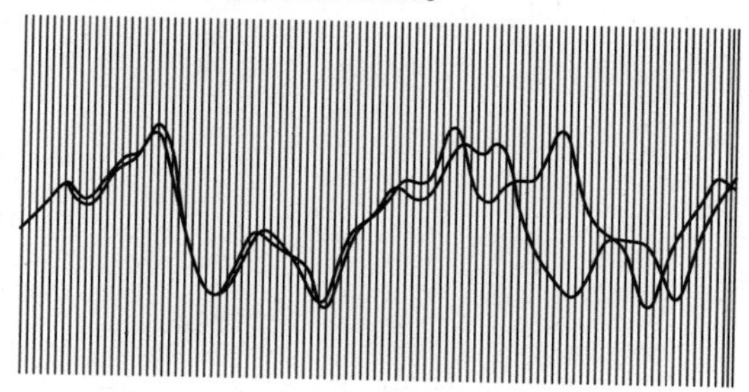

图 4.3　洛伦兹的计算结果

机　械　钟

4.2 Section

多少世纪以来，时间的测量始终是人类面对的一个难题。要测量时间，首先要寻找一种不断重复而且每次持续时间都恒定不变的运动过程作为时间量度的基准。古人最先想到的是太阳在天幕上的运动。日出日落，周而复始。利用光影随太阳位置的变化规则移动的日晷是最原始和使用时间最长的计时方法。随后出现了利用持续时间大致恒定的机械运动计时方法，例如利用水或细沙在特定器物中的流动，即所谓“漏刻计时”。东汉张衡制造的浑天仪利用水漏驱动机械轮旋转而形成最早的机械钟。宋朝苏颂制造的水运仪象台是构造更精密的机械钟（图 4.4），如苏颂在《新仪象法要》中

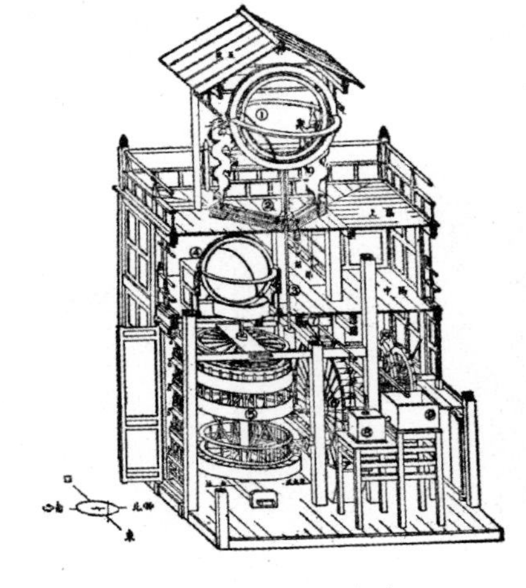

图 4.4　水运仪象台

所称

“以水激轮，轮转而仪象皆动”

水运仪象台使用的擒纵机构是机械钟发展历程中最为关键的部件。这种擒纵机构在1285年方在欧洲出现。对此李约瑟在《中国科学技术史》中，将水运仪象台称为“欧洲中世纪天文钟的直接祖先”。

欧洲早期的机械钟利用绳索悬挂的重锤作为动力来源。重锤拉动转轮朝单方向转动，通过齿轮啮合带动擒纵轮转动。轮上的凸齿与机轴上的擒纵片周期性相遇，交替地对机轴施加冲击，使机轴带动一个王冠形飞轮往复摆动。飞轮每次摆动的持续时间大致恒定，起着时间调节器作用(图4.5)。从14世纪起，这种早期机械钟在欧洲使用了200多年。直到伽利略发现了摆的等时性，人们才意识到重锤的摆动规律比转轮的转动更为恒定，是更理想的时间量度基准。机械钟的发展便跨入了摆钟的新阶段。

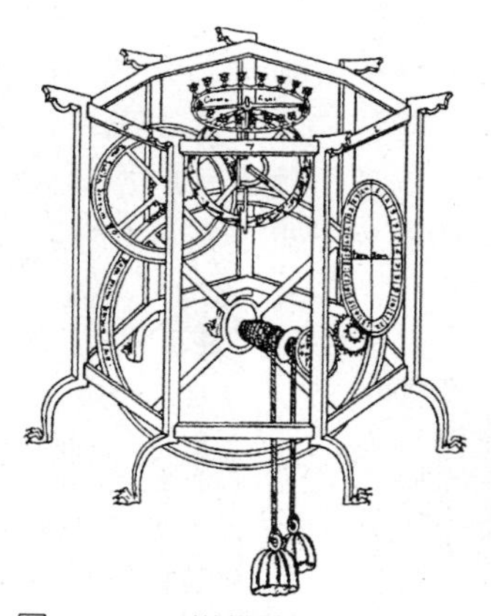

图4.5　14世纪欧洲的机械钟

将伽利略发现的摆的等时性理论变为摆钟的现实并不容易。首先面对的是转轴中的轴承摩擦和摆动过程中的风阻。如没有能量补充，摆的自由振动必不断衰减直至静止。如前所述，擒纵机构就是实现能量补充的关键部件，在机械钟发展历程中已有数百年历史。这种特殊机构由擒纵轮和擒纵叉组成，擒纵轮与重锤连接，擒纵叉与摆连接。重锤在确定位置处通过擒纵轮对擒纵叉产生冲击。擒纵机构的巧妙之处在于，无论摆朝哪个方向运动，冲击方向总是与运动方向一致。重锤就能不断对摆做正功，将蕴藏的能量传递给摆(图 4.6)。擒纵机构起了分配能量的控制器作用，它周期性地从恒定的能源取出能量提供给摆，以克服各种阻尼因素引起的能量耗散。当输入的能量与耗散的能量相等时，就能实现不衰减的周期摆动。这种特殊的振动形式即本书曾在 1.9 节和 3.7 节中讨论过的自激振动。摆钟的运动属于另一种典型的自激振动。

实现摆钟的另一个问题是伽利略摆的等时性理论仅适合于小角度摆动。当摆的幅度增大时，摆动周期就会受振幅的影响而改变。荷兰物理学家惠更斯 (C. Huygens) 发现了这个问题并提出了改进建议。他设计的摆长随振幅改变的特殊机构可实现严格的等时性，称为惠更斯摆(图 4.7)。

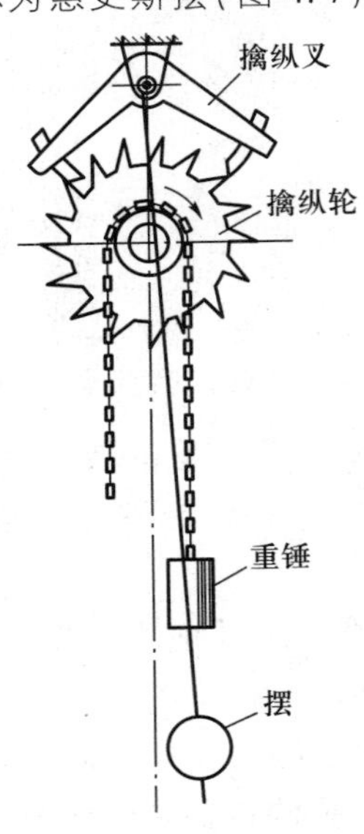

图 4.6 擒纵机构

图 4.7 惠更斯(Christian Huygens, 1629—1695)

解决了上述关键问题，惠更斯于 1656 年完成最早的摆钟设计。第二年他指导年轻的钟匠考默(S. Comer)制造成功世上第一只摆钟(图 4.8)。惠更斯钟的摆动周期约为 1 s，振幅为 20°。走时误差每昼夜不到 15 s。而在此之前的机械钟误差高达每昼夜 15 min，惠更斯钟的精度比机械钟提高了 60 多倍。

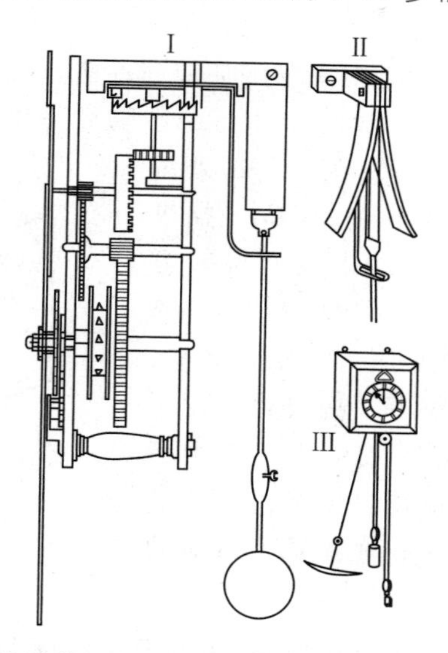

图 4.8　惠更斯设计的摆钟(Ⅰ. 侧视图, Ⅱ. 惠更斯摆, Ⅲ. 正视图)

注释 1：机械钟的自激振动

早期的机械钟利用飞轮的往复运动计时。飞轮绕对称轴转动，受擒纵机构的能量补充作不衰减的往复运动。设飞轮的惯量矩为 J，飞轮偏离起始位置的角度为 x，轴承中存在与角速度 $\dot{x}$ 成正比的黏性摩擦，摩擦系数为 c，列出动力学方程

$$J\ddot{x}+c\dot{x}=0 \tag{4.2.1}$$

引入变量 $y=\dot{x}$，消去时间变量，导出 $\mathrm{d}y/\mathrm{d}x$ 为负常数

$$\frac{\mathrm{d}y}{\mathrm{d}x}=-C \qquad (4.2.2)$$

其中 $C=c/J$。在(x,y)相平面内的相轨迹为下降的斜直线。设在 $x=-\alpha$ 处 y 的初值为 y_0，当飞轮转至 $x=\alpha$ 时角速度减为 $y_1=y_0-2C\alpha$。擒纵机构在此处对飞轮施加逆向冲击，使角速度产生突变 Δy。相点跃至下半平面的 $y_2=y_1-\Delta y$。随后飞轮反向旋转，沿斜率相同的斜直线上行。在 $x=-\alpha$ 处角速度的绝对值减为 $y_3=y_2+2C\alpha$。擒纵机构再次施加逆向冲击改变旋转方向。相点跃至上半平面的 $y_4=y_3+\Delta y$。如两次冲击的强度相等，则 $y_4=y_0$，相点回归至初始位置，构成封闭的平行四边形相轨迹(图 4.9)。飞轮由于摩擦损失的能量就通过擒纵机构从能源得到补充而实现自激振动，对应的封闭相轨迹称为极限环。

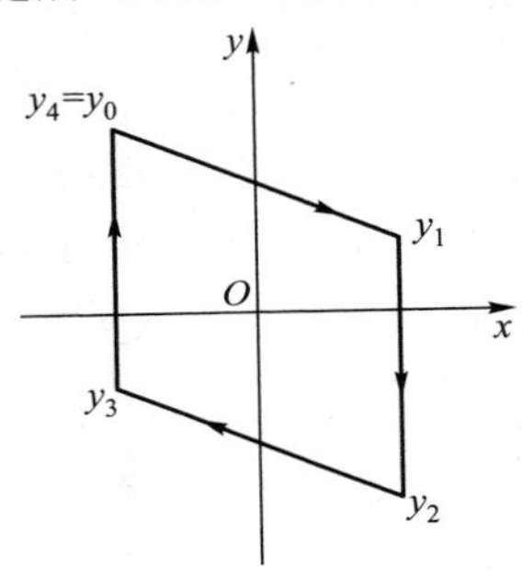

图 4.9　飞轮的极限环

上述相轨迹仅当冲击位置 $\pm\alpha$ 和冲击强度 $\pm\Delta y$ 确定不变时才可能封闭，在技术上难以严格实现。这就注定飞轮方案很难成为准确的计时方法。

将飞轮改成复摆，设摆的质量为 m，重心与悬挂点的距离为 l。设轴承摩擦力矩为库仑摩擦，幅值为 M_f，与角速度方向相逆。利用附录 A.5 的式(A.5.6)，将其中 φ 改为 x，仅保留 x 的一次项，增加摩擦力矩，得到复摆的线性化动力学方程

$$J\ddot{x}+mglx=-M_f\mathrm{sign}(\dot{x}) \qquad (4.2.3)$$

仍利用 $y=\dot{x}$，消去时间变量，化为一阶自治系统

$$\frac{\mathrm{d}y}{\mathrm{d}x}=-\left(\frac{mgl}{J}\right)\frac{x+x_0}{y} \qquad (4.2.4)$$

其中

$$x_0=B\mathrm{sign}(y)\text{，}\quad B=M_f/mgl \qquad (4.2.5)$$

为简化数学推导，令 $mgl/J=1$。在(x,y)相平面的下半平面内，$x_0=-B$，设相点从初始位置$(\xi,0)$出发向下移动，对方程(4.2.4)分离变量积分，得到相轨迹是以$(B,0)$为圆心，$\xi-B$ 为半径的圆。

$$(x-B)^2+y^2=(\xi-B)^2 \tag{4.2.6}$$

相点移动到 $x=\alpha$ 处的角速度 y_1 可从式(4.2.6)解出

$$y_1=-\sqrt{(\xi-B)^2-(\alpha-B)^2} \tag{4.2.7}$$

设此时复摆从擒纵机构的冲击获得能量增量 ΔE，使角速度从冲击前的 y_1 突然增大为冲击后的 y_2。冲击前后的能量关系为

$$\frac{1}{2}(y_2^2+\alpha^2)=\frac{1}{2}(y_1^2+\alpha^2)+\Delta E \tag{4.2.8}$$

从中导出

$$y_2=-\sqrt{y_1^2+2\Delta E} \tag{4.2.9}$$

相点受冲击后从$(\alpha,-y_2)$出发，沿半径增大了的圆继续运动，相轨迹方程为

$$(x-B)^2+y^2=(\alpha-B)^2+y_2^2 \tag{4.2.10}$$

设相点到达 x 轴时的坐标为$(-\eta,0)$(图 4.10)。令式(4.2.10)中 $x=-\eta$，$y=0$，将式(4.2.7)，(4.2.9)代入，导出

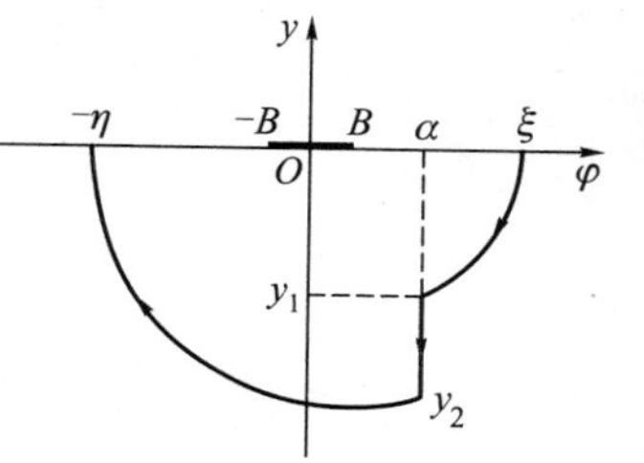

图 4.10　摆钟运动的相轨迹

$$\eta=\sqrt{(\xi-B)^2+2\Delta E}-B \tag{4.2.11}$$

由于摩擦力使摆动幅度减小，冲击使幅度增大，这两种因素效果相反，其共同作用的结果可通过 η 和 ξ 的对比做出判断。如 $\eta>\xi$，摆动幅度增大，反之，如 $\eta<\xi$ 则减小。如 $\eta=\xi$，且进入上半平面后在 $x=-\alpha$ 处也从擒纵机构获得能量增量 ΔE，则上下半平面的相轨迹对称，成为封闭曲线，单摆做等幅周期摆动。令式(4.2.11)中 $\eta=\xi$，解出可能存在的封闭相轨迹的幅度，以下标 S

作为标志

$$\xi_S=\eta_S=\frac{\Delta E}{2B} \tag{4.2.12}$$

在(ξ,η)平面上画出式(4.2.11)表示的函数曲线，再作一条直线$\eta=\xi$(图 4.11)。此二曲线的交点 S 所对应的相轨迹为封闭曲线，即复摆自激振动的极限环。根据图 4.11 还可判断，无论相点的初始坐标 ξ 大于或小于 ξ_s，以后都朝 S 点趋近，证明极限环是稳定的。摆钟只要受到微小的冲击使摆幅到达 $x=\pm\alpha$ 处接受擒纵爪的冲击，就能发展为图 4.12 所示的极限环，使摆钟的稳定周期运动自动实现。

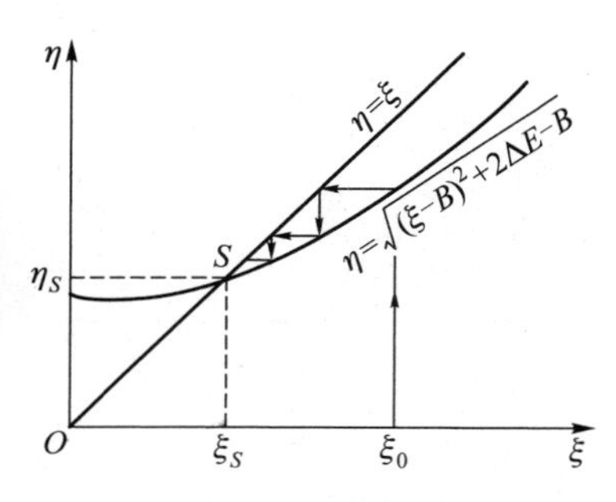

图 4.11　稳定极限环的存在性

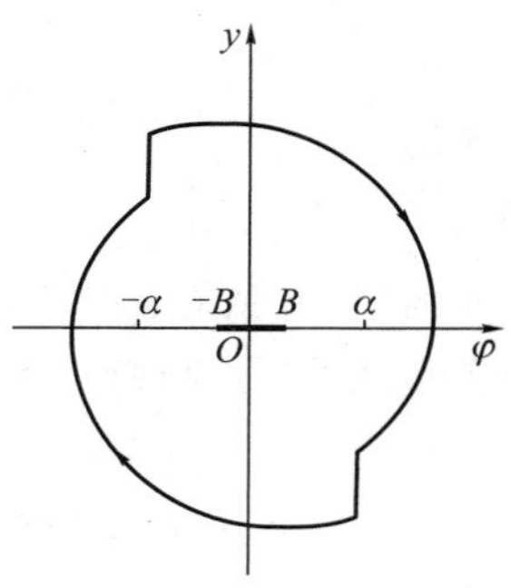

图 4.12　摆钟的极限环

注释 2：惠更斯摆

单摆的动力学方程可利用附录 A.5 的式(A.5.6)，将其中 φ 改为 x，列出

$$\ddot{x}+\left(\frac{g}{l}\right)\sin x=0 \tag{4.2.13}$$

引入变量 $y=\dot{x}$，消去时间变量，化为一阶自治系统

$$\frac{\mathrm{d}y}{\mathrm{d}x}=-\left(\frac{g}{l}\right)\frac{\sin x}{y} \tag{4.2.14}$$

设 $y=0$ 时 $x=A$ 为摆偏离垂直位置的最大角度，分离变量积分，得到

$$y^2+\frac{2g}{l}(\cos A-\cos x)=0 \tag{4.2.15}$$

摆动角 x 从零增至幅值 A 所经历时间等于单摆周期 T 的 1/4 倍，令上式中 $y=\dot{x}$，积分得到

$$T=4\int_0^{T/4}\mathrm{d}t=4\sqrt{\frac{l}{2g}}\int_0^A\frac{\mathrm{d}x}{\sqrt{\cos x-\cos A}} \tag{4.2.16}$$

一般情况下式(4.2.16)的积分与幅值 A 有关。在小摆角条件下，仅保留摆角 x 和 A 的 2 阶微量，即得到附录 A.5 中的单摆周期公式(A.5.10)

$$T=4\sqrt{\frac{l}{g}}\int_0^A\frac{\mathrm{d}x}{\sqrt{A^2-x^2}}=4\sqrt{\frac{l}{g}}\arcsin\left(\frac{x}{A}\right)\Bigg|_0^A=2\pi\sqrt{\frac{l}{g}} \tag{4.2.17}$$

从而说明，伽利略的摆等时性结论仅适用于单摆的微幅摆动。

等时性结论来源于单摆动力学方程的线性化，即方程(4.2.13)中的 $\sin x$ 被 x 所替代。随着 x 增大，精确方程中的 $\sin x$ 小于 x 的偏差也愈来愈显著。可以设想，如果令摆长 l 随着 x 的增长而减小，则 $\sin x$ 前的系数 g/l 随 x 增大，可望与 $\sin x$ 相对 x 减小的因素起抵消作用。按此思路，惠更斯在摆的两侧增加约束器，设计出摆长随幅度减小的变长度单摆(图 4.8)。在图 4.13 中，以摆的支点 O 为原点建立直角坐标系($O-xy$)，约束器的边缘曲线以 θ 为参变量，由以下方程组表示

$$\begin{aligned}x&=R(\theta-\sin\theta)\\y&=R(\cos\theta-1)\end{aligned} \tag{4.2.18}$$

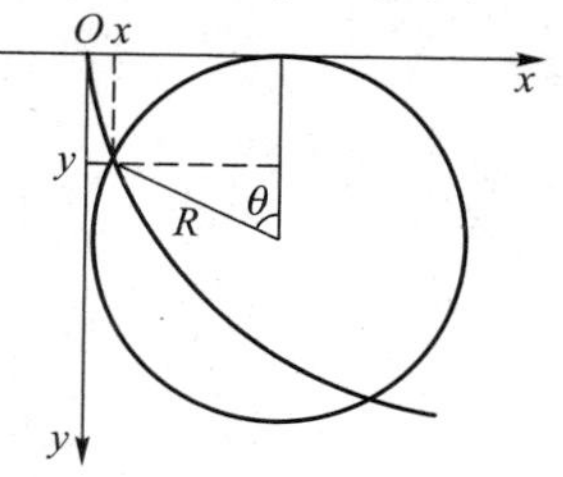

图 4.13 摆线

按此方程画出的边缘曲线，就是半径为 R 的圆沿 x 轴滚动时，圆上初

始时与 O 点重合的点所画出的曲线，称为圆滚线。由于在惠更斯摆中得到应用，也称为摆线。可以证明，惠更斯摆对于摆的任何偏角均满足严格的等时性。数学证明过程可参阅文献[2]。

4.3 Section 天平与杆秤[3]

天平是一种衡器。从力学观点分析，天平又是一种特殊的复摆(图 4.14)。特殊性在于：天平的横梁不是在垂直轴附近，而是在水平轴附近摆动。天平的历史很悠久。据考证，早在我国春秋晚期就已出现以竹片为横梁，丝线为提纽的天平。也有资料证明，埃及人在公元前 1500 多年已经会使用天平。天平在 18 世纪的欧洲使用十分普遍。一些物理学和化学的定量研究和重要发现，例如质量守恒定律的确定，都离不开天平的精确计量。天平以横梁水平标志两边重量严格相等。包括我国在内，许多国家都将天平作为法律面前公正平等的形象化标志。通常情况下，天平两边力臂的长度相同。如果将称物一侧的力臂缩短，砝码用固定重量的秤砣代替，且能自由移动以调整力臂的长度。这种不等臂的天平就演变成为我国民间常用的另一种古老的衡器，即杆秤(图 4.15)。

天平和杆秤的力学原理并不复杂。根据杠杆原理，物体两侧对支点的力矩相等，即作用力和力臂的乘积相等，物体就能平衡。不过这种解释并不完全，因为平衡的物体并不一定水平。如

图 4.14　天平

图 4.15　古人用杆秤测力

果支点的位置正好与两侧力作用点的连线重合，两侧力矩相等时处于随遇平衡状态，天平在任何倾斜位置上都能平衡。如两侧力矩不等，较重端的重力会迫使天平的横梁向下倾斜，转化成在垂直轴附近摆动的复摆。可见关于天平或杆秤的称重原理，仅用简单的杠杆原理解释是不够的。

设天平由水平横梁和挂在两端的托盘组成。前面已说明，如支点 O_0 和横梁中点 O 重合，两边的重量相等时，天平的平衡位置是完全随遇的。因此天平的重心必须低于支点，才能产生复摆效应，以保证横梁的水平位置是唯一的平衡位置。设横梁的重心与中点 O 重合，与支点 O_0 的距离为 a。重心与支点 O_0 愈接近，灵敏度就愈高。参数 a 应选择得足够微小，以保证足够的灵敏度。

上述天平的称重原理也完全适用于杆秤。仔细观察杆秤可以发现，悬挂物体的秤钩支点 A 稍低于提绳的支点 O。秤砣用线绳套在秤杆上沿秤杆移动，以秤杆的上缘 B 为支点。连接 A 和 B 的直线并不通过 O 点，而是向下偏离微小距离 a。由于秤杆向端部逐渐变细，物体愈重，秤砣离提绳愈远，偏离距离 a 就愈明显(图 4.16)。虽然这个毫米量级的微小距离 a 不大容易被注意到，却是保证杆秤正常工作不可缺少的重要因素。

天平受到扰动后就在水平位置附近摆动。从注释中导出的摆动周期公式可看出，天平的摆动周期仅取决于横梁长度 l 和与支点距离 a 等几何因素，与待称物体的重量无关。横梁愈长，支点与横梁中点愈接近，天平的摆动周期就愈长。要使天平的摆动静止在水平位置，还必须在天平上增加阻尼装置。

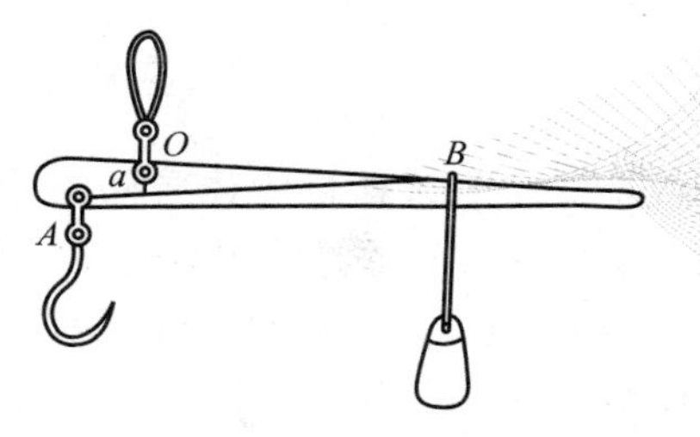

图 4.16 杆秤的简化模型

注释：天平称重的力学分析

设天平的重心 O 在支点 O_0 的下方，与 O_0 的距离为 a。横梁的质量集中到两端，加上承载砝码和被称物体的托盘质量，简化成两个质点附在无质量直杆两端 A 和 B 处的哑铃体，A，B 与中点 O 的距离均为 l(图 4.17)。横梁倾斜时，左右两端对支点 O_0 的力臂 l_1 和 l_2 随横梁相对水平轴的倾角 θ 而改变。分别为

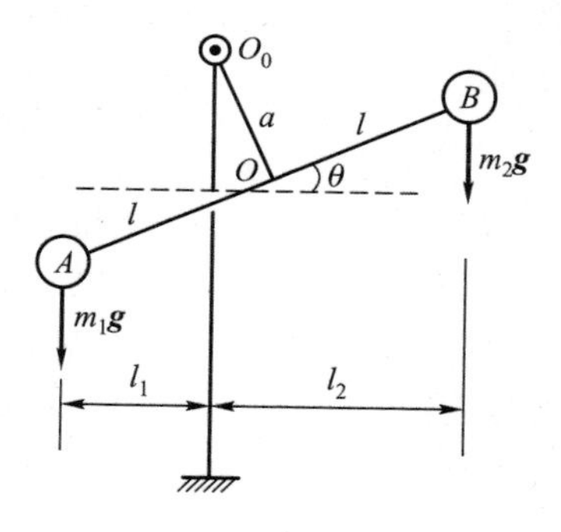

图 4.17 天平的简化模型

$$l_1=l\cos\theta-a\sin\theta,\qquad l_2=l\cos\theta+a\sin\theta \tag{4.3.1}$$

设 A 和 B 的质量分别为 m_1 和 m_2，天平处于平衡状态时，两端重力对支点 O_0 的力矩大小相等方向相反，即 $m_1l_1=m_2l_2$。解出平衡状态的横梁倾角 θ_0

$$\theta_0=\arctan\left[\frac{(m_1-m_2)l}{(m_1+m_2)a}\right] \tag{4.3.2}$$

当 $m_1=m_2$，被称量物体与砝码的重量完全相等时 θ_0 才等于零，天平处于水平位置。如两边重量不等，$m_1\neq m_2$，天平也能平衡，只是 $\theta_0\neq0$，天平的平衡位置是倾斜的。两边重量的差别愈大，倾斜角 θ_0 就愈大。

天平受扰动后即在水平位置附近摆动。其动力学方程可直接利用附录 A.5 中的式(A.5.6)，将 φ 改为 θ，l 改为 a，得到

$$J\ddot{\theta}+mga\sin\theta=0 \tag{4.3.3}$$

仅保留倾角 θ 的一次项，写作(A.5.7)形式。参照式(A.5.10)确定摆动周期 T

$$T=2\pi\sqrt{\frac{J}{mga}} \tag{4.3.4}$$

设天平两端的质量相等，$m_1=m_2=m/2$，相对支点 O_0 的惯量矩为 $J=ml^2$，代入上式得到天平的摆动周期

$$T=\frac{2\pi l}{\sqrt{ga}} \tag{4.3.5}$$

设横梁的长度为 30 cm，重心偏移距离 a 为 2 cm，周期约为 2 s。

4.4 Section 捻绳子与葡萄藤[4,5]

取一段细绳，执两端拉直并朝相反方向加捻，使细绳绕中心线不断扭转。扭至一定程度时，绳子的直线平衡状态会变得极不稳定，稍一放松就产生突变，缠绕成麻花状（见图 4.18）。要解释这个常见现象，必须先了解一些与拓扑学有关的知识。

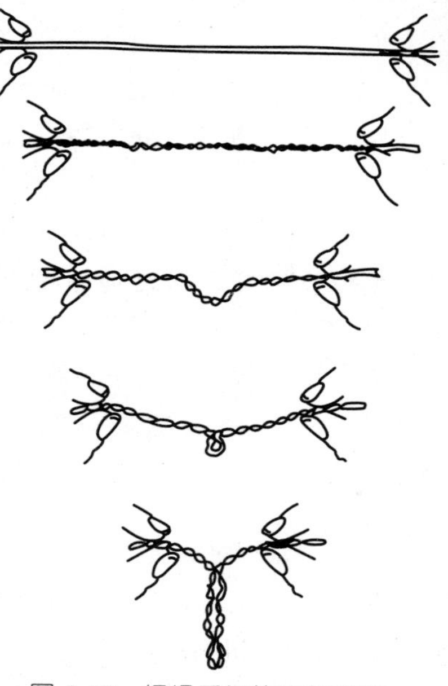

图 4.18　细绳受扭转后的突变

将绳子看成一个圆截面弹性细杆。在松弛状态下杆的两侧各画一条中心线的平行线，记作 C_1 和 C_2，沿同方向标出箭头。C_1 和 C_2 张成一个狭长的曲带，细杆在空间中的状态可以由曲带的状态来体现。在图 4.19 中，规定

大众力学丛书

C_1 在 C_2 的上方交叉时，如沿 C_1 切向的箭头绕纸面的法线轴逆时针转到 C_2 的切向箭头，则规定细杆有等于 1 的连接数(linking number)(图 4.19a 的 P_1 点)。用符号 L_k 表示连接数，则 $L_k=1$。如转动方向相反，则 $L_k=-1$(图 4.19b 的 P_2 点)。设杆绕中心线扭转，从中心线的前方观察，逆时针转过的圈数称为杆的扭转数(twisting number)，记作 T_w。每扭转一圈 T_w 增加 1，如顺时针扭转一圈，则 T_w 增加−1。图 4.20 中的细杆绕中心线逆时针扭转一圈，扭转数 T_w 等于 1。C_1 和 C_2 在空间中交叉两次，但 C_1 在 C_2 的上方只有一次(图中的 P_3 点)，连接数 L_k 也等于 1，与扭转数 T_w 相等。

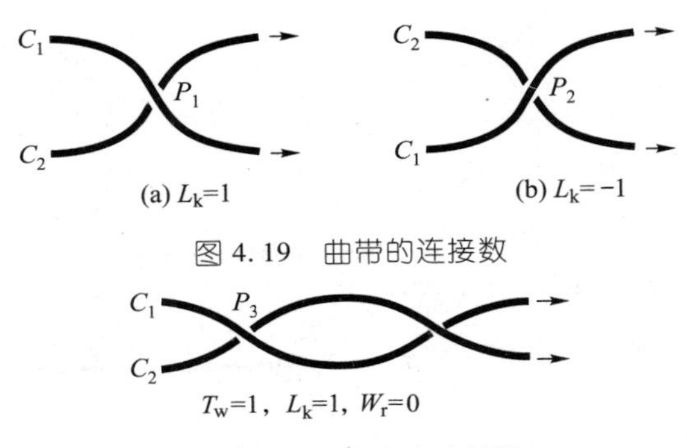

(a) $L_k=1$　　(b) $L_k=-1$

图 4.19　曲带的连接数

$T_w=1$, $L_k=1$, $W_r=0$

图 4.20　扭转产生连接数

再假设细杆无扭转地缠绕出一个开口环圈，其扭转数 T_w 为零(图 4.21)，则 C_1 在 C_2 的上方共交叉三次，其中两次连接数为 1(图中的 P_1 和 P_2 点)，一次为 −1(图中的 P_3 点)，总连接数为 $L_k=2-1=1$。由此可见，细杆的扭转或缠绕都能对连接数做出贡献。一般情况下，细杆可能既有扭转，又有缠绕。则连接数减去扭转数就反映了细杆的缠绕程度，称为缠绕数(writhing number)，用 W_r 表示。

$$W_r=L_k-T_w \tag{4.4.1}$$

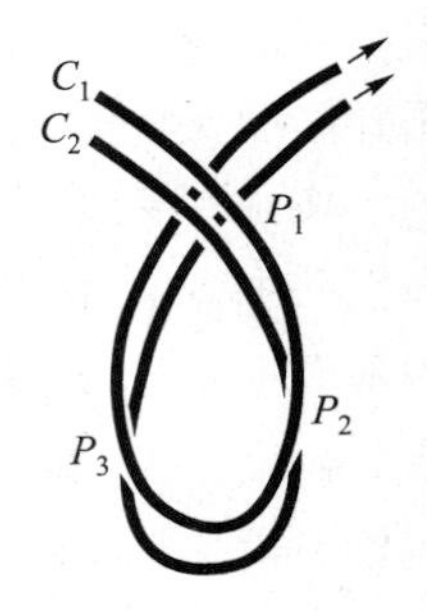

$T_w=0$, $L_k=1$, $W_r=1$

图 4.21　缠绕产生连接数

拓扑学的研究表明：封闭的或两端固定的曲带，当中心线连续变形时其连接数 L_k 为常值。以图 4.22 所示两端固定扭转两次的曲带为例，当中心线变为螺旋线时，扭转数 T_w 由 -2 变为零，连接数 L_k 保持 -2 不变，而缠绕数 W_r 从零变为 -2。再例如，攀藤植物的细茎在触及墙壁找到支点时，中心线会从直线转变为左右螺旋各半的螺旋线，但转变前后的连接数 L_k 均等于零而保持不变。

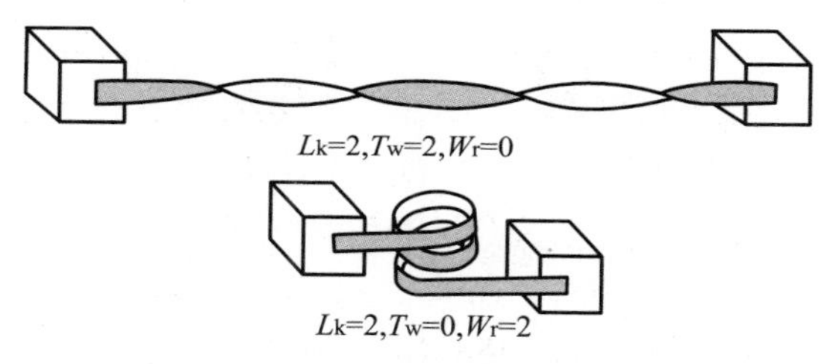

图 4.22　两端固定曲带的变形

应用上述理论可以解释绳子扭转多次的突变现象，是由于扭转数向缠绕数的转移而连接数保持不变。但是还存在一个问题：为何总是扭转数向缠绕数转变，而不是相反，缠绕数向扭转数转变呢？这就必须了解弹性力学中的最小势能原理：弹性体的稳定平衡状态总是与势能的最小值相对应。受扭直杆的弹性势能 E_e 仅与扭转有关，可用扭转数表示为

$$E_e=\frac{2\pi^2 C}{l}T_w^2=\frac{2\pi^2 C}{l}(L_k-W_r)^2 \tag{4.4.2}$$

式中的 C 为杆的抗扭刚度，l 为杆的长度。从势能公式(4.4.2)可以看出，缠绕数愈大，弹性杆的扭转势能愈小。杆的缠绕现象会导致弯曲势能的出现，当杆有足够大的连接数时，缠绕数对扭转势能的负面影响超过对弯曲势能的正面影响。因此细绳受扰动后，必然朝着缠绕数增大的方向，也就是总势能减小的方向变化。于是本文开始时描述的现象就得到了合理的解释。在工程技术中，类似的现象可在细长的缆绳或电缆中发生。一旦缆绳或电

缆受到太多的扭转时，就有可能失去稳定而发生缠绕纠结现象。

上述现象在自然界中也很常见。不少植物的茎具有很强的攀附能力。比如葡萄、黄瓜、牵牛花和长青藤。这些植物的细长而柔软的茎随风摇摆，一旦枝梢遇到一个可作为支撑物的物体，如树枝、花架或墙壁，就会紧紧抓住，然后从柔顺的直线形态转变成坚韧的螺旋形态，成为一只能抗强风的天然螺圈弹簧。根据前面的分析，枝梢固定以前，细茎的连接数、扭转数和缠绕数都等于零。固定后弯曲的细茎被拉直，拉力所作的功转换成弹性势能。所形成的螺旋线往往一半左旋另一半右旋，所形成的连接数相互抵消，仍保持等于零，符合拓扑学的客观规律。1865 年，英国的进化论创始人达尔文(C. Darwin)将观察到的这个现象记载在他的著作《攀附植物的运动和习性》(The Movement and Habit of Climbing Plants, New York, 1888)里，图 4.23 就是书中的插画。

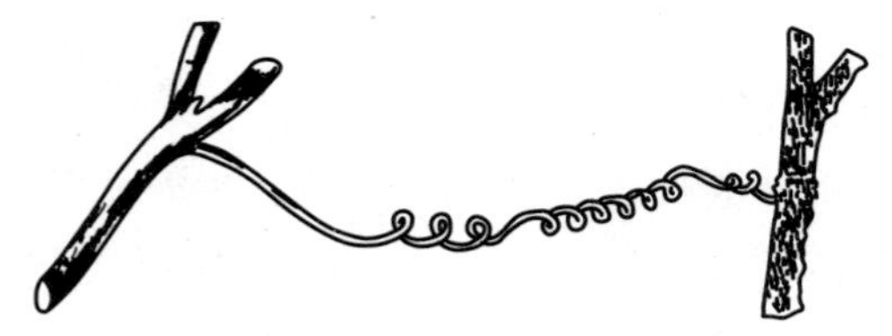

图 4.23　达尔文描绘的攀附植物

可以动手做一个简单实验。找一根粗铁丝或粗电线，两端固定住，然后捏住铁丝的中点向同一个方向卷绕，铁丝就会自然形成一个一半左旋一半右旋的螺旋线。这也是家里的电话线也往往一半左旋一半右旋的原因(图 4.24)。

图 4.24　电话线的螺旋形态

4.5 Section 竖　鸡　蛋[6]

立春作为春天万物复苏之始，自古就是一个重要节日。我国民间流传着许多有趣的立春习俗。不知从何时起，立春时刻能将鸡蛋竖起不倒的传说也成了国际性的习俗之一。每年这时，世界各地有成千上万的人忙着竖鸡蛋，还多能取得成功(图 4.25)。于是出现了关于立春竖蛋科学原理的种种解释和臆测。有曰立春时刻特殊的太阳引力作用，又有曰立春时刻特殊的电磁场作用等等。不过认真想想，这些解释都很难站住脚。立春时刻是地球在绕太阳公转过程中到达一个特殊位置的时刻。每公转一周地球与太阳的连线转动 360°。将阳光直射赤道时的地球位置作为零度或 360°，称为春分点。立春就发生在 315°的位置。这个特殊位置与邻近位置之间，太阳的万有引力和电磁力对鸡蛋的作用可能有稍许差别。但与吹拂鸡蛋的微风比

图 4.25　有趣的立春竖鸡蛋
（引自 www. sywhw. org. cn）

较，甚至与竖蛋人呼吸引起的空气扰动比较，这种极微小的差别完全可以忽略不计。1947 年，一位日本物理学家中谷宇吉郎断言，只要有足够的耐心，在任何时刻任何地点都能将鸡蛋竖起来。1978 年纽约一位名人亨斯(D. Henes)就曾组织上千人参加的象征世界和平的竖蛋活动。

说起竖鸡蛋，不能不提到一个有名的哥伦布竖鸡蛋故事。1492 年哥伦布发现了美洲新大陆，但有些人不服气，说随便哪个人乘船航行都能到达大洋的对岸。哥伦布拿了几个熟鸡蛋，请大家将鸡蛋竖立在桌上。没人能试成功。哥伦布将蛋壳的一端敲了个小洞就站住了。众人说这太简单。哥伦布说，既然简单你们为何不去做呢(图 4.26)。

图 4.26　哥伦布竖鸡蛋

平卧在桌面上的鸡蛋与任意点接触都能平衡。直立的鸡蛋只有一个几何点与桌面接触，仅当重力准确通过接触点时才可能平衡。但这很难做到，即使做到，平衡也是不稳定的。稍有倾斜，重力就会朝倾斜方向将鸡蛋推倒。哥伦布将鸡蛋尖端的蛋壳敲碎后，形成的小洞边缘与桌面接触。只要倾斜时重力不越出小洞边缘包围的区域鸡蛋仍能直立不倒。实际的鸡蛋壳表面并不光滑，粗糙的尖端存在许多突起的小点与桌面接触，这些接触点围成一个很小的区域。鸡蛋的重力只要不越出这个小区域就能直立不倒。这就是不敲洞也有可能实现竖鸡蛋的原因，与立春的特殊时刻并无关联。立春竖蛋只是和传说有关的一种快乐的民俗和集体游戏而已。

1893 年在芝加哥的世博会上，美籍塞尔维亚电机工程师特斯拉(N. Tesla)展示了他称之为“哥伦布蛋”的新发明。他将托盘上的一个铁蛋放在环形线圈内，线圈通以 30 Hz 至 40 Hz 的交变电流。所产生的旋转磁场能激起铁蛋内的感应涡流和驱动力矩，使铁蛋在托盘内直立绕对称轴旋转(图 4.27)。特斯拉通过这个哥伦布蛋展示了他的交流电机重大发明。100 多年后的 2010 年，特斯拉的哥伦布蛋曾远渡重洋出现在上海世博会的塞尔维亚馆。

图 4.27　特斯拉的哥伦布蛋

但旋转磁场的电磁感应并非解释哥伦布蛋现象的充分理由。因为电磁感应只能驱动铁蛋旋转，但不能使铁蛋直立不倒。实际上铁蛋直立不倒的能力来自与旋转磁场不相干的摩擦力作用。当铁蛋在电磁力矩驱动下旋转起来时，铁蛋端部与托盘的接触点产生相对托盘的滑动，与滑动方向相逆的库仑摩擦力形成对质心的力矩影响了铁蛋的运动。此现象类似于 1.5 节讨论的翻身陀螺。直立旋转的蛋形刚体与短柄触地直立旋转的陀螺都是质心高于曲率中心的轴对称刚体，摩擦力起了相同的稳定作用。

其实不需要电磁力矩，哥伦布蛋的直立过程也很容易实现。取一个熟鸡蛋放在桌上，用手捻使它快速旋转。鸡蛋就会从绕横轴的旋转迅速跃起，转变为绕对称轴的直立稳定旋转。如果捻转一枚图钉或一枚纽扣，情况就完全相反。转速很高时图钉绕对称轴的直立旋转变得不稳定，可突然转变为绕横轴的旋转。读者不妨自己动手试试。

将鸡蛋放进水里，情况就有些复杂，因为出现了与重力方向相反的浮力。鸡蛋的比重大于水的比重，放进水里就要沉底。鸡蛋一头稍尖，一头稍钝，钝头处有个小气室。所以鸡蛋的重心朝尖头方向稍稍偏离鸡蛋的几何中心。作用在不同点上的浮力与重力构成力偶，将鸡蛋的钝头稍稍抬起，而不是平躺在水底。如果改变浸泡鸡蛋的液体成分，随着液体比重的升高浮力增大抬起的角度也随之增大。不断增大液体的比重，钝头就不断往上抬。当液体比重大到某个临界值时，就能抬高到垂直位置且能保证稳定。于是竖蛋问题也就能靠液体浮力的帮助得到解决了。

注释 1：鸡蛋直立旋转的稳定性分析

设蛋形刚体的质量为 m，相对过质心 O_c 的赤道面内任意横轴的惯量矩为 A，相对对称轴 z 的惯量矩为 C，z 轴相对铅垂轴 Z 的章动角为 θ，刚体表面在接触点 P 处的曲率半径为 r，质心 O_c 至曲率中心 O 的距离为 b（图 4.28）。利用 1.5 节的注释对短柄触地陀螺的分析结果判断，z 轴绕铅垂轴 Z 的旋转角速度 Ω 存在一个临界值 Ω_{cr}。

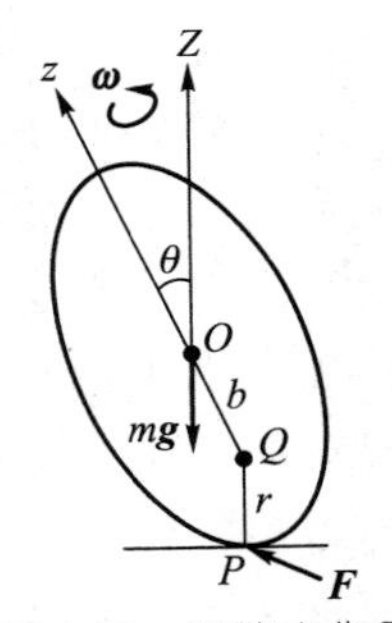

图 4.28 摩擦力作用下的轴对称刚体

$$\Omega_{cr}=\sqrt{\frac{mgbr}{C(b+\varepsilon r)}} \tag{4.5.1}$$

其中 r 和 b 分别为鸡蛋尖端的曲率半径和曲率中心 Q 至质心 O 的距离。根据 1.5 节的注释导出的计算结果，章动角 θ 的变化趋势取决于 Ω 的旋转角速度

$$\begin{aligned}\Omega<\Omega_{cr}:\ \dot{\theta}>0\\ \Omega>\Omega_{cr}:\ \dot{\theta}<0\end{aligned} \tag{4.5.2}$$

$\dot{\theta}>0$ 表明极轴远离垂直轴，刚体的旋转不稳定。$\dot{\theta}<0$ 表明极轴趋近垂直轴，刚体的旋转稳定。从而证明只要有足够转速，鸡蛋就能直立稳定旋转。

注释 2：鸡蛋在液体中的平衡稳定性分析[7]

放在桌面上的鸡蛋有 3 种可能平衡位置：即尖头或钝头接触桌面的两种直立位置，和侧面平卧在桌面上的位置。根据拉格朗日关于保守系统平衡稳定性定理，直立鸡蛋的势能为极大值，平衡状态不稳定。平卧鸡蛋的势能相对子午线方向的扰动为极小值，平衡状态稳定。沿圆周方向各点的势能相同，为随遇平衡。

将蛋壳视为长短半轴为 a 和 b 的旋转椭球曲面。设几何中心 O 距台面的高度为 h，将鸡蛋的尖端至钝端的对称轴记为 x 轴，其相对垂直轴 y 的角度记为 θ，则 h 随 θ 角的变化规律可近似地表示为

$$h(\theta)=h_0(1+\delta\cos 2\theta) \tag{4.5.3}$$

对于尖端或钝端触底和侧面触底两种情况，分别有

$$\begin{aligned} h(0)=h(\pi)=h_0(1+\delta)=a \\ h(\pi/2)=h(3\pi/2)=h_0(1-\delta)=b \end{aligned} \tag{4.5.4}$$

从中导出 $h_0=(a+b)/2$，$\delta=(a-b)/(a+b)$。式(4.5.3)描述的鸡蛋外形已足够接近鸡蛋的实际形状(图 4.29)。设鸡蛋的重心 O_c 偏离几何中心 O 的微小距离为 c，令 $\varepsilon=c/h_0$，则重心高度 h_c 为

$$h_c=h_0(1+\delta\cos 2\theta-\varepsilon\cos\theta) \tag{4.5.5}$$

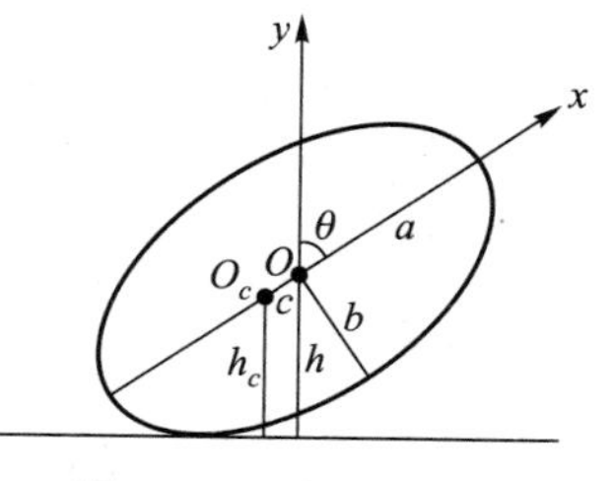

图 4.29　鸡蛋高度与姿态角 θ 的关系

设鸡蛋的重量为 mg，液体的浮力为 γmg，γ 为液体与鸡蛋的比重之比。离水的鸡蛋是 $\gamma=0$ 的特例。限制 γ 为小于 1 的参数，以避免鸡蛋解除底面约束。由于重力和浮力分别作用于质心 O_c 和几何中心 O，鸡蛋的总势能 V 为

$$V(\theta)=mgh_c-\gamma mgh$$
$$=mgh_0[(1-\gamma)(1+\delta\cos 2\theta)-\varepsilon\cos\theta] \quad (4.5.6)$$

拉格朗日定理的稳定性条件要求势能 V 在平衡位置处取极小值。先计算 $V(\theta)$ 的极值条件

$$\frac{\mathrm{d}V}{\mathrm{d}\theta}=mgh_0\sin\theta[\varepsilon-4\delta(1-\gamma)\cos\theta]=0 \quad (4.5.7)$$

此条件的 3 个解对应于 3 个可能平衡位置

$$\theta_{s1}=0,\ \theta_{s2}=\pi,\ \theta_{s3}=\arccos\left[\frac{\varepsilon}{4\delta(1-\gamma)}\right] \quad (4.5.8)$$

其中的平凡解 θ_{s1} 和 θ_{s2} 表示尖端触底和钝端触底的两种直立状态。非平凡解 θ_{s3} 表示侧面触底状态，其存在条件为

$$4\delta(1-\gamma)\geqslant\varepsilon \quad (4.5.9)$$

此条件要求参数 γ 小于某个临界值 γ_{cr}

$$\gamma\leqslant\gamma_{\mathrm{cr}},\ \gamma_{\mathrm{cr}}=1-\frac{\varepsilon}{4\delta} \quad (4.5.10)$$

就水的情况而言，ε 远小于 $4\delta(1-\gamma)$，条件(4.5.9)必自动满足，θ_{s3} 接近且稍小于 $\pi/2$。如增大液体的比重，则 θ_{s3} 随 γ 的增大，即随液体比重的增大而减小，钝端趋于向上抬起。在 $\gamma=\gamma_{\mathrm{cr}}$ 的临界情形，$\theta_{s3}=0$ 而与竖直状态的 θ_{s1} 完全重合。如 $\gamma>\gamma_{\mathrm{cr}}$，因不满足条件(4.5.9)，非平凡解 θ_{s3} 不存在。

为判断 $V(\theta)$ 在 $\theta_{sj}(j=1,2,3)$ 处是否为极小值，须计算 $V(\theta)$ 的 2 阶导数

$$\frac{\mathrm{d}^2V}{\mathrm{d}\theta^2}=mgh_0[\varepsilon\cos\theta-4\delta(1-\gamma)\cos 2\theta] \quad (4.5.11)$$

如 $\mathrm{d}^2V/\mathrm{d}\theta^2>0$，则为稳定平衡。将式(4.5.8)表示的各平衡状态代入上式，得到

$$\left(\frac{\mathrm{d}^2V}{\mathrm{d}\theta^2}\right)_{\theta=\theta_{sj}}\begin{cases}<0(\gamma<\gamma_{\mathrm{cr}}),\ >0(\gamma>\gamma_{\mathrm{cr}})\ (\theta=\theta_{s1})\\ <0 \qquad (\theta=\theta_{s2})\\ >0 \qquad (\theta=\theta_{s3})\end{cases} \quad (4.5.12)$$

图 4.30 为鸡蛋平衡状态的位置及其稳定性随参数 γ 的变化曲线。以实心线和空心线表示稳定和不稳定平衡，在 $\gamma=\gamma_{cr}$ 处出现分岔。重心在浮心上方的直立状态 θ_{s2} 仍保持不稳定状态，侧卧的 θ_{s3} 始终为稳定平衡。重心低于浮心的直立状态 θ_{s1} 的稳定性取决于液体比重。当比重增大到 $\gamma>\gamma_{cr}$ 时，θ_{s3} 与 θ_{s1} 合并，原来的 3 个平衡位置减为两个，且原来不稳定的直立状态 θ_{s1} 转为稳定。可见在浮力的帮助下，鸡蛋能实现稳定的直立平衡，但液体的比重必须大于临界值 γ_{cr}。

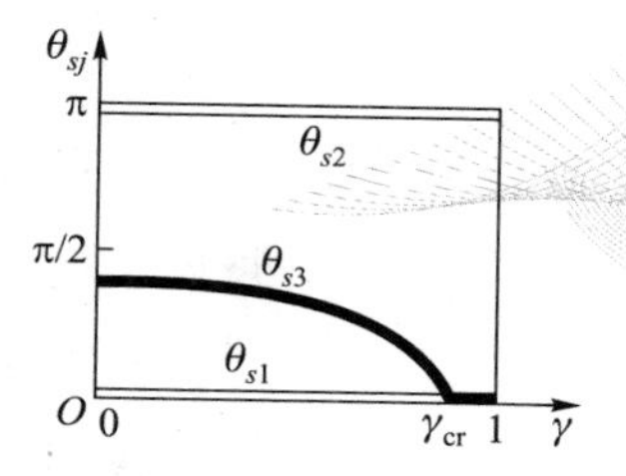

图 4.30　平衡状态随液体比重 γ 变化的分岔图

4.6 Section

蛇　行[8]

蛇无足而能行且行进很快。这种独特的行进方式和蛇的生理构造有关。蛇没有胸骨，躯体可以自由弯曲。蛇全身披着一层角质鳞片，肋骨向前移动可使腹部的鳞片翘起摩擦地面产生推进力。蛇最典型的行进方式是蜿蜒运动（图4.31）。当蛇颈左右晃动，带动身体向两侧弯曲，形成一个类似正弦曲线的波形向后方传播时，蛇身就能快速向前移动。根据动力学基本规律，蛇必须在外力推动下才能前行，这外力只能来自鳞片与地面的摩擦力。问题是侧向滑动引起的侧向摩擦力如何能产生向前的推动力，似有必要作些探讨。

图 4.31　蛇的蜿蜒运动

蛇利用侧向滑动获得向前推进力的过程与冰上运动有些相似。当运动员控制冰刀向两侧偏后方滑动时，冰面沿垂直刀刃方向的摩擦力会出现向前的分量推动运动员前进。因此要解释蛇的前进动力就必须考察蛇的侧向滑动有没有类似的现象。

蛇的蜿蜒运动过程也就是弹性波沿蛇身的传播过程。在蛇形机器人的研究中，描述蛇身弯曲形状的数学模型称为蛇形曲线(Serpenoid curve)。以蛇的头部 O 为原点，沿蛇身建立向尾部延伸的弧坐标 s，理想化的蛇形曲线是一条以 s 为自变量的正弦曲线。蛇利用侧向滑动产生摩擦力，力的作用方向与滑动速度方向相逆。以蛇的前进方向为 x 轴，在蛇形曲线相对 x 轴倾斜的位置，摩擦力出现沿 x 轴的分量。由于蛇身的侧向位移 $y(x)$ 与侧向速度 $v=\dot{y}(x)$ 之间有90°相位差，其结果是摩擦力沿 x 轴的分量均指向前方，形成持续的推动力。

由此可见，蛇无足而能行的特殊能力与位移和速度之间的90°相位差有着密切联系。需要补充的题外话是，在人类的科技实践中，不乏利用运动参数的相位差达到设计目的的例子。例如5.18节叙述的弗拉姆减摇水箱就是利用液体流动与船体摇摆之间90°相位差以达到减小船舶摇摆的目的。再例如5.8节叙述的斯佩里陀螺罗经也是利用同样原理消除罗经的摇摆误差。

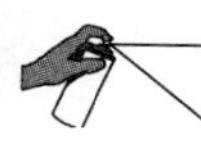

注释：蛇蜿蜒运动的力学分析

以蛇的前进方向为 x 轴，指向右侧的水平轴为 y 轴，组成随 O 点平动的参考坐标系($O-xy$)。为表达蛇形曲线随时间的变化过程，可将蛇的蜿蜒运动设想为沿 x 轴传播的行波，以 x 和 t 的二元函数表示为

$$y(x,t)=y_0\sin(\mu x-\omega t) \tag{4.6.1}$$

其中 $\mu=2\pi/\lambda$，λ 为沿 x 轴传播的波长，$\omega=2\pi/T$，T 为传递一个谐波的完成时间，也就是蛇身上同一点往复振动的周期。

令式(4.6.1)中 x 保持不变，对 t 求偏导，计算蛇身各点的侧向滑动速度 $v(x,t)$

$$v(x,t) = -\omega y_0\cos(\mu x-\omega t) \quad (4.6.2)$$

为显示滑动速度 v 沿蛇身的变化状况，在 x 轴的半波长 $\lambda/2$ 范围内，根据式(4.6.1)，(4.6.2)画出某个确定时刻，例如 $t=0$ 时刻的蛇形曲线 $y(x)$ 和速度曲线 $v(x)$(图 4.32)。按正弦规律和余弦规律变化的这两条曲线之间存在 90°的相位差。在曲线的两端位移为零，而蛇身相对 x 轴的倾斜角和速度均达最大值。曲线中点的位移为最大值，而蛇身倾斜角和速度均为零。滑动速度过中点后改变方向，在 x 的前半段区间$(0,\lambda/4)$内，$v(x)$ 与 $y(x)$ 异号，滑动速度与弯曲方向相逆；在后半段区间$(\lambda/4,\lambda/2)$内，$v(x)$ 与 $y(x)$ 同号，滑动速度与弯曲方向一致。其结果是在 x 的两个区间内，与蛇身垂直的滑动速度分量都偏向蛇尾，与滑动方向相逆的摩擦力都指向蛇头(图 4.33)。蛇身向左和向右交替向两侧滑动，如同冰上运动员左右脚交替蹬冰的动作，摩擦力就能持续提供向前的动力。坐标系$(O-xy)$随蛇平动的牵连速度产生向后的摩擦阻力，当向前与向后的摩擦力互相平衡时，蛇就处于匀速的稳态运动状态。于是蛇的侧向蜿蜒运动能产生前进动力的问题就从物理概念上得到解释。

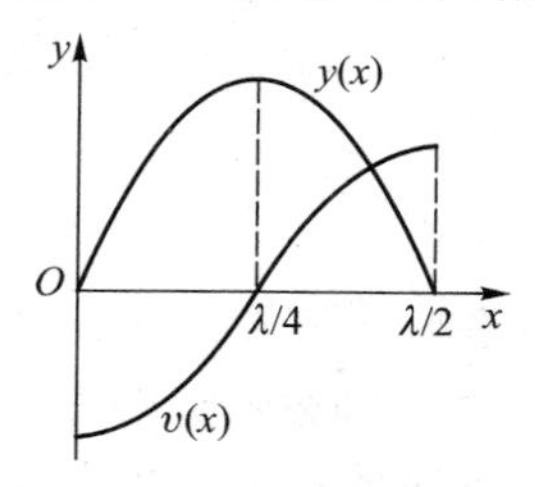

图 4.32 蛇形曲线 $y(x)$ 和速度曲线 $v(x)$

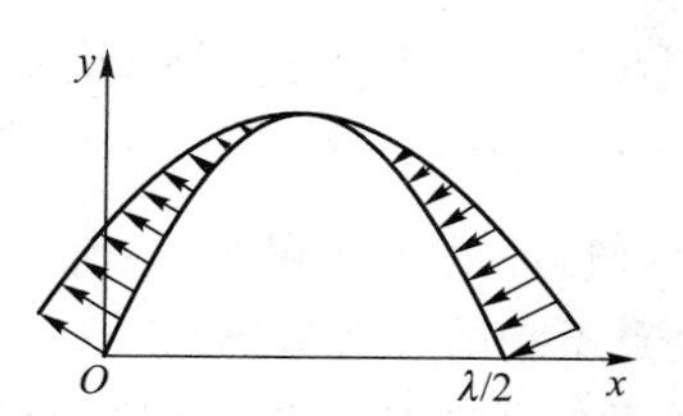

图 4.33 摩擦力沿蛇身的分布

4.7 Section 大楼的减振摆

台北的 101 大楼是赴台旅游必去的观光景点(图 4.34)。这个大楼曾一度以 448 m 的楼顶高度成为世界第一。随着超高建筑的不断出现，世界第一的桂冠早已丢失，而 101 大楼巨大的减振摆仍是重要的观赏内容。游客在 88 层与 92 层之间，可以看到 4 根粗大的钢索托着一个直径 5.5 m，质量达 660 t 的巨大钢球，悬挂在大楼的内部形成一个大单摆(图 4.35)。

图 4.34　台北 101 大楼

图 4.35　大楼内部的吸振器

楼层太高的摩天楼很容易受到风力的影响产生摇晃。若不加控制，顶端摆动的加速度可达到 6 cm/s^2 以上而超过允许范围。为减小风载引起的摇晃效应，必须采取各种阻尼方法。上述大摆锤就是一种有效的阻尼方案。近期落成的上海中心大楼高度为 632 m，是世界第二高楼，也采用此方案减小风载晃动。为加强能量耗散还对减振摆增加了电磁涡流阻尼。

轻轻推动一下，大钢球就缓缓摆动起来。悬挂钢球的钢缆长度 l 为 11.5 m，利用附录 A.5 中提供的单摆周期公式(A.5.10)，算出

$$T=2\pi\sqrt{\frac{l}{g}}=6.8\ \mathrm{s}$$

对应的固有频率为 $f=1/T=0.147$ Hz，与大楼结构的最低固有频率，即大楼自由振动的基频相接近。

根据注释中的分析，当一个大质量物体 B_1 和一个小质量物体 B_2 通过弹簧联系成一个二自由度振动系统，如 B_1 上作用的外力周期恰好等于 B_2 的自由振动周期，可导致 B_2 的剧烈振动而 B_1 的振动被抑制为零。利用此现象设计的消除振动的装置称为动力吸振器。101 大楼中的大单摆就是一具超大型的动力吸振器。吹向大楼的阵风可能有多种频率成分，其中以接近大楼基频的阵风最危险，如不加控制就会使大楼产生强烈的晃动。当阵风的频率等于大单摆的固有频率时，阵风的能量就被大单摆吸收，转换为大钢球摆动的动能，大楼的晃动就被大大降低了。

上述动力吸振器的原理是 1928 年由美国的奥蒙德罗伊德(J. Ormondroyd)和邓哈托(J. P. Den Hartog)提出的。要达到消除振动的目的又不消耗能源，动力吸振器是一种理想的消振方案。在实际应用方面，邓哈托在他的机械振动著作里曾举出理发电推子的一个有趣例子(图 4.36)。另一个重要的应用是在内燃机的曲柄轴上安装一个可绕旋转轴转动的弹簧振子，它的固有频率被调整得与旋转轴的临界转速相等时，可消除旋转轴的扭转振动

（图 4.37）。

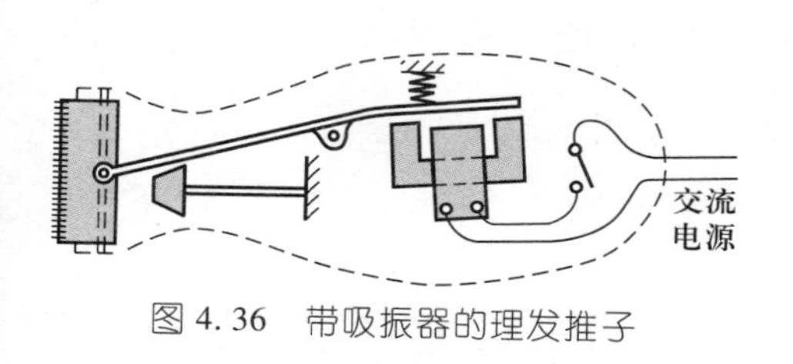

图 4.36　带吸振器的理发推子

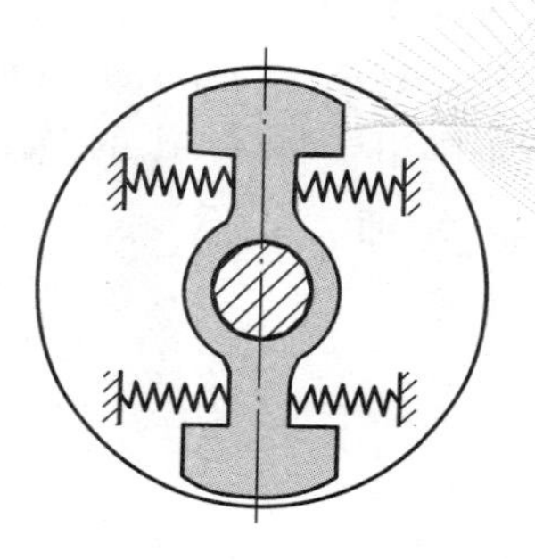

图 4.37　旋转轴上的动力吸振器

注释：二自由度系统的受迫振动

讨论图 4.38 中质量为 m_i，弹簧刚度为 $K_i(i=1,2)$ 的串联二自由度振动系统。根据线性振动知识判断，两个质量弹簧各自单独振动的固有频率分别为 $\omega_{i0}=\sqrt{K_i/m_i}(i=1,2)$。设物体 m_1 受到频率为 ω 的简谐力 $F_0\sin\omega t$ 的激励，受迫振动方程为

$$
\begin{aligned}
&m_1\ddot{x}_1+(K_1+K_2)x_1-K_2x_2=F_0\sin\omega t\\
&m_2\ddot{x}_2-K_2x_1+K_2x_2=0
\end{aligned}
\tag{4.7.1}
$$

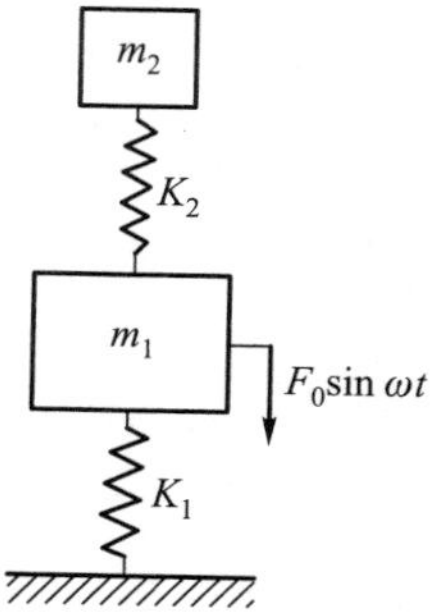

图 4.38　二自由度振子系统

此方程组有以下特解，确定系统的受迫振动规律

$$
x_1=\frac{F_0(K_2-m_2\omega^2)}{\Delta(\omega^2)}\sin\omega t,\quad x_2=\frac{F_0K_1}{\Delta(\omega^2)}\sin\omega t \tag{4.7.2}
$$

函数$\Delta(\omega^2)$为

$$\Delta(\omega^2)=m_1m_2\omega^4-[m_1K_2+m_2(K_1+K_2)]\ \omega^2+K_1K_2 \tag{4.7.3}$$

如作用于物体m_1的激励力的频率恰好等于物体m_2的固有频率ω_{20}，即$\omega=\sqrt{K_2/m_2}$，则物体m_1的受迫振动$x_1(t)$的振幅等于零。

4.8 Section 热 气 球[9]

1878年法国巴黎的世博会上，除了爱迪生的钨丝电灯泡和留声机以外，高空热气球的出现是最轰动的发明之一(图4.39)。随着这只庞然大物的升空，人类首次实现了离开地面自由飞翔的梦想。据记载，一位中国人也随大批游客一同乘坐了热气球升空。这位清政府驻法国的外交参赞黎庶昌先生在他撰写的《巴黎大会纪略》中详细记载了这次历史性飞行的盛况。热气球放飞活动也出现在2005年的日本爱知世博会上，是称为“生命的节日”庆祝活动的表演之一。

图4.39　蒙特哥菲尔热气球

利用热气作为气球上升动力的创意其实来源于中国，古老的孔明灯就是最早出现的热气球。相传三国时诸葛亮被司马懿围困在平阳，无法派兵出城求救。诸葛亮制成纸灯笼，利用点燃的油纸产生热气使灯笼飘浮，传出求救讯息解除了危机。时至今日，这种称为“孔明灯”的微型热气球放飞活动已成为祈福许愿的民间习俗，是海峡两岸共有的传统中华文化(图 4.40)。在 2010 上海世博会上，人们注意到台湾馆的造型就是一个巨大的孔明灯。

图 4.40　孔明灯

载人热气球的发明者是法国的蒙特哥菲尔兄弟(Montgolfier brother)。从 1782 年开始，他们萌生了利用热气球实现飞翔的念头。第一只用亚麻布制成的热气球于 1783 年 11 月 21 日成功实现了载人飞行。为使热气球能持续飞行，20 世纪 50 年代美国人约斯特(E. Yost)研究了带燃烧器的热气球。1960 年 10 月 22 日首次成功实现热气球长距离飞行。热气球才真正成为既简单又安全的航空器普及到全世界。

热气球利用热气代替比空气轻的氢气或氦气，它的力学原理并不复杂。根据气体状态方程：气体的密度 ρ 与绝对温度 T 成反比，温度愈高密度愈低。温度 10 ℃左右每立方米空气约 1.3 kg，加热到 100 ℃时密度减小到约为冷空气的 $283/373=0.75$ 倍。根据古老的阿基米德原理，物体在气体中的浮力等于被物体排开气体的重力。忽略空气温度随高度的变化，浮力减去自身重力等于 $1.3\times(1-0.75)\doteq 0.3$ kg。即每立方米热气囊可携带约 0.3 kg 载荷。现代热气球装备燃烧器，以丙烷为燃料向气囊喷射热气以保持囊内气体的高温。同时使囊内气压稍高于囊外以维持气囊的外形。一个单人热气球的全部重量，包括气囊、吊篮、乘员和燃烧器以 180 kg 计算，则 $180\div 0.3=600\ \text{m}^3$。即 600 m^3 容积，或直径 10 m 左右的单人热气球就足以克服重力上升飞行。巴黎世博会上的大热气球能同时乘坐 50 位游客，它的气囊容积竟大到 35 000 m^3。

热空气的浮力只能带动气球作垂直运动。利用气囊顶部的伞形阀释放热气可以控制囊内气体的温度以实现上升或下降，但不能影响气球的水平运动。热气球水平运动的动力来自高空的风力。由于不同高度有不同的风向，热气球乘员可以借助气球高度的变化控制水平速度的方向。尽管风力条件为乘员提供的选择不多，但熟练的乘员可以利用当地的气象资料控制气球的高度，使热气球尽可能地朝预定方向飞行。

热气球也是未来可供利用的探索宇宙的工具之一。太阳系内除地球外，唯一一颗拥有大气层、固体表面和液体海洋的星体，就是称为“土卫六”，也称为“泰坦(Titan)”的土星第6颗卫星。甲烷是覆盖星体的浓厚大气层的主要成分，其比重和气压都比地球的大气大得多。而从实用的角度分析，热气球正是未来探测土卫六的最有效的飞行器。

1982年美国著名财经杂志《福布斯》杂志的创办人福布斯(M. Forbes)曾驾驶热气球飞来中国，促使热气球作为一项休闲运动项目成为新的时尚。2010年上海世博会的观众可在台湾馆内巨大的玻璃球体上体验“放天灯”的乐趣。还可在名为“云中水滴”的世界气象馆内乘上模拟的热气球，体验云中漫步的浪漫旅程。于是公元3世纪中国发明的孔明灯在19世纪巴黎世博会上发展成为载人热气球以后，到了21世纪又以现代科技方式回归到了中国。

4.9 Section

小竹排与大黄鸭[10]

小小竹排在幽静的水面上荡漾。站立在竹排上撑篙的艄工重心高高在上，如同一只倒立的复摆。微风吹过，竹排微微晃动却能稳定不倒(图 4.41)。

图 4.41 竹排

一般情况下，大型船舶的设计必须保证下水后的船体浮心高于重心。当船体向一侧倾斜时，浮力与重力构成与倾斜方向相逆的力偶使船体恢复原位。但在实际生活中，重心高于浮心的物体浮在水面上稳定不倒的现象也屡见不鲜。上面提到的竹排和类似竹排的皮艇和划艇就是常见的例子(图 4.42)。另一个例子是曾周游世界的大黄鸭(图 4.43)。这个几层楼高的庞然大物平静地躺在湖面上，与竹排比较，虽然重心比浮心更高却比竹排更稳定。

这类浮体的特点是与水的接触面积很大，吃水深度很小。浮体倾斜时，倾斜一侧的浸没范围增大，另一侧的浸没范围减小。一侧增大一侧减小的浮力形成力偶推动浮体恢复原位。以到过中

图 4.42　划艇

图 4.43　大黄鸭

国的大黄鸭为例，这个巨大浮体的尺寸为 14 m×15 m×16.5 m，体积估计在 3000 m^3 左右。充满空气的质量，加上橡皮膜和鼓风机的质量超过 3 t。与水接触的底面积约为 200 m^2。大致估算，仅 1.5 cm的浸没深度所产生的浮力已足够与 3 t 质量所受的重力抗衡。虽然重心比浮心高了许多，但只要倾斜引起浮力的恢复力矩大于重力的倾覆力矩，大黄鸭就能稳定不倒。

将竹排简化成宽度 a，厚度 b，长度 l 的均质矩形薄板，设竹排包括承载的艄公和货物的总重量为 mg，水的密度为 γ，浸没深度为 c。无倾斜时竹排的浮力为 $F=\gamma glca$，令其与 mg 相等，导出的 $c=m/\gamma la$ 必须小于竹排的厚度 b 才能避免下沉。设竹排与负载的总质量为 $m=200$ kg，宽度 $a=1$ m，长度 $l=2.5$ m，水的密度 $\gamma=10^3$ kg/m^3，算出 $c=8$ cm，竹排的厚度不得低于此下限。

以重心 O_c 为原点，设 x 轴和 y 轴沿纵向和侧向，z 轴垂直竹排平面。当竹排绕 x 轴向一侧倾斜 θ 角时，倾斜一侧的浸没体积增大，另一侧产生相等的负增量，构成与转动方向相逆的力偶。当竹排与水接触面积的尺度 a 和 l 足够大时，浮力形成的恢复力矩超过重力倾覆力矩，竹排就能保持稳定。利用注释中导出的稳定性条件

$$\gamma la^3>6gh$$

其中 h 为重心高度。如 h 为负值，则任何情况下此稳定性条件都能满足，表明浮心高于重心的浮体必能自行稳定。而重心高于浮心，h 为正值时，仅当浮体与水接触面积的尺度 a 和 l 足够大时

才可能满足。将竹排的宽度 $a=1$ m 和高度 $h=1.5$ m 代入条件(4.9.1)判断，仅当竹排长度 $l>1.8$ m 时方能保证稳定。再以大黄鸭为例，令 $m=3000$ kg，$h=10$ m，$l=15$ m，$a=14$ m，算出 $\gamma la^3 \approx 4.2\times10^7$ kg·m，远大于 $6\,mh\approx1.8\times10^5$ kg·m，稳定性条件自然满足。

由此可见，重心高于浮心的竹排并非倒摆。如仍将竹排比喻成复摆，则复摆的支点并非浮心 O。真正的支点应该是浮力合力的作用线与 O_cz 轴的交点 O_s。竹排正位时 O_cz 轴与垂直向上的浮力作用线一致。竹排倾斜时，O_cz 轴也随同倾斜，浮心 O 朝倾斜一侧移至 O'，浮力作用线随之平移，与 O_cz 轴的交点 O_s 就是看不见的复摆支点(图 4.44)。

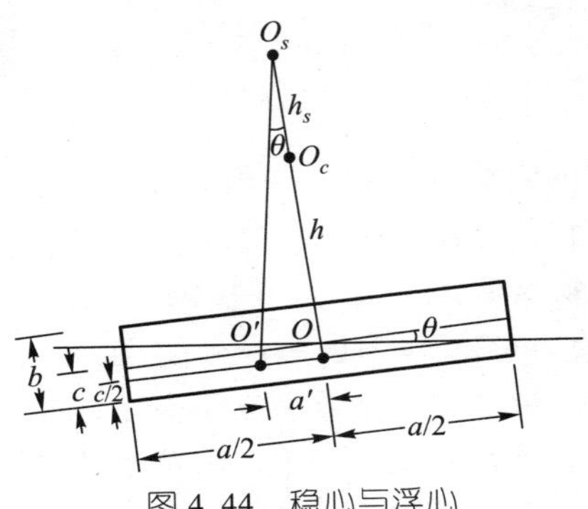

图 4.44　稳心与浮心

在船舶力学中，上述浮力作用线与过船舶重心与甲板垂直轴的交点 O_s 称为稳心。稳心 O_s 至重心 O_c 的距离 h_s 称为稳心高度。稳心高于重心时 h_s 为正值，船舶稳定；稳心低于重心时 h_s 为负值，船舶不稳定。稳心高度 h_s 愈大，船体的稳定性就愈好。将上述竹排和大黄鸭的数据代入注释中导出的公式(4.9.5)计算，竹排的稳心高度约为 $h_s=0.6$ m，而大黄鸭的稳心高度竟高达 200 m以上。于是竹排与大黄鸭在稳定程度上的悬殊差异就有了定量的依据。

稳心高度是判断船舶稳定性的重要定量指标。2014 年 4 月 16 日曾发生韩国“岁月”号客轮沉没的悲惨事件。据分析，沉没的原因是客轮快速转向产生的惯性力使舱内货物向倾斜方向移位造成的船体失衡。用稳心概念分析，当船舶因风浪向一侧倾斜时，只要稳心 O_s 高于船的重心 O_c，浮力就能使船复位。但如果货物突然移位使重心也向倾斜方向移至 O_c'，O_cz 轴随之平移至 $O_c'z'$ 轴，与浮力作用线的交点 O_s' 突然下降。当稳心 O_s' 下降至重心 O_c' 以下时，恢复力矩变为倾覆力矩，船体即倾覆下沉(图 4.45)。

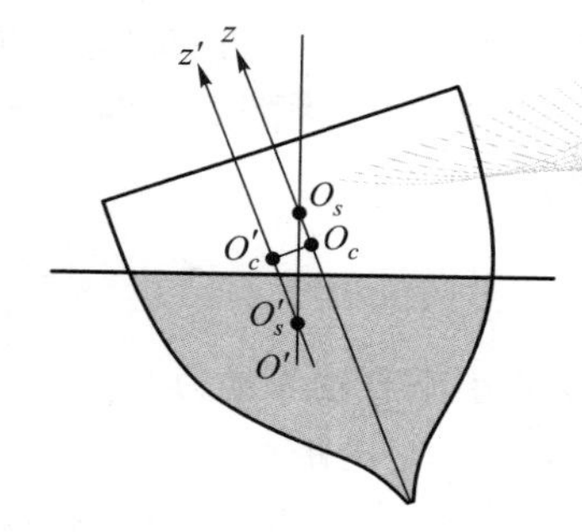

图 4.45 重心移动产生的稳心变化

集装箱船舶在装满货物时很难做到重心低于浮心。但凭借正确的船型设计，能使稳心高度满足规范要求以保证船舶航行的稳定性。

注释：稳心与浮体的稳定性

在图 4.44 中，设无倾斜时浮体在水中浸没体积的几何中心为浮心 O，重心 O_c 高于浮心 O，距 O 点的高度为 h。当矩形薄板浮体绕 x 轴向一侧倾斜 θ 角时，倾斜一侧的浮力产生增量 $\gamma gla^2\theta/4$，另一侧产生相等的负增量。两侧浮力增量的作用点距离为 $2a/3$，构成与转动方向相逆的力偶 $M=\gamma gla^3\theta/6$，成为抗衡重力倾覆力矩 $mgh\theta$ 的恢复力矩。忽略水的阻尼力矩，设浮体相对 O_cx 轴的惯量矩为 J，列出浮体绕 O_cx 轴转动的动力学方程

$$J\ddot{\theta}+[(\gamma la^3/6)-mh]g\theta=0 \qquad (4.9.1)$$

浮体的稳定性取决于特解 $\theta=0$ 的稳定性。根据附录 A.5 的分析，θ 前的系数必须为正值。导出浮体的稳定性条件

$$\gamma la^3>6mh \qquad (4.9.2)$$

图 4.44 中浮体正位时的矩形浸没范围在倾斜 θ 角后变成梯形。二者的面积相等，浮力的大小不变但作用线的位置不同。设

倾斜时浮体的浮心对原位置 O 点的偏移，即浮力的力臂为 $O'O=a'$。θ 角为小量时，将力偶 $M=\gamma gla^3\theta/6$ 与浮力 $F=\gamma glca$ 相除，估算出

$$a'=\frac{M}{F}=\frac{a^2\theta}{6c} \tag{4.9.3}$$

过 O'点引垂直轴为浮力的作用线，与浮体的 O_cz 轴的交点为稳心 O_s。O_s 与 O_c 的距离为稳心高度 h_s，距离 a'可视为浮体绕稳心 O_s 偏转 θ 角后浮心 O 至 O'的偏离，即

$$a'=(h+h_s)\theta \tag{4.9.4}$$

对比式(4.9.3)和(4.9.4)即解出稳心高度 h_s 的计算公式

$$h_s=\frac{a^2}{6c}-h \tag{4.9.5}$$

4.10 Section 自行车(一)[11]

自1791年法国人希克拉(C. Sicrac)骑着装两个木轮的“木马”在路易十六王宫的大草坪上奔跑时算起，自行车的出现已有两百多年历史了。不过希克拉的带轮木马还算不上真正的自行车，因为他的木马没有车把，没有脚蹬，车子的驱动全靠他自己双脚的奔跑。20多年后，1817年德国男爵德雷斯(K. Drais)为带轮木马装上活动车把，使木马的转向更为灵活，能双脚暂时离地滑行。这个被称为“步行机器”(Laufmaschine)的新发明在巴黎博览会展出以后，很快成为风行19世纪欧洲的消遣玩意(图4.46)。1839年苏格兰人麦克米伦(K. McMillan)在后轮装上脚蹬，实现了用脚踏驱动前进，成为名副其实的脚踏自行车。1860年法国人拉勒曼(P. Lallement)将脚蹬装在前轮。前轮设计得比后轮大，目的是想使每脚踏一圈前进的距离更大些。1870年英国人斯塔利(J. K. Starley)为提高前进速度，将前轮的直径增大到双脚刚好够得着脚蹬的程度。也就是第二章2.1节提到的称为Penny-farthing的高轮车，它作为真正意义上的自行车曾在欧美各国流行一时(图4.47)。不过高轮车的设计思想也受到力学规律的惩罚。首先是骑这种车的难度很大，不经过杂技演员式的训练绝不敢骑。而且很不稳定，前轮一旦遇到障碍或需要紧急刹车时，高高在上的骑车人就会在惯性作用下朝前方摔下来。从安全因素考虑，应将前轮减小后轮增大，于是两个轮的大小逐渐变得完全一样。此后，斯塔利的侄子与劳森（J. H. Lawsen）于 1885 年发明了链条传动，1888 年爱尔兰人邓禄普（J. Dunlop）发明了充气橡皮轮胎，从此自行车完全定型。一百多年来直到现在，自行车的性能不断提高，但基本结构没有多大变化。19 世纪末外国传教士将自行车带入我国，此后在国内迅速普及。中国已成为名副其实的自行车大国。

图 4.46　德雷斯步行机器　　　　图 4.47　斯塔利高轮车

作为最普及的交通工具自行车几乎人人会骑。但要回答为何静止时一推就倒的自行车却能稳定行驶的问题并不容易。自两百多年前发明自行车时开始，关于自行车力学原理的研究和讨论从未间断，发表的文献已近百篇，至今讨论仍未结束。

对自行车力学原理的最早研究属于 1899 年法国数学家卡法罗（E. Carvallo）和剑桥学生惠普（F. Whipple）各自独立发表的研究论文。同时代的阿佩尔（P. Appell）在经典力学名著《Traité de mécanique rationnelle》中认为离心惯性力是稳定自行车的重要因素。1911 年克莱因(F. Klein)和索末菲(A. Sommerfeld)的陀螺力学著作用陀螺效应解释自行车的稳定性。1948 年铁木辛科(S. Timoshenko)和杨(D. H. Young)编著的高等动力学教材对自行车的离心力效应作了详细的数学推导。

自行车的离心力效应类似于第一章 1.2 节对滚铁环稳定性的解释。自行车的骑车要领是骑车人必须控制把手使前轮朝车身倾斜方向转动。前轮的偏转改变了前轮的前进方向，使自行车转为曲线运动。设地面上与前后轮速度 $\boldsymbol{v}_1$ 和 $\boldsymbol{v}_2$ 正交的直线相交于 O 点，即自行车的瞬时速度中心。设车体的质量和速度为 m 和 v，质心 O_c 与 O 点的水平距离为 R，则车体绕 O 点的曲线运动产生离心惯性力 $F_c = mv^2/R$。此离心力与倾斜方向相反，能克服车身因倾斜产生的重力矩，将自行车拉回到垂直位置而保持稳定(图 4.48)。

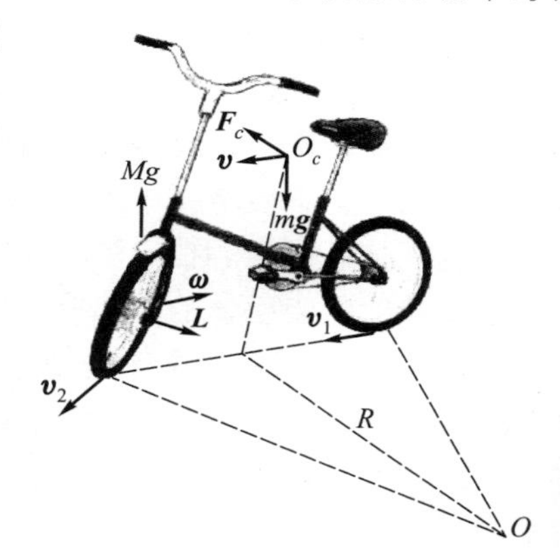

图 4.48　自行车的离心力效应与陀螺效应

自行车的陀螺效应可参照第一章 1.3 节的说明。当车体侧向倾斜时，车轮的动量矩因方向改变而进动，产生如式(1.3.2)表示的陀螺力矩。设前轮的动量矩为 $\boldsymbol{L}$，车体倾斜的角速度为 $\boldsymbol{\omega}$，则陀螺力矩 $\boldsymbol{M}_g = -\boldsymbol{\omega} \times \boldsymbol{L}$ 沿垂直轴向上。此力矩驱使前轮向倾斜方向转动，符合正确的驾车技巧而起到自稳定作用。由此可见，陀螺效应的作用是促使前叉朝正确方向转动，而对重力矩的抗衡仍须依赖离心力矩。只要车体有倾斜角速度出现，陀螺力矩立即产生。当角速度随时间积累成倾斜角度，直线运动转变成曲线运动时，离心力效应才发生作用。

离心力效应和陀螺效应是一百多年来对自行车稳定性的两种

传统的理论解释。也是国内科普文献解释自行车稳定性的基本观点。近年来关于自行车稳定性的研究又有新进展，将在以下章节中作更深入的讨论。

对自行车力学做定量研究必须将自行车简化为由车身、前叉、前轮、后轮等 4 个刚体组成的多体系统。如果将骑车人也简化成固定在车身上的刚体，利用线性化动力学方程的研究结果表明，自行车的稳定行驶速度仅限于大约 10 ~ 20 km/h 范围以内。换言之，速度小于 10 km/h 或大于 20 km/h 自行车均失稳。这个结论明显不符合实际，因为实际情况是自行车骑得愈快愈容易稳定。问题出在，不应将骑车人简化成固定不动的刚体，而忽略人对车的主观控制作用。在行驶过程中，骑车人不仅要随时转动把手，还要随时利用躯体的转动控制自行车的姿态。如对自行车力学模型做些改进，令前叉转角 ψ 随车身倾角 θ 按比例变化，即 $\psi = k\theta$，以体现骑车人对车把的控制。计算得到的比例系数 k 的稳定域取决于速度，速度愈快 k 的下限愈低，对车把的控制愈轻便。这结果就更接近实际情况。由此看出，骑车人主观行为对自行车行驶稳定性起着重要作用。这个道理是显而易见的，对没学会骑车的人而言，骑上再好的自行车也不可能稳定。

注释：自行车稳定性的力学分析[12]

将自行车视为由载有骑车人的车架、前叉和前后轮组成的刚体系。设后轮与地面的接触点为 O_1，近似设前叉的转轴与地面垂直，前轮与地面的接触点为 O_2。以 O_1 为原点建立参考坐标系 (O_1-xyz)，x 轴沿后轮轮缘的切线轴指向 O_2，y 轴为垂直轴，z 轴是与 O_1O_2 正交的水平轴。设前后轮均在地面上作纯滚动，(O_1-xyz) 随 O_1 点以速度 v 沿 x 轴匀速平动，可视为惯性坐标系。

设(O_1-xyz)绕 x 轴逆时针转过 θ 角后的位置为($O_1-x_1y_1z_1$)，y_1 轴平行于前叉转轴，与 x_1 轴组成车架的对称平面。将($O_1-x_1y_1z_1$)的原点移至 O_2，设($O_2-x_1y_1z_1$)绕 y_1 轴顺时针转过 ψ 角后的位置为($O_2-x_2y_2z_2$)，y_2 轴为前叉转轴，与沿前轮轮缘切线的 x_2 轴组成前叉的对称平面(图 4.49)。车架倾角 θ 和前叉转角 ψ 均为小量，计算中仅保留其一次项。

设自行车的总质量为 m，O_1 与 O_2 的距离为 a，质心 O_c 的直立高度为 h，在 O_1x 轴上的投影与 O_1 的距离为 b。前轮偏角 ψ 的出现使自行车转为曲线运动，曲率中心即瞬时速度中心 O，由 O_1 和 O_2 处与轮胎正交的水平线交点确定(图 4.50)。质心运动的曲率半径 R 近似等于 O_1 至瞬心 O 的距离，满足

$$R\psi = a \tag{4.10.1}$$

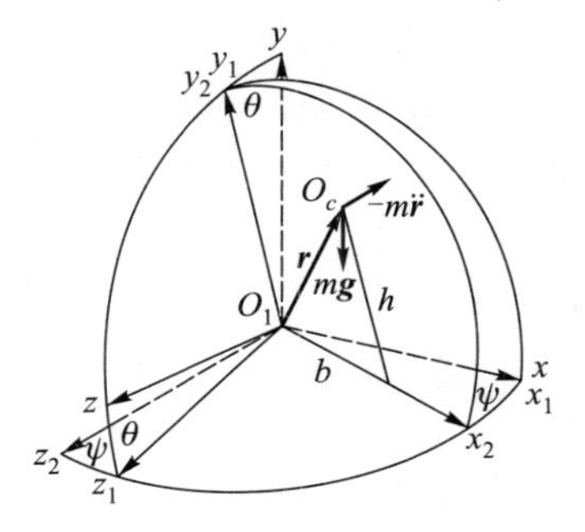

图 4.49　参考坐标系

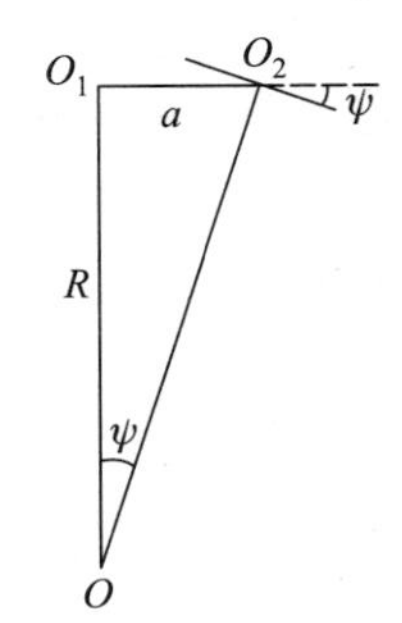

图 4.50　运动轨迹的曲率半径

则车架绕垂直轴以角速度 $\dot{\phi}=v/R$ 顺时针转动，同时以角速度 $\dot{\theta}$ 绕水平轴倾斜。其角速度矢量 $\boldsymbol{\omega}$ 为

$$\boldsymbol{\omega}=\dot{\theta}\boldsymbol{i}-\dot{\phi}\boldsymbol{j}=\dot{\theta}\boldsymbol{i}_1-\dot{\phi}(\boldsymbol{j}_1-\theta\boldsymbol{k}_1) \tag{4.10.2}$$

设 $\boldsymbol{r}$ 为质心 O_c 相对 O_1 的矢径。以($O_1-x_1y_1z_1$)为动参考坐标系，计算质心速度 $\dot{\boldsymbol{r}}=\boldsymbol{v}+\boldsymbol{\omega}\times\boldsymbol{r}$ 和加速度 $\ddot{\boldsymbol{r}}$，得到

$$\boldsymbol{r}=b\boldsymbol{i}_1+h\boldsymbol{j}_1,\quad \dot{\boldsymbol{r}}=v\boldsymbol{i}_1+(h\dot{\theta}+b\dot{\phi})\boldsymbol{k}_1,\quad \ddot{\boldsymbol{r}}=(h\ddot{\theta}+b\ddot{\phi}+v\dot{\phi})\boldsymbol{k}_1 \tag{4.10.3}$$

近似忽略前叉微小转角 ψ 对质量几何的影响，设自行车总体对 O_1x_1 轴的惯量矩为 J_x。列写其在重力 $m\boldsymbol{g}$ 和离心惯性力 $-m\ddot{\boldsymbol{r}}$ 作用下对 O_1x 轴的动量矩定理，

$$J_x\ddot{\theta}+[\boldsymbol{r}\times(m\boldsymbol{g}-m\ddot{\boldsymbol{r}})]\cdot\boldsymbol{i}=0 \tag{4.10.4}$$

上式中未考虑与 O_1x 轴正交的后轮旋转的动量矩，且前轮旋转的动量矩也近似忽略。将式(4.10.3)和 $\dot{\phi}=v/R$ 代入式(4.10.4)，利用式(4.10.1)消去 R，导出自行车绕水平轴 O_1x 转动的动力学方程

$$\ddot{\theta}+\left(\frac{mgh}{J_x+mh^2}\right)\left[\left(\frac{bv}{ga}\right)\dot{\psi}+\left(\frac{v^2}{ga}\right)\psi-\theta\right]=0 \tag{4.10.5}$$

如前叉无偏转，令方程(4.10.5)中 $\psi=\dot{\psi}=0$，从 θ 项前的负号可以判断车体的直立状态不稳定，受扰后在重力作用下倾翻。一般情况下，此方程包含两个未知变量 θ 和 ψ，要使方程有解必须补充车架倾角 θ 与前叉转角 ψ 之间的对应关系。考虑骑车人对车把的控制作用，即控制前叉带动前轮向车架倾斜方向转动。这种控制作用可用简化的线性规律表示为

$$\psi=k\theta \tag{4.10.6}$$

代入方程(4.10.5)，化作 θ 的线性微分方程

$$\ddot{\theta}+\left(\frac{mgh}{J_x+mh^2}\right)\left[\left(\frac{bvk}{ga}\right)\dot{\theta}+\left(\frac{v^2k}{ga}-1\right)\theta\right]=0 \tag{4.10.7}$$

利用特解 $\theta=\theta_0\exp(\lambda t)$ 导出的特征方程写作附录 A.5 中的(A.5.2)形式

$$\lambda^2+b\lambda+c=0$$

$$b=\left(\frac{mgh}{J_x+mh^2}\right)\left(\frac{bvk}{ga}\right),\quad c=\left(\frac{mgh}{J_x+mh^2}\right)\left(\frac{v^2k}{ga}-1\right) \tag{4.10.8}$$

根据附录 A.5 的分析，θ 的零解稳定性取决于特征根的实部符号。参照式(A.5.3)，因 $b>0$，λ 的实部符号取决于 c 的符号，如 $c>0$，即 $k>ga/v^2$，则 λ 的实部为负值，零解渐进稳定。如 $c<0$，即 $k<ga/v^2$，则 λ 的实部为正值，零解不稳定。从而证明，骑车

大众力学丛书

人必须掌握正确的驾车方法，使控制系数 k 满足上述渐进稳定性条件，离心力效应方可能实现。车速愈快，k 的稳定值下限就愈小，自行车就愈容易稳定。

为分析车轮转动的陀螺效应，设车体处于直立状态，前叉尚未偏转，即 $\theta=\psi=0$。当前轮随同车架以角速度 $\dot{\theta}$ 向右侧开始倾斜时，前轮上即出现陀螺力矩 $\boldsymbol{M}_{2y}$

$$\boldsymbol{M}_{2y}=-\dot{\theta}\boldsymbol{i}_2\times\boldsymbol{L}_2=J_{2z}\Omega_2\dot{\theta}\boldsymbol{j}_2 \tag{4.10.9}$$

其中 $\boldsymbol{L}_2=J_{2z}\Omega_2\boldsymbol{k}_2$ 为前轮旋转的动量矩，J_{2z} 为前轮绕旋转轴的惯量矩，$\Omega_2=v/r$ 为前轮的角速度，r 为前轮半径。力矩 $\boldsymbol{M}_{2y}$ 推动前叉和前轮绕 O_2y_2 轴转动，设 J_{2y} 为前叉连同前轮相对 O_2y_2 轴的惯量矩，动力学方程为

$$\ddot{\psi}=\frac{M_{2y}}{J_{2y}}=\left(\frac{J_{2z}v}{J_{2y}r}\right)\dot{\theta} \tag{4.10.10}$$

即前叉和前轮产生与车架倾斜角速度 $\dot{\theta}$ 成比例的角加速度 $\ddot{\psi}$，使前叉朝车架倾斜方向出现转动趋势，与骑车人对前叉的正确控制规律(4.10.6)符合一致。当角加速度 $\ddot{\psi}$ 随时间积累成角速度 $\dot{\psi}$ 时，利用 $\dot{\psi}(0)=\theta(0)=0$ 的初始条件，式(4.10.10)可降阶为

$$\dot{\psi}=\left(\frac{J_{2z}v}{J_{2y}r}\right)\theta \tag{4.10.11}$$

角速度 $\dot{\psi}$ 的出现引起次生的陀螺力矩 $\boldsymbol{M}_{2x}$

$$\boldsymbol{M}_{2x}=-\dot{\psi}\boldsymbol{j}_2\times\boldsymbol{L}_2=-\mu\theta\boldsymbol{i}_2 \tag{4.10.12}$$

其中 $\mu=J_{2z}^2v^2/J_{2y}r^2$。此力矩作用于前叉且通过轴套传至车架，增强车体绕 O_1x_1 轴恢复直立的效应。动力学方程为

$$J_x\ddot{\theta}+(\mu-gh)\theta=0, \tag{4.10.13}$$

如 $\mu>gh$，则 θ 的零解稳定。因此前轮的陀螺效应不仅有利于离心力效应，而且对车体也有直接的稳定作用。由于 μ 与速度平方成比例，车速愈快，陀螺效应愈明显。

4.11 Section

自行车(二)[13]

上节已说明，作为最普及的大众交通工具，自行车骑行起来为何稳定不倒的问题已讨论了一百多年。但进入21世纪，这个老问题却再次被提起。2012年1月，美国的网络版科普杂志《Discover Magazine》评选了2011年全球100个顶尖科学故事。其中“自行车的新物理”荣居第26位。于是自行车的稳定性问题又成了公众关注的焦点。

引起科技界注意的关键新闻是1970年一位英国化学家琼斯(D. Jones)的实验[14]。虽然上节叙述的离心力效应和陀螺效应已流行多年，但热爱探索的琼斯却想对陀螺效应的作用做一次实验验证。他设计和制作了一辆特殊自行车，在前轮上并排安装了一个同样大小但不接触地面的轮子。两个轮子同方向旋转时可产生加倍的陀螺效应，反方向旋转则陀螺效应被抵消为零。奇怪的是实验表明，这两种情况对自行车的稳定性并无多大影响。骑行无陀螺效应的自行车，即使双手脱把也照样能稳定不倒。即使不载人，推出去也能稳定行走一段路程(图4.51)。他的论文于2006年重新刊出后被多次引用和讨论，掀起了一股重新认识自行车稳定原理的热潮。

图 4.51　琼斯的无陀螺效应自行车

上节关于陀螺效应的分析在理论上并无漏洞，琼斯的无陀螺效应自行车的实验也不能完全否定陀螺效应的存在。问题可能出在车轮的陀螺效应太微弱，以致被其他更重要的自稳定因素所掩盖。笔者曾在算例中估计在受控情况下，车轮的陀螺效应仅占稳定性因素的3%左右[12]。问题是除陀螺效应以外还有没有其他的自稳定因素?

早在半个多世纪以前，1959 年德国的格莱曼(R. Grammel)在他的陀螺力学著作中分析自行车的陀螺效应时，就曾提出与自稳定有关的另一个重要因素，即前叉转轴与前轮的相对位置。格莱曼认为，要使自行车有自稳定能力，前叉转轴与地面的交点必须位于前轮与地面接触点的前方。参照图 4.52 可在物理概念上解释他的论点。设车身的对称平面为 Π，前叉相对垂直轴的倾角为 δ，前叉支在前轮的中心 O 点处，与前叉转轴的垂直距离为 d。前叉转轴的延长线与地面的交点为 Q，Q 点在前轮与地面的接触点 P 的前方，与 P 点的水平距离为 Δ(图 4.52)。车身通过前叉

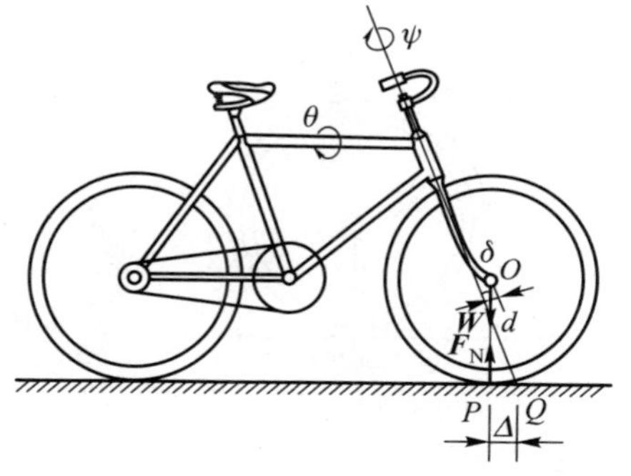

图 4.52　自行车前叉的受力图

在前轮中心处作用的重力 $\boldsymbol{W}$ 与地面在 P 点作用的法向约束力 $\boldsymbol{F}_\mathrm{N}$ 平衡，$\boldsymbol{F}_\mathrm{N}=-\boldsymbol{W}$。当车身连同前叉向右侧倾斜 θ 角时，沿垂直方向的重力 $\boldsymbol{W}$ 和法向约束力 $\boldsymbol{F}_\mathrm{N}$ 朝不同侧偏离 $\boldsymbol{\Pi}$ 平面。二者沿 $\boldsymbol{\Pi}$ 平面法线方向的投影分别为 $W\sin\theta$ 和 $F_\mathrm{N}\sin\theta$，且分别以 d 和 $\Delta\cos\delta$ 为力臂，产生绕前叉转轴的力矩 $M=(d+\Delta\cos\delta)W\sin\theta$ 推动前叉转动，转动方向恰好与车身倾斜方向一致，从而起到自稳定作用。

格莱曼提出的观点当时并未引起太多注意。琼斯却对此做了更仔细的研究。他通过多次实验探寻自行车前叉结构的几何参数对稳定性的影响，他称之为“导向轴几何”(steering geometry)。使用图 4.52 中的符号，以 Q 点表示前叉转轴与地面的交点，P 点表示前轮与地面的接触点。实验结果证实，Q 在 P 前方时(图 4.53a)，即使消除陀螺效应，自行车也能自稳定。而 Q 在 P 后方的自行车无论如何操纵都不可能稳定(图 4.53b)。这种现象可称为“脚轮效应”(castor effect)。名词的由来是因为超市购物车的脚轮总是保持在转轴的后方而实现自稳定。一旦脚轮的滚动偏离购物车前进方向，侧向摩擦力即推动脚轮转到与行走方向一致的位置(图 4.54)。自行车的前轮与超市购物车的脚轮非常相似。当你手扶坐垫向前推车时，前轮很容易顺从前进。如向后倒退，前轮就左右摇晃。关于脚轮效应的理论依据将在注释中做更详细的说明。

(a) $\Delta>0$稳定

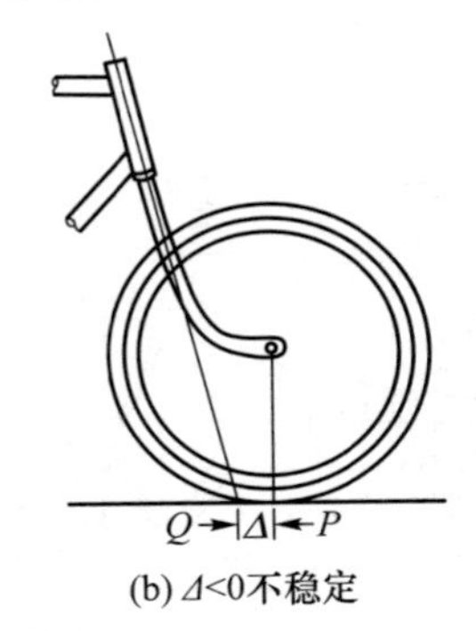

(b) $\Delta<0$不稳定

图 4.53　自行车的脚轮效应

图 4.54　超市购物车

琼斯的实验虽不能否定陀螺效应的存在，但至少证明了陀螺效应的作用并不重要。而以前未引起注意的脚轮效应上升为稳定自行车的重要因素。这就是入选 2011 年全球 100 个顶尖科学故事的“自行车新物理”所要表达的新内容。

注释：脚轮效应的动力学分析[15]

为解释脚轮效应的自稳定作用，将前轮与地面的接触点 O_2 记作 P。当前叉和前轮随同车架绕水平轴 x 倾斜 θ 角时，过 P 点的垂直轴 Py 的偏转后位置为 Py'。前叉转轴与地面的交点 Q 在 P 点的前方与 P 的距离为 Δ，设前叉转轴为 Qy_2，偏转 θ 角后的位置为 Qy'_2(图 4.55)。设前叉和前轮的质心 O_{c2} 在 Py' 上，与前叉转轴 Qy'_2 的垂直距离为 b，质量为 $m_2=(b/a)m$。作用于 P 点的法向支承力 F_{2y} 与重力 m_2g 平衡，均沿垂直轴 Py，产生与前轮平面垂直的分量 $m_2g\theta$，以 $d+\Delta\cos\delta$ 为力臂构成绕前叉转轴 Qy'的力矩

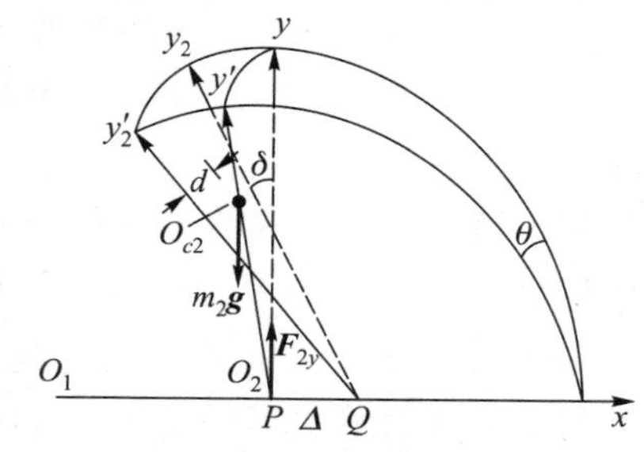

图 4.55　脚轮效应受力图

$$\boldsymbol{M}_{2y}=-(mgb/a)(d+\Delta\cos\delta)\theta\boldsymbol{j}_2 \qquad (4.11.1)$$

此力矩推动前叉和前轮朝车架倾斜方向转动。将上式代替式(4.10.9)，列写与式(4.10.10)类似的动力学方程，导出

$$\ddot{\psi}=\mu\theta \qquad (4.11.2)$$

与 4.10 节中陀螺效应的控制规律(4.10.11)相仿，也是促使导向轮朝正确方向转动。区别仅在于与 $\ddot{\psi}$ 成比例的倾斜角 θ 代替了角速度 $\dot{\theta}$。式中 $\mu=(mgb/J_{2y}a)(d+\Delta\cos\delta)$ 是表示脚轮效应强度的参

数。更准确的分析还必须考虑前叉绕 Qy' 轴的转动趋势引起 O_2 处的静摩擦力 F_{2z}。F_{2z} 与后轮的静摩擦力 F_{1z} 均平行于水平轴 O_2z，二者的合力与离心力 mv^2/R 平衡以实现曲线运动。利用 $F_{2z}/F_{1z}=b/(a-b)$ 导出 $F_{2z}=mv^2b/Ra$。利用 $R\psi=a$ 消去 R，将 F_{2z} 对 Qy' 轴的力矩 $F_{2z}\Delta$ 加入到前叉和前轮的动力学方程(4.11.2)，得到的方程与 4.10 节的式(4.10.5)组成封闭的方程组

$$\ddot{\psi}+\mu\left(\frac{v^2\psi}{ga}-\theta\right)=0 \tag{4.11.3a}$$

$$\ddot{\theta}+\left(\frac{mgh}{J_x+mh^2}\right)\left[\left(\frac{bv}{ga}\right)\dot{\psi}+\left(\frac{v^2}{ga}\right)\psi-\theta\right]=0 \tag{4.11.3b}$$

方程组(4.11.3)完全确定车架和前叉的运动规律。参照 4.10 节的分析，由于方程组中 θ 项的系数为负值，不满足零解的稳定性条件。1982 年罗维尔(J. Lowell)和麦克凯尔(H. D. McKell)用数值方法算出的特征根包含一个零根、一个负实根和一对含正实部的复根。受扰运动规律为幅值逐渐增大的振荡曲线[15](图 4.56)。图中标号为(a)，(b)，(c)的 3 条曲线分别对应于μ= 66.5，133，266，说明自行车的自稳定能力随着脚轮效应的增大而加强，但不能彻底消除不稳定性。实际情况也是如此，不载人的空车推出后能稳定行走一段距离，然后左右摇晃，摆动幅度愈来愈大最终翻倒。与上述分析结果一致。

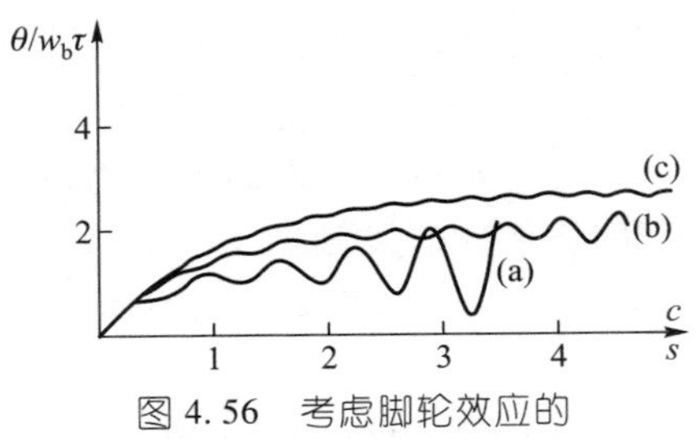

图 4.56　考虑脚轮效应的 $\theta(t)$ 受扰运动

4.12 Section 自行车(三)[16]

正当自行车稳定性问题似乎已找到正确答案时，2011年美国《Science》杂志上的一篇论文又提出了新的质疑[17]。荷兰德尔福特(Delft)大学的博士研究生科伊曼(J. D. G. Kooijman)在几位教授指导下设计了一辆特殊的自行车。这辆车包含了车身、前叉和前后轮等自行车必须具备的元素，但结构极其简单。车身和前叉简化成各自带有集中质量的直杆，前叉转轴接近垂直，前后车轮缩得很小，且利用反向旋转的副车轮以彻底消除了陀螺效应(图4.57)。最特殊之处在于，前叉转轴与地面的交点 Q 位于前轮与地面接触点 P 的后方(图4.58)，与图4.53表示的脚轮效应的正确位置恰好相反。根据琼斯的研究结果判断，这种车绝对不可能稳定。奇怪的是，这辆科伊曼自称为“既无陀螺效应又无脚轮效应”的自行车非常稳定，甚至无人操纵也能顺利行驶(图4.59)。如此一来，已被认可的脚轮效应还能站得住脚吗？

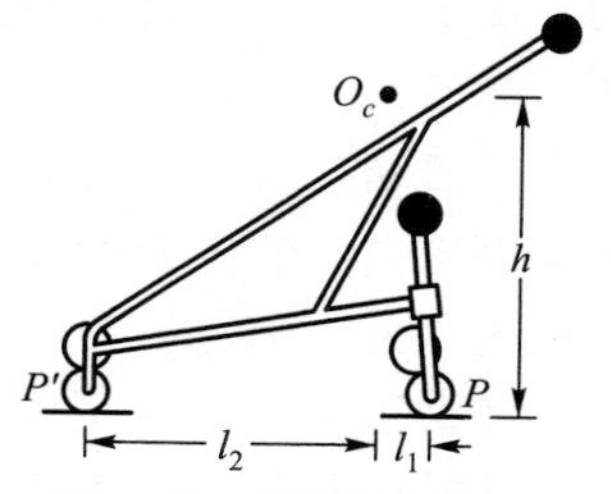

图4.57　科伊曼实验车

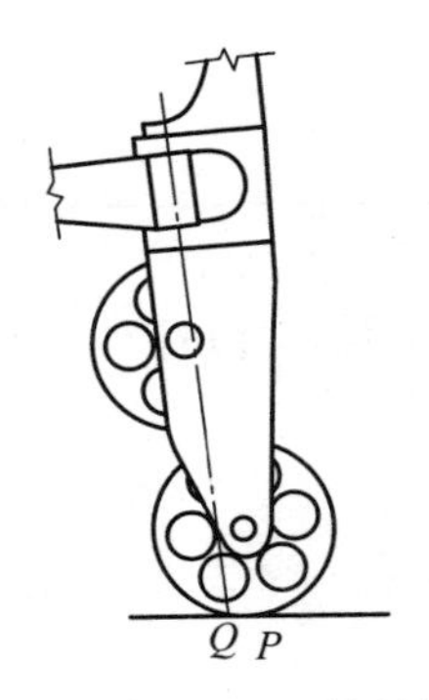

图 4.58　实验车的前轮　　　图 4.59　科伊曼的自稳定自行车实验

科伊曼的论文对这现象有一个纯数学的解释。他对这辆车导出了线性化的受扰运动微分方程。数值计算结果证明，当小车速度足够大时，特征根的实部皆为负值而满足一次近似稳定性条件。遗憾的是他未能从物理概念上给出合理的解释，留下了一个供思考的力学问题。

笔者认为，要解释科伊曼实验车的自稳定现象，必须考虑其构造的特殊性。科伊曼小车的质量分布状况与普通自行车完全不同。由于在前伸的直杆上高高固定一个集中质量块，车体的重心明显移向上方。当车体有侧向倾翻趋势时，其重心的侧向加速度远大于普通自行车。根据动量定理判断，地面必须对前后轮施加侧向摩擦力与惯性力平衡。由于前轮的正压力远大于后轮，摩擦力的大部分由前轮承担。地面对前轮的约束除法向支承力 $\boldsymbol{F}_n$ 以外，还必须考虑为实现侧向加速度所必需的侧向摩擦力 $\boldsymbol{F}_t$。由于前叉转轴与地面交点 Q 与接触点 P 的相互位置与脚轮效应相反，法向支承力 $\boldsymbol{F}_n$ 对前叉转轴的力矩方向也相反。其效果是促使前叉朝倾斜的反方向转动，成为使倾斜加剧的不稳定因素。但同时出现的侧向摩擦力 $\boldsymbol{F}_t$ 对前叉转轴的力矩却与车体倾斜方向一致，成为推动前叉朝脚轮效应正确方向转动的动力。当前叉转动的角加速度积累成角速度时，前轮的速度矢量因前进方向改变而产生的加速度也指向车体的倾斜方向，使侧向摩擦力 $\boldsymbol{F}_t$ 增大。

既然法向支承力与侧向摩擦力产生的脚轮效应截然相反，影响自行车稳定性的最终结果就取决于哪种效应占据优势。

参照注释中的分析可以判断，由于科伊曼的特殊实验车的重心高度 h 远大于普通车，侧向摩擦力所产生脚轮效应的正面作用远大于法向正压力的负面作用，实验车的自稳定现象就有了理论根据。由此可见，实验车并非如科伊曼自称的“无脚轮效应”。脚轮效应在科伊曼实验车中依然存在，只是对脚轮效应的理解应更为全面，即必须同时考虑法向正压力和侧向摩擦力的作用。

自行车的稳定性问题历经一百多年的分析和论证，至今仍处于不停的探索过程。人类对真理的追求永无止境，即使是对最普通最常见的自行车也是如此。

注释：科伊曼实验车的力学分析

以前轮与地面接触点 P 为原点，建立参考坐标系$(P-xyz)$，其中 y 轴为垂直轴，水平轴 x 轴从后轮的触地点 P' 向前指向 P 点，z 轴是与$\overrightarrow{P'P}$正交的另一水平轴。设前叉转轴 y_1' 与 x 轴垂直，与地面交点为 Q。$(P-xyz)$随同车体绕 x 轴转过 θ 角后，y 轴转至与前叉转轴 Qy_1'平行的 y_1 轴(图 4.60)。设小车的质量为 m，质心 O_c 距地面高度为 h，与 P 和 P'的水平距离为 l_1 和 l_2，P 与 P'的间距为 $l=l_1+l_2$(图 4.57)。根据 y 轴方向的力平衡条件和 z 轴方向的动量定理，计算前轮在 P 点分担的法向支承力 $\boldsymbol{F}_n$ 和侧向摩擦力 $\boldsymbol{F}_t$，仅保留 θ 的一阶微量，得到

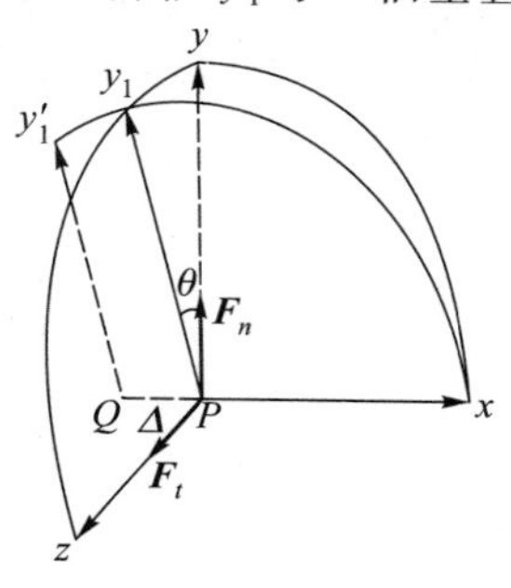

图 4.60　前轮的法向支承力和侧向摩擦力

$$\boldsymbol{F}_n = m_1 g\boldsymbol{j},\ \boldsymbol{F}_t = m_1 h\ddot{\theta}\boldsymbol{k} \tag{4.12.1}$$

其中 $m_1 = (l_2/l)m$。暂不考虑脚轮效应，列写车体相对 x 轴转动的动量矩定理，得到

$$J\ddot{\theta} - mgh\theta = 0 \tag{4.12.2}$$

其中 J 为车体相对 x 轴的惯量矩。设前叉转轴 y_1' 的基矢量为 $\boldsymbol{j}'$，令 $\Delta = \overrightarrow{PQ}$，计算 $\boldsymbol{F}_n$ 和 $\boldsymbol{F}_t$ 对 y_1' 轴的力矩 $\boldsymbol{M}_y$，得到

$$M_y = [(\boldsymbol{F}_n + \boldsymbol{F}_t) \times \Delta] \cdot \boldsymbol{j}' = (F_n\theta - F_t)\Delta \tag{4.12.3}$$

其中 F_n 和 F_t 的符号相反，即法向力和切向力在脚轮效应中所起的作用截然相反。利用式(4.12.1)，(4.12.2)将 M_y 化作

$$M_y = m_1 g\Delta\theta\left(1 - \frac{mh^2}{J}\right) \tag{4.12.4}$$

脚轮效应的结果取决于力矩 M_y 的符号，即 $\boldsymbol{M}_y$ 推动前叉转动的方向是与车体倾斜方向相同还是相反。由此判断

$$h > \sqrt{\frac{J}{m}}：M_y < 0，\text{脚轮效应起正面作用} \tag{4.12.5a}$$

$$h < \sqrt{\frac{J}{m}}：M_y > 0，\text{脚轮效应起负面作用} \tag{4.12.5b}$$

科伊曼设计的特殊实验车的重心高度 h 远大于普通车，脚轮效应的正面作用远大于负面。将负值力矩 M_y 增加到方程(4.12.2)的右边，自行车的稳定性即得到保证。此即科伊曼实验车自稳定现象的理论根据。

4.13 Section 自行车(四)[18]

据英国《每日邮报》网络版(Dailymail)的报道，一种无坐垫无踏板无链轮的新概念自行车在德国问世。发明人是哈姆布鲁克(T. Hambrock)和斯佩特(J. Spetter)。没有了踏板，自行车已不能再称为“脚踏车”了。它的前进动力来自驾车人不停地双足奔跑，如同“拉洋车”，只不过乘客自己兼任车夫而已。驾车人不是骑在车上，而是用吊带悬挂在车体上。待车子获得足够的前进速度时，驾车人可暂时双足离地随车滑行，速度下降后再重新奔跑加速，成为别出心裁的一种行进方式。

这种看似新奇的自行车设计其实并非新概念。它与4.10节中图4.46表示的德雷斯“步行机器”如出一辙。斗转星移，这种风行19世纪欧洲的时髦玩意在二百年后竟然重新复活(图4.61)。复活的新产品取名弗利茨(Fliz)车，源自德语的

图4.61　跑步驱动的弗利茨车

"flitzen",即驾车快跑的意思。虽然与古老的步行机器相比,弗利茨车在材料和工艺水平上的进步已今非昔比,但总体结构并无太大差异。弗利茨车有一个倒U形拱架连接前后轮,架上装有五点式安全吊带固定驾车人。驾车人奔跑驱动过程结束后,可将双足搁在后轮中心的支架上,享受一下靠惯性自由滑行的乐趣。

为判断这种跑步自行车是否稳定,可参阅注释中的理论分析。结论是驾车人加速奔跑或减速滑行都直接影响自行车的稳定性。在奔跑加速过程中,会引起后轮的支承力增大,前轮的支承力减小。当加速度过大,达到某个临界值 $\dot{v}_{cr}$ 时前轮支承力可减低为零,使后轮承担全部重力。如再增加加速度,因前轮的单面约束已被解除,车体就有向后翻倒的危险。不过情况还不至于太糟,因为受地面支承的驾车人可直接扶住车体防止倾翻发生。

但在双足收起依靠惯性减速滑行的阶段,情况就危险多了。减速造成的结果恰好相反,即前轮的支承力增大,后轮的支承力减小。当减速度达到某个临界值时,后轮支承力减低为零,前轮承担全部重力。如再增加减速度,因后轮受地面的单面约束已被解除,双足收起的驾车人无法利用地面摩擦力控制车体,车体即向前倾翻。至于弗利茨车的侧向稳定性,则和一般自行车没什么不同,也是遵循4.11节叙述的稳定性规律,即依靠前叉转轴与地面交点落在接触点前方的脚轮效应。

弗利茨车提供了一种健康环保的全新驾车体验。这一发明已经入围2012年度英国工业设计领域的詹姆斯·戴森奖(James Dyson Award)的提名。不过批评者却认为这种车不稳定和不安全,直行都累死人更何谈爬坡上山,除非作为一种体育运动,很难作为出行工具推广使用。尽管负面评论不少,但考虑到自行车一百多年来结构没多大变化的历史,弗利茨车的出现何尝不是一种打破常规的新创意呢。

注释：弗利茨车的力学分析

设弗利茨车作直线运动。O 点为驾车人连同车体的总质心 O_c 在地面上的投影，位于前后轮与地面接触点 P_1 和 P_2 的连线上。以 O 为原点，P_2 至 P_1 的水平轴为 x 轴，过 O 点的垂直轴为 y 轴（图 4.62）。设驾车人连同车体和前后轮的总质量为 m，质心 O_c 的速度为 v，驾车人脚底向前驱动的摩擦力为 F，接触点 P_1 和 P_2 处向后的摩擦力为 $F_{xi}(i=1,2)$，向上的法向约束力为 $F_{yi}(i=1,2)$，列写沿 x 轴和 y 轴的动力学方程

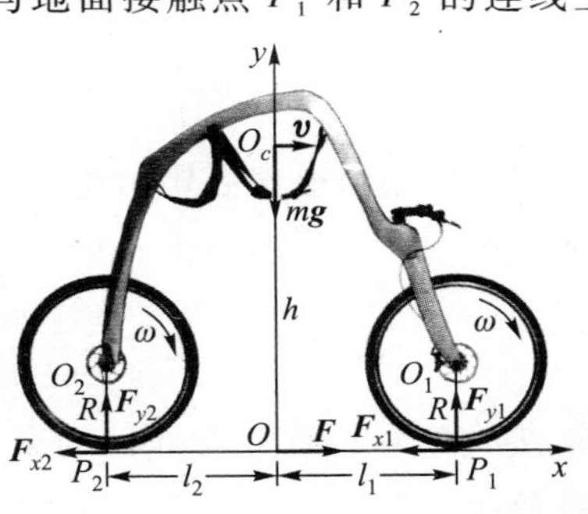

图 4.62 弗利茨车的受力图

$$F-(F_{x1}+F_{x2})=m\dot{v} \tag{4.13.1a}$$

$$F_{y1}+F_{y2}=mg \tag{4.13.1b}$$

前后轮的摩擦力 $F_{xi}(i=1,2)$ 对轮心 $O_i(i=1,2)$ 的力矩使车轮转动加速

$$J_i\dot{\omega}_i=F_{xi}R(i=1,2) \tag{4.13.2}$$

设轮子的质量接近沿外缘分布，其中心惯量矩为 $J_1=J_2=m_1R^2$，m_1 和 R 为单个轮子的质量和半径。轮子在地面作无滑动的纯滚动时，$\omega_1=\omega_2=v/R$，代入式（4.13.2）导出

$$F_{x1}=F_{x2}=m_1\dot{v} \tag{4.13.3}$$

代入式（4.13.1a）导出

$$F=m_*\dot{v},\quad m_*=m+2m_1 \tag{4.13.4}$$

其中 m_* 可视为计算加速度的等效质量，在总质量 m 上附加的

$2m_1$ 体现了车轮旋转的惯性效应。

设质心 O_c 距地面的高度为 h，O 点与 P_1 和 P_2 的距离为 l_1 和 l_2，列写车体对质心 O_c 的动量矩定理

$$J_1\dot{\omega}_1+J_2\dot{\omega}_2=-[F-(F_{x1}+F_{x2})]h+F_{y2}l_2-F_{y1}l_1 \tag{4.13.5}$$

利用前面给出的关系式导出

$$F_{y1}=\frac{1}{l}[mgl_2-(mh+2m_1R)\dot{v}] \tag{4.13.6a}$$

$$F_{y2}=\frac{1}{l}[mgl_1+(mh+2m_1R)\dot{v}] \tag{4.13.6b}$$

可见加速的结果引起后轮的支承力增大，前轮的支承力减小。当加速度过大，达到临界值 $\dot{v}_{\mathrm{cr}}$ 时

$$\dot{v}_{\mathrm{cr}}=\left(\frac{ml_2}{mh+2m_1R}\right)g \tag{4.13.7}$$

前轮支承力为零而解除地面约束，后轮的约束力等于重力 mg。如再增加加速度，车体有向后翻倒的危险。

在双足收起依靠惯性的减速滑行阶段，令式(4.13.1a)中 $F=0$，$\dot{v}=-|\dot{v}|$，导出

$$F_{x1}=F_{x2}=\frac{1}{2}m|\dot{v}| \tag{4.13.8}$$

代入式(4.13.2)，得到

$$\dot{\omega}_1=\dot{\omega}_2=\frac{m|\dot{v}|}{2m_1R} \tag{4.13.9}$$

轮子在接触点 P_1 和 P_2 处产生的线加速度为 $\dot{v}_{P1}=\dot{v}_{P2}=m|\dot{v}|/2m_1>|\dot{v}|$。表明在惯性滑行阶段，前后轮均出现滑动。代入方程(4.13.5)，解出

$$F_{y1}=\frac{m}{l}[gl_2+(h-R)|\dot{v}|] \tag{4.13.10a}$$

$$F_{y2}=\frac{m}{l}[gl_1-(h-R)|\dot{v}|] \tag{4.13.10b}$$

减速的结果使前轮的支承力增大，后轮的支承力减小。也存在减速度的临界值$|\dot{v}_{cr}|$

$$|\dot{v}_{cr}|=\left(\frac{l_1}{h-R}\right)g \tag{4.13.11}$$

当减速度达到临界值$|\dot{v}_{cr}|$时，后轮支承力为零而解除地面约束，前轮的约束力等于重力 mg。如再增加减速度，车体即向前倾翻。要避免这种危险，必须尽量降低重心离轮心的高度 $h-R$，或加大重心与前轮的距离 l_1。

4.14 Section

自行车(五)[19]

2014年，美国年轻建筑师克列诺夫(M. Klenov)和安格洛夫(M. Angelov)向公众展示了一个被称为“半爿自行车(Halfbike)”的有趣产品。这个看起来有些怪异的设计将一辆普通自行车大修大改，去掉了车身和坐垫，精简得只剩下带前轮的前叉、踏板和两个小后轮(图4.63)。虽然轮子数目比一般自行车还多了一个，但后轮很小又能折叠，整个体积缩小了一半。没有坐垫不能坐骑，骑车人只能站立蹬踏板，靠身体动作控制方向。骑这种车一定很累，但从锻炼身体的协调性和平衡能力的观点考虑，半爿自行车不失为一种新潮的运动器械。

图4.63　半爿自行车(Halfbike)

比较一下图4.63和图4.47就能发现，新出现的“半爿自行车”与19世纪风行欧美各国的“斯塔利高轮车”何等相似。将斯塔利高轮车的大轮缩小，小轮增加成两个，车架和后轮之间装上特殊设计的联结铰，古典的高轮车就演变成新潮的半爿自行车。

从力学观点分析，半爿自行车与普通自行车最大的差别是没有车架，而是将固定前轮的前叉作为车身直接与后轮联结。如车身向一侧倾斜，并列的双后轮要保持与地面接触，不允许随车身一同倾斜。车身与后轮的联结必须为二自由度万向铰，才能保证车身连同前轮相对后轮仍具有倾斜和转向两个转动自由度。4.11节曾指出，普通自行车的“脚轮效应”是影响稳定性的重要因素。脚轮效应的产生原因是前叉转轴倾斜时，地面正压力有附加力矩产生。由于上述构造差异，半爿自行车不存在这种附加力矩，脚轮效应也就不存在了。

从网站上公布的视频可以看出，骑车人利用身体左右晃动就能灵活改变行进方向。这种特殊的操纵方式就是靠上述特殊构造得以实现。设骑车人向左侧晃动，使人车系统的质心 O_c 向左侧产生短暂的加速度 $\dot{\boldsymbol{v}}_x$。如人车系统的质量为 m，根据牛顿定律，地面与前轮的接触点 P 处必须施加侧向摩擦力 $\boldsymbol{F}_x = m\dot{\boldsymbol{v}}_x$ 方能实现此加速度。骑车人不晃动时，侧向摩擦力不存在，车体以速度 v_0 匀速行进。质心 O_c 沿垂直轴无运动，重力与法向支承力平衡。图4.64为简化的受力图，上述保持平衡的重力、法向支承力和切向摩擦力均予省略，仅绘出侧向摩擦力 $\boldsymbol{F}_x$ 使表达更为清晰。如 O 点至 P 点的水平距离为 l，侧向摩擦力 $\boldsymbol{F}_x$ 对联结铰 O 产生绕垂直轴 Oz 的力矩 $M_z = F_x l$，使车体连同前轮绕 Oz 轴出现逆时针方向的角加速度 $\dot{\omega}_z = M_z/J_z$，其中 J_z 为车体与前轮绕 Oz 轴的惯量矩。当角加速度 $\dot{\omega}_z$ 积累为角速度 ω_z

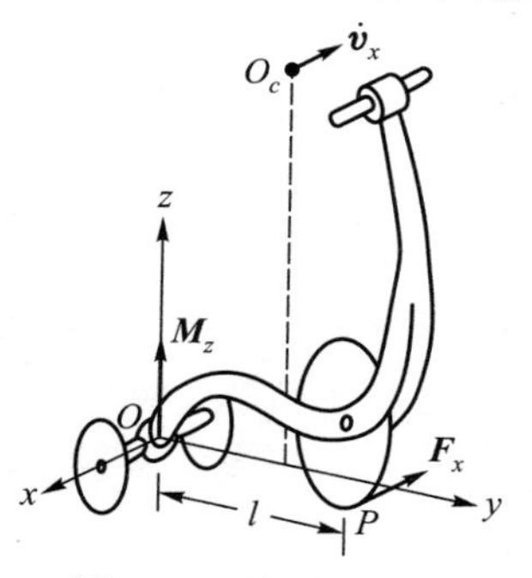

图4.64　半爿自行车简化的受力图

时，车体向左转向，轨迹从直线变为曲线。侧向加速度就成为曲线运动的向心加速度 $\dot{v}_x = v_0\omega_z$，摩擦力 $\boldsymbol{F}_x$ 成为维持曲线运动的向心力，车体得以沿曲线轨迹稳态行进。当骑车人向右回归原位时，必出现短暂的反向加速度，侧向摩擦力与相关的力矩和角加速度均随之反向。车体与前轮绕 Oz 轴的角速度 ω_z 从增长转为下降。当 ω_z 减至零时车体恢复直行。

半爿自行车的另一特点是用前轮驱动代替了普通自行车的后轮驱动。蹬车加速时前轮的摩擦力向前，后轮的摩擦力向后，与普通自行车恰好相反。前轮的驱动力扣去后轮的摩擦力，与骑车人加速产生的惯性力构成一对力偶，使前轮的正压力减小。如加速度过大，以至正压力减小到零时，前轮即解除约束离地使车身向后倾翻。不过实际上这种可能性并不大，因为站着骑车的人不大可能使车子加速到这种程度。

停止蹬车使车子自由滑行时，前后轮的摩擦力都向后，与骑车人减速的惯性力构成力偶使后轮的正压力减小，车身可能向前倾翻。古典的斯塔利高轮车由于前轮太大，骑车人的重心高高在上，前翻的危险性严重。这也是后来高轮车朝低轮化发展的重要原因。半爿自行车的前后轮都明显缩小，骑车人的重心低了许多，前翻危险性随之减小。但与 4.13 节叙述的弗利茨车类似，要避免发生前翻，减速度仍应受到限制。

半爿自行车的出现打破了自行车延续两百多年的传统结构和骑车方式，问世以来颇受年青族群的青睐。两位发明人同属一个称作 Kolelinia 的研究室，是一群年轻人组成的致力于探寻新型城市交通系统的发明团队。半爿自行车虽不能替代传统自行车，但改革者对传统概念的破除和创新改革的勇气和精神却很值得赞扬和提倡。

参考文献

References

[1] 刘延柱．拉面条的启示[J]．力学与实践，2008，30(2)：107-108.

[2] 刘延柱．趣味振动力学[M]．北京：高等教育出版社，2012.

[3] 刘延柱．天平、秤杆和天平动[J]．力学与实践，2011，33(5)：88-89.

[4] 刘延柱．从捻绳子谈起[J]．力学与实践，2005，27(4)：88-89.

[5] 刘延柱．葡萄藤的力学[J]．力学与实践，2001，23(2)：79-80.

[6] 刘延柱．立春时节话竖蛋[J]．力学与实践，2013，35(1)：97-98.

[7] 刘延柱．水中竖蛋与拉格朗日定理[J]．力学与实践，2014，36(4)：420-421.

[8] 刘延柱．蛇年话蛇行[J]．力学与实践，2013，35(5)：95-96.

[9] 刘延柱．从孔明灯到热气球[J]．力学与实践，2010，32(3)：133-134.

[10] 刘延柱. 竹排、大黄鸭与船舶稳定性[J]. 力学与实践, 2014, 36(3): 371-373.

[11] 刘延柱. 趣谈自行车运动[J]. 力学与实践, 2008: 100-111.

[12] 刘延柱. 自行车的受控运动[J]. 力学与实践, 1995, 17(4): 39-42.

[13] 刘延柱. 关于自行车的稳定性[J]. 力学与实践, 2012, 34(2): 90-93.

[14] Jones D E H. The stability of the bicycle[J]. *Physics Today*, 1970, 23(4): 34-40.

[15] Lowell J, McKell H D. The stability of bicycles[J]. *Amer. J. Physics*, 1982, 50(12): 1106-1112.

[16] 刘延柱. 自稳定的无人自行车[J]. 力学与实践, 2015, 37(1): 146-148.

[17] Kooijman J D G, Meijaard J P, Papadopoulos J M, Ruina A, Schwab A L. A bicycle can be self-stable without gyroscopic or caster effects[J]. *Science*, 2011, 332(6027): 339-342.

[18] 刘延柱. 无踏板的跑步自行车[J]. 力学与实践, 2012, 34(6): 88-89.

[19] 刘延柱. 趣谈半爿自行车[J]. 力学与实践, 2016, 38(4): 467-468.

第五章 技术篇

[247] 5.1 傅科摆与傅科陀螺
[251] 5.2 振动陀螺
[258] 5.3 陀螺力矩
[263] 5.4 陀螺的内外环支承
[266] 5.5 陀螺的挠性轴支承
[271] 5.6 陀螺的静电支承
[275] 5.7 陀螺垂直仪
[280] 5.8 陀螺罗经
[285] 5.9 舒勒周期
[290] 5.10 人造地球卫星
[296] 5.11 贯穿地球的超级隧道
[300] 5.12 太空中的单摆
[304] 5.13 地月系统中的平衡点
[310] 5.14 卫星的重力梯度稳定
[317] 5.15 卫星的自旋稳定
[322] 5.16 潮汐

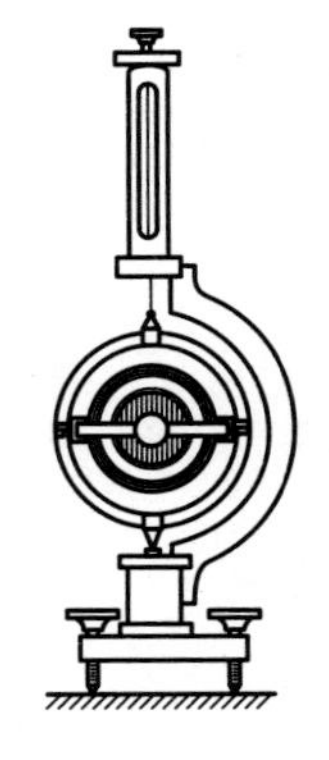

[327] 5.17 地球自转
[331] 5.18 船舶稳定器
[335] 5.19 单轨火车
[339] 5.20 航母的拦阻索
[342] 5.21 旋翼飞行器
[348] 5.22 “鱼鹰”飞机
[351] 参考文献

5.1 Section 傅科摆与傅科陀螺

地球是静止的还是在运动?虽然连小学生也能正确回答,但在一百多年以前还是个不完全清楚的问题。虽然哥白尼(N. Copernivus)在16世纪就已经提出了日心学说,但人们仍无法通过自己的感官直接意识到地球的运动。

1851年,法国物理学家傅科(J. Foucault,1819—1868,图5.1)在巴黎先贤祠大厅的穹顶上悬挂了一条67 m长的绳索,绳索的下端连接一个28 kg的摆锤(图5.2)。他企图用这个实验证明地球的自转。早在1602年伽利略(G. Galilei)就已经对单摆有了深入的研究。单摆的摆动是平面运动,摆动平面在惯性空间内维持方位不变。如果地球有自转运动,摆动平面相对地球就会发生偏转。地球绕极轴每昼夜自转一周,自转角速度ω_e为每小时逆时针转动15°。巴黎的纬度ϕ为北纬48.52°,地球绕巴黎地垂线的角速度应等于$\omega_e \sin \phi$,即

图5.1　傅科

大约每小时 11.24°。傅科在摆锤的下方放了一个巨大的沙盘，摆锤摆动时固定在摆锤上的指针就会在沙盘上留下痕迹。利用附录 A.5 中的单摆周期公式，即式(A.5.10)，$T=2\pi\sqrt{l/g}$。将摆长 l 以 67m，重力加速度 g 以 $9.8\mathrm{m/s^2}$ 代入后，算出周期为 16.4 s。在此时间间隔内摆动平面应相对地球顺时针转过约 3′。实验果然验证了傅科的预言，引起了极大的轰动。

图 5.2　傅科摆实验

傅科摆现象还表明，对于站在地球上的观测者而言，似乎地球的转动使得摆动中的摆锤受到了横向力的推动。力的方向随摆动方向的变化而改变。这个无形的力称为科氏惯性力，将在下节中详细叙述。科氏惯性力的存在也通过傅科摆实验得到了验证[1]。傅科摆实验是人类认识自然漫长历程中的一个重要事件。世界各地的许多公共建筑、教堂和天文馆里都能看到傅科摆，例如纽约的联合国大厅里的傅科摆。北京天文馆里也有一个傅科摆。

就在傅科摆实验的第二年，即 1852 年，傅科又在巴黎科学院进行了另一次实验。他展示了一台由细线悬挂着装有转子的圆环构成的新仪器，转子的旋转轴可以自由改变方向(图 5.3)。让转子的旋转轴保持水平，如果没有力矩作用，旋转轴应在惯性空间中保持指向不变。当地球逆时针转动时，地球上的观测者应能看到旋转轴相对地球的偏转，从而能再次证明地球自转运动的存在(图 5.4)。遗憾的是实验并未获得预期的结果，因为悬线的扭矩和转子轴承的摩擦严重阻碍了转子的运动。而且根据理论分析，即使在理想的支承条件下，由于地球自转通过框架约束对转子的运动产生影响，这种装置不可能保持惯性空间中的指向不变，而只能围绕子午线做往复摆动。这次实验虽未获得成功，但却有着重要的意义。因为傅科展示的这台还不够完善的仪器却是历史上第一台具有科学意义的陀螺仪(gyroscope)。

图 5.3 傅科陀螺仪

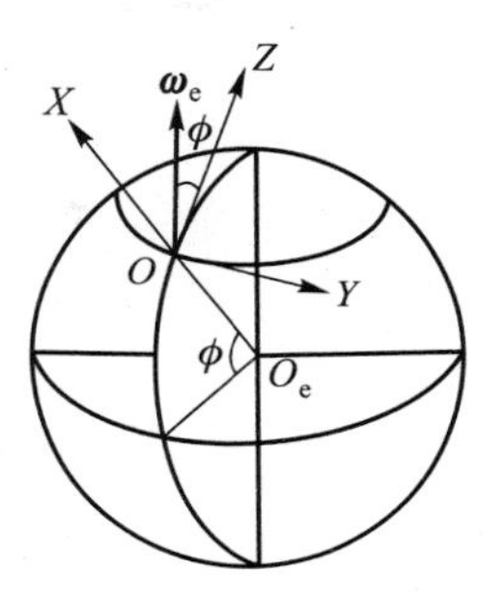

图 5.4 地理坐标系

注释：傅科陀螺仪的理论分析[2]

以转子的与质心重合的支承中心 O 为原点建立与地球固结的地理坐标系($O-XYZ$)，其中 X 轴沿地垂线向上，Y 轴沿纬线向东，Z 轴沿子午线向北(图 5.4)。与框架固结的坐标系($O-xyz$)中 x 轴为与 X 轴重合的框架转轴，z 轴为转子绕其旋转的极轴，框架连同转子极轴绕 X 轴顺时针转过 α 角(图 5.5)。设地球绕极轴 Z_0 的自转角速度为 ω_e，傅科陀螺仪所在的纬度为 ϕ，框架偏角很小时，仅保留 α 的一次项，框架的角速度 ω_R 相对($O-xyz$)的分量为

$$\omega_{Rx}=\omega_e\sin\phi-\dot{\alpha},$$
$$\omega_{Ry}=-(\omega_e\cos\phi)\alpha,$$
$$\omega_{Rz}=\omega_e\cos\phi \qquad (5.1.1)$$

转子的角速度 ω 沿 x 轴和 y 轴的分量与框架相同，绕极轴的角速度保持常值 ω_0

$$\omega_x=\omega_{Rx},\ \omega_y=\omega_{Ry},\ \omega_z=\omega_0 \tag{5.1.2}$$

设框架连同转子的赤道惯量矩为 A，转子的极惯量矩为 C，设框架轴承为理想光滑，将式(5.1.2)代入附录 A.3 中轴对称刚体的欧拉方程(A.3.13a)，仅保留缓慢的地球自转角速度 ω_e 的一次项，导出与式(A.5.7)相同的单摆动力学方程：

$$\ddot{\alpha}+k^2\alpha=0 \tag{5.1.3}$$

其中 k 为框架在子午线附近摆动的角频率

$$k=\sqrt{\frac{C\omega_0\omega_e\cos\phi}{A}} \tag{5.1.4}$$

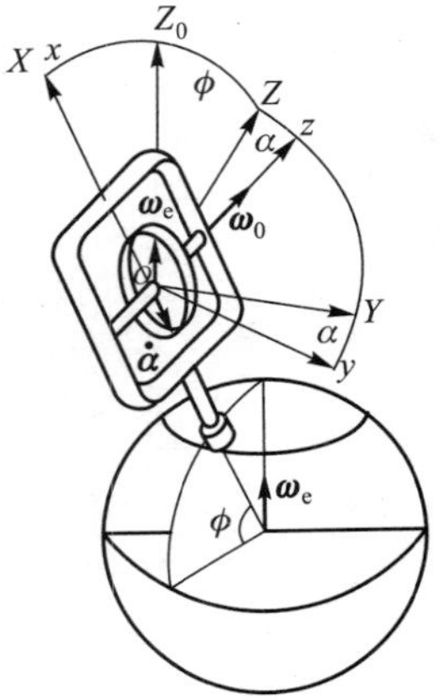

图 5.5 安装在地球上的傅科陀螺仪

参照式(A.5.10)，傅科陀螺的摆动周期为

$$T=\frac{2\pi}{k} \tag{5.1.5}$$

陀螺的转速愈快，周期愈短。若转子为扁圆盘，$C=2A$，转速为 6 000 r/min，在纬度 $\phi=30°$处，周期 T 约为 5 s。

如果考虑轴承的摩擦力矩 $M_d=-D\dot{\alpha}$，傅科陀螺仪的动力学方程内应增加阻尼项，改为

$$\ddot{\alpha}+2n\dot{\alpha}+k^2\alpha=0 \tag{5.1.6}$$

其中 $n=D/2A$。框架的往复摆动变为衰减振动，最终停留在子午线上。于是傅科陀螺仪便成为能指示子午线方位的仪器。

5.2 Section 振动陀螺[3]

3.1节在分析傅科摆的运动时提到了科氏惯性力。当一个质点在转动的坐标系里运动时，质点在惯性空间中的绝对速度等于相对速度和与坐标系的牵连速度之和。质点在转动坐标系里的相对运动会改变牵连速度，而坐标系的转动会改变相对速度，从而造成绝对速度变化而产生加速度。1832年法国物理学家科里奥利（G. Coriolis，图5.6）在研究水轮机时发现了这种特殊的加速度，称为科里奥利加速度，简称科氏加速度。如质点的相对速度为$\boldsymbol{v}_r$，坐标系的角速度为$\boldsymbol{\omega}$，科氏加速度$\boldsymbol{a}_c$等于[1]

$$\boldsymbol{a}_c = 2\boldsymbol{\omega}\times\boldsymbol{v}_r$$

根据牛顿定律，如质点的质量为m，科氏加速度必须在力$\boldsymbol{F}=m\boldsymbol{a}_c$的作用下才能实现。质点的运动也可理解为质点在实际作用力$\boldsymbol{F}$与惯性力$\boldsymbol{F}_c=-m\boldsymbol{a}_c$作用下的平衡，即$\boldsymbol{F}+\boldsymbol{F}_c=0$。此惯性力$\boldsymbol{F}_c$称为科氏惯性力，方向垂直于载体角速度矢量$\boldsymbol{\omega}$和相对速度矢量$\boldsymbol{v}_r$

$$\boldsymbol{F}_c = -2m\boldsymbol{\omega}\times\boldsymbol{v}_r$$

转动坐标系内的观测者是通过真实力$\boldsymbol{F}$感知科氏惯性力$\boldsymbol{F}_c$的存

在。也可将真实力 $\boldsymbol{F}$ 理解为科氏惯性力 $\boldsymbol{F}_c$ 的反作用力。

利用科氏惯性力可被用来量测载体的转动角速度。将一只音叉形状的装置固定在载体上，将两臂的质量集中为两个质点 A 和 B(图 5.7)。激励音叉的两臂使持续产生振动，振型保持对称。则 A 和 B 的相对运动方向相反，所产生的科氏惯性力 $\boldsymbol{F}_{CA}$ 和 $\boldsymbol{F}_{CB}$ 也方向相反，其幅值与载体角速度 $\boldsymbol{\omega}$ 成正比。两侧的惯性力组成一个交变的力偶，作用在音叉的立柱上。考虑立柱的弹性变形，音叉在交变的惯性力矩驱动下作扭转振动。振动的幅值与科氏惯性力成正比，也与载体角速度成正比。为增大信息的强度，可令激励频率接近音叉的固有频率，使音叉接近谐振状态。这种量测载体角速度的装置称为振动陀螺（vibratory gyroscope），也称音叉陀螺（fork gyroscope）。这里的“陀螺”只是个借用的称呼，因为实际上并不存在高速旋转的陀螺转子。

图 5.6　科里奥利

（G. Coriolis，1792—1843）

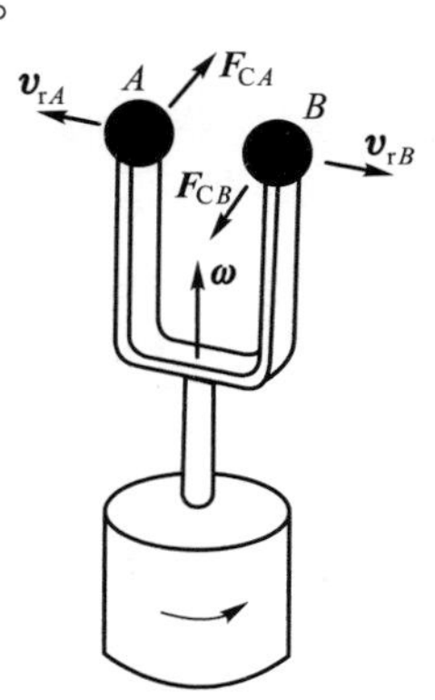

图 5.7　转动载体上的音叉

有趣的是发明振动陀螺的灵感竟来自小小的苍蝇。苍蝇的飞行能力极强，不仅速度可达 20 km/h，而且能在飞行中急速转变方向，能垂直上升下降甚至定悬在空中。这种超强的飞行技能与苍蝇自备的导航系统密切相关。苍蝇仅用前翅飞行，后翅演化成一对小棒槌，称为楫翅(图 5.8)。苍蝇在飞行过程中，楫翅以每秒 330 次的频率作对称的振动。这对楫翅就成为天然的振动陀螺，苍蝇依靠它就能在飞行中灵敏地感知自身的转动角速度，判断飞行方向。从苍蝇的楫翅到振动陀螺的发明，是仿生学的一个成功范例。

图 5.8　苍蝇的楫翅

在飞机或导弹的导航系统中，利用振动陀螺量测载体的角速度，积分后转换为转角信息，就能确定载体的姿态。近年来由于大量新型电子产品的问世，振动陀螺在民用领域里也大显身手。以手机为例，它的许多功能都需要角速度和姿态信息。例如“摇一摇”功能，图像随机身转动的功能，指示水平面的功能，记录走路步数的功能，自主导航功能等等。不过要将振动陀螺装进手机，首先必须缩小它的体积。利用微机电系统（Microelectromechanical Systems）加工技术，在硅基或金属基上借助电子芯片的印刷蚀刻等特殊方法就能使这种可能性变为现实。制造出的微型陀螺元件可缩小到毫米尺度（图 5.9）。

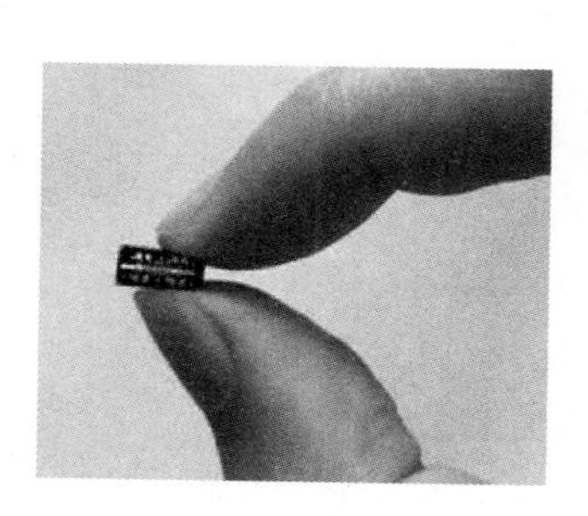

图 5.9　微缩的振动陀螺

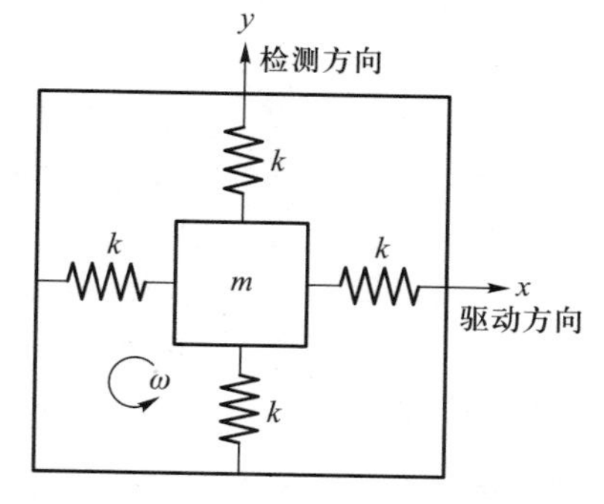

图 5.10　质点式振动陀螺

最简单的微型振动陀螺是一个二自由度质点弹簧系统（图 5.10）。沿 x 轴施加交变的激励力，使质点作接近谐振的周期运动。基体绕 z 轴转动时，所产生的科氏惯性力驱使质点沿 y 轴方向振动，幅度与基体角速度 $\boldsymbol{\omega}$ 成正比。

和质点弹簧系统的原理相同，将一个弹性柱体的侧面贴上压电基片，沿 x 轴方向施加交变激励使柱体产生 (x,z) 平面内的弯曲振动。当载体绕 z 轴转动时，产生科氏惯性力激起 (y,z) 平面内的弯曲振动。在相隔 90° 的柱体另一侧面也贴上压电基片，量测 y 轴的弹性位移即得到角速度信息(图 5.11)。

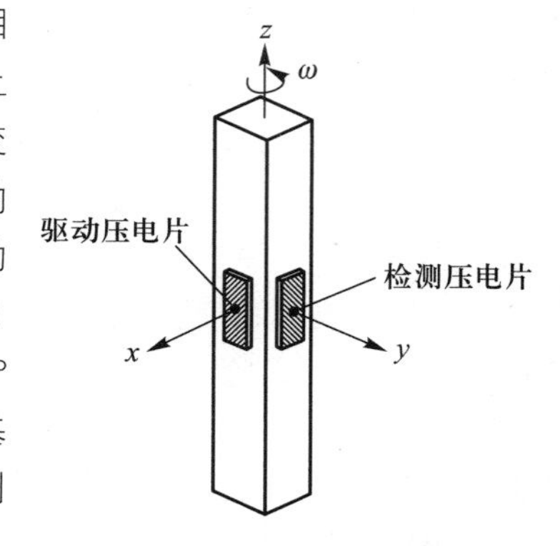

图 5.11　柱状振动陀螺

上述质点弹簧系统还可用于测量重力和载体的加速度。不需要外加的交变激励，作用在质点上的外力，包括重力或因加速运动产生的惯性力压缩或拉伸弹簧，使其产生静变形。位移与沿此方向的重力或加速度成正比，即构成微型加速度计。可用于确定垂直轴的方向，也可将测出的加速度信息积分后确定速度和路程用于自主导航。

1890 年英国人布瑞安(G. H. Brian)观察到，当一个半球形玻璃酒杯受到敲击后，玻璃杯口可呈现出 4 个波腹伴随 4 个节点的拍振动。当玻璃杯绕杯柄转动时，杯壁沿径向的相对运动产生沿切向的科氏惯性力使拍振动的节点产生偏移。受这一现象的启发，产生了半球谐振陀螺(hemispherical resonator gyroscope)(图 5.12)。如将半球的质量集中于边缘，即演变为微缩的圆环式振动陀螺(图 5.13)。沿图中 x 轴方向施加交变的激励力，使圆环产生接近谐振的径向拍振动。在 A，A'，B，B' 点处有最大径向相对速度。当载体绕 z 轴以角速度 $\boldsymbol{\omega}$ 转动时，圆环上各点产生沿切向的科氏惯性力。在 A 点至 B 点的范围内，此惯性力的合力 $\boldsymbol{F}_C$ 作用于 45°方向的节点 C。A'点至 B'点范围内的科氏惯性力合

力 $\boldsymbol{F}_{C'}$作用于节点 C'。圆环受交变的惯性力 $\boldsymbol{F}_C$ 和 $\boldsymbol{F}_{C'}$的驱动，在节点 C 和 C'处产生附加径向振动。其振幅与角速度 $\boldsymbol{\omega}$ 成正比。

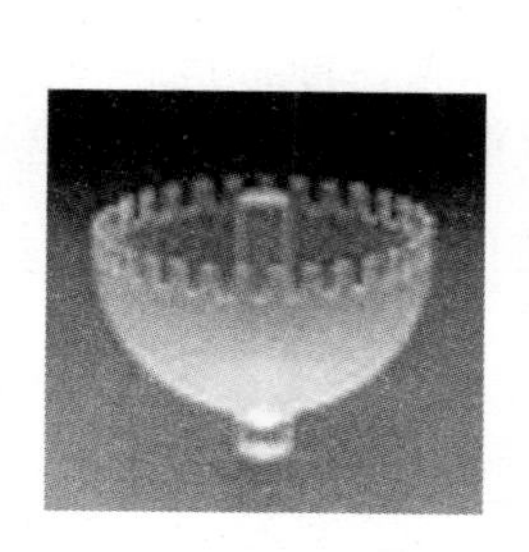

图 5.12　半球谐振陀螺

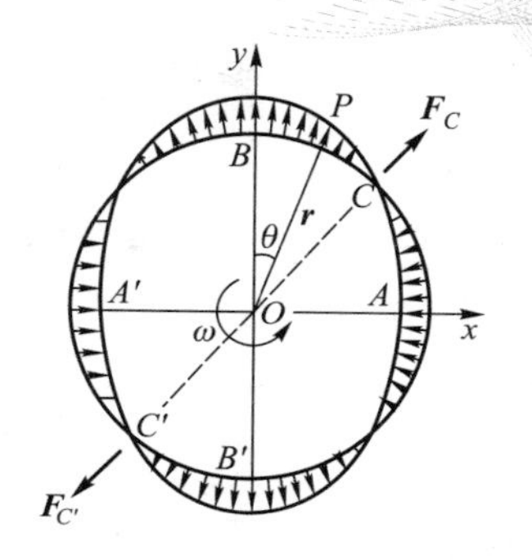

图 5.13　圆环式振动陀螺

微型振动陀螺成本低廉可批量生产。与导航系统的精密陀螺仪相比，精度虽低但能满足民用要求，因此是广泛用于民用产品的惯性元件。除手机以外，在照相机防抖、虚拟现实的眼镜、自平衡滑板、汽车的气囊安全系统等其他消费领域，微型陀螺仪和微型加速度计也大有用武之地。

大众力学丛书

注释 1：质点式振动陀螺的力学分析

设二自由度质量弹簧系统由质量为 m 的质点与刚度为 k 沿 x 轴和 y 轴的弹簧组成(图 5.10)。沿 x 轴对质点施加角频率为 ν 的周期激励 $F\cos \nu t$，设基体绕 z 轴以角速度 ω 转动，考虑科氏惯性力，列写质点的动力学方程

$$m\ddot{x}-2m\omega\dot{y}+(k-m\omega^2)x=F\cos \nu t$$
$$m\ddot{y}+2m\omega\dot{x}+(k-m\omega^2)y=0 \tag{5.2.1}$$

方程(5.2.1)有以下特解

$$x=A\cos \nu t,\quad y=B\sin \nu t \tag{5.2.2}$$

将式(5.2.2)代入(5.2.1)，因待测的角速度 ω 远小于激励角频率 ν，仅保留 ω/ν 的一次项，解出

$$A=\frac{F}{(k-m\nu^2)},\quad B=\frac{2Fm\nu\omega}{(k-m\nu^2)^2} \tag{5.2.3}$$

质点沿 y 轴受迫振动的振幅 B 与载体转动角速度 ω 成正比，可用于提供角速度信息。如激励频率 ν 接近质点单向振动的固有频率 $\sqrt{k/m}$，则出现谐振现象，A，B 增大使信号增强。

注释 2：圆环式振动陀螺的力学分析

如图 5.13 所示，设圆环中心线上任意点 P 相对中心点 O 的矢径 $\boldsymbol{r}$ 与 y 轴的夹角为 θ，圆环在力矩作用下的拍振动以 θ 和 t 的函数表示为

$$\boldsymbol{r}(\theta,t)=(R+a\cos 2\theta\sin \nu t)(\sin \theta\boldsymbol{i}+\cos \theta\boldsymbol{j}) \tag{5.2.4}$$

其中 R 为圆环半径，a，ν 为拍振动的振幅和角频率。P 点的相对速度 $\boldsymbol{v}$ 沿径向

$$\boldsymbol{v}=\frac{\partial \boldsymbol{r}}{\partial t}=a\nu\cos 2\theta\cos \nu t(\sin \theta\boldsymbol{i}+\cos \theta\boldsymbol{j}) \tag{5.2.5}$$

设基体绕 z 轴以角速度 ω 转动，圆环的单位长度质量为 ρ，P 点处长度为 $\mathrm{d}s=R\mathrm{d}\theta$ 的微元体上作用沿切向的科氏惯性力为

$$\mathrm{d}\boldsymbol{F}=-2\rho R\mathrm{d}\theta(\omega\times\boldsymbol{v})=2\rho Ra\nu\omega\cos 2\theta\cos \nu t(\cos \theta\boldsymbol{i}-\sin \theta\boldsymbol{j})\mathrm{d}\theta \tag{5.2.6}$$

计算此惯性力在(x,y)平面第一象限内的合力，得到

$$\boldsymbol{F}=\int_0^{\pi/2}2\rho Ra\nu\omega\cos 2\theta\cos \nu t(\cos \theta\boldsymbol{i}-\sin \theta\boldsymbol{j})\mathrm{d}\theta=F_0\cos \nu t(\boldsymbol{i}+\boldsymbol{j}) \tag{5.2.7}$$

此合力的幅值 F_0 与角速度 ω 成正比。

$$F_0=\frac{2}{3}\rho R a v \omega \tag{5.2.8}$$

合力 $\boldsymbol{F}$ 的方向($\boldsymbol{i}+\boldsymbol{j}$)沿($x,y$)平面第一象限的平分角线，导致圆环在 $\theta=45°$方向产生附加振动。振幅与角速度 ω 成正比，与 x 轴的振动之间有 90°相位差。计算其他象限内的科氏惯性力合力，可得到类似结果。

陀螺力矩

5.3
Section

本书在1.3节中已经解释了快速旋转物体的定轴性和进动性：无力矩作用时刚体的转动轴保持空间中的方向不变，称为定轴性；有力矩作用时转动轴在空间中缓慢转动，其端点的运动方向与力矩矢量一致，称为进动性。定轴性和进动性是陀螺运动的两种基本属性。

将一个带旋转转子的框架抓在手中转动手腕，可从手心感觉到转子对运动的激烈反抗(图5.14)。这种现象来自陀螺的进动性。要迫使陀螺的转动轴在空间中改变方位，必须由外界的作用力矩来实现。陀螺对施加力矩物体产生反作用力矩，这种由施加力矩物体所感受到的力矩就称为陀螺力矩(gyroscopic torque)。因此陀螺力矩实际上是陀螺进动性的另一种表现。

图5.14　感受陀螺力矩

陀螺力矩是在转动的载体中观察到的力学现象。当载体发生转动时，安装在载体中的转子的每个质点均有科氏惯性力产生，陀螺力矩正是全部科氏惯性力对转子质心的合力矩。将载体选作动参考坐标系，惯性空间中的微分过程改为在动坐标系中进行，当动坐标系以角速度 $\boldsymbol{\omega}$ 转动时，动量矩定理应写作附录 A.3 中的(A.3.11)形式：

$$\frac{\tilde{\mathrm{d}}\boldsymbol{L}}{\mathrm{d}t}+\boldsymbol{\omega}_{\mathrm{R}}\times\boldsymbol{L}=\boldsymbol{M}$$

其中 $\boldsymbol{\omega}_{\mathrm{R}}$ 为动参考坐标系的角速度，带波浪号的导数符号表示相对动坐标系的求导过程。将上式中的第二项移至方程的右边，引入符号 $\boldsymbol{M}_{\mathrm{g}}=-\boldsymbol{\omega}_{\mathrm{R}}\times\boldsymbol{L}$，改写为

$$\frac{\tilde{\mathrm{d}}\boldsymbol{L}}{\mathrm{d}t}=\boldsymbol{M}+\boldsymbol{M}_{\mathrm{g}}$$

其中 $\boldsymbol{M}_{\mathrm{g}}$ 就是动坐标系中的观测者所感觉到的陀螺力矩[1]。它的方向垂直于陀螺的动量矩矢量 $\boldsymbol{L}$ 和载体转动的角速度矢量 $\boldsymbol{\omega}_{\mathrm{R}}$。将右手食指指向转子旋转轴，中指指向载体转动轴，则拇指的方向即为陀螺力矩的方向。陀螺力矩的大小与 $\boldsymbol{L}$ 和 $\boldsymbol{\omega}_{\mathrm{R}}$ 的模成正比。

高速旋转机械的设计工作必须考虑陀螺力矩的存在。以大型船舶为例，当船只改变航向时，螺旋桨驱动轴上产生的陀螺力矩可引起轴承上的附加动载荷。单螺旋桨飞机改变航向时，螺旋桨的陀螺力矩可迫使飞机抬头或低头。对于双螺旋桨飞机，当两个螺旋桨朝相反方向转动时，可使陀螺力矩相互抵消。同样道理，鱼雷尾部的两个螺旋桨的转动方向也必须相反。即使是安装在固定基座上的旋转机械，当旋转轴的弹性变形使转子的极轴产生偏转，以致动量矩 $\boldsymbol{L}$ 和旋转轴的角速度 $\boldsymbol{\omega}_{\mathrm{R}}$ 不共线时，也会产生陀螺力矩引起附加动载荷。除上述负面效应以外，陀螺力矩在工程技术中也可加以利用。例如在大型船舶中安装巨大的转子，利用陀螺力矩抑制在风浪中的摇摆。在人造卫星中安装受控制的转子，利用陀螺力矩控制卫星的姿态等等。

各种陀螺仪器的工作原理均可应用陀螺力矩概念作出直观的解释。例如将单框架陀螺仪安装在载体上，设框架的转轴为 x

轴，转子极轴为 z 轴。当载体绕 y 轴转动时，将产生绕 x 轴的陀螺力矩，驱使框架绕 x 轴转动。如果在框架和载体之间增加弹簧，使框架的转动引起弹簧的变形。当框架在载体内相对静止，陀螺力矩与弹簧力矩平衡时，框架转角必与载体的转动角速度成正比。这种单框架陀螺仪可作为量测载体角速度的仪器，称为速率陀螺仪(rate gyroscope)[2]。若将弹簧换成阻尼器，使陀螺力矩与阻尼力矩平衡，则框架转角的微分与载体的转动角速度成正比。可以推测，框架的转角必与载体角速度的积分，即载体转过的角度成正比。这种可以量测载体转角的陀螺仪称为积分陀螺仪(integrating gyroscope)(图 5.15)。

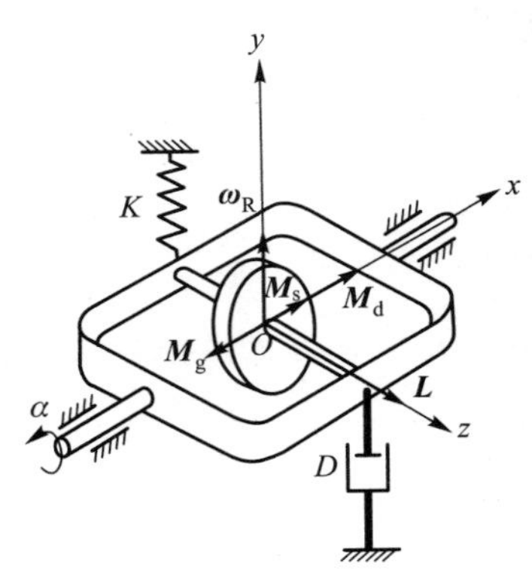

图 5.15　转动载体上的单框架陀螺仪

注释 1：陀螺力矩为科氏惯性力矩的证明

以中心为 O，半径为 R，绕极轴 z 以角速度 ω_0 转动的圆环为例(图 5.16)。圆环沿 z 轴的动量矩为 $L=C\omega_0$。圆环上任意点 P 的速度为 $v_r=R\omega_0$，沿圆环的切向。当圆环同时绕 y 轴以角速度 ω_R 转动时，P 点处的微元质量 $\mathrm{d}m$ 上产生沿 z 轴负方向的科氏惯性力 $\mathrm{d}\boldsymbol{F}_C$，设 OP 与 y 轴

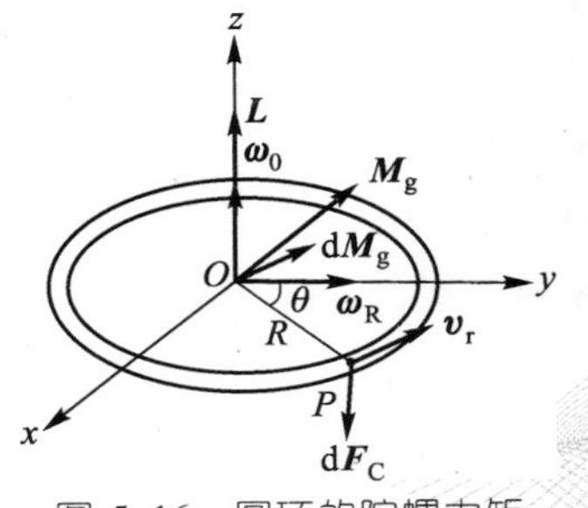

图 5.16　圆环的陀螺力矩

的夹角为 θ，则有

$$\mathrm{d}\boldsymbol{F}_{\mathrm{C}}=-2\omega_{\mathrm{R}}\omega_0R\cos\theta\mathrm{d}m\boldsymbol{k} \tag{5.3.1}$$

此惯性力 $\mathrm{d}\boldsymbol{F}_{\mathrm{C}}$ 对 O 点的力矩为

$$\mathrm{d}\boldsymbol{M}_{\mathrm{g}}=R(-\cos\theta\boldsymbol{i}+\sin\theta\boldsymbol{j})\mathrm{d}F_{\mathrm{C}} \tag{5.3.2}$$

设圆环的线密度为 ρ，则 $\mathrm{d}m=\rho R\mathrm{d}\theta$。圆环上全部质点的合力矩为

$$\begin{aligned}\boldsymbol{M}_{\mathrm{g}}&=\int_0^{2\pi}2\rho\omega_{\mathrm{R}}\omega_0R^3\cos\theta(-\cos\theta\boldsymbol{i}+\sin\theta\boldsymbol{j})\mathrm{d}\theta\\&=-2\pi\rho\omega_{\mathrm{R}}\omega_0R^3\boldsymbol{i}\end{aligned} \tag{5.3.3}$$

沿 x 轴的负方向。令

$$\boldsymbol{\omega}_{\mathrm{R}}=\omega_{\mathrm{R}}\boldsymbol{j},\ \boldsymbol{L}=C\omega_0\boldsymbol{k},\ C=mR^2,\ m=2\pi\rho R \tag{5.3.4}$$

则从式(5.3.3)导出陀螺力矩的计算公式：

$$\boldsymbol{M}_{\mathrm{g}}=-\boldsymbol{\omega}_{\mathrm{R}}\times\boldsymbol{L} \tag{5.3.5}$$

将轴对称刚体视为无数圆环的组合，此结论也适合于任意形状的轴对称刚体。

注释 2：动基座上单框架陀螺仪的理论分析[2]

设单框架陀螺仪的转子绕极轴 z 以角速度 ω_0 快速转动，近似认为动量矩矢量 $\boldsymbol{L}=C\omega_0\boldsymbol{k}$ 始终沿极轴方向。设框架的转轴为 x 轴，以弹簧和阻尼器与载体连接，弹簧常数与阻尼系数分别为 K 和 D(图 5.15)。当载体以牵连角速度 $\boldsymbol{\omega}_{\mathrm{R}}$ 绕 y 轴转动时，产生沿 x 轴负方向的陀螺力矩 $\boldsymbol{M}_{\mathrm{g}}=-\omega_{\mathrm{R}}L\boldsymbol{i}$。设框架绕 x 轴负方向的转角为 α，引起沿 x 轴的弹簧反力矩 $\boldsymbol{M}_{\mathrm{s}}=K\alpha\boldsymbol{i}$ 和阻尼力矩 $\boldsymbol{M}_{\mathrm{d}}=D\dot{\alpha}\boldsymbol{i}$。框架相对载体静止时，力矩 $\boldsymbol{M}_{\mathrm{g}}$ 与 $\boldsymbol{M}_{\mathrm{s}}$，$\boldsymbol{M}_{\mathrm{d}}$ 互相平衡，导出

$$D\dot{\alpha}+K\alpha=\omega_{\mathrm{R}}L \tag{5.3.6}$$

速率陀螺仪只有弹簧单独作用，令 $D=0$，框架转角 α 与载体角速度成正比：

$$\alpha = \left(\frac{L}{K}\right)\omega_{\mathrm{R}} \tag{5.3.7}$$

积分陀螺仪只有阻尼器单独作用，令 $K=0$，框架角速度$\dot{\alpha}$与载体角速度 ω_{R} 成正比：

$$\dot{\alpha} = \left(\frac{L}{D}\right)\omega_{\mathrm{R}} \tag{5.3.8}$$

将上式积分，导出转角 α 与载体的转角 ϕ 成正比：

$$\alpha = \left(\frac{L}{D}\right)\int_0^t \omega_{\mathrm{R}}\mathrm{d}t = \left(\frac{L}{D}\right)\phi \tag{5.3.9}$$

5.1 节注释中的傅科陀螺仪动力学方程也可直观地利用陀螺力矩概念建立。由地球自转角速度 $\boldsymbol{\omega}_{\mathrm{e}}$ 引起的陀螺力矩 $\boldsymbol{M}_{\mathrm{g}} = (C\omega_0\omega_{\mathrm{e}}\cos\phi)\alpha\boldsymbol{i}$ 沿 x 轴方向。框架的角加速度$\ddot{\alpha}$产生的惯性力矩 $\boldsymbol{M}_{\mathrm{e}} = -A\ddot{\alpha}\boldsymbol{i}$ 和轴承的阻尼力矩 $\boldsymbol{M}_{\mathrm{d}} = -D\dot{\alpha}\boldsymbol{i}$ 沿 x 轴负方向。根据达朗贝尔原理，令陀螺力矩与惯性力矩和阻尼力矩平衡，即得到傅科陀螺的动力学方程(5.1.6)。

5.4 Section 陀螺的内外环支承[4]

1987年4月，陕西省扶风县的法门寺塔基地宫结束了一千多年的沉睡。在出土的大批珍贵文物中，两件唐代"银鎏金双蜂团花纹熏香球"尤其引人瞩目(图5.17)。熏香球由上、下半球组合而成，以合页相连。上球顶接有银链，下球体内装有由两个同心圆环组成的机构。外环可通过轴承绕球体转动，内环套在外环内，可通过另一对轴承绕外环转动，盛放香料的香盂铆接在内环上(图5.18,图5.19)。外环和内环形成的两对转轴垂直相交于中心，香盂的重心在转轴的下方，以产生重力摆的效果。唐朝的达官贵人们将熏香球置于被中或系于袖内，无论球体如何倾斜，甚或倒置，香盂在重力作用下均可灵活转动而保持水平，盛在盂内的香料都不会撒出。如此巧妙的设计和精湛的工艺，显示出古人的聪明才智和古

图5.17　熏香球

代文化的光辉灿烂[5]。

令人惊叹的是,熏香球中的这种内外环机构乃是近代陀螺仪器支承机构的鼻祖。西方对这种机构最早的记载见于13世纪法国建筑师奥内库(V. Honnecourt)画的草图。1550年,意大利数学家卡尔当(G. Cardano)在他的书里重复叙述了这种设想,西方的文献迄今仍极不合理地将这种内外环机构称为卡尔当悬架(Cardan's suspension)。1663年,英国科学家胡克(R. Hooke)将内外环机构应用于连接不平行的旋转轴,在机构学里也称为胡克铰(Hooke's Joint)或万向铰。

图5.18 熏香球的内外环机构

而在中国,早在法门寺的熏香球发现以前,20世纪60年代就已在西安窖藏中发掘出多枚熏香球。关于熏香球的最早文字记载,可追溯到汉武帝建元三年(公元前138年)司马相如的《美人赋》。赋中对西汉富人床上的陈设作了生动地描绘:

“寝具既设,服玩珍奇,金鉔熏香,黼帐低垂。”

其中金鉔熏香即指金属制的熏香球。西汉刘歆的《西京杂记》对熏香球的构造有具体的解释:

“长安巧工丁缓者,又作卧褥香球,一名被中香炉。…… 为机环,转运四周,而炉体常平,可置被褥,故以为名。”

从此时算起,已比西方国家的记载早了一千多年。内外环装置在古代不仅是少数富人的玩物,也应用于暖炉、滚灯等日常和娱乐用具,在民间广为流传。

现代的陀螺仪是一种由高速旋转转子构成的精密仪器。它利用高速旋转转子的定轴性和进动性的力学现象,作为船舶、飞机和航天器的导航系统的核心元件。为了保证陀螺仪的转子既能高速旋转，又能自由改变旋转轴的方向，需要设计一种特殊的转子支承方式。本章 5.1 节中叙述的傅科陀螺仪由于悬线支承的缺陷而导致试验失败。而内外环装置恰好能满足陀螺仪转子自由改变旋转轴方向的要求。一百多年来，内外环装置已成为陀螺仪的传统支承方式[4,5]（图 5.20）。

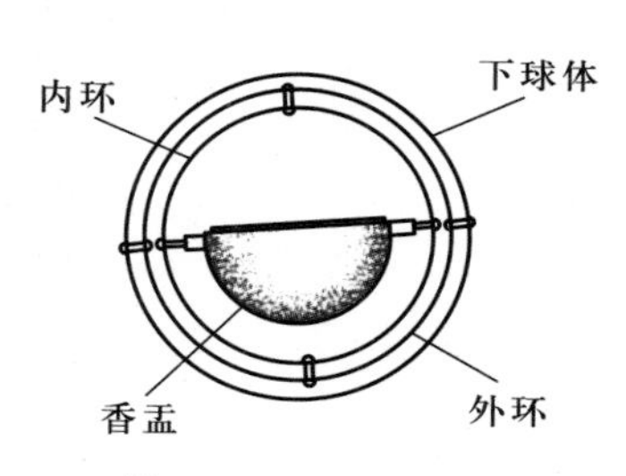

图 5.19 内外环机构

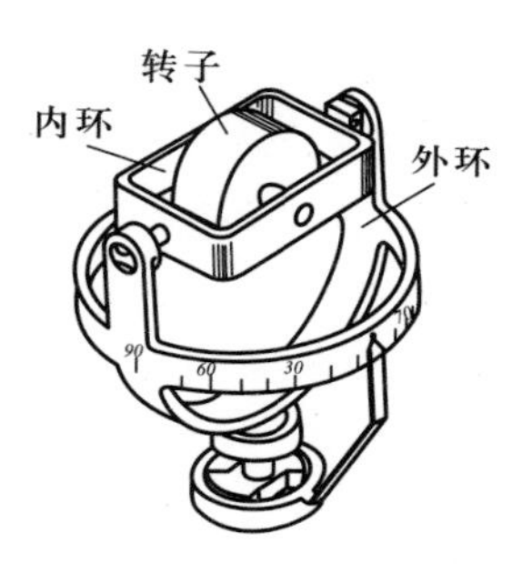

图 5.20 陀螺仪的内外环支承

随着对陀螺仪精度要求的不断提高，为克服内外环轴承中的摩擦而采取的各种措施就构成一部陀螺仪技术的发展史。例如，将内外环浸在液体中，利用液体浮力减小轴承压力，形成液浮陀螺仪；采用气体润滑轴承代替液体润滑，形成气浮陀螺仪；利用磁场斥力设计磁轴承代替滚珠轴承，形成磁浮陀螺仪。但是只要有轴承存在，摩擦力不可能完全消除。于是又出现了无接触的支承方式。将转子做成金属球形薄壁壳体，利用静电引力使金属球悬浮起来旋转，形成静电陀螺仪。静电支承技术的难度和成本都远远超过内外环支承的传统方式，但它具有当前最高的精确度，本章的 5.6 节中将作详细讨论。

陀螺的挠性轴支承[6]

5.5 Section

5.1 节中谈到了一百多年前傅科展示的第一台陀螺仪。由于悬线支承方式简陋，试验的结果并不理想。5.4 节介绍的内外环支承装置随后成为陀螺仪器普遍采用的支承方式。不过傅科的悬线支承方式并没有被完全放弃。例如有名的“斯佩里型”陀螺罗经就采用了钢丝悬挂支承，不同的是增加了控制系统，使固定钢丝的支架随同钢丝转动以消除扭转变形，钢丝就不会对转子形成束缚。

挠性轴支承是一种与悬线支承相似的支承方式。它的早期方案是从电动机里伸出一根轴与转子连接，轴上带一个柔软的细颈（图 5.21）。有趣的是，这种结构的陀螺仪很像杂技表演中的转碟。杂技演员的手好比是电动机，手里的细杆是挠性轴，旋转的瓷碟就是陀螺转子。再柔软的弹性杆也会由于弯曲产生恢复力矩，但瓷碟与细杆之间的光滑接触隔断了力矩的作用。与转碟不同，陀螺转子直接与挠性轴连接，就要面临着弹性力矩的干扰。因此转碟式的支承方式虽从根本上解决了内外环支承的轴承摩擦问题，却出现了弹性力矩的新干扰源。不过相比之下，影响轴承摩擦的随机因素太多，而弹性力矩却有规律可循。从这点来看不能不说是一大改进。

挠性轴支承方式出现以后，与轴承摩擦的斗争转化为与弹性力矩的斗争。受机械强度的限制，细颈不可能变得更细。但可以在转子上施加与弹性力矩方向相反的力矩进行补偿。具体的补偿方法很多，例如利用磁场引力，当转子偏转时令间隙变小的一侧吸力增大，另一侧吸力减小，与弹性恢复力矩平衡(图 5.22)。

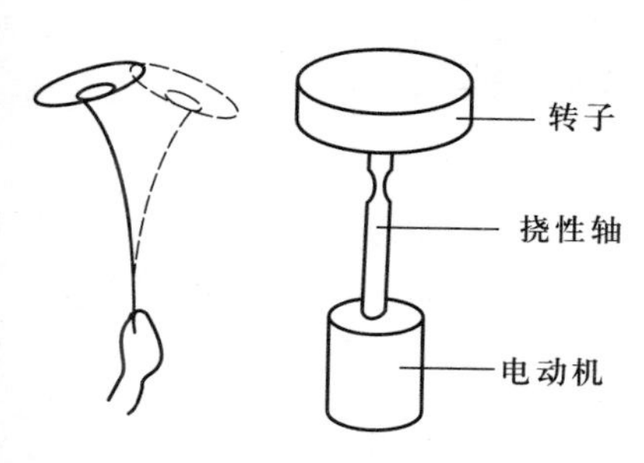

图 5.21　挠性轴支承与转碟

图 5.22　带补偿的挠性轴支承

20 世纪 60 年代中期，出现了一种更巧妙的补偿方法，即所谓的动力调谐方法。这种称为动力调谐陀螺仪(dynamically tuned gyroscope)的独特结构是在电动机的驱动轴上用一对柔软的扭杆连接一个小内环，称为平衡环。再沿 90°方向用另一对扭杆与转子连接(图 5.23)。这种转子置于内环之外的机构不同于转子在内环之内的传统支承方式。转子和平衡环在同一平面内时，驱动轴带动平衡环和转子一同绕极轴平稳旋转，扭杆不产生扭矩。转子偏转时平衡环夹在驱动轴和转子之间被迫作一种特殊的扭摆运动，产生交变的惯性力矩。调整陀螺的转速，可以使扭杆传递至转子的惯性力矩与弹性力矩相互

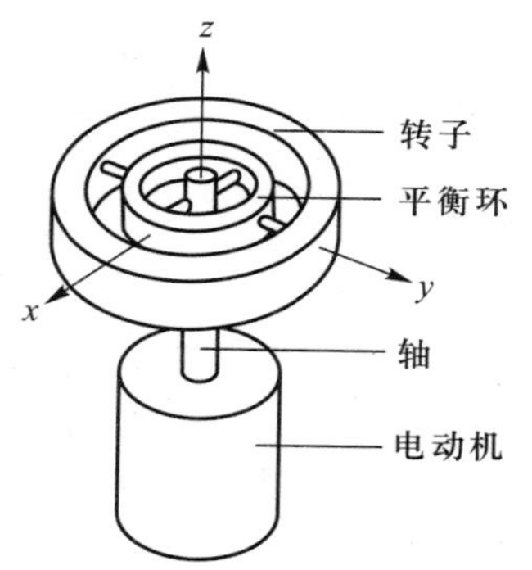

图 5.23　动力调谐陀螺仪

抵消。于是转子相对驱动轴的偏转就不会引起任何干扰。

利用液体浮力减小轴承摩擦的液浮支承曾经高居高精度陀螺仪的榜首。与液浮支承的“湿陀螺”相比，挠性支承的“干陀螺”在精度方面稍逊一筹。但由于挠性支承的结构简单、成本低廉，在航空、航天的导航系统中也占有一席之地。

注释：动力调谐陀螺仪的理论分析[7]

建立惯性参考坐标系($O-XYZ$)，OZ 轴沿驱动轴。平衡环的主轴坐标系($O-xyz$)相对($O-XYZ$)的空间位置按以下转动顺序定义的角度坐标确定(图 5.24)：

$$(O-XYZ)\xrightarrow[\alpha]{X}(O-x_1y_1z_1)\xrightarrow[\beta]{y_1}(O-xyz)$$

设转子的主轴坐标系($O-x_Ry_Rz_R$)的空间位置为绕 OX 轴偏转 θ 角。平衡环的快速摆动与极轴的缓慢进动是两种不同时间尺度的运动。分析平衡环的运动时，可以认为极轴 Oz_R 维持在惯性空间中的方位不变，θ 视为常值(图 5.25)：

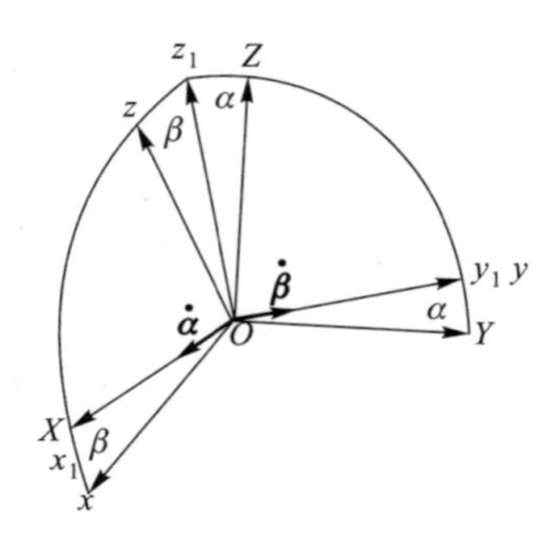

图 5.24　平衡环极轴的空间位置

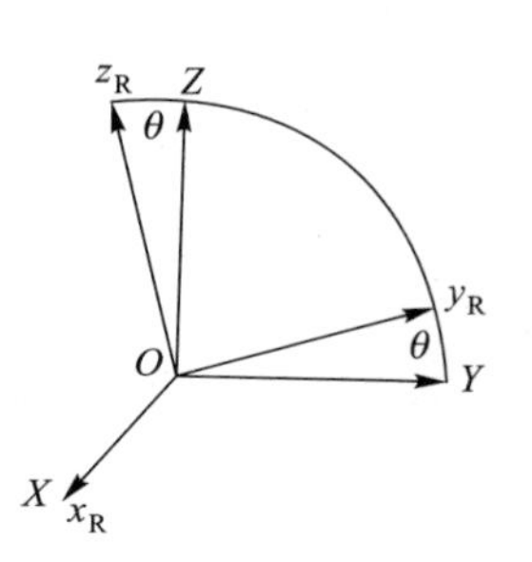

图 5.25　转子极轴的空间位置

$$(O-XYZ)\xrightarrow[\theta]{X}(O-x_{\mathrm{R}}y_{\mathrm{R}}z_{\mathrm{R}})$$

平衡环和转子的空间位置也可按以下转动顺序，由驱动轴转角和平衡环的内外扭角确定：

$$(O-XYZ)\xrightarrow[\psi]{Z}(O-x_0y_0z_0)\xrightarrow[\gamma]{x_0}(O-xyz)\xrightarrow[-\delta]{y}(O-x_{\mathrm{R}}y_{\mathrm{R}}z_{\mathrm{R}})$$

其中$(O-x_0y_0z_0)$为固结于驱动轴的坐标系，ψ为驱动轴的转角，若电机转速为ω_0，则$\psi=\omega_0t$；Ox_0为平衡环的内扭杆轴，γ为内扭杆的扭角；Oy_1为平衡环的外扭杆轴，$-\delta$为外扭杆的扭角（图5.26）。仅保留γ，δ的一次项，设$\boldsymbol{I}$，$\boldsymbol{J}$，$\boldsymbol{K}$为X，Y，Z各轴的基矢量，平衡环极轴Oz的基矢量$\boldsymbol{k}$相对$(O-XYZ)$的投影式为

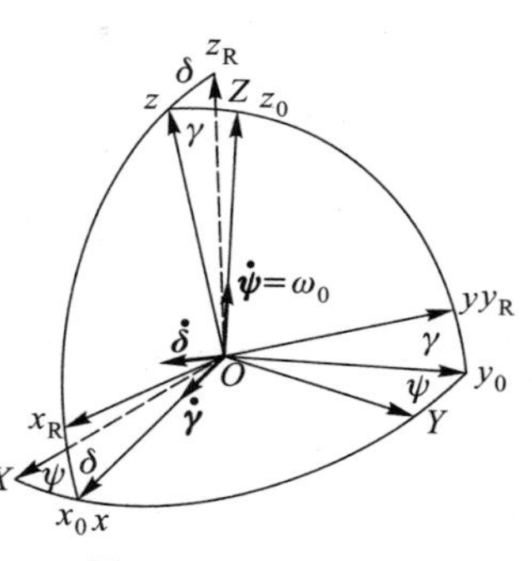

图5.26　平衡环和转子的相对扭角

$$\boldsymbol{k}=\gamma\sin\psi\boldsymbol{I}-\gamma\cos\psi\boldsymbol{J}+\boldsymbol{K}\tag{5.5.1}$$

仅保留α，β的一次项，$\boldsymbol{k}$也可表示为

$$\boldsymbol{k}=\beta\boldsymbol{I}-\alpha\boldsymbol{J}+\boldsymbol{K}\tag{5.5.2}$$

令以上二式相等，导出

$$\alpha=\gamma\cos\psi,\quad\beta=\gamma\sin\psi\tag{5.5.3}$$

转子极轴Oz_{R}的基矢量$\boldsymbol{k}_{\mathrm{R}}$相对$(O-XYZ)$的投影式为

$$\boldsymbol{k}_{\mathrm{R}}=(\gamma\sin\psi-\delta\cos\psi)\boldsymbol{I}-(\gamma\cos\psi+\delta\sin\psi)\boldsymbol{J}+\boldsymbol{K}\tag{5.5.4}$$

$\boldsymbol{k}_{\mathrm{R}}$也可表示为

$$\boldsymbol{k}_{\mathrm{R}}=-\theta\boldsymbol{J}+\boldsymbol{K}\tag{5.5.5}$$

令式(5.5.4)与(5.5.5)相等，解出

$$\gamma=\theta\cos\psi,\quad\delta=\theta\sin\psi\tag{5.5.6}$$

将式(5.5.6)代入式(5.5.3)，利用半角公式化为

$$\alpha=(\theta/2)(1+\cos2\psi),\quad\beta=(\theta/2)\sin2\psi\tag{5.5.7}$$

表明平衡环以2倍于转子旋转频率作扭摆运动，其角速度$\boldsymbol{\omega}=\dot{\gamma}\boldsymbol{i}+$

$\omega_0 \boldsymbol{K}$ 相对 $(O-xyz)$ 各轴的投影为

$$\omega_x = -\omega_0\theta\sin\psi,\quad \omega_y = \omega_0\theta\cos\psi,\quad \omega_z = \omega_0 \tag{5.5.8}$$

设驱动轴通过内扭杆作用于平衡环的力矩为 $\boldsymbol{M}_1$，平衡环通过外扭杆作用于转子的力矩为 $\boldsymbol{M}_2$，在 $(O-xyz)$ 中的投影记作 M_{ix}，M_{iy}，$M_{iz}(i=1,2)$。其中沿极轴方向的投影来自驱动轴的驱动力矩 $M_0\boldsymbol{K}$，则有

$$M_{1z} = -M_{2z} = M_0 \tag{5.5.9}$$

设内外扭杆有相同的抗扭刚度 K，则有

$$M_{1x} = -K\gamma = -K\theta\cos\psi,\quad M_{2y} = K\delta = K\theta\sin\psi \tag{5.5.10}$$

将 $M_x = M_{1x} - M_{2x}$ 沿 x 轴的投影，平衡环的赤道惯量矩 A，极惯量矩 C 和 $\boldsymbol{\omega}$ 的投影 (5.5.8) 代入平衡环沿 x 轴的欧拉方程 (A.3.12a)，导出

$$M_{2x} = -[K-(2A-C)\omega_0^2]\theta\cos\psi \tag{5.5.11}$$

平衡环沿 y 轴的欧拉方程将 M_{2x}，M_{2y} 变换到惯性坐标轴 OX 和 OY，得到

$$\begin{aligned} M_{2X} &= [-K+(2A-C)\omega_0^2\cos^2\psi]\theta \\ M_{2Y} &= (2A-C)\omega_0^2\theta\cos\psi\sin\psi \end{aligned} \tag{5.5.12}$$

计算 M_{2X}，M_{2Y} 在 ψ 的一个周期内的平均值，得到

$$\begin{aligned} \langle M_{2X}\rangle &= \frac{1}{2\pi}\int_0^{2\pi} M_{2X}\mathrm{d}\psi = -\left[K-\left(A-\frac{C}{2}\right)\omega_0^2\right]\theta \\ \langle M_{2Y}\rangle &= \frac{1}{2\pi}\int_0^{2\pi} M_{2Y}\mathrm{d}\psi = 0 \end{aligned} \tag{5.5.13}$$

调整 A，C，K，ω_0 等参数，使满足

$$K-\left(A-\frac{C}{2}\right)\omega_0^2 = 0 \tag{5.5.14}$$

则 $\langle M_{2X}\rangle = 0$，转子偏转所引起的弹性扭矩的平均效应被平衡环的惯性力矩完全补偿。

5.6 Section 陀螺的静电支承[8,9]

“顿牟掇芥”是东汉时期王充所著《论衡·乱龙篇》中的一句话。所谓“顿牟”就是玳瑁，芥是指芥菜籽。就是说摩擦过的玳瑁能吸引芥菜籽之类的轻微物体。这也许是人类对自然界中静电引力现象的最早文字记载。人类对静电现象的观察打开了认识电的大门。在人类社会已普遍电气化的今天，像静电除尘、静电喷涂、静电纺纱等技术都是静电引力的具体应用。1952 年美国伊利诺伊大学的诺德西克(A. Nordsieck)教授提出了一个大胆的设想，能不能利用静电引力构成一种全新的无接触的转子支承系统。这个设想经过几十年的不懈努力已经得到了实现。利用静电支承的陀螺仪(electrostatically suspended gyroscope)已成为当今最高精度的陀螺仪。

观察一只普通的平板电容器，充电后两片导体带有不同极性的电荷而相互吸引(图 5.27)。单位面积吸力 f 的大小取决于电压 U 和间隙 d：

$$f=\frac{1}{2}\varepsilon\left(\frac{U}{d}\right)^{2}$$

其中 ε 为介电常数，真空中 $\varepsilon=8.85\times10^{-12}$ F/m。如 $U=2800$ V，$d=0.25$ mm，则每平方厘米的静电引力仅为 0.1 N。可见静电引力非常微弱，要承担陀螺仪的支承任务，不仅要提高电压，减小间隙，还要尽量减小转子的重量。实际的静电陀螺仪是一只用轻金属铍制成的薄壁球形转子，悬浮在球形腔体内。腔体内侧沿三个直角坐标轴划分为三对电极，与转子的间隙仅为数微米，电压高达数千伏，以产生对转子的静电支承力。由于静电吸力随间隙的减小而增大，因此吸力作用下的平衡是不稳定平衡，稍受扰动，转子就会被吸引与电极相撞。因此必须借助特殊的控制系统，使电极与转子的间隙减小时，自动调整电极的电压以减小吸力，从而使静电引力如同弹簧一样将转子稳定在球腔的中央(图 5.28)。为防止高电压下出现击穿放电，球腔内必须保持超高真空。

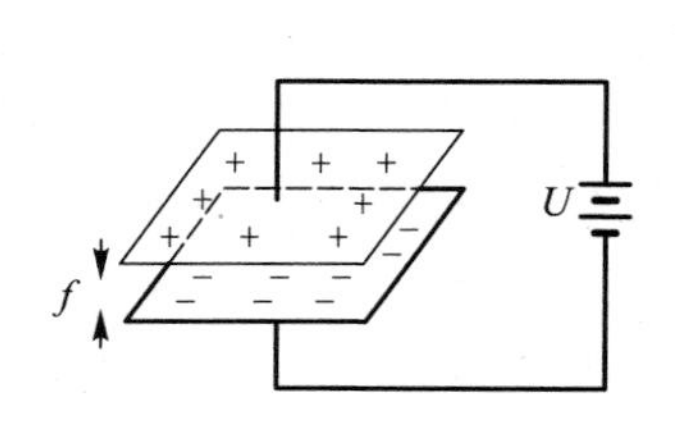

图 5.27　平板电容器

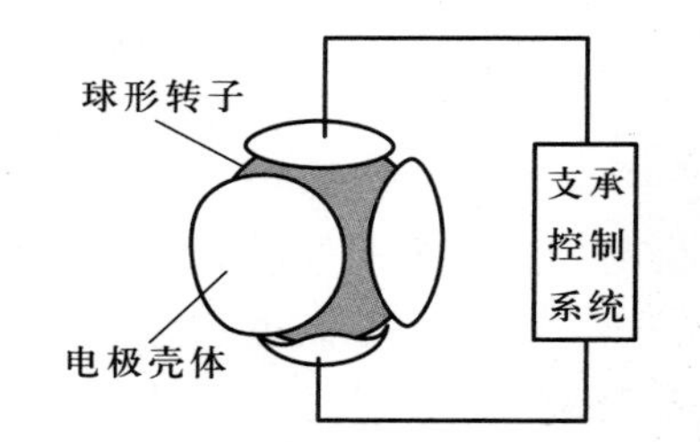

图 5.28　静电支承陀螺仪

静电陀螺转子的运动接近于无力矩状态下的惯性运动，即 1.3 节中提到的欧拉情形刚体定点运动。为避免球对称刚体绕任意轴都能作永久转动的随遇性，必须在转子的赤道面周围加大厚度，使极轴成为惯量主轴。当静止的转子在外加的旋转磁场作用下完成驱动过程以后，它的普遍运动形式是一面绕极轴旋转，一面极轴围绕动量矩矢量作圆锥运动，即 1.3 节注释中说明的陀螺章动。利用阻尼力矩可以使陀螺的章动转变为绕主轴的永久转动，进入陀螺仪的工作状态。关于这种转变过程的理论分析，读者可参阅 5.15 节的注释。

上述无接触的支承方式可以使陀螺仪的干扰减少到最低程度。由于静电引力沿导体的法线方向，在理想球形的转子上都通过球心，不会构成对球心的力矩。唯一的干扰因素来自转子对球形的偏离。即使加工得极其完美的球壳，一旦旋转起来，也会由于离心力引起的弹性变形而偏离球形。于是出现了用实心球代替空心球的改进方案。在微弱的静电支承条件下，这实心球必须做得很小。球的赤道面内必须嵌入密度不同的金属细棒以形成惯量主轴。有趣的是，如果将嵌入的金属棒故意偏向一侧，使小球的质心在赤道面内偏离球的几何中心，则转子进入稳态旋转阶段时，它的旋转轴就不会通过转子的球心，也不会通过球腔的球心。转子边旋转边作侧向摆动，转子与球腔之间的间隙作周期性变化。所检测到的信息与转子极轴在球腔内的方位有关，对信息进行处理，就能确定转子极轴在球腔内的方位。

注释：偏心转子侧摆运动的理论分析[10]

以球腔中心 O_0 为中心建立惯性参考坐标系(O_0-XYZ)，O_0Z 轴与稳态转动的转子极轴平行，(X,Y)坐标面与转子的赤道面重合。设转子的球心 O 至质心 O_c 的偏心矢量为 $\boldsymbol{\Delta}$，O_0 至 O 和 O_0 至 O_c 的矢量分别为 $\boldsymbol{e}$ 和 $\boldsymbol{\rho}$。偏心矢量 $\boldsymbol{\Delta}$ 随转子以角速度 ω_0 匀速转动，有

$$\boldsymbol{\Delta}=\Delta(\cos\omega_0 t\boldsymbol{I}+\sin\omega_0 t\boldsymbol{J}) \tag{5.6.1}$$

转子上作用的外力 $\boldsymbol{F}$ 包括静电支承力和阻尼力，分别与球心 O 的线位移 $\boldsymbol{e}$ 和位移速度 $\dot{\boldsymbol{e}}$ 成正比(图 5.29)：

$$\boldsymbol{F}=-K\boldsymbol{e}-D\dot{\boldsymbol{e}} \tag{5.6.2}$$

设转子的质量为 m，列出转子质心运动的动力学方程：

$$m\ddot{\boldsymbol{\rho}}=-K\boldsymbol{e}-D\dot{\boldsymbol{e}} \tag{5.6.3}$$

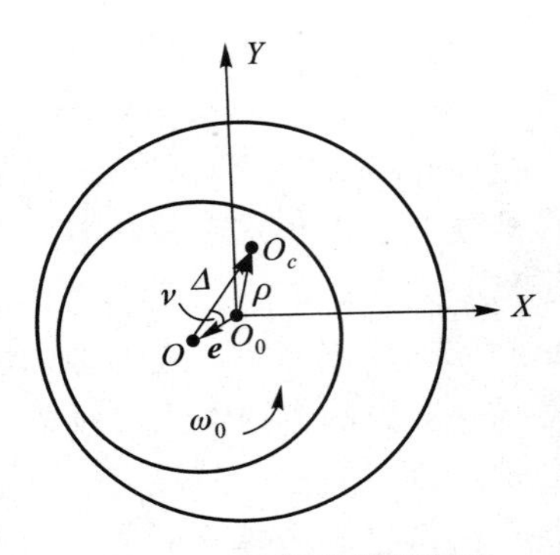

图 5.29　转子的侧摆运动

其中 $\boldsymbol{\rho}=\boldsymbol{e}+\boldsymbol{\Delta}$。将 (X,Y) 坐标面视为复数平面，此矢量方程在 X 轴和 Y 轴上的投影可用复变量 $z=e_X+\mathrm{i}e_Y$ 表示为

$$\ddot{z}+2nk\dot{z}+k^2z=\Delta\omega_0^2\exp(\mathrm{i}\omega_0 t) \tag{5.6.4}$$

其中

$$k=\sqrt{\frac{K}{m}},\quad n=\frac{D}{2km} \tag{5.6.5}$$

方程(5.6.4)存在与稳态运动对应的非齐次特解：

$$z=z_0\exp[\mathrm{i}(\omega_0 t-\nu)] \tag{5.6.6}$$

其矢量形式为

$$\boldsymbol{e}=e_0[\cos(\omega_0 t-\nu)\boldsymbol{I}+\sin(\omega_0 t-\nu)\boldsymbol{J}] \tag{5.6.7}$$

此即转子球心 O 的侧摆运动规律。e_0 和 ν 均与转速有关：

$$\frac{e_0}{\Delta}=\frac{s^2}{\sqrt{(1-s^2)^2+n^2s^2}},\quad \nu=\arctan\left(\frac{2ns}{1-s^2}\right) \tag{5.6.8}$$

其中 $s=\omega_0/k$ 为量纲一化的转速。侧摆的幅值 e_0 与质量偏心 Δ 成正比，当转速 ω_0 接近固有频率 k 时，侧摆的幅值急剧增大产生谐振现象。由于矢量 $\boldsymbol{\Delta}$ 和 $\boldsymbol{e}$ 相对 X 轴的倾角分别为 $\omega_0 t$ 和 $\omega_0 t-\nu$，相差 ν 的几何意义即矢量 $\boldsymbol{e}$ 与 $\boldsymbol{\Delta}$ 之间的夹角。

5.7 Section 陀螺垂直仪

陀螺仪是利用高速旋转转子的力学特性指示方向的仪器。根据动量矩定理，无力矩作用的刚体的动量矩守恒。对于绕极轴旋转的轴对称刚体，动量矩的方向和刚体的极轴方向完全一致。因此无力矩作用时刚体的极轴在惯性空间里保持确定的方向不变。绕极轴自转的地球，其极轴永远指向北极星就是极好的例子。由质心与支承中心完全重合的转子构成的陀螺仪称为自由陀螺仪。将自由陀螺仪的极轴对准宇宙中任何一颗恒星，在不受干扰情况下，极轴将永远指向这颗恒星而形成物质化的惯性坐标轴。利用三个自由陀螺仪分别指向不共面的三颗恒星，就能建立起惯性坐标系，从而为太空中遨游的航天器导航系统提供基准。

但是对于沿地球表面运动的车辆、船舶和飞机而言，必须以地理坐标系作为导航的基准。惯性坐标系必须经过复杂的计算才能转换成地理坐标系。如果陀螺仪能直接指示地垂线和子午线，就能直接建立起地理坐标系，使导航系统的操作更为方便。由于运动中的车辆、船舶和飞机相对地球的位置不断改变，地球本身也在惯性空间里不停转动，使得地垂线和子午线的方向也随之改变。如何向陀螺仪施加力矩使极轴在空间中进动，以随时跟踪地垂线或子午线的指向就成为陀螺仪设计的关键问题。

指示地垂线比较容易，用一个静止的单摆就能实现。瓦工砌墙就是用这种传统方法找垂直。但单摆不能用于运动中的载体，因为当支点有加速度产生时，单摆在惯性力作用下立刻偏离地垂线。即使载体静止不动，单摆也会在微小扰动作用下偏离地垂线作等幅自由摆动。根据1.4节注释中的叙述，如果陀螺的重心位于支点的下方，绕垂直轴的转动就能在重力矩作用下维持稳定。因此将自由陀螺仪的重心沿极轴向下偏移，可以构成指示地垂线的仪器，称为陀螺摆(gyro-pendulum)(图5.30)。

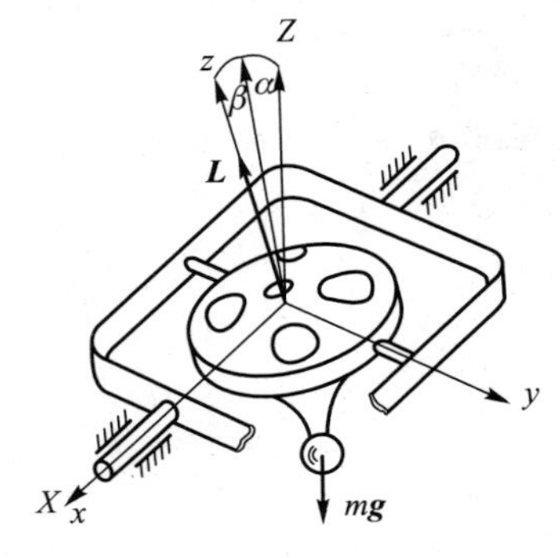

图5.30　陀螺摆

陀螺摆的抗干扰能力远远超过单摆。设 M 为单摆或陀螺摆的相对支点的干扰力矩，m 和 l 为单摆或陀螺摆的质量和重心至支点的距离，则单摆在干扰力矩作用下以角加速度 M/ml^2 迅速偏离地垂线。设极轴偏离地垂线的角度为 θ_0，转子的极惯量矩和角速度分别为 C 和 ω_0，则陀螺摆的进动角速度为 $\dot{\psi}_0=M/C\omega_0\cos\theta_0$。当转子快速旋转以产生足够大的动量矩 $C\omega_0$ 时，同样的干扰力矩 M 只能引起陀螺摆缓慢地进动，而不会扩大偏离的程度。

陀螺摆的重力矩驱使极轴沿圆锥面进动，章动角 θ_0 维持不变但不会减小。要使陀螺摆能指示地垂线还必须利用阻尼因素。对于单摆的简单情形，支座存在阻尼时其自由摆动的幅度会不断衰减，最终趋于静止。与此类似，在陀螺摆里增加阻尼因素也能使章动角 θ_0 衰减为零。极轴的顶点轨迹从围绕地垂线的圆弧转变为向地垂线趋近的螺旋线。这种以迂回的方式趋近地垂线的方案还不够理想。更合理的方案是使极轴直接沿径向朝地垂线方向进动，这就需要施加沿径向的修正力矩，采用这种方案的陀螺仪称为径向修正的垂直陀螺仪(gyro－vertical)。最简单的技术方案是在陀螺仪的内环上悬挂重力摆式的小活门，遮掩住压缩空气的通道。极轴处于垂直状态时活门将气隙完全遮掩。当极轴带动内环偏离地垂线时，活门露出部分气隙，使从气隙喷出的压缩空气所产生的反冲力恰好构成对支点的径向修正力矩(图 5.31)。更普遍的径向修正方案是利用自动控制技术。将分离的重力摆和力矩器构成控制回路，重力摆元件测出的内环偏角信息传输到力矩器元件，产生沿径向的控制力矩实现径向修正作用。

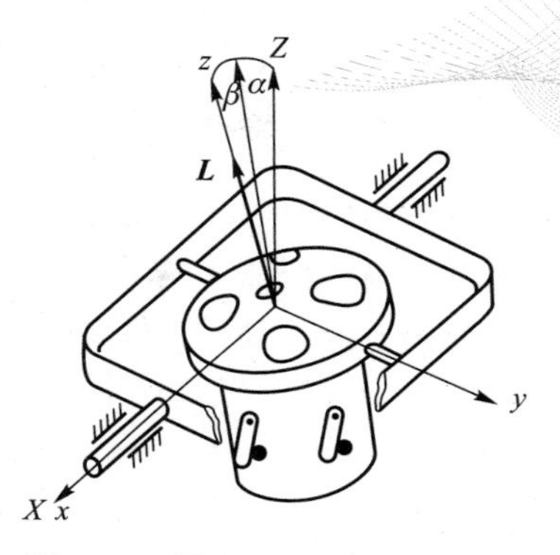

图 5.31 径向修正的垂直陀螺仪

注释：垂直陀螺仪的理论分析[2]

以转子的支承中心 O 为原点，建立惯性坐标系($O-XYZ$)，X 轴和 Y 轴为水平轴，Z 轴沿地垂线向上。设起始时陀螺仪的内框架坐标系($O-xyz$)与($O-XYZ$)重合，极轴指向地垂线。受扰后($O-xyz$)相对($O-XYZ$)的位置按以下顺序转动的角度坐标确定：

$$(O-XYZ)\underset{\alpha}{\overset{X}{\longrightarrow}}(O-x_0y_0z_0)\underset{\beta}{\overset{y_0}{\longrightarrow}}(O-xyz)$$

其中 α 和 β 为外框架绕 x_0 轴和内框架绕 y 轴的转角，z 轴为转子极轴(图 5.32)。忽略地球自转的影响，框架偏角很小时，仅保留 α 和 β 的一次项，内框架的角速度 $\boldsymbol{\omega}_R$ 在($O-xyz$)中的投影为

$$\boldsymbol{\omega}_{\mathrm{R}}=\dot{\alpha}\boldsymbol{i}+\dot{\beta}\boldsymbol{j} \tag{5.7.1}$$

对于陀螺摆情形，设支承中心 O 至重心 O_c 的矢径 $\boldsymbol{l}=-l\boldsymbol{k}$ 沿 z 轴的负方向，重力 $m\boldsymbol{g}$ 沿 Z 轴的负方向，则重力对 O 点的力矩 $\boldsymbol{M}$ 沿 y 轴的负方向：

$$\boldsymbol{M}=\boldsymbol{l}\times m\boldsymbol{g}=-mgl(\alpha\boldsymbol{i}+\beta\boldsymbol{j}) \tag{5.7.2}$$

设转子以角速度 ω_0 匀速自旋，极惯量矩为 C，陀螺仪的动量矩为 $\boldsymbol{L}=C\boldsymbol{\omega}_0\boldsymbol{k}$，与极轴方向一致。代入陀螺进动方程(A.3.14)：

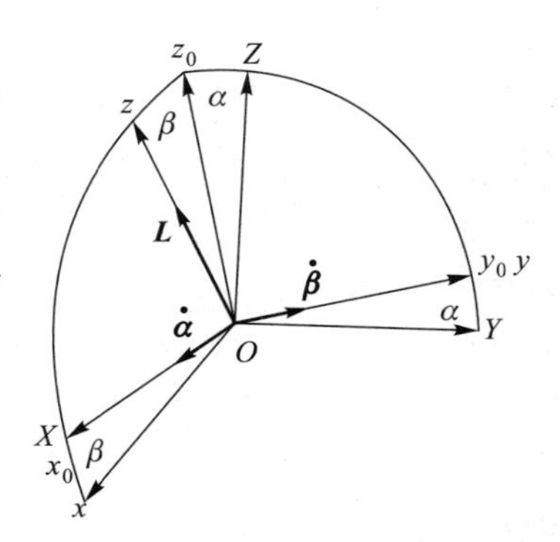

图 5.32　确定垂直陀螺仪位置的坐标系

$$\boldsymbol{\omega}_{\mathrm{R}}\times\boldsymbol{L}=\boldsymbol{M} \tag{5.7.3}$$

得到沿 x 轴和 y 轴的投影式：

$$\dot{\beta}+k\alpha=0$$

$$\dot{\alpha}-k\beta=0 \tag{5.7.4}$$

其中常数 $k=mgl/L$。将方程组(3.7.4)的第二式对时间 t 求导，与第一式消去$\dot{\beta}$，得到

$$\ddot{\alpha}+k^2\alpha=0 \tag{5.7.5}$$

表明转子的极轴在地垂线附近往复摆动。周期为

$$T=\frac{2\pi L}{mgl} \tag{5.7.6}$$

与摆长相同，惯量矩为 A 的复摆周期 $T=2\pi(A/mgl)^{1/2}$ 相比，当转速足够快时陀螺摆的进动周期远远大于复摆的摆动周期。

对于径向修正的垂直陀螺仪情形，其修正力矩为

$$\boldsymbol{M}=M_0(-\beta\boldsymbol{i}+\alpha\boldsymbol{j}) \tag{5.7.7}$$

代入进动方程(A.3.14)，其沿 x 轴和 y 轴的投影式为

$$\left.\begin{aligned}\dot{\beta}+k\beta=0\\\dot{\alpha}+k\alpha=0\end{aligned}\right\}\tag{5.7.8}$$

其中 $k=M_0/L$。方程组(5.7.8)存在指数函数解:

$$\alpha=\alpha_0\exp(-kt),\ \beta=\beta_0\exp(-kt)\tag{5.7.9}$$

极轴沿径向朝地垂线趋近。

陀螺罗经

5.8 Section

相比于指示地垂线，指示方位的技术要困难得多。传说先祖黄帝在四千多年以前就已造出了指南车，但它的指南原理已无从考证。战国时代发明了将勺形磁铁放在光滑的铜盘上指南的器具，称为“司南”。这种利用地球磁场指示方位的指南针是中国古代四大发明之一，北宋末期已作为导航仪器应用于航海事业。指南针于12世纪经阿拉伯国家传入西方，成为远洋船队必备的磁罗盘。但磁罗盘只能用于木制船舶。19世纪出现铁制船舶以后，由于铁船对地球磁场的干扰，已不可能再使用磁罗盘指示方位。探索新的指向仪器成为当时航海大国的迫切任务。1852年傅科展示的第一台陀螺仪虽未能成功证明地球自转，但却给出了重要的启示：利用陀螺仪的特殊力学现象可以指示地球的自转轴，以代替磁罗盘指示的地球磁轴。5.1节的注释中曾经证明，在地球自转牵连运动的影响下，傅科陀螺仪的转子极轴可由于陀螺力矩的作用趋向与子午线一致。但由于地球自转角速度极小，这种定向作用极其微弱，很难克服轴承摩擦的干扰。而且傅科陀螺仪的框架轴必须严格与地垂线一致，稍有倾斜即导致严重误差。因此还不能直接将傅科陀螺仪代替磁罗盘用于船舶导航。

1908年德国人安休茨(H. Anschütz-Kaempfe)设计造成了第一台自动指北的陀螺仪。大约与此同时，1911年美国人斯佩里(E. A. Sppery)也造出了类似的陀螺仪。两种仪器的结构不同，但基于相同的力学原理。这种船用指北的陀螺仪通常称为陀螺罗经(gyro-compass)。

为说明陀螺罗经的工作原理，先观察一个用内外环支承的陀螺仪，外环轴固定在地球北半球上的 P 点，转子的极轴 z 可以自由转动。假设极轴起先沿子午线方向指北，过了短暂时刻，由于地球的自转，P 点沿纬线自西向东转到了新位置 P'处(图5.33)。如没有外力矩作用，陀螺应保持定轴性，极轴在惯性空间中的指向不变。对于地球上的观测者而言，陀螺的极轴将向东偏离子午线，而且将微微抬起而不再保持水平。如果在安装转子的内环框架下方增加配重，使内环和转子组合件的重心向下偏离支承中心形成下摆，则由于框架抬头而产生沿纬线向西的重力矩，使极轴向西进动，回到与子午线一致的方向。

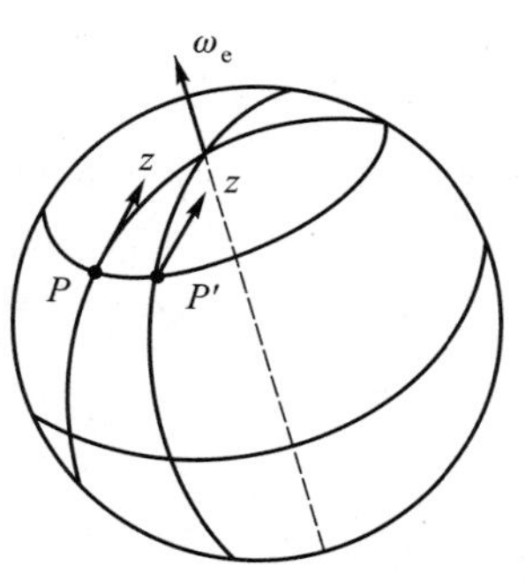

图5.33　陀螺罗经的工作原理

上述陀螺罗经的工作原理与傅科陀螺仪有些相似。但傅科陀螺仪是单框架陀螺仪，是依靠地球自转产生的陀螺力矩使极轴进动跟踪子午线。而陀螺罗经的转子极轴可自由转动，是依靠重力摆产生的力矩代替微弱的陀螺力矩起定向作用。安休茨和斯佩里就是根据这个原理制造出实用的陀螺罗经。区别仅在于，安休茨陀螺罗经是将转子放在一个漂浮在液体中的球体内，而斯佩里陀螺罗经是利用带控制系统的钢丝悬挂支承。

陀螺罗经从理论到具体实现必须克服的主要困难是船的摇

摆。当船体在风浪中作幅度很大的摇摆时，固定在船体上的外环轴带动内环也随之摇摆。在内环和转子组合件的重心上产生的惯性力对支承中心的力矩干扰了罗经的正常工作。为克服摇摆误差，陀螺罗经沿两条不同的路径发展。安休茨陀螺罗经不是直接与船体固定，而是放在漂浮在液体中的球体内，船体摇摆不能直接带动罗经摇摆，可采取措施使球体尽量保持垂直状态以消除摇摆误差。

斯佩里陀螺罗经采用了另一种解决方案。即用一个液体连通器代替内环和转子组合件的下摆。由于液体的黏性，当连通器随同内环和转子组合件倾斜时，液体因流动造成的重心移动与容器的转动之间存在90°的相位差。因此在摇摆角到达最大值时，液体摆偏离垂线的角度最小。而液体摆的最大偏移发生在摇摆角接近零的位置。换言之，惯性力最大时力臂接近零；而力臂最大时惯性力接近零。也能达到消除摇摆误差的效果。

陀螺罗经自发明以来已经历了一个世纪。这种巧妙利用地球自转效应的导航仪器的出现，为远洋航运事业翻开了新的一页。历经一百年的陀螺罗经虽然力学原理没有变化，但在技术上不断改进。如在内框架上安装重力摆元件，将检测到的倾角信息传输到力矩器向内框架轴施加修正力矩。这种利用自动控制技术实现的陀螺罗经已在船舶中被普遍采用。

注释：陀螺罗经的理论分析[2]

利用5.1节的注释中定义的地理坐标系(O-XYZ)为参考坐标系，原点O为转子的支承中心，X轴沿地垂线向上，Y轴沿纬线向东，Z轴沿子午线向北(图5.4)。设起始时陀螺仪的内框架坐标系(O-xyz)与(O-XYZ)重合，极轴指向子午线。受扰后(O-

xyz）相对（$O-XYZ$）的位置仍由 5.7 节的注释和图 5.34 确定的角度坐标 α，β 确定，但坐标轴有不同的定义。其中外框架转角 α 为极轴相对子午线的偏角，内框架转角 β 为极轴相对水平面的偏角。与垂直陀螺仪不同，分析陀螺罗经的运动时，地球自转是起关键作用的因素而不允许忽略。设地球自转角速度为 ω_e，陀螺仪所在的纬度为 ϕ，轴对称转子绕极轴的角速度应保持常值 ω_0。框架偏角很小时，仅保留 α 和 β 的一次项，内框架的角速度 $\boldsymbol{\omega}_R$ 相对（$O-xyz$）的分量为

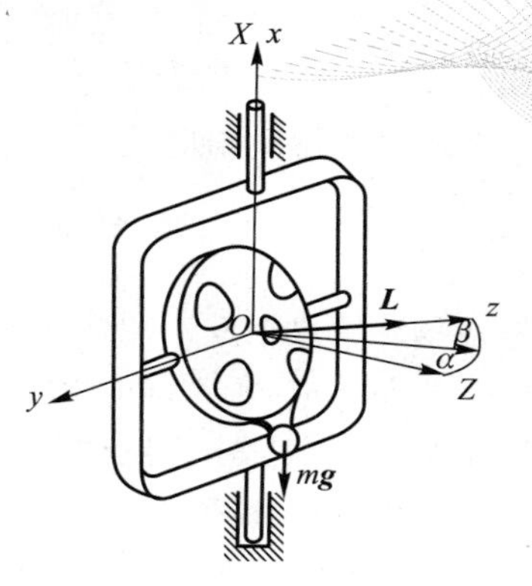

图 5.34　陀螺罗经

$$\omega_{Rx}=\dot{\alpha}+\omega_e(\sin\phi-\beta\cos\phi)$$
$$\omega_{Ry}=\dot{\beta}+(\omega_e\cos\phi)\alpha$$
$$\omega_{Rz}=\omega_e(\cos\phi+\beta\sin\phi) \tag{5.8.1}$$

设支承中心 O 至重心 O_c 的矢径 $\boldsymbol{l}=-l\boldsymbol{i}$ 沿 x 轴的负方向，重力 $m\boldsymbol{g}$ 沿 X 轴的负方向，则重力对 O 点的力矩 $\boldsymbol{M}$ 沿 y 轴的负方向：

$$\boldsymbol{M}=\boldsymbol{l}\times m\boldsymbol{g}=-mgl\boldsymbol{j} \tag{5.8.2}$$

设转子以角速度 ω_0 匀速自旋，极惯量矩为 C，陀螺仪的动量矩 $\boldsymbol{L}=C\omega_0\boldsymbol{k}$ 沿极轴方向。代入陀螺进动方程（A.3.14）：

$$\boldsymbol{\omega}_R\times\boldsymbol{L}=\boldsymbol{M} \tag{5.8.3}$$

得到沿 x 轴和 y 轴的投影式：

$$\dot{\beta}+(\omega_e\cos\phi)\alpha=0$$
$$\dot{\alpha}-\mu\beta=\omega_e\sin\phi \tag{5.8.4}$$

其中常数 μ 定义为

$$\mu=\frac{mgl}{L}+\omega_e\cos\phi \tag{5.8.5}$$

将方程组（5.8.4）的第二式对时间 t 求导，与第一式消去 $\dot{\beta}$，得到

$$\ddot{\alpha}+k^2\alpha=0 \tag{5.8.6}$$

表明转子的极轴随框架在子午线附近作角频率为 $k=(\mu\omega_e\cos\phi)^{1/2}$的往复摆动。利用附录 A.5 中的式(A.5.10)确定陀螺罗经的摆动周期

$$T=\frac{2\pi}{\sqrt{\mu\omega_e\cos\phi}} \tag{5.8.7}$$

与傅科陀螺仪相反，陀螺的转速愈快，周期愈长。陀螺罗经的周期一般设计成 84.4 min，称为舒勒周期。关于这个特殊周期的详细情形将在下文中详细讨论。

要使陀螺罗经实际应用于航海，还必须消除极轴围绕子午线的周期极长的往复振荡。为此必须采取各种阻尼方案，使极轴的等幅振动转变为衰减振动。此外，还必须解决由于船舶在海浪中的摇摆所引起的指示误差问题。就不一一详述了。

5.9 Section 舒勒周期

手执悬挂重物的细线构成一只单摆。单摆的支点静止不动时总是沿地垂线指向地球中心。可是当你向前移动产生加速度时，单摆就会受到惯性力的干扰向后偏离地垂线。偏转的角度和单摆的长度有关。摆的长度愈长，偏转的角度愈小。考虑到地球表面是一个球面，当你沿球面上的大圆弧向前移动时，指向地心的地垂线也向后偏转。于是产生一个有趣的问题：如果增加单摆的长度，使单摆的偏转角度与地垂线的偏转角度完全一致，单摆不就能永远指向地球中心不受支点运动的干扰吗。这样的单摆该有多长呢?

这个问题的实际意义在于：行进中的船舶、飞机和车辆常需要一个稳定的平台作为导航系统、火炮系统或各种测量系统的基准。单摆是模拟地垂线的最简单的工具，但存在易受干扰的致命弱点，实际使用的平台不可能采用单摆。但在理论上探讨如何使单摆免受载体加速度的干扰，对于稳定平台的设计还是很有意义的。

1916年德国物理学家舒勒(M. Schuler)从理论上证明：如果

将单摆的摆长增加到与地球半径 R 相等，则无论载体的加速度有多大，单摆可始终与地垂线方向保持一致。也就是说，摆长等于地球半径的单摆可以免除加速度的干扰。利用附录 A.5 中的单摆周期公式(A.5.10)，令摆长 $l=R$，得到

$$T=2\pi\sqrt{\frac{R}{g}}$$

将地球半径 $R=6\ 371$ km，地球表面重力加速度 $g_0=9.81\ \mathrm{m/s^2}$ 代入，可算出长度等于地球半径的单摆周期为 84.4 min。这个能避免加速度干扰的特殊振动周期称为舒勒周期(Schuler's period)[11]。

尽管在理论上成立，但长度等于地球半径的单摆根本无法实现。如支点沿地球表面运动，摆锤不可能穿透地球摆动。唯一的可能是将支点放在轨道高度超过地球半径 R 的空间站上，半径等于 R 的单摆方有可能摆起来(图 5.35)。根据下节对空间站中单摆运动的分析，单摆除受重力作用以外，还必须考虑支点圆周运动所产生的离心惯性力。此惯性力与支点处的重力 mg_0 平衡，单摆的作用力等于摆锤的重力 mg 与支点的惯性力 $-mg_0$ 之和。当支点 O 与地心 O_e 的距离为摆锤 P 与地心距离 R 的两倍时，地球引力应相差 4 倍。如摆锤 P 沿地球表面运动时的重力加速度为 $g=9.81\ \mathrm{m/s^2}$，则支点 O 的重力加速度为 $g_0=g/4$。忽略大气层阻力的影响，将上述单摆周期公式中的 g 以 $g-g_0=3g/4$ 代替，算出

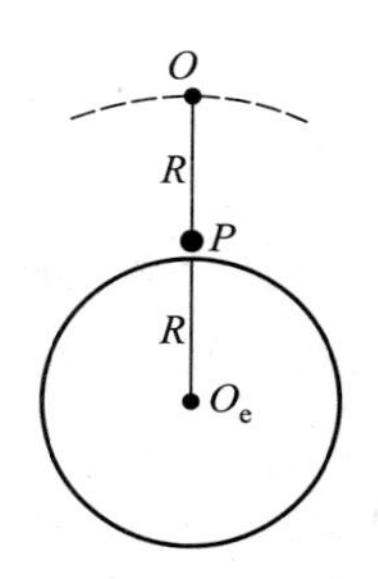

图 5.35　摆长等于地球半径的单摆

$$T=2\pi\sqrt{\frac{R}{(3g/4)}}=\sqrt{\frac{4}{3}}\left(2\pi\sqrt{\frac{R}{g}}\right)=1.15T_0=97.4\ \mathrm{min}$$

由此可见，即使采用这种方案能使摆长等于地球半径的单摆付诸实现，但它的周期已不再是舒勒周期了。

既然用单摆不可能实现舒勒周期，能不能用复摆实现呢？设复摆的质量为 m，相对支点的惯量矩为 J，质心与悬挂点的距离为 l，代入 4.3 节注释中的复摆周期公式(4.3.4)，将惯量矩 J 用惯量半径 ρ 表示为 $J=m\rho^2$，写作

$$T=2\pi\sqrt{\frac{J}{mgl}}=\frac{2\pi\rho}{\sqrt{gl}}$$

设惯量半径 ρ 为 10 cm，将 $T=84.4$ min 代入后，算出 $l=0.04$ μm。要精确控制如此微小的距离在技术上也是难以实现的。

于是想到了周期远远大于复摆或单摆的陀螺摆。设陀螺摆的质量为 m，质心与悬挂点的距离为 l，转子的旋转角速度为 ω_0，半径为 r 的圆盘形转子的惯量矩为 $J=mr^2/2$，代入式(5.7.6)，周期公式为

$$T=2\pi\left(\frac{J\omega_0}{mgl}\right)=\frac{\pi r^2\omega_0}{gl}$$

对于转子半径为 $r=5$ cm，$l=2$ cm 的陀螺摆，将 $T=84.4$ min 代入后，算出转子的转速约为 12 000 r/min。技术上完全可以实现。

实现不受干扰平台的更好的方案是利用自动控制技术。在平台上水平安装一个能测量加速度的加速度计。最简单的加速度计就是一个质量弹簧振子，振子的位移与惯性力成正比，即与加速度成正比。设想平台处于理想的水平状态，当载体沿地球表面以加速度 a 作加速运动时，水平面以角速度 $\omega=v/R$ 转动。将加速度计将测得的加速度信息 a 输入积分环节，转化为速度信息 v。然后对平台施加控制力矩使平台转动，产生与 v 成正比的转动角速度 $\omega=v/R$。于是平台的转动就与地垂线的转动同步，从而维持平台的水平状态(图 5.36)。当平台以微小偏角 θ 偏离水平面

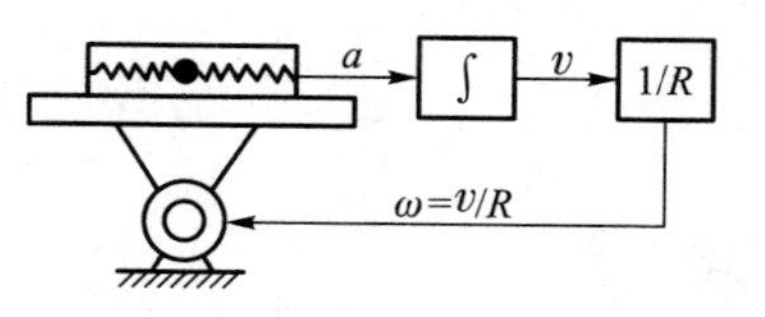

图 5.36　惯性导航平台

时，加速度计出现由于重力导致的错误信息 $-g\theta$，这个错误信息经过积分后产生错误控制力矩使平台转动，转动角速度为

$$\omega = \dot{\theta} = -\frac{1}{R}\int g\theta \mathrm{d}t$$

将上式各项对 t 微分一次，得到的平台动力学方程与摆长等于地球半径的单摆相同：

$$\ddot{\theta}+\left(\frac{g}{R}\right)\theta=0$$

从而推断，当平台受到干扰在水平面附近摆动时，摆动的周期就是舒勒周期。

用这种控制方法实现一个稳定的平台，将平台上安装的加速度计测得的加速度信息积分两次，即得到载体历经的距离信息。结合用陀螺仪测出的平台的方位，就能确定载体在地球上的相对位置。这种导航方法称为惯性导航(inertial navigation)，是不受外界干扰的完全自主的导航系统。

舒勒周期的不受干扰条件也适用于上文讨论的陀螺罗经。关于陀螺罗经的理论分析表明，在无阻尼条件下如果陀螺罗经为舒勒周期，船舶的加速度就不会引起附加的指示误差。不过实际的陀螺罗经都带有阻尼设施，即使选择舒勒周期加速度误差仍难以避免。但舒勒周期能使加速度误差减至最小，因此仍是陀螺罗经设计的重要指标。

注释：舒勒周期的理论证明[2]

以地球中心 O_e 为原点建立坐标轴 O_eZ 作为在惯性空间中指向不变的参考坐标轴，再从地心 O_e 指向距离为 R 的载体 O 建立坐标轴 O_ez，即载体所在位置的地垂线。设在载体的运动过程中，

O_ez 偏离 O_ez 的角度为 ϕ，悬挂在 O 点的单摆 OP 相对 O_ez 轴的相对转角和相对惯性坐标轴 O_ez 的绝对转角分别为 θ 和 ψ（图 5.37）。各角度之间满足

$$\psi=\theta+\phi \tag{5.9.1}$$

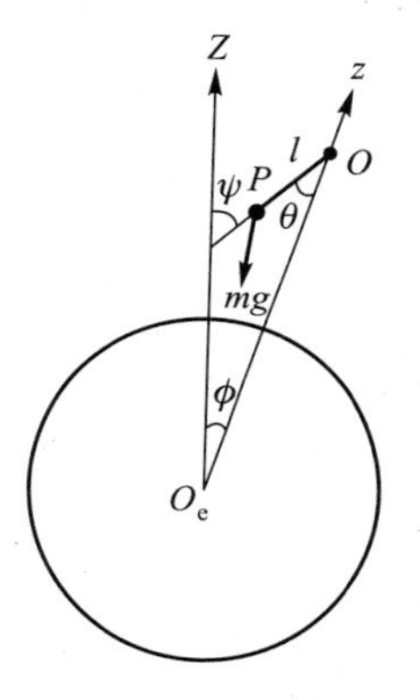

图 5.37　舒勒周期的理论证明

设单摆的质量为 m 长度为 l，当载体在惯性空间中保持静止时，令 $\ddot{\phi}=0$，参照 4.2 节注释中的式(4.2.13)，单摆微幅运动的动力学方程为

$$\ddot{\theta}+\left(\frac{g}{l}\right)\theta=0 \tag{5.9.2}$$

单摆的静止状态为 $\theta=0$，与地垂线 O_ez 方向一致。若载体作加速度运动，使 O_ez 轴产生角加速度 $\ddot{\phi}$，则单摆的动力学方程内应增加惯性力 $-mr\ddot{\phi}$ 对 O 点的矩，得出

$$\ddot{\psi}+\left(\frac{g}{l}\right)\theta-\left(\frac{R}{l}\right)\ddot{\phi}=0 \tag{5.9.3}$$

利用式(5.9.1)，将上式化作

$$\ddot{\theta}+\left(\frac{g}{l}\right)\theta=\left(\frac{R-l}{l}\right)\ddot{\phi} \tag{5.9.4}$$

如载体作匀加速运动，$\ddot{\phi}$ 为常值，则单摆的静止状态为 $\theta=(R-l)\ddot{\phi}/g$ 而偏离地垂线。角加速度 $\ddot{\phi}$ 愈大，偏离愈严重。且单摆的长度 l 愈长则单摆的偏离愈小。如果摆长 l 与 R 相等，则方程(5.9.4)的右项为零，变为

$$\ddot{\theta}+\left(\frac{g}{R}\right)\theta=0 \tag{5.9.5}$$

也就是说，摆长等于地球半径的单摆可以免除加速度的干扰，无论载体的加速度有多大，单摆的静止状态始终与地垂线方向保持一致。此时单摆的摆动周期 T 为舒勒周期：

$$T=2\pi\sqrt{\frac{R}{g}} \tag{5.9.6}$$

人造地球卫星

5.10 Section

牛顿的万有引力定律表明：任意两质点之间的万有引力与两质点的质量乘积成正比，与质点之间的距离平方成反比，方向沿两质点的连线。注释 1 中将证明，均质球体对球外质点的万有引力与球体质量集中于球心的质点对球外质点的万有引力等价。以 m_e 表示集中于球心的地球质量，则地球对质量为 m 的质点的万有引力 F 为距离 r 的函数：

$$F(r)=G\frac{m_e m}{r^2}=\frac{\mu m}{r^2}$$

其中 $G=6.67\times10^{-11}\ \mathrm{m^3/kg\cdot s^2}$ 为万有引力常数，$\mu=Gm_e=3.986\times10^5\ \mathrm{km^3/s^2}$ 为地球的引力参数。令 r 等于地球的平均半径 6 371 km，改记为 R，得到

$$F=\frac{\mu m}{R^2}=mg$$

$g=\mu/R^2=9.81\ \mathrm{m/s^2}$ 是单位质量物体在地球表面处受到的重力，也就是重力加速度。

站在山顶上水平投掷石块，初速度愈大，下落点的距离愈

远。要问多大的初速度可使投出的石块绕过地球的曲面环绕地球旋转永不下落，只要计算一下石块绕地球作圆周运动时需要多大的速度。要实现恒定的圆周运动，重力与离心力必须互相平衡（图 5.38），以 R 表示石块与地心 O 的距离，v_c 为圆周运动速度，列出

$$m\frac{v_c^2}{R}=mg$$

消去 m，得到 $v_c=\sqrt{gR}$。于是以 v_c 速度绕地球作圆周运动的物体就成为人造地球卫星（图 5.39）。令 $R=6.371\times10^6\mathrm{m}$，$g_0=9.81\ \mathrm{m/s^2}$，算出 $v_c=7.9\ \mathrm{km/s}$，是实现人造卫星的最低速度，称为第一宇宙速度。将 v_c 除以 R，计算卫星与地心连线的转动角速度，得到

$$\omega_c=\frac{v_c}{R}=\sqrt{\frac{g}{R}}$$

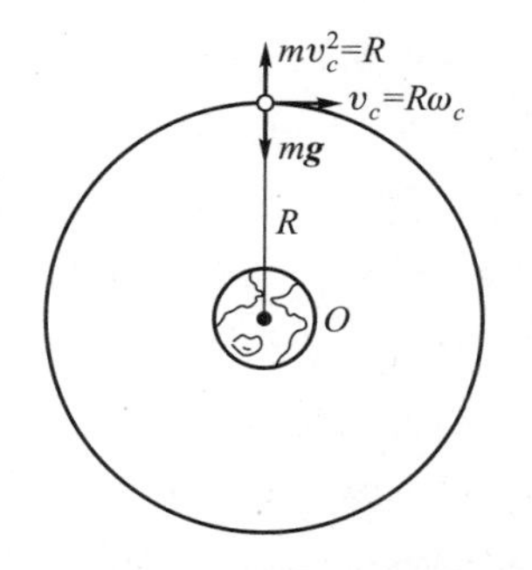

图 5.38　卫星在轨道坐标系中的平衡

图 5.39　人造地球卫星

以角速度 ω_c 环绕地球一周的时间即人造卫星的周期 T

$$T=\frac{2\pi}{\omega_c}=2\pi\sqrt{\frac{R}{g}}$$

将 R 以地球半径代入，人造地球卫星的最短周期恰好等于 5.9 节讨论过的舒勒周期 $T=84.4\ \mathrm{min}$。

宇宙中所有星体都以万有引力相互吸引，但以上分析是将人造卫星和地球看作一个封闭的系统，除了相互作用的引力以外未考虑系统外的其他引力，例如太阳和月球的引力。月球的质量比地球小得多，与卫星的距离也大得多，它对卫星的引力与地球的引力比较可以忽略不计。太阳的质量和引力远大于地球，但太阳与地球和卫星的距离几乎没有差别，不影响卫星绕地球的相对运动，也可予以忽略。在天体力学中，组成封闭系统的两个物体在相互引力作用下的运动称为二体运动。月球或人造卫星绕地球的运动、地球或其他行星绕太阳的运动均可简化为二体运动。

封闭的无外力作用的二体系统，其质心可视为惯性空间中的固定点。由于地球质量远大于卫星，系统的质心位置与地球质心几乎重合。如认为二者完全重合，将地球质心视为固定点，二体问题就进一步简化为一体问题，即卫星绕位置固定的地球作轨道运动。前面对卫星运动的分析就基于此简化条件。

二体问题，无论是月球或人造卫星绕地球的运动，或是地球绕太阳的运动，运动规律都很稳定。这种稳定性经历了漫长的历史时期已成为不争的事实。从物理概念理解，月球或人造卫星绕地球稳定运动，是地球引力与离心惯性力互相平衡的缘故。但设想一下，如卫星受扰动朝地球方向有微小位移，与地球的距离就会缩短，导致万有引力增大和离心惯性力减小。合力方向与扰动方向一致，卫星就会朝地球坠落。如扰动方向相反，卫星与地球的距离增大，则万有引力减小和离心惯性力增大，卫星必远离地球。这种分析与真实卫星的稳定运行完全不一致。错误的根本原因是只考虑了地球引力和离心惯性力，却遗漏了实际存在的其他作用力。在 5.2 节中已说明，物体在动坐标系中运动时，会因坐标系的转动产生特殊的科氏惯性力。分析卫星在绕地球转动的动坐标系中的受扰运动，科氏惯性力是不可忽视的重要因素。具体分析可参见注释 2。

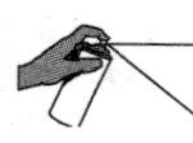

注释 1：均质球体与质点之间的万有引力计算[12]

质量为 m 的质点在质量为 m_e 质点的万有引力场内所受到的引力 F 的大小为二质点之间距离 r 的函数，可用函数 $U(r)$ 对距离 r 的导数表示为：

$$F=\frac{Gm_e m}{r^2}=m\left|\frac{\mathrm{d}U}{\mathrm{d}r}\right|,\quad U=\frac{Gm_e}{r} \tag{5.10.1}$$

其中 G 为万有引力常数，U 为质点 m_e 的万有引力场的位函数，其负值为单位质量的质点在万有引力场中的势能。

讨论一个中心为 O，半径为 R，厚度无限小的均质薄壁球壳对质量为 m 的质点 P 的万有引力。在球壳上任一点 A 处取无限小宽度的圆环，环面垂直于 OP。设 OA 与 OP 的夹角为 θ，圆环宽度对球心 O 的角度为 $\mathrm{d}\theta$(图 5.40)。设球壳的面密度为 ρ，则圆环的质量为

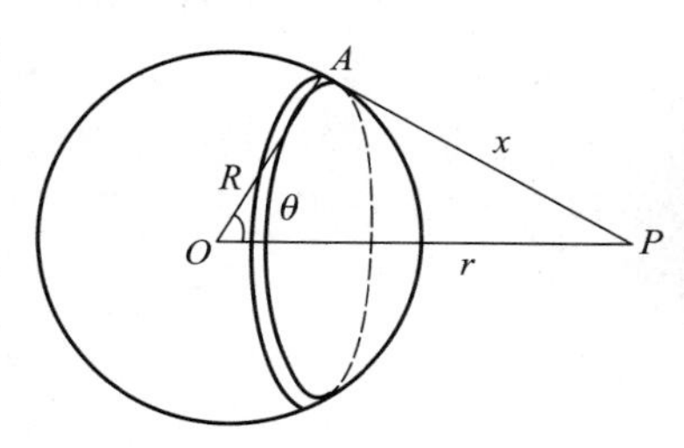

图 5.40　薄壁球壳的万有引力

$$\mathrm{d}m_e=2\pi R^2\rho\sin\theta\mathrm{d}\theta \tag{5.10.2}$$

圆环上各点均与 P 点有相同的距离 x，其万有引力场位函数 $\mathrm{d}U$ 为各质点位函数之和：

$$\mathrm{d}U=\frac{G\mathrm{d}m_e}{x}=\frac{G}{x}(2\pi R^2\rho\sin\theta\mathrm{d}\theta) \tag{5.10.3}$$

设 OP 的距离为 r，对三角形 AOP 应用余弦定理，得出

$$x^2=R^2+r^2-2Rr\cos\theta \tag{5.10.4}$$

对上式两边求导，得到

$$x\mathrm{d}x=Rr\sin\theta\mathrm{d}\theta \tag{5.10.5}$$

利用上式消去 dU 中的 $d\theta/x$，圆环的位函数可写作

$$dU=\left(\frac{G2\pi R\rho}{r}\right)dx \tag{5.10.6}$$

若质点 P 位于球壳的外部，利用上式对 x 的积分计算球壳的位函数，积分上下限为 $r+R$ 和 $r-R$。得到

$$U=\frac{G2\pi R\rho}{r}\int_{r-R}^{r+R}dx=\frac{G4\pi R^2\rho}{r}=\frac{\mu}{r} \tag{5.10.7}$$

其中 $\mu=Gm_e$，$m_e=4\pi R^2\rho$ 为球壳的质量。将此结果与质点的位函数(5.10.1)比较，可得出结论：均质球壳对外部质点作用的万有引力等于球壳质量集中于球心的质点对球外质点的引力。若质点 P 位于球壳的内部，则积分上下限为 $R+r$ 和 $R-r$，得到 $U=\mu/R$ 为常值，表明均质球壳对内部质点作用的万有引力等于零。

将均质球体分成无限多个均质同心球壳，以上结论可推广为：均质球体对外部质点作用的万有引力等于球体质量集中于球心的质点对球外质点的引力，对内部质点作用的万有引力等于零。

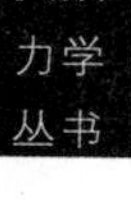

注释 2：二体问题的稳定性分析[12]：

以地球中心 O 为原点，与卫星 O_2 平衡位置 O_{2s} 的连线为 x 轴，沿轨道平面建立参考坐标系($O-xy$)，为绕 O 点以角速度 ω_c 匀速转动的非惯性坐标系(图 5.41)。设卫星受扰后的位置 O_2 的坐标为 x，y，与 O 点的距离为 $r=\sqrt{x^2+y^2}$。卫星上作用有地球引力 $\boldsymbol{F}_1$、离心力 $\boldsymbol{F}_2$ 和科氏惯性力 $\boldsymbol{F}_3$，其中 $\boldsymbol{F}_1$ 可利用式(5.10.1)写出

$$\boldsymbol{F}_1=-\frac{m\mu}{r^2}\left(\frac{\boldsymbol{r}}{r}\right),\quad \boldsymbol{F}_2=mr\omega_c^2\left(\frac{\boldsymbol{r}}{r}\right),\quad \boldsymbol{F}_3=-2m(\boldsymbol{\omega}_c\times\dot{\boldsymbol{r}}) \tag{5.10.8}$$

其中 m 为卫星的质量，$\mu=Gm_e$ 为地球的引力参数。列写卫星的动力学方程

$$m\ddot{\boldsymbol{r}}=\boldsymbol{F}_1+\boldsymbol{F}_2+\boldsymbol{F}_3 \quad (5.10.9)$$

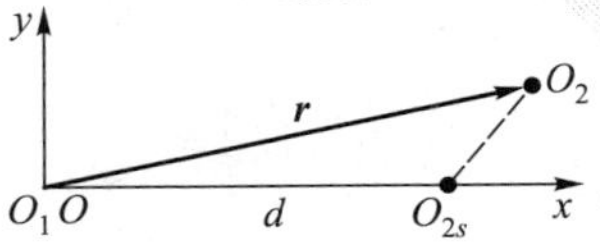

写出在 $(O-xy)$ 中的投影式，消去公因子 m，得到

$$\ddot{x}-2\omega_c\dot{y}+\left(\frac{\mu}{r^3}-\omega_c^2\right)x=0 \quad (5.10.10a)$$

$$\ddot{y}+2\omega_c\dot{x}+\left(\frac{\mu}{r^3}-\omega_c^2\right)y=0 \quad (5.10.10b)$$

图 5.41　二体系统

令方程中 x，y 对 t 的导数项为零，导出轨道运动的角速度 ω_c 和卫星的平衡位置

$$\omega_c=\sqrt{\frac{\mu}{R^3}},\quad x_s=R,\quad y_s=0, \quad (5.10.11)$$

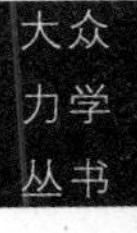

其中 R 为卫星与地心的距离。设卫星受扰后位置为 $x=x_s+\xi$，$y=y_s+\eta$，代入方程组(5.10.10)，仅保留 ξ，η 的一次项，化作线性化扰动方程

$$\ddot{\xi}-2\omega_c\dot{\eta}-3\omega_c^2\xi=0 \quad (5.10.12a)$$

$$\ddot{\eta}+2\omega_c\dot{\xi}=0 \quad (5.10.12b)$$

导出特征方程

$$\lambda^2(\lambda^2+\omega_c^2)=0 \quad (5.10.13)$$

除零根以外，有纯虚特征根 $\lambda=\pm\mathrm{i}\omega_c$，对应于 ω_c 为圆频率的周期运动。从而在一次近似意义上证明二体问题的稳定性。如忽略科氏惯性力，将方程(5.10.12a)和(5.10.12b)的第二项删去，特征方程变为

$$\lambda^2(\lambda^2-3\omega_c^2)=0 \quad (5.10.14)$$

则有正实根 $\lambda=\sqrt{3}\omega_c$ 出现，导致不稳定的错误结论。

贯穿地球的超级隧道

5.11 Section

讨论另一个与万有引力有关的话题。

依据牛顿万有引力定律，人如站在山顶上与在海平面处比较，由于与地心的距离增大，重力应该减小。相反，人如下到与地心更接近的矿井里，是否重力会增大呢？若果真如此，物体愈深入地球重力愈增大，则地心处的重力应为无限大。这答案显然极不合理。错误的原因在于，球体的万有引力场与质点等效仅限于对球体外的物体而言，不能用于球体内的物体。矿井里的人不仅被脚下的地球吸引，也受到头顶上的岩石吸引。通过物体在地球内的位置围绕地心作一个半径为 r 的球面，将地球划分为两个部分：半径为 r 的球体和半径介于 r 与 R 之间的球壳。5.10 节的注释 1 中已证明，封闭的球壳对于内部物体的万有引力合力为零。因此物体实际上只受到缩小的半径为 r 的球体的万有引力作用。由于万有引力与距离 r 的二次方成反比，而引力参数与球体的质量成正比，亦即与球体的半径 r 的三次方成正比，可以判断，半径为 r 的球体对物体的万有引力与 r 的一次方成正比：

$$F = mg\left(\frac{r}{R}\right)$$

由此得出结论：物体在地球内部受到的万有引力合力与至地心的距离 r 成正比。愈深入地球内部引力愈减小，在地心处引力抵消为零。

如果我们能垂直向下打一个深井，穿过地心成为一条横贯地球的超级隧道，通向地球的另一端(也许在南美洲的巴西)，一个质量为 m 的物体 P 在这个超级隧道里将如何运动(图 5.42)。根据牛顿第二定律，令万有引力 F 与惯性力 $-m\ddot{r}$ 平衡，列出物体的动力学方程，消去 m 后得到

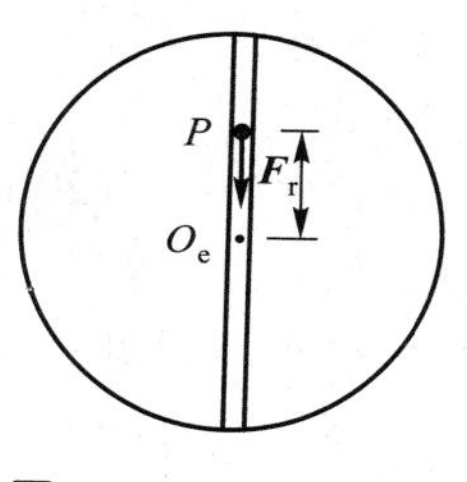

图 5.42　横贯地球的超级隧道

$$\ddot{r}+\left(\frac{g}{R}\right)r=0$$

这是个单自由度线性振动方程。参照附录 A.5 中的周期公式(A.5.10)，物体在隧道中的振动周期为 $T=2\pi\sqrt{R/g}$，与上述人造卫星的最短周期，即舒勒周期完全相同。隧道里的物体在万有引力作用下从此端到彼端作往复运动，周期也是 84.4 min[11]。因此人在超级隧道里不需要任何动力就能完成洲际旅行，从亚洲到南美洲只需花费半个周期，即 42.2 min。假定有两个人从同一地点出发，一位乘宇宙飞船环绕地球贴地飞行，另一位进入超级隧道，可以预见，经过 84.4 min 两人将同时回到原处。

贯穿地心隧道的设想早在 18 世纪就已出现，如法国启蒙思想家伏尔泰(Voltaire)就曾提出过。但这设想是绝对无法实现的幻想。如果降低一点难度，将直径改为弦，在地球上两个邻近城市之间凿通一条直线隧道，根据注释 2 的分析，物体在隧道里的运动也是周期 84.4 min 的往复运动(图 5.43)。火

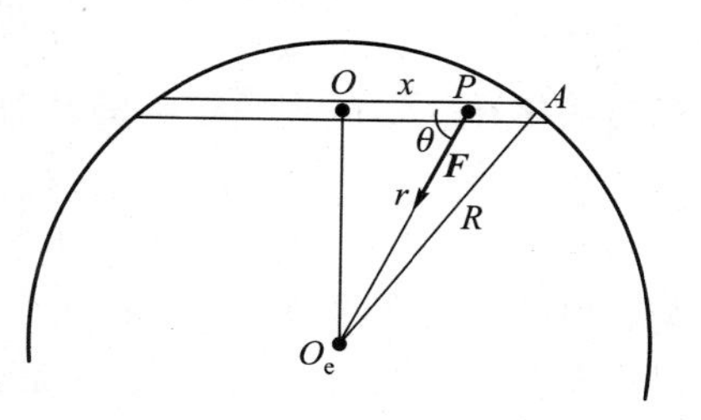

图 5.43　直线弦隧道

车在这特殊隧道里不需要任何动力就能在城市间往返。有趣的是，不论到哪个城市，往返所耗的时间完全相同，都是84.4 min。

但建造这种隧道绝非易事。以北京至上海直线距离约1 000 km的隧道为例，其中点距地面的高度竟高达80 km，施工难度可想而知。火车在约20 min的1/4周期内，必须从静止加速到时速两万公里以上，然后在同样时间内减速到零。如此巨大的加速度无论对车辆设计或乘客的承受能力都是难以克服的障碍。隧道内各处的地球引力都指向内部，还存在难以解决的排水问题。因此尽管无需动力的优点很诱人，这种弦隧道也是难以实现的。

注释：直线弦隧道的力学分析

物体P在隧道中的位置以距隧道中点O的距离x表示，P点相对地心O_e的矢径$\boldsymbol{r}$与隧道的夹角为θ，满足$\cos\theta=x/r$(图5.43)。地球对物体的引力$F=mgr/R$沿隧道方向的分量为

$$F\cos\theta=\frac{mgr}{R}\cos\theta=\frac{mgx}{R} \tag{5.11.1}$$

列出物体在弦形隧道内运动的动力学方程

$$\ddot{x}+\left(\frac{g}{R}\right)x=0 \tag{5.11.2}$$

与过地心隧道内的动力学方程完全相同，振动周期也是84.4 min。以火车从入口A处出发时为初始时刻，隧道长度之半为$OA=d$，地球半径$O_eA=R$，从方程(5.11.2)解出

$$x=d\cos\left(\sqrt{\frac{g}{R}}\right)t \tag{5.11.3}$$

其最大速度为

$$v_{\max}=d\sqrt{\frac{g}{R}} \tag{5.11.4}$$

将 $d=500$ km，$R=6\ 371$ km 代入，算出 $v_{\max}=6.2$ km/s，最高时速超过 20 000 km/s。

太空中的单摆[13]

5.12 Section

2013 年 6 月 20 日，正在太空中翱翔的天宫一号实验室给全国中小学生上了有趣的一堂课。学生们通过电视看到，航天员王亚平演示的单摆在太空中只能悬浮在支点附近却不能来回摆动(图 5.44)。试想在空间站的失重环境里，所有物体都飘浮在空中，没有往回拉的重力单摆自然就摆不起来。不过再深入做些思考，太空中的单摆也并非完全不能摆动，而是遵循与地面上完全不同的摆动规律。

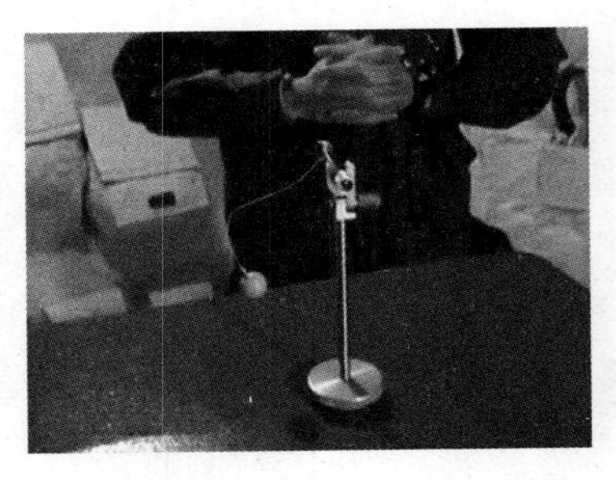

图 5.44　天宫一号中的单摆实验

将空间站的质心 O 作为坐标系的原点，建立与空间站固结的参考坐标系。根据牛顿力学原理，所有相对非惯性坐标系运动的物体除实际作用力以外，还必须增加由于动坐标系的加速度所引起的惯性力。就圆轨道的空间站而言，也就是 O 点圆周运动的离心力。空间站要维持圆周运动，惯性力与地球引力必须大小相等方向相反。地球引力与地心 O_e 至物体的距离平方成反比。空间站内的不同位置因为与地心的距离和引力不同，重力与离心惯性力不能完全抵消，就会有“残余”的重力出现。可见重力在空间站里并未完全消失，不同位置有不同的残余重力。这种重力差异现象称为重力梯度。

单摆的摆锤 P 与悬挂点 O 与地心距离之差等于单摆的长度 l，而 O 点至地心的距离 R 大于地球半径，l 远小于 R。因此单摆的重力与悬挂点加速度引起的惯性力差异极小，构成的残余重力十分微弱，可称之为微重力。注释中仅保留 l/R 的一次项时，导出微重力作用下单摆的摆动周期为

$$T==\frac{1}{\sqrt{2}}\left(2\pi\sqrt{\frac{R}{g_0}}\right)$$

其中 g_0 为 O 点处的单位质量的重力，即 O 点的重力加速度。括弧内的 $2\pi\sqrt{R/g_0}=T_0$ 是摆长与 O 点至地心距离 R 相等的单摆周期。如 R 等于地球半径，则 $T_0=84.4$ min，即 5.9 节叙述的舒勒周期。可见空间站内的单摆周期 T 约为 T_0 的 0.7 倍，即大约 59.7 min。换言之，空间站里的单摆需要一个小时才能完成一次摆动。值得注意的是由于周期公式的分母和分子中均含摆长 l 而约去，单摆的周期公式与摆长 l 无关。这表明伽利略发现的单摆周期随摆长增大的规律在太空中已不再适用。另一个有趣现象是如摆锤 P 不是指向地心，而是背朝地心指向相反方向，则离心力大于重力也同样存在微重力，只是方向相反。因此太空中的单摆不仅朝下，而且朝上也能摆动。

上述周期一小时的单摆摆动现象很难在太空舱内用实验验证。因为推动摆锤的微重力如此之微弱，以致支点摩擦或空气波动的影响都要比微重力的作用大得多。除非加长摆索的长度 l，使微重力的作用增大到足以推动摆锤的程度。这种摆索超长的大单摆在太空中的实际存在就是 3.7 节提到过的绳系卫星（图 5.45）。绳系卫星是由作为母星的太空船或空间站以及用系绳悬

挂在太空中的子星组成的航天器。子星可朝向地球下垂，也可背向地球上浮。利用绳系卫星可以完成探测、运输甚至发电等特殊任务。20 世纪 90 年代意大利最先研制的绳系卫星实际长度为 250 m，而设计的长度可达 20 km。即使系绳如此之长，也远小于地球半径 6 371 km，注释中导出的周期近似公式(5.10.3)仍可适用。即无论系绳有多长，也无论子星下垂或上浮，摆动周期均为一小时左右。这种不衰减的摆动可能在子星刚从母星释放后出现，必须采取有效措施对摆动加以抑制，以保证绳系卫星的正常工作。关于绳系卫星的摆动抑制问题本书 3.7 节里就已有过讨论。

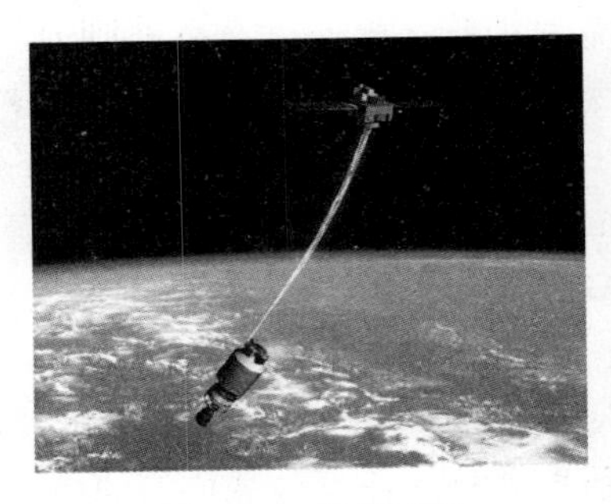

图 5.45 绳系卫星

注释：太空中单摆的摆动周期计算：

设空间站的质量作球对称分布。因为 5.10 节的注释已经证明，在中心引力场中，只有球对称物体的合力作用在质心上，叙述较简便。设单摆的悬挂点与质心 O 点重合，与地心 O_e 的距离为 R，单摆的长度为 l，摆锤 P 指向地心。一般情况下 R 要比 l 大很多，可略去 l/R 的二次以上小量，则摆锤 P 与地心的距离为 $R-l$(图 5.46)。参照 5.10 节中关于地球引力的说明，如忽略地球自转引起的离心力因素，单位质量物体受到的重力与物体至地心的距离平方成反比，$g=\mu/R^2$。设 O 点处的单位质量重

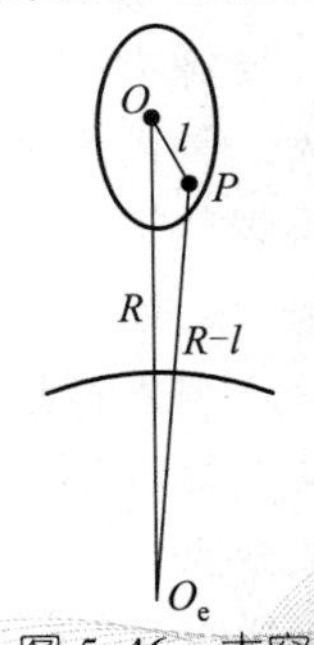

图 5.46 太空中的单摆

力为 g_0，等于 O 点处物体的重力加速度。摆锤 P 与悬挂点 O 与地心的距离不同，单位质量的重力 g 与 g_0 之比等于距离平方的反比

$$\frac{g}{g_0}=\left(\frac{R}{R-l}\right)^2 \doteq 1+\frac{2l}{R} \tag{5.12.1}$$

如摆锤的质量为 m，作用的重力 mg 与支点加速度引起的惯性力 mg_0 之差就形成微重力

$$mg-mg_0=\left(\frac{2l}{R}\right)mg_0 \tag{5.12.2}$$

消去 m，将 $g-g_0$ 代替 g，代入单摆周期公式(A.5.10)，得到太空中的单摆周期

$$T=2\pi\sqrt{\frac{l}{g_0(2l/R)}}=\frac{1}{\sqrt{2}}\left(2\pi\sqrt{\frac{R}{g_0}}\right) \tag{5.12.3}$$

地月系统中的平衡点[14]

5.13 Section

根据 5.10 节对牛顿万有引力定律的说明，任意二质点之间的万有引力与二质点的质量乘积成正比，与质点之间的距离平方成反比，方向沿二质点的连线。虽然任何物体上作用的万有引力来自宇宙中所有天体，但距离太远的天体，其过于微弱的引力可忽略不计。太阳的质量特别巨大，但对地球和月球的距离和引力接近相等，不影响月球绕地球的相对运动。因此讨论月球绕地球的轨道运动时，可认为二者组成封闭的二体系统。其质心 O 与地球和月球的质心 O_1，O_2 共线，可视为固定点。月球绕地球的轨道非常接近圆轨道。以 O 为原点，与 O_2 的连线为 x 轴，建立轨道平面坐标系(O-xy)，是研究探月轨道的理想参考坐标系。因为在(O-xy)坐标系中，地球和月球的位置 O_1 和 O_2 均固定不变。要使探月轨道从固定点 O_1 出发到达另一个固定点 O_2，设计和计算就方便多了。

由于(O-xy)坐标系随月球的运动绕 O 点匀速转动，因此是非惯性坐标系。在地月系统中运动的物体除作用地球和月球的引力以外，还应考虑(O-xy)坐标系转动产生的离心惯性力。在地

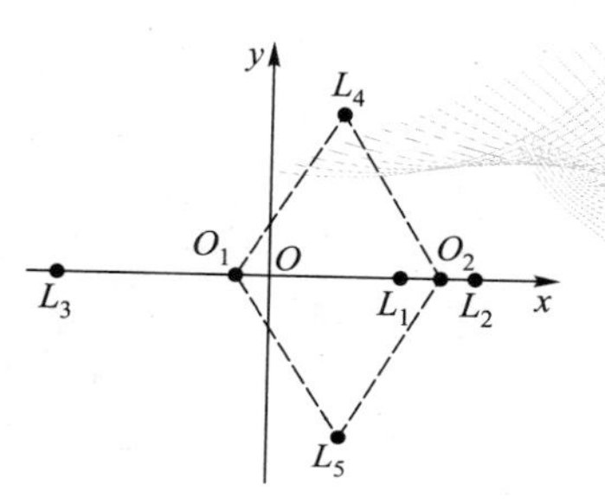

图 5.47　拉格朗日点

球和月球引力与离心惯性力的合力为零的特殊位置，物体处于相对平衡状态。地月系统中的相对平衡点共有 5 个，记作 $L_i(i=1,2,\cdots,5)$。1767 年欧拉首先计算出分布在 x 轴上的 3 个平衡点 L_1，L_2，L_3。1772 年拉格朗日导出另外两个平衡点 L_4，L_5，与 O_1，O_2 组成等边三角形(图 5.47)。5 个可能平衡位置 $L_i(i=1,2,\cdots,5)$统称为地月系统中的拉格朗日点(Lagrangian points)，或平动点(libration points)。其位置如表 5.1 所示，其中 d 为地球与月球的距离。关于位置和稳定性的具体计算在注释中给出。

拉格朗日点在太空中的存在具有普遍性。任意两个大天体的引力场内均存在 5 个拉格朗日点，在此特殊位置上任何物体受到的天体引力与离心惯性力互相平衡，可保持与两个天体的相对位置不变。换言之，此位置上的物体可在惯性空间内以相同的周期同时绕两个天体旋转。1906 年天文学家观测到木星公转轨道上超前 60°有小行星与木星同步运行，之后在落后 60°处也发现了类似的情形，恰好与木星-太阳引力场的拉格朗日点 L_4 和 L_5 重合。上述被称为脱罗央小行星群(Trojan asteroids)的发现充分证明了经典力学理论的正确性。

表 5.1

拉格朗日点 L_i	ρ_{1s}	ρ_{2s}
L_1	$0.85d$	$0.15d$
L_2	$1.17d$	$0.17d$
L_3	$0.99d$	$1.99d$
L_4	$1.00d$	$1.00d$
L_5	$1.00d$	$1.00d$

在探月工程中，拉格朗日点是飞船同时绕地球和月球转动的特殊位置。月球的自转周期为 27.32 昼夜，恰好等于绕地球公转一周的一个恒星月。自转与公转同步的现象是潮汐长期作用的结果。因此月球在($O-xy$)动坐标系中不仅质心位置不变，而且姿态也固定不变。即永远以正面朝向地球和 L_1 点，以背面朝向 L_2 点。我国的嫦娥四号将按计划实现人类首次在月球背面着陆。如同 L_1 点最适合对月球正面的观测和着陆，L_2 点就是背面着陆的最佳母船停泊点。

在地球-太阳引力场中，面对太阳的 L_1 点是观测太阳的最佳位置，背对太阳的 L_2 点是安放天文望远镜的最佳位置。L_2 也是远离地球实现深空探测的起点。2011 年 8 月 25 日，“嫦娥二号”从月球轨道出发，经过 77 天的飞行曾准确进入距地球 150 万公里的地日系统的 L_2 点，开始了探测宇宙深处的试验飞行。

注释：拉格朗日点的位置与稳定性[12]

在($O-xy$)坐标系中，地球和月球质心 O_1 和 O_2 与总质心 O 点的距离 a_1 和 a_2 与质量 m_1 和 m_2 成反比

$$a_1=\left(\frac{m_2}{m_1+m_2}\right)d,\quad a_2=\left(\frac{m_1}{m_1+m_2}\right)d \tag{5.13.1}$$

其中地球与月球的距离为 $d=3.844\times10^5$ km。将地球和月球质量 $m_1=5.976\times10^{24}$kg，$m_2=7.35\times10^{22}$kg 代入，算出 $a_1=4\ 670$ km 小于地球半径 6 371 km，$a_2=3.797\times10^5$km，总质心 O 在地球范围以内。O_1 和 O_2 同时绕 O 点以 a_1 和 a_2 作圆轨道运动。令 $\mu_1=Gm_1$，$\mu_2=Gm_2$ 为地球和月球的引力参数，($O-xy$)的转动角速度 ω_c 可利用月球的引力 $\mu_1 m_2/d^2$ 与离心力 $m_2a_2\omega_c^2$ 的平衡，或地球的引力 $\mu_2 m_1/d^2$ 与离心力 $m_1a_1\omega_c^2$ 的平衡条件解出

$$\omega_c^2=\frac{\mu_1}{d^2a_2}=\frac{\mu_2}{d^2a_1}=\frac{\mu_1+\mu_2}{d^2(a_1+a_2)},\quad \omega_c=\sqrt{\frac{\mu}{d^3}} \tag{5.13.2}$$

其中 $\mu=\mu_1+\mu_2$。设物体在 $(O-xy)$ 中的坐标为 x，y，与 O_1 和 O_2 的距离为 ρ_1 和 ρ_2（图 5.48）

$$\rho_1=\sqrt{(x+a_1)^2+y^2},\quad \rho_2=\sqrt{(x-a_2)^2+y^2} \tag{5.13.3}$$

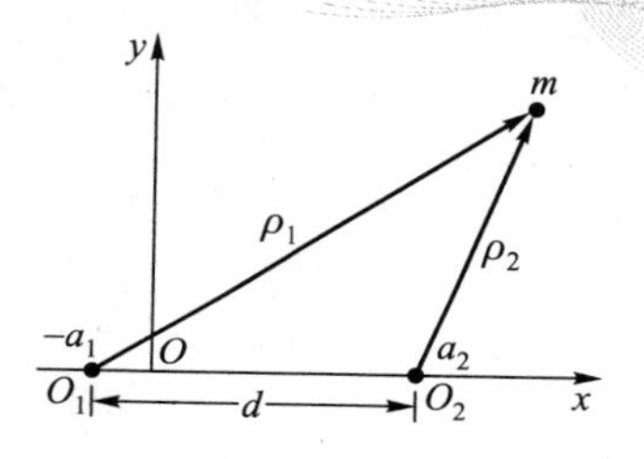

图 5.48　物体在地月系统中的坐标

根据 5.10 节对万有引力场位函数的解释，地月系统的位函数为地球引力场和月球引力场的位函数之和。利用式（5.10.7）写作

$$U=\frac{\mu_1}{\rho_1}+\frac{\mu_2}{\rho_2} \tag{5.13.4}$$

计算位函数 U 在引力场中的梯度，乘以物体的质量 m，即得到物体在地月系统中受到的引力

$$F_x=m\frac{\partial U}{\partial x}=-m\left[\frac{\mu_1(x+a_1)}{\rho_1^3}+\frac{\mu_2(x-a_2)}{\rho_2^3}\right]$$

$$F_y=m\frac{\partial U}{\partial y}=-my\left(\frac{\mu_1}{\rho_1^3}+\frac{\mu_2}{\rho_2^3}\right) \tag{5.13.5}$$

在动坐标系 $(O-xy)$ 中物体除受地球和月球引力作用以外，还作用有坐标系转动引起的离心力。在 $(O-xy)$ 中的平衡位置处，引力与离心力相互平衡，应满足

$$m\left[\frac{\mu_1(x+a_1)}{\rho_1^3}+\frac{\mu_2(x-a_2)}{\rho_2^3}-\omega_c^2x\right]=0 \tag{5.13.6a}$$

$$my\left(\frac{\mu_1}{\rho_1^3}+\frac{\mu_2}{\rho_2^3}-\omega_c^2\right)=0 \tag{5.13.6b}$$

以下标 s 表示平衡点，方程（5.13.6b）有两组特解

$$y_s=0 \tag{5.13.7a}$$

$$\frac{\mu_1}{\rho_{1s}^3}+\frac{\mu_2}{\rho_{2s}^3}-\omega_c^2=0 \tag{5.13.7b}$$

特解(5.13.7a)对应的平衡点，即拉格朗日点均在 x 轴上。因引力和离心力均沿 x 轴，令式(5.13.6a)中 $y=0$，平衡点 x_s 应满足不同区间内的平衡方程

$$-\frac{\mu_1}{(x_s+a_1)^2}+\frac{\mu_2}{(x_s-a_2)^2}+\omega_c^2 x_s=0 \quad (-a_1<x_s<a_2) \tag{5.13.8a}$$

$$-\frac{\mu_1}{(x_s+a_1)^2}-\frac{\mu_2}{(x_s-a_2)^2}+\omega_c^2 x_s=0 \quad (x_s>a_2) \tag{5.13.8b}$$

$$\frac{\mu_1}{(x_s+a_1)^2}+\frac{\mu_2}{(x_s-a_2)^2}+\omega_c^2 x_s=0 \quad (x_s<-a_1) \tag{5.13.8c}$$

解出 x_s 的 3 个实数解，按序记作 L_1，L_2，L_3。将另一组特解(5.12.7b)乘以 mx_s 后与式(5.13.6a)相减，得到

$$\frac{\mu_1 a_1}{\rho_{1s}^3}=\frac{\mu_2 a_2}{\rho_{2s}^3} \tag{5.13.9}$$

利用式(5.13.2)可证明上式中 $\mu_1 a_1=\mu_2 a_2$，则 $\rho_{1s}=\rho_{2s}$。代回式(5.13.7b)导出

$$\rho_{1s}=\rho_{2s}=\sqrt[3]{\frac{\mu}{\omega_c^2}}=d \tag{5.13.10}$$

从而证明另两个平衡位置 L_4，L_5 与地球 O_1 和月球 O_2 构成等边三角形。

为判断拉格朗日点的稳定性，须列出物体在拉格朗日点附近的动力学方程。以 L_4，L_5 为例，除引力 F_x，F_y 以外，增加离心惯性力和科氏惯性力。

$$m(\ddot{x}-2\omega_c\dot{y}+\omega_c^2 x)-F_x=0 \tag{5.13.11a}$$

$$m(\ddot{y}+2\omega_c\dot{x}+\omega_c^2 y)-F_y=0 \tag{5.13.11b}$$

拉格朗日点 x_s，y_s 即方程组(5.13.11)中 $\dot{x}$，$\dot{y}$，$\ddot{x}$，$\ddot{y}$ 为零时的稳

态解。设物体受扰后的坐标为

$$x=x_s+\xi,\ y=y_s+\eta \tag{5.13.12}$$

代入方程组(5.13.11)，仅保留 ξ，η 的一次项，化作线性化扰动方程

$$\ddot{\xi}-2\omega_c\dot{\eta}-\frac{3\omega_c^2}{4}\xi-\frac{3\sqrt{3}m\omega_c^2}{4}(1-2\delta)\eta=0 \tag{5.13.13a}$$

$$\ddot{\eta}+2\omega_c\dot{\xi}-\frac{3\sqrt{3}\omega_c^2}{4}(1-2\delta)\xi-\frac{9m\omega_c^2}{4}\eta=0 \tag{5.13.13b}$$

其中 $\delta=m_2/(m_1+m_2)$。导出特征方程

$$\lambda^4+\omega_c^2\lambda^2+(27/4)\omega_c^4\delta(1-\delta)=0 \tag{5.13.14}$$

解出特征根

$$\lambda^2=-\frac{\omega_c^2}{2}\left[1\pm\sqrt{1-27\delta(1-\delta)}\right] \tag{5.13.15}$$

根据附录 A.5 中的分析，一次近似稳定性条件即 λ 的纯虚根条件

$$1>1-27\delta(1-\delta)n\geqslant 0 \tag{5.13.16}$$

当 $\delta\leqslant 0.0385$，即 $m_2\leqslant 0.0385(m_1+m_2)$ 时可满足此不等式。将地球和月球的质量数据代入，算出 $\delta=0.012$，此条件自然满足，证明拉格朗日点 L_4，L_5 为稳定平衡。类似分析还可证明 L_1，L_2，L_3 为不稳定平衡点。

卫星的重力梯度稳定

5.14
Section

在讨论人造卫星的轨道运动时，卫星被简化为一个质点。但在讨论人造卫星在轨道中的转动时，就不能再将卫星当作质点，而必须看作绕地球旋转的刚体。讨论刚体在地面附近的运动时，通常将重力场看作是均匀分布的平行力场。但在绕地球转动的轨道中，不能再用均匀重力场的概念来分析刚体的运动，而必须将地球的万有引力场看作中心力场。

讨论卫星的姿态运动时，通常以附着在卫星质心上沿轨道运动的轨道坐标系为参考坐标系。在轨道坐标系内地球引力与轨道运动产生的离心力合成为重力。由于组成物体的不同部分与地心的距离不同，重力的大小和方向都不同。5.12 节讨论太空中的单摆时提到的微重力就来源于这种重力的微小差异。再举个简单例子：设想一个由质量相等的质点 P 和 Q 组成的哑铃形卫星绕地球轨道运行，相当于太空中以质心 O 为支点的一个超级天平。如果是均匀重力场，刚体内各点所受到的单位质量重力为大小相等的平行力，通常用 g 表示，称为重力加速度。重力合力的作用点与哑铃体的质心，即 PQ 连线的中心 O 点重合。重力对哑铃体

不产生相对 O 点的力矩。但在地球的中心引力场里，万有引力与质点至引力中心的距离平方成反比，且指向地球中心 O_e 而不再平行。当哑铃体卫星受到扰动产生微小偏角时，离地心稍近的 P 点的引力 $\boldsymbol{F}_P$ 大于稍远的 Q 点的引力 $\boldsymbol{F}_Q$，产生对 O 点的力矩(图 5.49)。如考虑离心力的差异，此力矩效应更得到增强。重力合力的作用点，即哑铃体的重心与质心一般不再重合。上述地球的重力因不同位置的差异所构成的力矩称为重力梯度力矩。

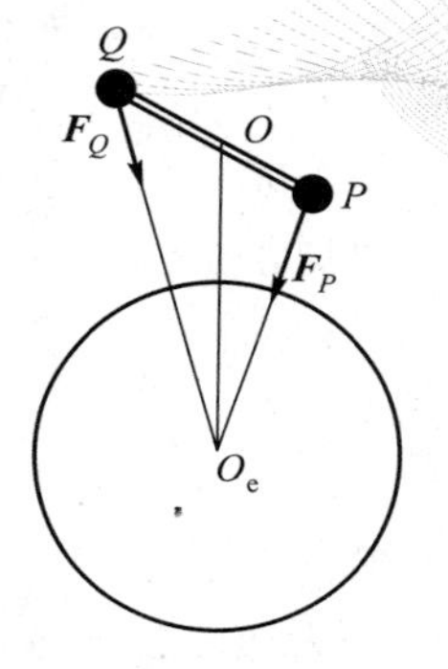

图 5.49　重力场中的哑铃体

为了说明重力梯度力矩的一般规律，先要定义卫星在轨道中姿态运动的参考坐标系。以卫星的质心 O 为原点，令地心 O_e 至 O 点的矢径 $\boldsymbol{r}$ 方向为 X 轴，轨道平面的法线方向为 Z 轴，Y 轴指向卫星前进方向，构成轨道坐标系(图 5.50)。根据注释 1 中的计算，重力梯度力矩 $\boldsymbol{M}$ 在刚体的主轴坐标系($O-xyz$)各轴上的投影为

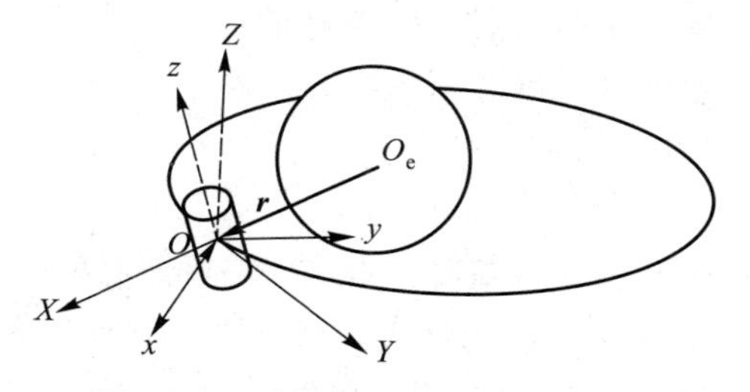

图 5.50　轨道坐标系中的刚体卫星

$$M_x=\frac{3\mu}{r^3}(C-B)\beta\gamma$$

$$M_y=\frac{3\mu}{r^3}(A-C)\gamma\alpha$$

$$M_z=\frac{3\mu}{r^3}(B-A)\alpha\beta$$

其中 $\mu=Gm_e$ 为地球的引力参数，A，B，C 为刚体相对 $(O-xyz)$ 各轴的主惯量矩，α，β，γ 为 X 轴相对 $(O-xyz)$ 各轴的方向余弦。分析以上公式可以看出，重力梯度力矩与星体至地心距离的三次方成反比，而且与刚体的质量分布有关。刚体的质量分布愈不对称，主惯量矩 A，B，C 之间的差别愈大，引力矩就愈大。球对称刚体的 3 个主惯量矩相等，引力矩就等于零。此外，重力梯度力矩与星体在轨道内的姿态有关。若星体的任一惯量主轴指向地心与 X 轴平行，则 α，β，γ 中必有两个为零使重力梯度力矩等于零。

人造卫星在运行过程中，卫星上的摄影机或其他量测元件必须时刻对准地球。这就要求卫星在轨道坐标系 $(O-XYZ)$ 中保持相对平衡。根据以上分析，如将卫星的工作状态设计为 $(O-xyz)$ 与 $(O-XYZ)$ 完全重合，使重力梯度力矩为零，工作状态下的平衡条件就能完全满足。

卫星在轨道坐标系中的姿态不仅要满足平衡条件，还必须满足平衡的稳定性条件。在不稳定状态下，卫星可由于极微小的干扰而严重偏离原来状态。只有处于稳定平衡状态的卫星才能不受干扰影响。根据本节注释 2 中的推导，卫星平衡稳定性的充分必要条件为

$$C>B>A$$

此条件要求星体的最大惯量矩主轴与 Z 轴即轨道平面法线一致，最小惯量矩主轴沿 X 轴指向地心。月球作为地球的天然卫星，它的主惯量矩比约为 $C:B:A=1:0.9997:0.9994$，恰好满足稳定性要求，因此月球在绕地球运行过程中得以保持在轨道坐标系内稳定的相对平衡姿态。

为从物理意义上理解此稳定性条件，仍讨论哑铃体卫星的简单情况。哑铃体的细杆沿 X 轴或 Y 轴都是相对平衡位置（图 5.51）。当细杆在 X 轴附近有微小角位移发生时，由于下端的质点离地心较近，与上端质点相比，引力较大离心力较小，趋向于

恢复原来位置，平衡位置稳定。反之，细杆在 Y 轴附近有微小角位移时，引力和离心力则促使其远离原来位置，平衡位置不稳定。

这种利用重力梯度力矩使卫星保持稳定的方案是一种不消耗能源的稳定方案。由于重力梯度力矩与主惯量矩的差值成正比，应尽可能扩大此差值以加强稳定效果，为此可在卫星上沿 X 轴增加可伸展的重力杆以调整质量分布，使最小惯量矩 A 的值尽量减小。此外还必须采取阻尼措施，使卫星围绕 X 轴的摆动得到有效的衰减(图 5.52)。

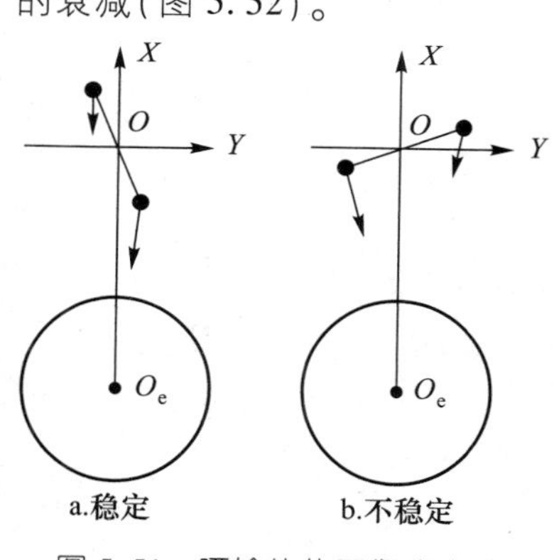

图 5.51　哑铃体的平衡稳定性

图 5.52　带重力杆的卫星

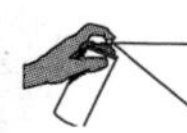

注释 1：刚体的重力梯度力矩计算[12]

设地球中心 O_e 至刚体质心 O 的矢径为 $\boldsymbol{r}$，至刚体内任意点 P 的矢径为 $\boldsymbol{r}_P$，P 点相对 O 点的矢径为 $\boldsymbol{\rho}$(图 5.53)，则有

$$\boldsymbol{r}_P=\boldsymbol{r}+\boldsymbol{\rho} \tag{5.14.1}$$

利用沿矢径 $\boldsymbol{r}$ 的 O_eX 轴相对 $(O-xyz)$ 各轴的方向余弦 α，β，γ，矢径 $\boldsymbol{r}$ 的投影式为

$$\boldsymbol{r}=r(\alpha\boldsymbol{i}+\beta\boldsymbol{j}+\gamma\boldsymbol{k}) \tag{5.14.2}$$

设 P 点在($O-xyz$)中的坐标为 x，y，z，则矢径 $\boldsymbol{\rho}$ 的投影式为

$$\boldsymbol{\rho}=x\boldsymbol{i}+y\boldsymbol{j}+z\boldsymbol{k} \tag{5.14.3}$$

将式(5.14.2)，式(5.14.3)代入式(5.14.1)，得到

$$\boldsymbol{r}_P=r\left[\left(\alpha+\frac{x}{r}\right)\boldsymbol{i}+\left(\beta+\frac{y}{r}\right)\boldsymbol{j}+\left(\gamma+\frac{z}{r}\right)\boldsymbol{k}\right] \tag{5.14.4}$$

设地球为均质球体，其万有引力场等同于质量集中于 O_e 的中心引力场。刚体内 P 点处的微元质量 dm 上作用的万有引力 d$\boldsymbol{F}$ 与 dm 成正比，与距离 r_P 的平方成反比，沿 $\boldsymbol{r}_P$ 矢径的负方向。可写作

$$\mathrm{d}\boldsymbol{F}=-\frac{\mu\mathrm{d}m}{r_P^2}\left(\frac{\boldsymbol{r}_P}{r_P}\right) \tag{5.14.5}$$

其中 μ 为地球的引力参数。以刚体为积分域，地球对刚体的万有引力相对质心 O 的合力矩为

$$\boldsymbol{M}=\int\boldsymbol{\rho}\times\mathrm{d}\boldsymbol{F}=-\mu\int\frac{\boldsymbol{\rho}\times\boldsymbol{r}_P}{r_P^2}\mathrm{d}m \tag{5.14.6}$$

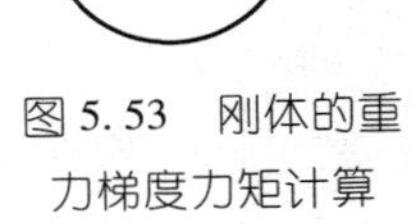

图 5.53　刚体的重力梯度力矩计算

将式(5.14.3)，式(5.14.4)代入上式，仅保留 x/r，y/r，z/r 的二次项，利用惯量积为零条件，令

$$\int xy\mathrm{d}m=\int yz\mathrm{d}m=\int zx\mathrm{d}m=0$$

代入惯量矩符号：

$$A=\int(y^2+z^2)\mathrm{d}m,\ B=\int(z^2+x^2)\mathrm{d}m,\ C=\int(x^2+y^2)\mathrm{d}m \tag{5.14.7}$$

导出重力梯度力矩 $\boldsymbol{M}$ 在刚体的主轴坐标系($O-xyz$)各轴上的投影：

$$M_x=\frac{3\mu}{r^3}(C-B)\beta\gamma$$

$$M_x=\frac{3\mu}{r^3}(A-C)\gamma\alpha$$

$$M_x=\frac{3\mu}{r^3}(B-A)\alpha\beta \qquad (5.14.8)$$

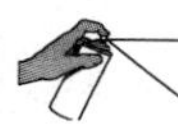

注释 2：刚体卫星相对平衡的稳定性分析[12]

设卫星沿半径为 R 的圆轨道运动，令 $r=R$，$\omega_c^2=\mu/R^3$，将重力梯度力矩(5.14.8)代入欧拉方程(A.3.12)。得到

$$A\dot{\omega}_x+(C-B)\omega_y\omega_z=3\omega_c^2(C-B)\beta\gamma$$

$$B\dot{\omega}_y+(A-C)\omega_z\omega_x=3\omega_c^2(A-C)\gamma\alpha$$

$$C\dot{\omega}_z+(B-A)\omega_x\omega_y=3\omega_c^2(B-A)\alpha\beta \qquad (5.14.9)$$

其中参数 ω_c 的物理意义为卫星绕地球转动的角速度。设卫星受扰前处于$(O-xyz)$与$(O-XYZ)$重合的平衡状态，采用附录 A.2 节中定义的卡尔丹角表示卫星偏离轨道坐标系$(O-XYZ)$的姿态：

$$(O-XYZ)\xrightarrow[\psi]{X}(O-x_0y_0z_0)\xrightarrow[\theta]{y_0}(O-x_1y_1z_1)\xrightarrow[\varphi]{z_1}(O-xyz)$$

角度坐标 ψ，θ，φ 分别称为卫星的偏航角，滚动角和俯仰角(图 5.54)。在小扰动条件下，仅保留各偏角的一阶小量，导出

$$\alpha=1,\ \beta=-\varphi,\ \gamma=\theta$$

$$\omega_x=\dot{\psi}-\omega_c\theta,\ \omega_y=\dot{\theta}+\omega_c\psi,\ \omega_z=\dot{\varphi}+\omega_c \qquad (5.14.10)$$

代入欧拉方程(5.14.9)，化为线性化方程

$$A\ddot{\psi}-(A+B-C)\omega_c\dot{\theta}+(C-B)\omega_c^2\psi=0 \qquad (5.14.11a)$$

$$B\ddot{\theta}+(A+B-C)\omega_c\dot{\psi}+4(C-A)\omega_c^2\theta=0 \qquad (5.14.11b)$$

$$C\ddot{\varphi}+3(B-A)\omega_c^2\varphi=0 \qquad (5.14.11c)$$

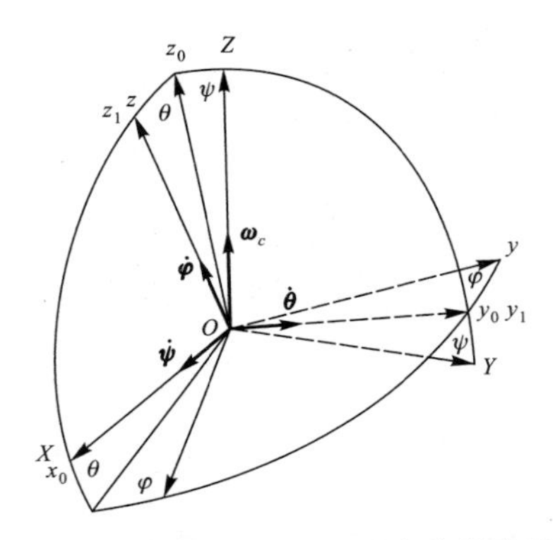

图 5.54　卫星在轨道坐标系中的角度坐标

其中方程(5.14.11c)可单独确定星体的俯仰角 φ，根据附录 A.5 的分析，其稳定性条件为

$$B>A \tag{5.14.12}$$

相互耦合的方程(5.14.11a)与(5.14.11b)共同确定星体的偏航角 θ 和滚动角 ψ。列出其特征方程:

$$AB\lambda^4+[AB+(C-A)(3A+C-B)]\omega_c^2\lambda^2+4(C-A)(C-B)\omega_c^4=0 \tag{5.14.13}$$

要使特征值 λ 为纯虚数，即 λ^2 为负实数，此方程的所有系数必须为正值，以下条件必须满足:

$$C>A,\quad C>B \tag{5.14.14}$$

综合条件(5.14.12)和(5.14.14)，得到卫星在轨道坐标系内相对平衡的稳定性条件:

$$C>B>A \tag{5.14.15}$$

5.15 Section 卫星的自旋稳定

利用旋转刚体的陀螺效应保证轨道中姿态稳定的卫星称为自旋卫星(spin satellite)。卫星入轨以后受到驱动产生绕极轴的稳态旋转，成为典型的欧拉情形的刚体永久转动，其转动轴在惯性空间中保持方位不变。将卫星的转动轴设计为沿轨道面的法线方向，就能与轨道坐标系的 Z 轴始终保持一致，而不会在轨道内翻滚。在本书第三章 3.2 节的注释中，曾证明欧拉情形刚体永久转动稳定性的经典力学结论：刚体绕最大或最小惯量矩主轴的永久转动稳定，绕中间惯量矩主轴的永久转动不稳定。轴对称刚体绕极轴的永久转动稳定，绕赤道轴的永久转动不稳定。按照此原则，对于轴对称卫星的一般情形，只要将对称轴选为旋转轴，则无论此对称轴对应的惯量矩为最大值或最小值，永久转动都稳定。

1957 年 10 月 4 日原苏联发射的世界上第一颗人造地球卫星斯普特尼克一号(Sputnik-1)是带有四根天线的篮球形状轴对称体(图 5.55)。卫星的极惯量矩和赤道惯量矩非常接近，绕极轴的永久转动保持了稳定性。1958 年 1 月 31 日，空间技术暂居落后的美国匆忙发射的探险者一号(Explorer-1)是一个细长的轴对称体，也带有四根天线(图 5.56)。卫星的旋转轴对应的极惯量矩远小于赤道惯量矩。按照经典力学的理论分析，绕最小惯量矩主轴的永久转动应该稳定。但在发射升空数小时后，卫星的极轴却在轨道坐标系内逐渐翻转 90°，最终转变为绕赤道轴，也就是绕卫星的最大惯量矩主轴旋转。这一意外事件的发生似乎颠覆了经典力学的结论。如何解释这一现象成为当时力学界的热门话题。

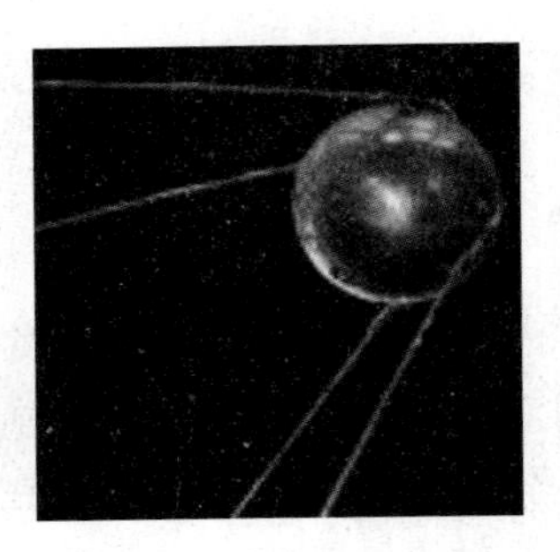

图 5.55　斯普特尼克一号卫星

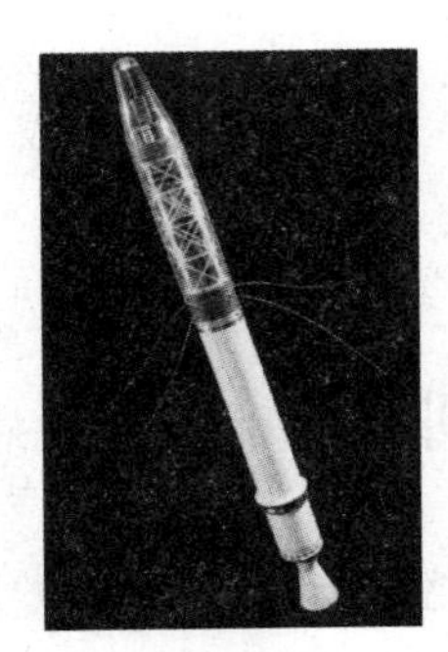

图 5.56　探险者一号卫星

深入的研究表明，探险者一号失稳的原因来自所携带的四根柔软的天线。经典力学的结论并没有错误，但仅适用绝对不变形的刚体。悬浮在太空中的刚体如忽略微小的重力梯度力矩，处于无力矩的自由状态，其相对质心的动量矩守恒。由于不存在耗散因素，其绕质心转动的动能也守恒。在 3.2 节中正是从动量矩和动能守恒原理出发，推导出关于永久转动稳定性的结论。但是由于柔软天线的存在，卫星已不能再视为刚体。不过天线在卫星中所占的比例极小，因此仍可近似地应用刚体的动量矩和动能公式进行分析。在无力矩状态下动量矩守恒原理依然适用，但由于天线弹性变形的内阻尼因素，其总机械能将不断衰减。在动量矩保持不变的条件下，最小的极惯量矩对应于最大动能。反之，最大的极惯量矩对应于最小动能。由于能量的耗散，动能随时间不断减小，绕最小惯量矩主轴的转动必逐渐转变为绕最大惯量矩主轴的转动。探险者一号失稳现象从而得到解释。

自旋稳定的卫星可以保证极轴的方位确定不变，但旋转中的卫星不可能使探测元件对准地球。于是双自旋卫星(dual-spin satellite)便应运而生。双自旋卫星由绕同一根极轴旋转的两个部件组成，分别为转子和平台。两个部件各有不同的角速度。起稳定作用的转子以较高角速度旋转，平台的转动与卫星沿轨道绕地球的转动严格同步，以保证安装在平台上的探测仪器对准地球。1984年4月8日我国发射的“东方红二号”卫星就是一颗双自旋卫星，它的发射成功，开始了我国用自己的卫星进行通信的历史(图5.57)。

图5.57 东方红二号卫星

注释1：阻尼因素对自旋卫星稳定性影响的理论分析[12]

附录中式(A.3.5)，(A.4.4)描述的刚体对质心的动量矩 L 和动能 T 均为角速度的函数：

$$L^2=A^2\omega_x^2+B^2\omega_y^2+C^2\omega_z^2 \tag{5.15.1}$$

$$2T=A\omega_x^2+B\omega_y^2+C\omega_z^2 \tag{5.15.2}$$

在无力矩状态下，动量矩 L 和动能 T 均守恒。以上二式成为欧拉方程的动量矩积分和能量积分。从中消去 ω_z，得到

$$A(C-A)\omega_x^2+B(C-B)\omega_y^2=2CT-L^2 \tag{5.15.3}$$

若考虑内阻尼的存在，则只有动量矩 L 仍保持守恒，但动能 T 随时间衰减。将上式对 t 求导，令 $\dot{L}=0,\dot{T}<0$，得到

$$A(C-A)\frac{\mathrm{d}}{\mathrm{d}t}(\omega_x^2)+B(C-B)\frac{\mathrm{d}}{\mathrm{d}t}(\omega_y^2)<0 \tag{5.15.4}$$

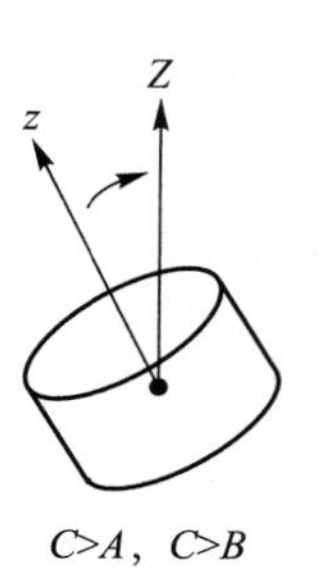

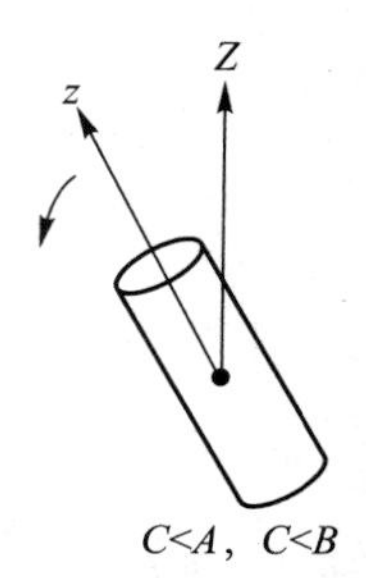

图 5.58　卫星极轴的运动趋势

对于绕 z 轴自旋的卫星，角速度 ω_x 和 ω_y 在未受扰时均为零，受扰后的变化趋势可根据式(5.15.4)判断：

$C>A$，$C>B$：　ω_x^2 和 ω_y^2 减小，极轴仍接近原位置

$C<A$，$C<B$：　ω_x^2 和 ω_y^2 增大，极轴必远离原位置

从而证明：自旋轴为最大惯量矩主轴时稳定，为最小惯量矩主轴时不稳定(图 5.58)。

上述分析也可用于解释 5.6 节中关于静电支承陀螺仪在动量矩矢量附近的章动转变为绕主轴转动的阻尼过程。

注释 2：双自旋卫星相对平衡的稳定性分析

设双自旋卫星为由轴对称转子 R 和平台 P 组成的系统(S)(图 5.59)。以(S)的质心 O 为原点建立平台 P 的主轴坐标系$(O-xyz)$，设 A，B 为(S)相对 x 轴和 y 轴的主惯量矩，C_P 和 C_R 分别为转子 R 和平台 P 相对 z 轴的主惯量矩，ω_x，ω_y，ω_z 为平台 P 的角速度在$(O-xyz)$中的投影，Ω 为转子 R 相对平台 P 的常值角速度。参照式(A.3.5)，(A.4.4)，写出(S)的动量矩 L 和动能 T：

$$L^2=A^2\omega_x^2+B^2\omega_y^2+[C_P\omega_z+C_R(\omega_z+\Omega)]^2 \tag{5.15.5}$$

$$2T=A\omega_x^2+B\omega_y^2+C_P\omega_z^2+C_R\ (\omega_z+\Omega)^2 \tag{5.15.6}$$

令 $C=C_P+C_R$，$h_R=C_R\Omega$，设平台 P 绕 z 轴的角速度保持 ω_c 不变，$\omega_z=\omega_c$，ω_c 为卫星在圆轨道内绕地球转动的角速度。引入等效惯量矩 C_1，定义为

$$C_1=C+\frac{h_R}{\omega_c} \tag{5.15.7}$$

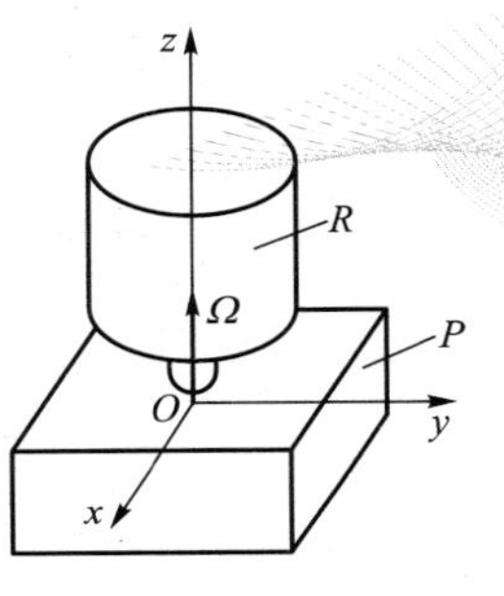

图 5.59　双自旋卫星

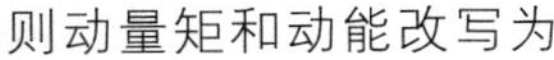

则动量矩和动能改写为

$$L^2=A^2\omega_x^2+B^2\omega_y^2+C_1^2\omega_c^2$$

$$2T=A\omega_x^2+B\omega_y^2+C_1\omega_c^2+h_R(\omega_c+h_R/C_R) \tag{5.15.8}$$

从以上二式消去 ω_c，得到

$$A(C_1-A)\omega_x^2+B(C_1-B)\omega_y^2+C_1h_R(\omega_c+h_R/C_R)=2C_1T-L^2 \tag{5.15.9}$$

将上式对 t 求导，考虑内阻尼因素，令$\dot{L}=0$，$\dot{T}<0$，得到

$$A(C_1-A)\frac{\mathrm{d}}{\mathrm{d}t}(\omega_x^2)+B(C_1-B)\frac{\mathrm{d}}{\mathrm{d}t}(\omega_y^2)<0 \tag{5.15.10}$$

重复以上分析，得到与注释 1 类似的结论，只需将惯量矩 C 换作等效惯量矩 C_1：

$C_1>A$，$C_1>B$：　自旋轴稳定

$C_1<A$，$C_1<B$：　自旋轴不稳定

与单个刚体卫星相比，转子旋转产生的动量矩 h_R 使等效惯量矩 C_1 远大于不旋转卫星的惯量矩 C。即使 C 不是最大惯量矩，也能通过提高转子的转速使卫星姿态变为稳定。

潮　汐[15]

5.16 Section

海水的涨潮落潮是地球上每天准时发生的周期运动。鸣声如雷，势如万马奔腾的钱塘江大潮更是壮丽的自然奇观（图5.60）。推动海水如此巨大的力量从何而来？

5.12节和5.14节里都提到过重力梯度概念。正是月亮和太阳对地球的引力梯度成为推动海水潮汐运动的动力，称为潮汐力（tidal force）。月球质量虽远小于太阳但离地球很近，其引力梯度比遥远的太阳大得多，因此潮汐的主要推动力来自月球。太阳的引力梯度只是在与月球引力梯度方向一致时，对潮汐起推波助澜作用。

图5.60　钱塘江大潮

根据5.13节的叙述，忽略地球绕太阳的公转，将地球和月球视为二体系统。其质心 O_1 和 O_2 绕地月连线 O_1O_2 上的总质心 O 作圆轨道运动。地球是非惯性坐标系，分析海水相对地球的运动时，除月球引力以外，还必须考虑地球质心运动和自转运动产生的惯性力。设月球在地心 O_1 处对质量为 m 的物体的引力为 $m\boldsymbol{g}_0$，与地球质心 O_1 圆周运动的离心惯性力 $-m\boldsymbol{g}_0$ 平衡。在地球上离月球最近的 A 点和最远的 B 点处，月球引力 $m\boldsymbol{g}_A$ 和 $m\boldsymbol{g}_B$ 必须与圆周运动的离心惯性力 $-m\boldsymbol{g}_0$ 叠加，分别为 $\boldsymbol{F}_A=m(\boldsymbol{g}_A-\boldsymbol{g}_0)$ 或 $\boldsymbol{F}_B=-m(\boldsymbol{g}_0-\boldsymbol{g}_B)$。因万有引力与距离平方成反比，考虑 A 点、B 点和 O_1 点与月心 O_2 距离的差别，必有 $g_A>g_0>g_B$。在 A 点和 B 点处，物体受到的作用力强度最大方向相反，成为激发 A 点和 B 点处海水涨潮的动力。在相距 90 度的 C 点和 D 点处，引力与 $m\boldsymbol{g}_0$ 最为接近，引潮力最小而出现退潮（图 5.61）。地球每昼夜自转一周，在 A，B，C，D 各处历经两次涨潮和退潮。如考虑地球自转产生的离心惯性力，在 A 点和 B 点处正好与引力 $\boldsymbol{F}_A$，$\boldsymbol{F}_B$ 的方向一致，更增加了潮汐的强度。

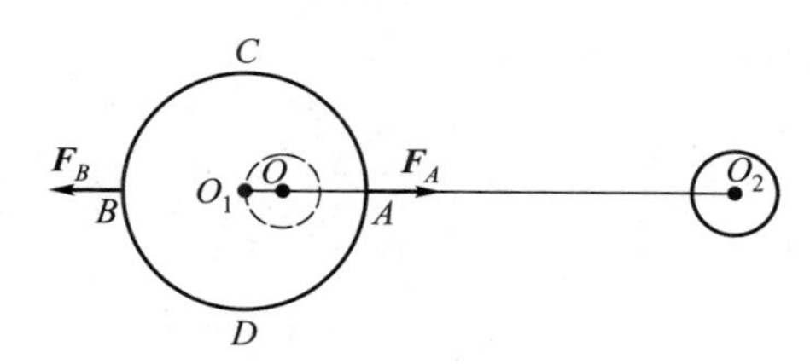

图 5.61 月球对海水的引力梯度

由于惯性，海水在潮汐力作用下的运动存在时间滞后。所造成的水峰不在地月连线 O_1O_2 上，而是被地球带动朝自转方向偏移某个角度，构成与自转方向相逆的力偶，如图 5.62 所示。图中的 $\boldsymbol{F}_A$，$\boldsymbol{F}_B$ 表示海水对地球的实际作用力。潮汐力通过海水对

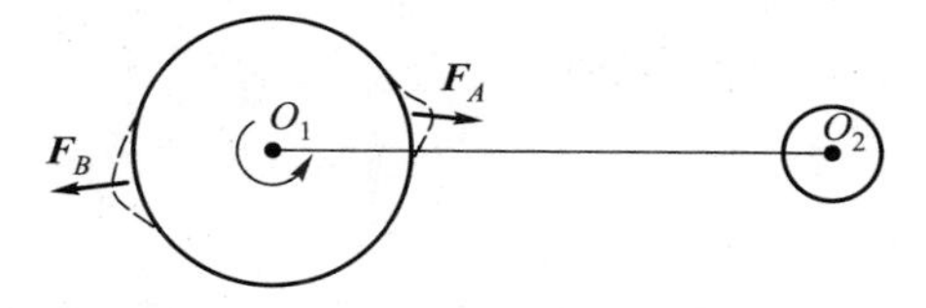

图 5.62 潮汐锁定效应

海床的冲刷，产生对地球自转的制动作用，使自转速度减缓，昼夜交替的周期拉长。

地月系统是个封闭系统，其相对总质心的动量矩必须守恒。地月系统的运动由轨道运动和自转运动两部分构成。地球自转减缓使相应的动量矩降低，必伴随地球和月球轨道运动的动量矩增大。自转运动的动能逐渐转化为轨道运动的动能和势能。注释 2 将证明，在圆运动二体问题中，单位质量天体轨道运动的动量矩等于 $\sqrt{\mu r}$，轨道运动的动能和势能总和为 $-\mu/2r$。因此轨道运动的动量矩和机械能增大必伴随轨道半径 r 增大。从而证明，地球自转减速必导致月球与地球渐行渐远。实际观测也证实了理论分析的上述结论。据地质考古研究，9 亿年前地球上一昼夜大约只有 18 个小时，即每过 100 年一昼夜约增加 2 毫秒。激光测距结果表明，月球与地球的距离每年约增加 38 毫米。

类似的潮汐现象也发生在月球上，潮汐的动力来自地球对月球的引力梯度。月球没有海洋，地球的潮汐力作用在月球的岩石上只能引发固体潮汐。固体潮汐虽不能像海水那样潮起潮落，但能引起岩石的反复拉伸和压缩变形，也同样造成能量耗散。经过亿万年潮汐力的作用，月球相对地月连线的偏转运动已被潮汐力的制动作用消耗殆尽。其结果是月球的自转被锁定成与公转同步，始终以同一侧面对着地球。这种天体之间的潮汐锁定现象(tidal locking)在太阳系里并不少见。例如冥王星和它的称作卡戎(Charon)的卫星由于质量和距离接近，早已进入相互锁定状态。二者始终保持面对面地绕共同质心旋转。

地球也存在固体潮汐现象。岩石层受潮汐力作用可能被激发起地震。历史记录中许多大地震发生在满月或新月并非偶然。因为月盈或月亏时月球、太阳和地球接近在同一直线上。月球和太阳二者对地球潮汐力的叠加，增强了固体潮汐效应。最近一次发生在 2016 年 11 月 14 日。这一天是满月，且月球位于轨道的近地点与地球距离最近。成为难得一见的特大“超级月亮”。就在同一天，新西兰发生了7.5级强震。

固体潮汐还可能使岩石摩擦产生热量，造成温度升高。贴近土星探测的“卡西尼号”(Cassini)曾发现在土卫二(也称Enceladus)寒冷的冰壳下涌动着巨大的海洋。能使冰融化成海水的热源很可能就来自土星的潮汐力。

既然地球的潮汐力能将月球锁定，月球的潮汐力也应该能锁定地球。不过地球的质量比月球大得多，这种锁定作用也缓慢得多。但只要潮汐力持续不断进行下去，地球在地月系统中的姿态最终也必然趋向静止。当地球自转真被锁定成与月球同步时，一昼夜就要延长到与一个月时间相等。这一结果将给地球上的人类带来巨大的灾难，但也不必杞人忧天，因为即使要发生也是亿万年以后的事了。

注释1：潮汐力计算

设在图5.61中，地月中心的距离 $O_1O_2=r$，地球半径 $O_1A=O_1B=R$。利用5.10节中的万有引力公式，月球在地心 O_1 处对质量为 m 的物体作用的引力为

$$F_0=\frac{\mu m}{r^2} \tag{5.16.1}$$

在 A 点和 B 点处的引力为

$$F_{A,B}=\frac{\mu m}{(r\pm R)^2} \tag{5.16.2}$$

因 $r>>R$，仅保留 R/r 的一次项，将上式化作

$$F_{A,B}=\frac{\mu m}{r^2}\left(1\pm\frac{R}{r}\right)^{-2}=F_0\left(1\mp\frac{2R}{r}\right) \tag{5.16.3}$$

从而导出 A 点和 B 点的潮汐力为

$$F_{潮汐}=F_0\left(\frac{2R}{r}\right) \tag{5.16.4}$$

注释2：二体系统的动量矩和机械能

在圆运动二体问题中，设质量为 m 的天体轨道半径为 r，速度为 v，其质心运动的动量矩为

$$L=mvr \tag{5.16.5}$$

其引力场势能 V 等于增加负号的位函数 $-U$。参照5.10节中的式(5.10.7)，$V=-m\mu/r$，μ 为引力参数。天体的机械能 E 为势能 V 与动能 $T=mv^2/2$ 之和

$$E=T+V=m\left(\frac{v^2}{2}-\frac{\mu}{r}\right) \tag{5.16.6}$$

将5.10节导出的圆轨道速度 $v=\sqrt{\mu/r}$ 代入上式，得到

$$L=m\sqrt{\mu r}\,,\quad E=-m\left(\frac{\mu}{2r}\right) \tag{5.16.7}$$

5.17 Section 地球自转

地球的自转和公转是地球的两种运动。因为自转才有了白昼和夜晚的轮替，因为公转才有了春夏秋冬的四季变化。但如本章第一节所述，仅当16世纪哥白尼提出日心学说以后，人类方逐渐认识到这一现象的存在。5.1节叙述的傅科摆和傅科陀螺仪就是帮助人们感受地球自转的重要实验。

地球每自转一周的时间为1个太阳日，即23小时56分4秒。平均角速度为7.292×10^{-5}弧度/秒。根据地质考古研究和现代精密量测的结果证实，地球的自转角速度并非固定不变，而是在缓慢地减速。美国生物学家根据珊瑚虫甲壳化石的生长年轮判断，每过100年一昼夜约增加2毫秒。由于以地球自转周期为基准的“地球时”和以铯原子振荡周期为基准的“原子时”之间的差值不断积累，国际地球自转学会不得不每隔一段时间要求各国将时钟拨慢。最近一次的调整发生在北京时间2015年7月1日的7时59分59秒，全球的手表、手机和电脑必须同步增加1“闰秒”，即调整为7时59分60秒。

上节在叙述潮汐运动时，曾提到潮汐引起海水冲刷海床会使地球自转变慢。但潮汐并非影响地球自转的唯一因素。另一个影响自转的重要因素是地球绕自转轴的惯量矩 J 的变化。早在 40 亿年以前，地球从熔融形态逐渐冷却为岩石形态时，就由于自转产生的离心惯性力使赤道附近的岩石圈不断向外扩张，惯量矩不断增大。5.14 节曾说明，均质球形物体的万有引力矩为零。因此接近球形的地球必接近无力矩状态，其绕自转轴的动量矩 $L=J\omega$ 接近守恒。于是惯量矩 J 增大必导致自转角速度 ω 减小。

实际上地球的惯量矩总是一刻不停地改变着。不仅自转引起的离心惯性力继续对地壳起推动作用，而且地壳板块的运动、地震和火山的活动、季风的运动、填海造陆的人类活动无时无刻地改变着地球的质量分布。由于暖室效应，地球南北极的冰川和冰山的加速融化使大量海水向赤道方向转移更促使惯量矩增大。虽然地球自转的长远趋势是变缓，但不排除地壳的局部变动也可能使地球的惯量矩减小，使自转加快。例如 2010 年 2 月 27 日在智利发生的 8.8 级大地震。由于数百公里范围内的岩石朝南推移数米，计算表明所导致的质量分布变化使惯量矩变小自转角速度加快，每昼夜约缩短 1.26 微秒。再以 2011 年 3 月 11 日发生的日本大地震为例。地壳塌陷使太平洋底的板块之间出现 400 米宽的裂痕。因惯量矩变小每昼夜约缩短 1.6 微秒。

质量移动不仅改变地球绕极轴的主惯量矩，而且会使地球自转轴偏离极轴。以上述日本大地震为例。据报刊报道，计算结果表明自转轴因地震产生 10~15 厘米的偏移。关于自转轴偏移问题，美国航天局(NASA)的科学家曾做过系统研究。2016 年发布的研究报告中说明，自 2003 年以来，格陵兰岛的冰盖平均每年约融化 2 700 万吨。与此同时，南极洲西部每年损失约 1 250 万吨的冰，而东部每年新增约 750 万吨的冰。其综合效应是使地球自转轴向东移动。就此问题，在本节注释中参照日本大地震数据对地球质量几何的变化作大致估算。

注释：大地震影响地球自转速度的估算

以地心 O 为原点建立与地球固结的坐标系($O-xyz$)，z 轴为地球的极轴，与沿赤道面的 x 轴组成含震源 P 在内的子午面，y 轴沿子午面的法线(图 5.63)。设地震发生时，P 点处有质量为 m 的岩体塌陷。且假设地震发生前与 P 点相对地轴对称的位置 Q 有质量相等的岩体，以保证 z 轴为惯量主轴。利用已知数据，地球的质量为 $m_e=5.976\times10^{24}$ kg，近似视为均匀球体，其平均半径为 $R_e=6.371\times10^3$ km。则地球绕极轴的惯量矩 J 为

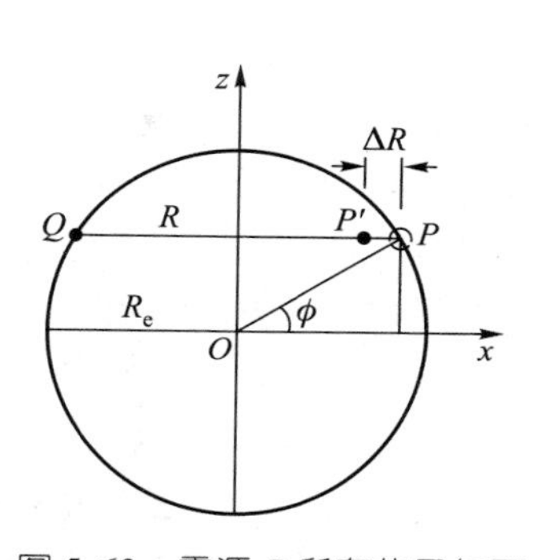

图 5.63　震源 P 所在的子午面

$$J=\frac{2}{5}m_eR_e^2=9.70\times10^{31}\text{kg-km}^2 \tag{5.17.1}$$

每个恒星日的地球自转周期为 $T=8.641\times10^4$ s，若依据报道，自转周期缩短 1.6 微秒的数据 $\Delta T=-1.6\times10^{-6}$ s 可信，则相对误差为

$$\frac{\Delta T}{T}=-\frac{1.6}{8.641}\times10^{-10}=-1.85\times10^{-11} \tag{5.17.2}$$

在动量矩守恒条件下，地球的自转角速度与绕极轴的惯量矩 J 成反比，亦即自转周期 T 与惯量矩 J 成正比。导出惯量矩增量为

$$\Delta J=J\left(\frac{\Delta T}{T}\right)=-1.8\times10^{21}\text{kg-km}^2 \tag{5.17.3}$$

地震位置 P 点的纬度为 $\phi=38°$，移动前与极轴距离为 $R=R_e\cos\phi=5.02\times10^3$ km。设地震后沿 PQ 方向的移动距离为 ΔR，仅保留

$\Delta R/R$ 的一次项，由于岩体塌陷引起的惯量矩增量 ΔJ 为

$$\Delta J=m\ (R-\Delta R)^2-mR^2\doteq-2mR\Delta R \tag{5.17.4}$$

导出

$$m\Delta R=-\frac{\Delta J}{2R}=1.79\times10^{17}\text{kg-km} \tag{5.17.5}$$

岩体塌陷可引起地球质心位置的平移。因塌陷的岩体质量远小于巨大的地球质量，算出的平移距离 $\delta_1=m\Delta R/m_e=0.03$ mm 显得微不足道。

正常状态下地球绕极轴 z 以角速度 $\boldsymbol{\omega}_e=\omega_e\boldsymbol{k}$ 自转，动量矩矢量 $\boldsymbol{L}$ 与 $\boldsymbol{\omega}_e$ 共线。当塌陷后岩体 P 移至新位置 P'时，由于质量分布不对称产生惯量积 J_{xz}

$$J_{xz}=-(m\Delta R)R_e\sin\phi=-7.02\times10^{20}\text{kg-km}^2 \tag{5.17.6}$$

惯量积的出现使动量矩 $\boldsymbol{L}$ 偏离角速度 $\boldsymbol{\omega}_e$，成为

$$\boldsymbol{L}=\omega_e(J_{xz}\boldsymbol{i}+J\boldsymbol{k}) \tag{5.17.7}$$

其中 $\boldsymbol{i}$，$\boldsymbol{k}$ 为 x 轴和 z 轴的基矢量。在动量矩守恒条件下，地球作自由规则运动。即绕 $\boldsymbol{L}$ 矢量的逆时针进动和绕 $\boldsymbol{\omega}_e$ 矢量的顺时针自旋。因进动角的变化率远大于自旋角，地球的自转主要由绕动量矩 $\boldsymbol{L}$ 的进动体现，可认为地球的自转轴与 $\boldsymbol{L}$ 矢量一致。$\boldsymbol{L}$ 与 $\boldsymbol{\omega}_e$ 矢量之间的微小夹角 ε 即地球自转轴的偏角。利用 $\boldsymbol{L}$ 与 $\boldsymbol{\omega}_e$ 的矢量积求出

$$\varepsilon\doteq\sin\varepsilon=\frac{|\boldsymbol{\omega}_e\times\boldsymbol{L}|}{J\omega_e^2}=\frac{|J_{xz}|}{J}=7.24\times10^{-12}\text{rad}=(1.49\times10^{-6})'' \tag{5.17.8}$$

算出的偏角 ε 约为 1.5 微弧秒。自转轴与地球表面交点的移动距离为 $\delta_2=R_e\varepsilon=0.046$ mm。同时考虑地球质心位置的平移，最大移动距离为 $\delta_1+\delta_2=0.076$ mm。

与报刊报道的数据相比，以上对地球自转轴的平移和偏角的计算结果均明显偏小。表明地球上岩体塌陷对自转轴位置偏移的影响虽在理论上成立，但由于地球质量之巨大，实际效果极其微弱。

5.18 Section 船舶稳定器

海洋中的船舶在波浪的激励下作受迫振动，表现为绕纵轴和横轴的摇摆。前者为横摇，后者为纵摇。一般情况下，横摇比纵摇严重得多。因此大型船舶的设计必须使船体的重心位于浮心的下方。当船体发生倾斜时，浮力和重力才能形成一个将船体推回原处的力偶，使船舶在平衡位置附近只能摇摆而不会被波浪掀翻。船舶的摇摆如不消除不仅会造成乘员的不适，而且是威胁船舶安全的危险因素。当海浪过于强大，或频率接近船体的固有频率时，激烈的摆动仍可能导致船舶倾翻。

为了消除船舶的摇摆，1911 年德国工程师弗拉姆(H.Frahm)设计出一种稳定装置，这种船舶减摇方法最早曾出现在 1889 年的纽约港。弗拉姆改良后的稳定装置由两个水箱组成，水箱的一半充满水，下方用管道连通，上方用带阀门的空气管连通(图 5.64)。水在水箱之间的流动使摇摆的船舶增加了一个自由度。当船体向一侧倾斜时，水箱里的水会自动朝相反的另一侧流动。按照液体在管道内的流动规律，液体的流动和船体摇摆之间有接近 90°的相位差，于是两侧不相等的水量产生与摇摆趋势相反的力矩，形成U形管类型的重力摆。水量不等产生的重力矩传递到船体，就能减小船体的摇摆(图5.65)。

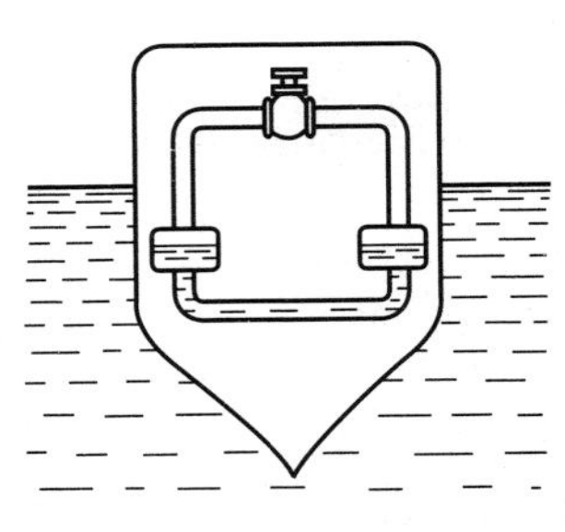

图5.64　弗拉姆减摇水箱

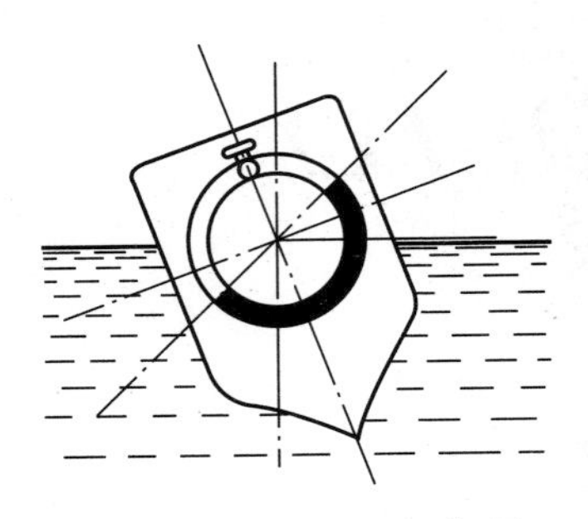

图5.65　水箱的减摇作用

弗拉姆减摇水箱是一种被动式的稳定装置，不需要消耗能源。它对稳定性较差的船舶很有效，能消除50%的船体摇摆。但对稳定性较好的船舶效果就十分有限，而且占据船舶的空间太大，二战以后已改进为用水泵控制水流方向的主动式减摇水箱来稳定船舶。

1904年德国汉堡的船舶工程师施利克(O. Shlick)发明了利用快速旋转转子的陀螺效应的船舶消摆器。消摆器由单个陀螺构成，陀螺的框架轴水平安放，庞大的转子绕垂直轴旋转，框架下方沿垂直轴利用配重形成一个大复摆(图5.66)。当船舶在海浪作用下左右摇晃时，所产生的陀螺力矩方向恰好与摇摆方向相反，从而能有效地抑制船舶的摆动。在52吨扫雷艇上的实航实验表明，消摆器能使原来高达14°的横倾摆幅降低

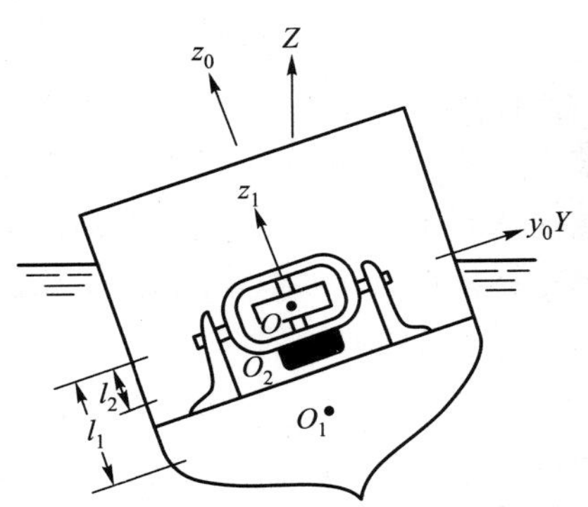

图5.66　施利克船舶消摆器

到不超过 1°而大获成功。

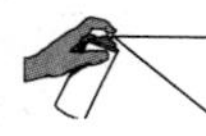

注释：施利克船舶消摆器的工作原理[12]

以船体的浮心 O 为原点，设陀螺的支承中心与 O 点重合，建立惯性坐标系$(O-XYZ)$，船体坐标系$(O-x_0y_0z_0)$，和陀螺框架坐标系$(O-x_1y_1z_1)$。其中 Z 为垂直轴，与水平轴 Y 组成船体横摇平面。x_0 和 y_0 分别为船体的纵轴和横轴，y_0 也是框架转轴，z_1 轴为转子极轴。设船体的横摇角为 ψ，陀螺框架的摆动角为 θ(图 5.67)。转动次序为

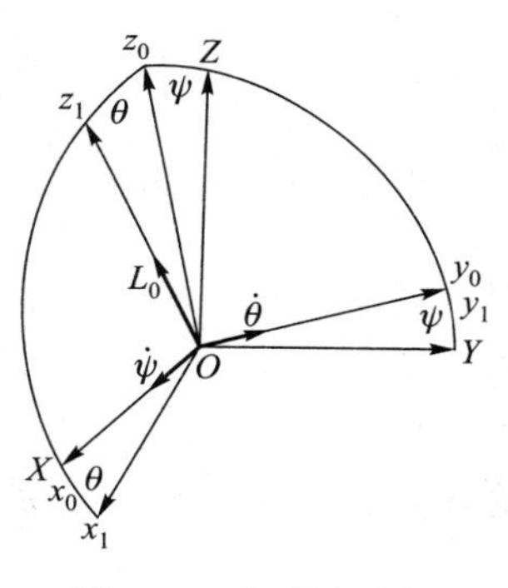

图 5.67 施利克消摆器的坐标系

$$(O-XYZ)\underset{\psi}{\overset{X}{\longrightarrow}}(O-x_0y_0z_0)\underset{\theta}{\overset{y_0}{\longrightarrow}}(O-x_1y_1z_1)$$

设船体连同消摆器的质量为 m_1，相对 x_0 轴的惯量矩为 J_1，陀螺框架连同转子的质量为 m_2，相对 y_0 轴的惯量矩为 J_2。转子的极惯量矩为 J，以角速度 ω_0 匀速转动，动量矩为常值 $L_0=J\omega_0$。仅保留 ψ，θ 的一次项，船体与消摆器系统的动量矩为

$$\boldsymbol{L}=J_1\dot{\psi}\boldsymbol{i}+J_2\dot{\theta}\boldsymbol{j}+L_0\boldsymbol{k} \tag{5.18.1}$$

以$(O-x_1y_1z_1)$为参考坐标系，其角速度为

$$\boldsymbol{\omega}_R=\dot{\psi}\boldsymbol{i}+\dot{\theta}\boldsymbol{j} \tag{5.18.2}$$

设船体重心 O_1 与浮心 O 的距离为 l_1，支架的重心 O_2 与 O 点的距离为 l_2，船体与消摆器系统对浮心 O 作用的力矩为

$$\boldsymbol{M}=m_1gl_1\psi\boldsymbol{i}+m_2gl_2\theta\boldsymbol{j} \tag{5.18.3}$$

将以上各式代入动量矩定理(A.3.11)，得到动力学方程

$$J_1\ddot{\psi}+L_0\dot{\theta}+m_1gl_1\psi=0$$
$$J_2\ddot{\theta}-L_0\dot{\psi}+m_2gl_2\theta=0 \tag{5.18.4}$$

利用指数函数特解导出特征方程

$$J_1J_2\lambda^4+[L_0^2+(m_1l_1+m_2l_2)g]\lambda^2+m_1m_2l_1l_2g^2=0 \tag{5.18.5}$$

根据附录 A.5 的分析，如特征方程的所有系数均为正值，则 λ^2 为负实根，特征根 λ 为纯虚数，平衡稳定。反之，系数有负值时即可能存在正实数 λ，系统不稳定。有以下 3 种情况：

(1) $l_1>0$，$l_2>0$：船体和消摆器均为下摆性。平衡稳定。

(2) $l_1>0$，$l_2<0$ 或 $l_1<0$，$l_2>0$：船体和消摆器的摆性相反。系统不稳定。

(3) $l_1<0$，$l_2<0$，船体和消摆器均为上摆性。陀螺转速较低时不稳定，如提高转速满足 $L_0^2>(m_1|l_1|+m_2|l_2|)g$ 条件，可转为稳定。

情况(1)即施利克消摆器的工作原理。情况(3)成为下一节将要叙述的陀螺稳定单轨火车的理论依据。

5.19 Section 单轨火车[16]

几乎所有的轨道交通都是在两条平行轨道上实现的，因为重心在轨道上方的火车车厢必须由两条轨道支承才能稳定不倒。除非将轨道改成索道，让车厢倒挂在轨道下运行。早在1825年，英国切斯汉特(Cheshunt)的工程师帕而墨(H. Palmer)发明了悬挂式马车用来运石料，偶尔也运载乘客。这种马拉的单轨车实际上与缆车或索道车无异，还谈不上是真正的单轨火车。当马拉动力被蒸汽机代替以后，1876年在美国的费城才出现真正的单轨火车(monorail)，成为庆祝美国建国一百周年活动中轰动一时的新鲜玩意。乍一看来，费城的单轨火车外表和悬挂式火车完全不同，车厢不是悬挂而是跨骑在铁轨上。仔细观察可以发现，火车的乘客座位不在车厢内，而是分布在位于轨道下方的车厢两侧的下伸部分，这里也作为贮存蒸汽机车用煤的仓库。于是整个车厢的重心被控制在铁轨的下方，实际上仍是悬挂式单轨火车的变种(图5.68)。

类似的悬挂式火车曾出现在不少地方。其中值得一提的是恩格斯的故乡，德国鲁尔区的乌帕塔尔市(Wuppertal)建造于1901

年的悬挂列车(Schwebebahn)。历经一个世纪的漫长岁月，古老的悬挂列车依旧穿城而过成为市民的出行工具。这在世界工程史中也是不多见的(图5.69)。时至今日，悬挂式列车经过改良以其独特的优点已成为实用的公共交通工具，称为“空中列车”，或简称“空轨”。我国自行设计建造的空中列车现已出现在上海和成都的街头(图5.70)。

图5.68　重心下移的单轨火车

图5.69　乌帕塔尔的悬挂列车

图5.70　成都的空中列车

悬挂式火车的稳定性分析很简单，因为它等同一只复摆。受到扰动后只能在垂直轴附近作小幅度摇摆。但如将复摆倒立，再小的扰动也能使它倾覆。20世纪初，当物理学家对高速旋转陀螺的动力学知识有了更多了解时，利用陀螺效应使一个重心在上的单轨火车稳定住成为发明家追逐的目标。这一理想在1903年得到了实现。英国人布伦南(L.Brennan)在吉林汉姆(Gillingham)创造了第一台用陀螺稳定的单轨火车。1909年11月10日单轨火车首次在公众前展示时，40名士兵站立在车厢里仍能维持稳定行驶而引起轰动(图5.71)。

单轨火车能稳定不倒得力于陀螺力矩的作用。依照5.3节的解释，轴对称的陀螺转子快速旋转时，所产生的动量矩与转子的旋转轴，也就是转子的对称轴保持一致。如果安装陀螺的载体在惯性空间中转动，必须对转子施加力矩才能带动转子一同转动。这个力矩对载体的反作用力矩就是陀螺力矩，也就是转子因旋转轴改变方向而产生的惯性力矩。

图 5.71　最早的陀螺稳定单轨火车

布伦南的单轨火车在车厢里安装了两只陀螺。陀螺的框架轴垂直，框架内的转子直径 3.5 ft，质量 750 kg，在 20 马力驱动下以每分钟 3 000 转的转速绕指向两侧的水平轴朝相反方向旋转（图 5.72）。当车厢朝一侧倾斜时，绕前进方向水平轴有角速度出现，两只陀螺产生沿垂直轴的陀螺力矩，驱使陀螺框架朝不同方向绕垂直轴偏转。框架偏转引起的陀螺力矩恰好与重力的倾覆力矩平衡而保持稳定。车厢绕垂直轴转动时陀螺产生沿水平轴的陀螺力矩，但方向相反互相平衡，不会影响火车的转弯。这种单轨火车只需要铺设一条轨道，基本设施的建设时间和成本都大为节省，但是要耗费大量能源去驱动庞大的陀螺，而且陀螺一旦停转车厢就要倾覆。因此布伦南的单轨火车未能实际用于运输。

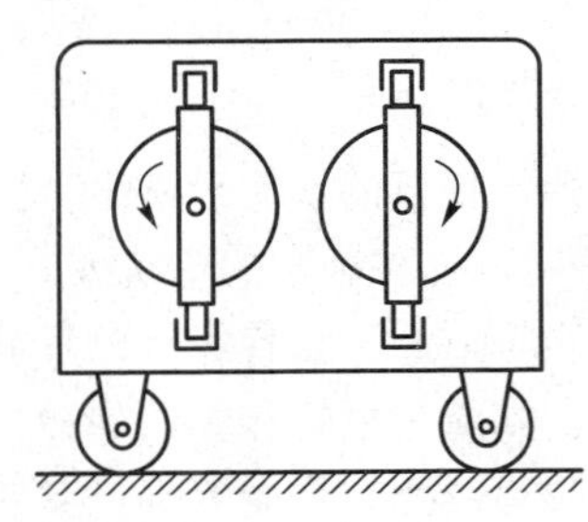

图 5.72　单轨火车的双陀螺稳定

尽管这种陀螺稳定的单轨火车在实际应用上存在不少问题，但并未降低物理学家和发明家的兴趣和创造热情。在出现单轨火车的同一时期，施利克船舶消摆器的成功使人产生联想，这种绕垂直轴旋转的单陀螺装置应该也能对单轨火车起稳定作用。根据 5.18 节注释中的理论分析，只要将施利克消摆器中陀螺框架的配重从支点的下方移到上方，形成不稳定的倒摆。提高陀螺转速，就能使重心高于轨道的单轨火车从不稳定转为稳定(图 5.73)。

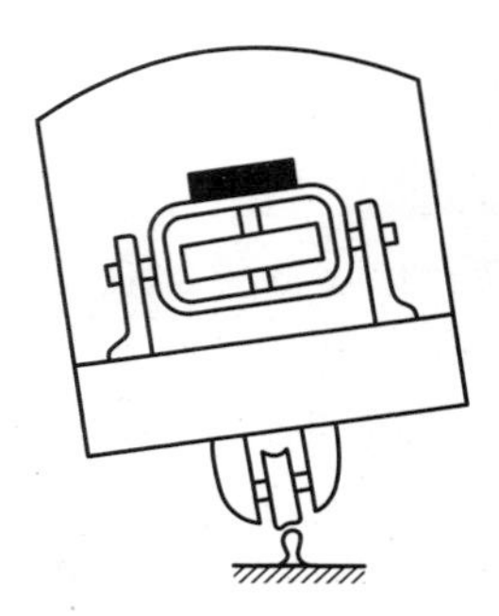

图 5.73　单轨火车的单陀螺稳定

从力学学科的观点出发，陀螺稳定单轨火车的实现为牛顿力学的正确性提供了有力的证明。在力学实验室里，陀螺稳定单轨火车已成为演示陀螺效应的精彩教具。但从技术和经济观点出发，由于上述一些根本性缺陷，利用陀螺惯性效应直接稳定的单轨火车很难被实际采用，而逐渐淡出舞台。现代化的单轨火车采用了更先进的技术方案。以德国的阿尔威克(Alweg)高架单轨火车技术为代表，车厢为跨越式，两侧也向下伸展，但摒弃了重心下移的笨办法，而是利用增添的侧向轮使车厢稳定。狭窄的铁轨已演化为粗壮的混凝土梁，铁轮被橡皮轮代替(图 5.74)。这种新型的单轨火车以其在节约空间、简化设施、快速、低噪声等方面的独特优势已发展成为实用的交通运输工具遍及世界各地。如果将主轮和侧向轮改为磁悬浮，则发展为磁悬浮列车。上海的磁悬浮列车是世上唯一商业运营的磁悬浮交通线(图 5.75)。它的车速高达 400 km/h 以上，可视为单轨火车发展的顶峰了。

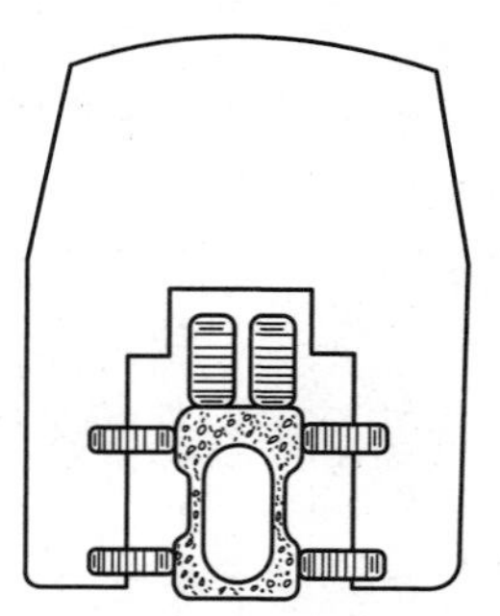

图 5.74　侧向轮稳定的单轨火车

图 5.75　上海的磁悬浮列车

5.20 Section 航母的拦阻索[17]

绊马索是古代战争中的一种武器。绊马索其实就是一根绳子，但对付骑兵却很有效。当敌方骑兵猛冲过来，将绳子突然拉起绊住马腿，马上的骑手由于惯性作用必向前摔下落马就擒。历史小说《三国演义》里有多处成功运用绊马索战术的场面。且看第七十七回对绊马索绊倒关公过程的生动描述：

“正走之间，一声喊起，两下伏兵尽出，长钩套索，一齐并举，先把关公座下马绊倒。关公翻身落马，被潘璋部将马忠所获。”

有趣的是，这种既古老又简单的另类兵器如今在现代战争中又有了用武之地。不过绊的不是马，而是比马大得多的飞机。航空母舰上的舰载机起飞后必须降落，而如何安全降落是个复杂的技术难题。飞机要在有限的甲板空间里迅速将速度降低为零，而发动机在降落过程中又不允许关闭，以便万一降落失败可立即拉起复飞，以避免冲出跑道坠落大海的危险。于是就产生了专绊飞机的拦阻索(arresting cable)。拦阻索不仅是航母的必备设备，在时间紧迫或跑道太短等特殊情况下，也能用于协助飞机的陆地降落。

顾名思义，拦阻索就是一根横跨甲板跑道的缆索，每艘航母甲板上要装备好几根。舰载飞机尾部装有尾钩。当飞机贴近甲板飞行时，将尾钩放下，勾住缆索继续滑行。缆索通过滑轮从拦阻机构中被飞机拖出，同时对飞机产生向后牵拉的阻力，使飞机减速，以保证在指定区域内停住(图 5.76)。

图 5.76　飞机拦阻降落

利用注释中导出的公式计算。设舰载机重 30 t，$m=3\times10^4$kg，降落时的飞行速度为 140 节，相当于 260 km/h，即 $v_0=72$ m/s，缆索支点 AB 的距离为 10 m，即 $a=5$ m。若规定滑行距离为 $l=95$ m，代入式(5.20.4)算出拦阻力的平均值约为 90 t 质量的重力，即 8.8×10^5N，相当于飞机 3 倍自重，负加速度约为 3g。除了甲板对轮胎的摩擦力以外，大部分拦阻力必须由缆绳提供。考虑到尾钩勾住拦阻索瞬间的冲击作用，实际发生的最大拉力要比平均拉力大得多。因此制造拦阻索的钢缆或尼龙带必须经受住抗拉和抗冲击能力的严格考验。

在拦阻过程中，拦阻索对飞机所作的负功消耗了飞机的动能。根据以上数据计算的飞机动能为 $mv^2/2=7.8\times10^7\text{kg}\cdot\text{m}^2$，即 78 MJ(百万焦耳)。如此巨大的能量必须在短暂的拦阻过程中耗散殆尽。最早的拦阻装置使用了拖拉重物的消能装置。即在拦阻索的末端连接沙袋，在甲板上竖立塔架，滑行中的飞机拖拉缆绳使悬挂在塔架上的沙袋升高，将飞机的动能转化为重物的势能。这种简单的拦阻系统只能拦阻轻型飞机。如 1911 年美国“宾夕法尼亚”号巡洋舰首次使用时，所拦阻的飞机质量仅 454 kg。1924 年，英国人设计了更有效的液压式阻拦方案，成为现代拦阻系统的基本方案。液压式阻拦方案由转盘和液压系统组成。被飞机拖出的绳索带动转盘旋转，同时驱动液压泵，使压力油流向转盘的制动器，与绳索的拉力平衡。飞机的动能则转化为压力油的动能和热能。设计完善的液压式阻拦系统可具有短时间内吸收数十百万焦耳能量的能力，拦阻数吨或数十吨的舰载飞机。

中国的第一艘航母辽宁号已成为国际舆论关注的焦点。所面临的包括拦阻装置在内的各种技术难题均已成功攻克。中国人自己的航母编队已在海上遨游，执行着保卫祖国海疆的神圣任务。

注释：拦阻力计算

舰载机在甲板上降落过程中，以尾钩勾住缆索中点的位置 O 为原点，设 x 轴沿跑道方向，y 轴过缆索的两个支点 A 和 B。设 AB 的距离为 $2a$，被飞机拖出的缆索与 y 轴的夹角为 θ，飞机 P 的质量为 m，两侧缆绳的拉力各为 $F/2$（图 5.77），列出飞机的动力学方程

$$m\ddot{x}=-F\sin\theta \qquad (5.20.1)$$

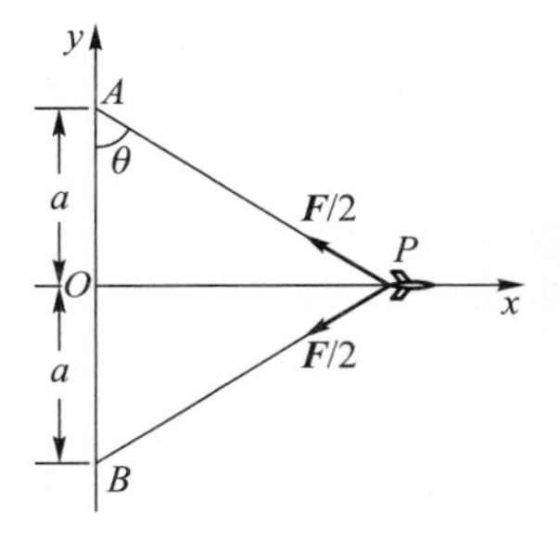

图 5.77　被拦阻飞机的受力图

其中 $\theta=\arctan(x/a)$，设 $v=\dot{x}$ 为飞机速度，则 $\ddot{x}=v(\mathrm{d}v/\mathrm{d}x)$，上式可化作

$$mv\mathrm{d}v=-\frac{Fx\mathrm{d}x}{\sqrt{a^2+x^2}} \qquad (5.20.2)$$

以 $x(0)=0$，$v(0)=v_0$ 为初值，对上式积分后得到

$$\frac{m}{2}(v^2-v_0^2)=-F(\sqrt{a^2+x^2}-a) \qquad (5.20.3)$$

此结果也可利用动能定理直接导出。将拦阻结束时的 $v=0$，$x=l$ 代入上式，l 为飞机被拦阻后的滑行距离。导出平均拦阻力为

$$F=\frac{mv_0^2}{2(\sqrt{a^2+l^2}-a)} \qquad (5.20.4)$$

5.21 Section

旋翼飞行器[18]

带旋翼的直升机是与固定翼飞机完全不同的飞行器。固定翼飞机靠发动机产生前进动力，利用高速气流对机翼的环流产生升力。而旋翼机依靠绕垂直轴旋转的旋翼产生升力，利用旋翼转轴倾斜获得前进的动力。这种飞行器不需要高速水平运动就能产生升力，具有固定翼飞机不具备的垂直升降、悬停、慢飞或向后飞的优点。已发展成为重要的军用和民用的多用途运输工具。

本书 1.8 节曾说明中国的竹蜻蜓玩具是最古老的直升机模型。据晋朝葛洪所著《抱朴子》的记载，已有一千多年历史了。西方关于旋翼机的创意最早来自 15 世纪意大利文艺复兴大师达·芬奇(Leonardo da Vinci)想象的“飞行螺旋”（图 5.78）。1907 年法国人保罗·科尔尼(Paul Cornu)发明了带旋翼的“飞行自行车”（图 5.79），靠驾机人自身的动力

图 5.78　达芬奇想象的螺旋直升机

能离地 0.3 m 飞行 20 s，是利用旋翼飞行的最初尝试。1936 年德国福克公司造出了名为 FW-61 的双旋翼机，旋翼直径 7 m，速度 100~120 km/h，航程 200 km，可通过转速变化控制旋翼的推力，利用转轴倾斜控制飞行方向，是世界上第一架操纵性能良好能实际使用的直升机(图 5.80)。

图 5.79　保罗·科尔尼的飞行自行车

图 5.80　FW-61 双旋翼直升机

直升机停在地面时，驱动旋翼的电机反作用力矩通过触地的轮子与地面的约束力平衡。根据牛顿力学的基本原理，内力不能改变系统的运动状态。改变旋翼转速的外力来自地面的约束力。悬在空中的直升机不存在地面约束，如改变旋翼转速，驱动电机对机身的反作用力矩将使机身朝相反方向旋转。即使不改变转速，旋翼旋转时产生的空气阻力矩也迫使机身旋转。必须利用尾部的小螺旋桨产生水平推力以维持机身在空中的平衡。

直升机存在的另一问题是本书 5.3 节讨论过的陀螺力矩，即旋转物体的科氏惯性力形成的力矩。当机身绕水平轴作俯仰或滚动时，绕垂直轴高速旋转的叶片产生的陀螺力矩使两种运动之间发生耦合。消除此现象最有效的方法是用两个旋转方向相反的旋翼组成一对旋翼偶，使陀螺力矩互相抵消。旋翼偶可沿机身的横轴或纵轴并列，也可绕同轴旋转。上述第一架 FW-61 直升机就是横列的双旋翼机。双旋翼机也能同时抵消叶片的空气阻力矩，尾部的辅助旋翼只起方向舵作用。

空气动力对旋转中的旋翼叶片产生推力 $\boldsymbol{F}$ 和阻力矩 $\boldsymbol{M}$，数值与叶片旋转角速度 $\boldsymbol{\Omega}$ 的平方成比例

$$F = k\Omega^2,\ M = k_m\Omega^2$$

系数 k 和 k_m 取决于叶片相对气流的角度，空气动力学中称为攻角。组成旋翼偶的两个旋翼如叶片相对轮轴反向安装，使叶片相对气流的攻角相反。则不同方向旋转的旋翼均能产生向上的升力。因此对升力的控制可通过变转速，也可通过变攻角，即改变叶片的倾斜角实现。

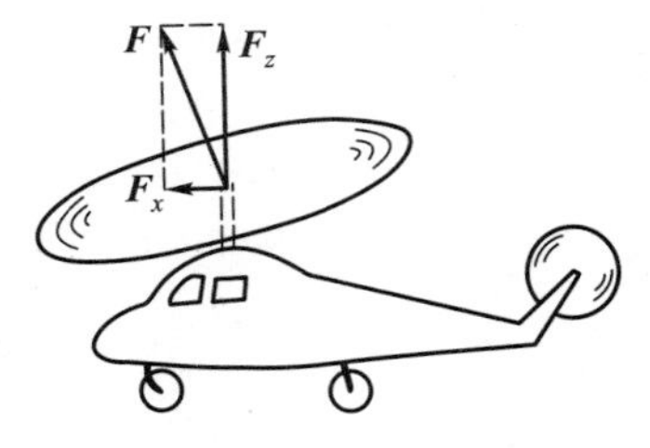

图 5.81　旋翼倾斜产生水平推力

利用旋翼的转轴相对机身的姿态变化可使升力产生水平分量，使直升机加速或减速(图 5.81)。如在直升机上增加固定机翼提供升力，就能使转轴的变化幅度增加到 90°，旋翼的升力就能全部转变成向前的推进力。这种特殊的飞机兼有旋翼机和固定翼飞机的优点，是下一节的讨论内容。

近年来随着无人操纵飞机的快速发展，出现了各种形式的多旋翼无人直升机。如四旋翼机(quadrotor)或六旋翼机(six-rotor)(图 5.82)。这种旋翼机由旋翼和支承旋翼的构件构成。旋翼成对配置，每对旋翼的转动方向相反，以抵消螺旋桨的空气阻力矩和陀螺力矩。旋翼的旋转轴与机身固定，利用旋翼转速的变化控制旋翼机的姿态和飞行方向。成为一种结构简单轻便、操作灵活的新型飞行器。

图 5.82　四旋翼直升机

以四旋翼机为例，在机体上以质心 O 为原点建立连体坐标系($O-xyz$)，Oz 为机体的对称轴。在围绕 O 点的 $O_i(i=1,\cdots,4)$ 处安装 4 个旋翼 $B_i(i=1,\cdots,4)$，旋转轴均与 Oz 平行。B_1 和 B_2，B_3 和 B_4 构成两对旋翼偶。B_1，B_3 逆时针旋转，B_2，B_4 顺时针旋转。气流对旋翼 B_i 产生平行 Oz 轴的升力 $\boldsymbol{F}_i$，以及与角速度 $\boldsymbol{\Omega}_i$ 方向相逆的阻力矩 $\boldsymbol{M}_i(i=1,\cdots,4)$（图 5.83）。

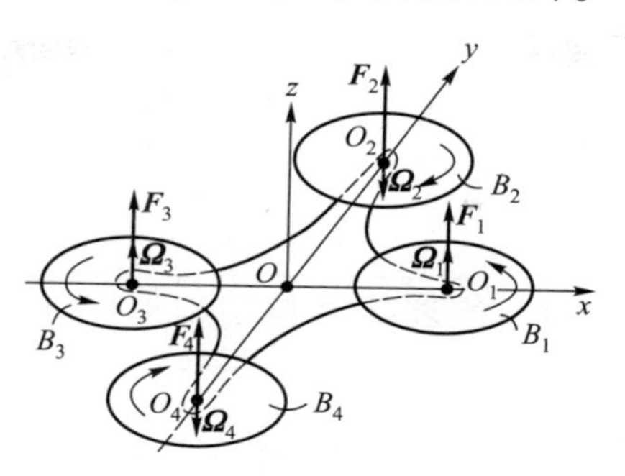

图 5.83　四旋翼机的旋翼转速与升力

旋翼机作匀速直线平动的稳态飞行时，每对旋翼偶的转速相等，动量矩之和为零。则系统对质心的总动量矩为零，可完全消除陀螺效应。利用各旋翼的转速变化可以改变升力和阻力矩，使旋翼机完成各种飞行模式。例如同时升高 4 个旋翼的转速使总升力超过重力时，旋翼机即上升。反之，降低全部旋翼转速可使旋翼机下降。令 B_2 的转速升高，B_4 的转速降低，B_1，B_3 的转速不变，则 B_2 的升力大于 B_4 的升力，产生绕 Ox 轴的力矩使机身绕 Ox 轴转动，而系统的总动量矩仍保持为零。令 B_3 的转速升高，B_1 的转速降低，B_2，B_4 的转速不变，则产生绕 Oy 轴的力矩使机身绕 Oy 轴转动，令 B_2 和 B_4 的转速升高，B_1 和 B_3 的转速降低，则逆时针方向的阻力矩大于顺时针方向，使机身绕 Oz 轴逆时针转动。反之，令 B_1 和 B_3 的转速升高，B_2 和 B_4 的转速降低，则机身绕 Oz 轴顺时针转动。

旋翼机控制水平运动的方法与直升机相同，即倾斜旋转轴方法。但由于旋转轴与机身固定，只能依靠机身改变姿态实现。即利用绕 Ox 轴或绕 Oy 轴的力矩使机身倾斜，使旋翼的升力产生水平分量，推动机身作水平运动。

为保证各种飞行模式能稳定实现，旋翼机必须配置自动控制系统。自由飞行的飞行器在空中有6个自由度，需要6个独立的控制变量实现姿态和方向的控制。四旋翼机的4个旋翼转速作为控制变量少于自由度数，是控制理论中的欠驱动系统。必须根据欠驱动系统的特殊规律完成控制系统的设计。

注释：利用旋翼转速控制旋翼机飞行模式的分析

设多旋翼飞行器含 n 个旋翼 $B_i(i=1,2,\cdots,n)$。将其中 B_i 与邻近的 B_{i+1} 组成一对旋转方向相反的旋翼偶。旋翼 B_i 和 B_{i+1} 相对旋翼机主体的角速度 Ω_i 或 Ω_{i+1} 远大于主体的角速度，可足够准确地视为相对空气介质的角速度。设 $\boldsymbol{e}_i$ 为 B_i 和 B_{i+1} 的旋转轴单位矢量，表示为

$$\boldsymbol{\Omega}_i=\Omega_i\boldsymbol{e}_i,\quad \boldsymbol{\Omega}_{i+1}=-\Omega_{i+1}\boldsymbol{e}_i \tag{5.21.1}$$

旋翼机作稳态运动时，各旋翼偶的角速度相等，均等于稳态值 Ω_0

$$\boldsymbol{\Omega}_i=\Omega_0\boldsymbol{e}_i,\quad \boldsymbol{\Omega}_{i+1}=-\Omega_0\boldsymbol{e}_i \tag{5.21.2}$$

如各旋翼的惯量矩相同，则每对旋翼偶的动量矩均相互抵消，总动量矩为零。反向安装的叶片使反向旋转的旋翼偶产生相同方向的升力 $\boldsymbol{F}_i$，$\boldsymbol{F}_{i+1}$，其大小与旋转角速度 Ω_i 或 Ω_{i+1} 的平方成比例

$$\boldsymbol{F}_i=k\Omega_i^2\boldsymbol{e}_i,\quad \boldsymbol{F}_{i+1}=k\Omega_{i+1}^2\boldsymbol{e}_i \tag{5.21.3}$$

阻力矩 $\boldsymbol{M}_i$，$\boldsymbol{M}_{i+1}$ 也与角速度的平方成比例，与旋转方向相逆

$$\boldsymbol{M}_i=-k_m\Omega_i^2\boldsymbol{e}_i,\quad \boldsymbol{M}_{i+1}=k_m\Omega_{i+1}^2\boldsymbol{e}_i \tag{5.21.4}$$

旋翼机在完成各种飞行模式时，必须对各旋翼的转速在稳态转速 Ω_{i0} 的基础上增加修正量 $\Delta\boldsymbol{\Omega}_i=\Delta\Omega_i\boldsymbol{e}_i(i=1,\cdots,4)$。仅保留 $\Delta\Omega_i/\Omega_0$ 的一次项，修正后升力和阻力矩的增量为

$$\Delta\boldsymbol{F}_i=2k\Omega_0\Delta\Omega_i\boldsymbol{e}_i,\quad \Delta\boldsymbol{F}_{i+1}=-2k\Omega_0\Delta\Omega_{i+1}\boldsymbol{e}_i$$
$$\Delta\boldsymbol{M}_i=-2k_m\Omega_0\Delta\Omega_i\boldsymbol{e}_i,\quad \Delta\boldsymbol{M}_{i+1}=-2k_m\Omega_0\Delta\Omega_{i+1}\boldsymbol{e}_i \tag{5.21.5}$$

以四旋翼机（$n=2$）为例。利用图 5.74 所示的连体坐标系（$O-xyz$），各种飞行模式对应的角速度增量的符号及导致升力和阻力矩的增减在表 5.2 中列出。

表 5.2

飞行模式	$\Delta\Omega_1$	$\Delta\Omega_2$	$\Delta\Omega_3$	$\Delta\Omega_4$	ΔF_1	ΔF_2	ΔF_3	ΔF_4	ΔM_1	ΔM_2	ΔM_3	ΔM_4
上升	+	−	+	−	+	+	+	+	−	+	−	+
下降	−	+	−	+	−	−	−	−	+	−	+	−
绕 x 轴转动	0	+	0	−	0	−	0	+	0	−	0	+
绕 $-x$ 轴转动	0	−	0	+	0	+	0	−	0	+	0	−
绕 y 轴转动	+	0	−	0	+	0	−	0	−	0	+	0
绕 $-y$ 轴转动	−	0	+	0	−	0	+	0	+	0	−	0
绕 z 轴转动	−	−	−	−	−	+	−	+	+	+	+	+
绕 $-z$ 轴转动	+	+	+	+	+	−	+	−	−	−	−	−

“鱼鹰”飞机[19]

5.22

Section

上节叙述的旋翼飞行器具有轻便灵活、垂直升降等独特性能，但不具备固定翼飞机运载能力强、速度快和航程远等优点。如能将固定翼飞机与旋翼飞机相结合，则两种类型飞行器的优点均能得到兼顾。早在20世纪五六十年代，这种集二者优点于一身的新型飞行器就已开始设计。最终产品就是以“鱼鹰”(Osprey)命名的运输机。“鱼鹰”飞机是在固定机翼的两端安装两个旋翼的特殊飞行器，也称为倾斜旋翼机(图5.84)。旋翼的旋转轴方向可以调整，与机身平行时与普通双引擎螺旋桨飞机相同。如转到与机身垂直，就成为带固定机翼的双旋翼直升机。这种新型飞机研制过程并不顺利，在研制初期曾有过多起机毁人亡的事故。1988年美国生产的7架原型机就有4架相继摔落，即使到了发展后期的2000年又发生两起严重的坠机事故。从诞生时刻起，这种新型飞机的可

图5.84　V-22“鱼鹰”运输机

靠性就不断遭到公众的质疑。

“鱼鹰”和普通飞机的区别就是机翼上多装了两个旋翼。将两个大型旋转物体加在普通飞机上，可使飞机的运动性态产生极大的变化。利用5.3节叙述的陀螺力矩知识判断，当旋转轴在惯性空间中改变方向时，旋转物体上各个质点的科氏惯性力形成的力矩即陀螺力矩。如旋转物体的动量矩为 $\boldsymbol{L}$，旋转轴的偏转角速度为 $\boldsymbol{\omega}$，则陀螺力矩为 $\boldsymbol{M}=\boldsymbol{L}\times\boldsymbol{\omega}$。为消除陀螺力矩的影响，与双旋翼直升机和双引擎螺旋桨飞机类似，“鱼鹰”的两个旋翼也必须朝相反方向转动。所不同的是，“鱼鹰”的旋翼不是装在机身而是装在机翼上。虽然方向相反的两个陀螺力矩对质心的合力矩等于零，但由于分别作用在机翼两端，必引起机翼的扭转或弯曲变形，继而改变机翼的空气动力。“鱼鹰”在研制过程中事故频发，与旋翼陀螺效应的影响不无关系。

设“鱼鹰”的质心为 O，建立连体坐标系（$O-xyz$），x，y，z 分别为飞机的滚动轴、俯仰轴和航向轴。设左侧旋翼绕与 z 轴平行的旋转轴顺时针旋转，产生向下的动量矩 $\boldsymbol{L}_1$，右侧旋翼逆时针旋转产生向上的动量矩 $\boldsymbol{L}_2$。当机身以角速度 $\boldsymbol{\omega}$ 绕 x 轴滚动时，两侧旋翼产生的陀螺力矩 $\boldsymbol{M}_1=\boldsymbol{L}_1\times\boldsymbol{\omega}$ 和 $\boldsymbol{M}_2=\boldsymbol{L}_2\times\boldsymbol{\omega}$ 分别沿 y 轴的负向和正向（图5.85）。机翼在两侧方向相反的陀螺力矩作用下产生扭转变形，使左侧的机翼断面绕 y 轴顺时针偏转，加大了气流的攻角，升力随之增大。右侧的机翼断面的偏转方向相反，减小了气流的攻角，升力随之减小。空气动力增量构成绕 x 轴的力矩，促使机身作更强烈的滚动。

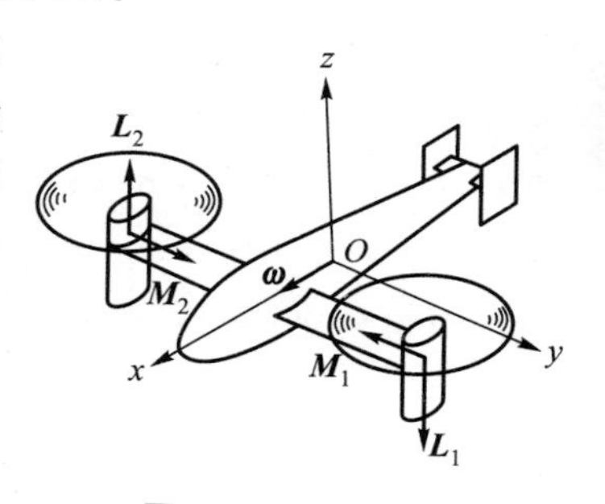

图5.85　滚动运动产生的陀螺力矩

当机身以角速度 $\boldsymbol{\omega}$ 绕 y 轴作俯仰运动时，两侧旋翼的陀螺力

矩 $\boldsymbol{M}_1$ 和 $\boldsymbol{M}_2$ 分别指向 x 轴的正向和负向(图 5.86)。机翼在方向相反的陀螺力矩作用下产生弯曲变形，使两侧机翼的末端均向上加速运动。安装在机翼两侧的短仓产生向下的惯性力，对机翼后方的飞机质心 O 产生绕 y 轴的力矩，促使机身作更强烈的俯仰运动。旋翼在水平位置与垂直位置之间的转换过程中，短仓相对机身的角速度也产生与俯仰运动相同的效果。

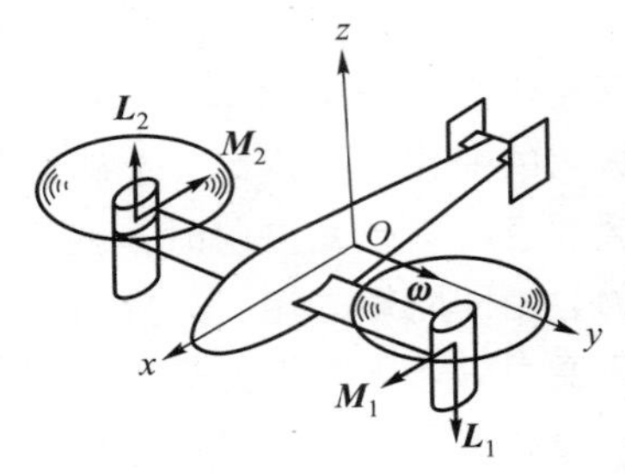

图 5.86　俯仰运动产生的陀螺力矩

以上分析表明，就“鱼鹰”类型的带旋转物体的飞行器而言，陀螺效应与空气动力的综合效应是不可忽略的重要因素。当飞机因扰动产生偏转时，旋翼的陀螺效应起了正反馈作用使偏转加剧，成为影响飞行安全的不稳定因素。如改变两侧旋翼的转动方向，使左侧旋翼逆时针旋转，右侧旋翼顺时针旋转，则改变方向的陀螺力矩可使扰动引起的偏转角减小。可使陀螺效应由正反馈转变为负反馈，不稳定因素转变为稳定因素。

参考文献
References

[1] 刘延柱，朱本华，杨海兴. 理论力学(第三版)[M]. 北京：高等教育出版社，2009.

[2] 刘延柱. 陀螺力学(第二版)[M]. 北京：科学出版社，2009.

[3] 刘延柱，杨晓东. 藏在手机里的微型陀螺仪[J]. 力学与实践，2017，39(5)：506-508.

[4] 言之(刘延柱). 从熏香球到陀螺仪[J]. 经典杂志(台湾)，2004，(76)：36-38.

[5] 武际可. 被中香炉与万向支架[J]. 力学与实践，2007，29(4)：91-93.

[6] 言之(刘延柱). 挠性陀螺仪的发展和构成[J]. 舰船知识，1983，(1)：22-26.

[7] 刘延柱. 动力调谐陀螺仪动力学[J]. 上海交通大学学报，1979，13(2)：35-46.

[8] 乔达(刘延柱). 静电支承陀螺：一种高精度新型陀螺仪[J]. 航空知识，1972，(2)：2-5.

[9] 言之(刘延柱). 静电陀螺仪：舰船导航的灿烂明星[J]. 舰船知识，1981，(2)：28-29.

[10] 刘延柱. 静电陀螺仪动力学[M]. 北京：国防工业出版社，北京，1979.

[11] 贾书惠. 神秘的数字 84.4[M]//徐秉业. 身边的力学. 北京：北京大学出版社，1997.

[12] 刘延柱. 高等动力学(第二版)[M]. 北京：高等教育出版社，2016.

[13] 刘延柱. 太空中的单摆[J]. 力学与实践，2013，35(4)：78-79.

[14] 刘延柱. 关于地月系统的拉格朗日点[J]. 力学与实践，2015，37(6)：765-768.

[15] 刘延柱. 地球停转能使月球靠近地球吗？[J]. 力学与实践，2015，37(5)：654-655.

[16] 刘延柱. 单轨火车趣谈[J]. 力学与实践，2009，31(4)：98-100.

[17] 刘延柱. 从绊马索到航母的拦阻索[J]. 力学与实践，2011，33(6)：103-104.

[18] 刘延柱，庄表中. 多旋翼飞行器[J]. 力学与实践，2016，38(3)：338-340.

[19] 刘延柱. “鱼鹰”飞机的陀螺效应[J]. 力学与实践，2012，34(4)：102-103.

附录
必要的动力学基本知识

[355] A.1　刚体的质量几何
[358] A.2　刚体的运动学
[361] A.3　动量矩定理
[365] A.4　刚体的动能
[366] A.5　线性系统的稳定性
[368] 参考文献

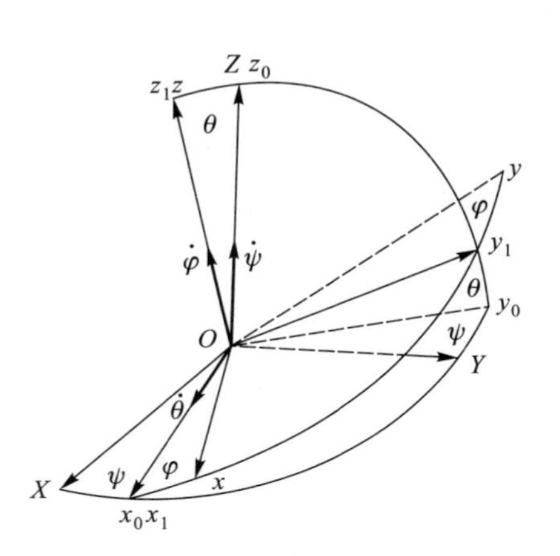

A.1 Section 刚体的质量几何

由密集质点组成，各质点间保持距离不变的质点系称为刚体。过刚体内确定点 O 作任意轴 p，其基矢量为 $\boldsymbol{p}$。设刚体内任意点 P 处的微元质量为 $\mathrm{d}m$，P 点至 p 轴的距离为 ρ，定义刚体相对 p 轴的惯量矩 J_{pp}：

$$J_{pp} = \int \rho^2 \mathrm{d}m \tag{A.1.1}$$

积分域为整个刚体。以 O 为原点，建立与刚体固结的坐标系$(O-xyz)$。设 $\boldsymbol{p}$ 相对$(O-xyz)$的方向余弦为 α，β，γ，P 点在$(O-xyz)$中的坐标为 x，y，z，则基矢量 $\boldsymbol{p}$ 及 P 点相对 O 点的矢径 $\boldsymbol{r}$ 的投影式为

$$\boldsymbol{p} = \alpha\boldsymbol{i}+\beta\boldsymbol{j}+\gamma\boldsymbol{k}, \quad \boldsymbol{r} = x\boldsymbol{i}+y\boldsymbol{j}+z\boldsymbol{k} \tag{A.1.2}$$

将积分式(A.1.1)中的被积函数用矢量 $\boldsymbol{r}$，$\boldsymbol{p}$ 表示为

$$\rho^2 = \boldsymbol{r}^2 - (\boldsymbol{r}\cdot\boldsymbol{p})^2 = x^2+y^2+z^2-(x\alpha+y\beta+z\gamma)^2 \tag{A.1.3}$$

代入式(A.1.1)，整理后得到刚体对 p 轴的惯量矩计算公式：

$$J_{pp} = J_{xx}\alpha^2 + J_{yy}\beta^2 + J_{zz}\gamma^2 - 2J_{yz}\beta\gamma - 2J_{zx}\gamma\alpha - 2J_{xy}\alpha\beta \tag{A.1.4}$$

其中的系数定义为

$$\left.\begin{array}{l} J_{xx}=\int(y^2+z^2)\mathrm{d}m,\ J_{yz}=\int yz\mathrm{d}m \\ J_{yy}=\int(z^2+x^2)\mathrm{d}m,\ J_{zx}=\int zx\mathrm{d}m \\ J_{zz}=\int(x^2+y^2)\mathrm{d}m,\ J_{xy}=\int xy\mathrm{d}m \end{array}\right\} \tag{A.1.5}$$

J_{xx}，J_{yy}，J_{zz}称为刚体相对 x，y，z 各轴的惯量矩或转动惯量，J_{yz}，J_{zx}，J_{xy}称为刚体的惯量积。刚体对任意 p 轴的惯量矩可根据上述惯性参数和 p 轴的方向余弦由式(A.1.4)算出。

为了直观地表示刚体相对某个点的质量分布状况，在过 O 点的任意轴 p 上选取 P 点，令 P 至 O 点的距离 R 与刚体对 p 轴的惯量矩 J_{pp}的平方根成反比：

$$R=\frac{k}{\sqrt{J_{pp}}} \tag{A.1.6}$$

k 为任意选定的比例系数。P 点在(O-xyz)中的坐标为

$$x=R\alpha,\ y=R\beta,\ z=R\gamma \tag{A.1.7}$$

改变 p 轴的方位，则 J_{pp}和 R 随之改变，P 点在空间中的轨迹形成一封闭曲面。将式(A.1.4)各项乘以 R^2，将式(A.1.7)代入，得到 P 点的轨迹方程：

$$J_{xx}x^2+J_{yy}y^2+J_{zz}z^2-2J_{yz}yz-2J_{zx}zx-2J_{xy}xy=k^2 \tag{A.1.8}$$

即以 O 为中心的椭球面方程。所包围的椭球称为刚体相对 O 点的惯量椭球，它形象化地表示出刚体对过 O 点的所有轴的惯量矩分布状况(见图 A.1)。

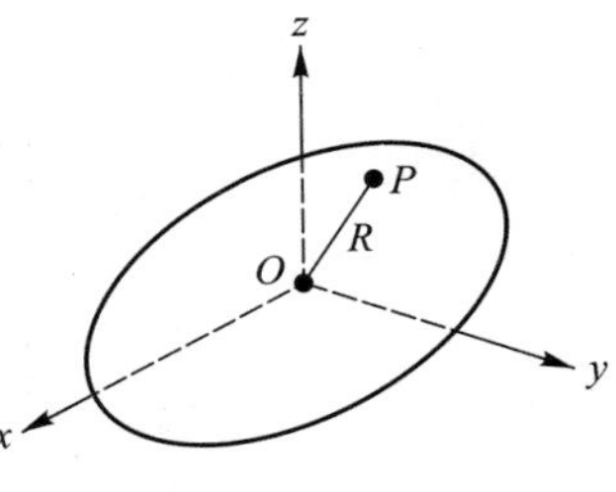

图 A.1　惯量椭球

刚体中每个确定的 O 点对应着确定的惯量椭球。转动($O-xyz$)坐标系则方程(A.1.8)的系数改变，但所表示的椭球不变。($O-xyz$)各轴与椭球的三根主轴重合时，椭球方程具有最简单的形式：

$$J_{xx}x^2+J_{yy}y^2+J_{zz}z^2=k^2 \tag{A.1.9}$$

此特殊位置的坐标轴称为刚体的惯量主轴，坐标系称为主轴坐标系。主轴坐标系的惯量积为零，所对应的惯量矩称为主惯量矩。刚体对不同的 O 点有不同的惯量椭球和惯量主轴。如 O 点为刚体的质心，则称为中心惯量椭球、中心惯量主轴和中心主惯量矩。

刚体的质量轴对称分布时，其中心惯量椭球为旋转椭球，对称轴上各点均为惯量主轴，称为极轴。过极轴上任意点与极轴垂直的赤道面内的任意轴称为赤道轴，均为该点的惯量主轴。面对称刚体的对称面上各点的法线均为该点的惯量主轴。刚体的质量球对称分布时，中心惯量椭球为圆球，其惯量主轴可为任意轴。

刚体的运动学

A.2 Section

刚体绕定点的转动有 3 个自由度。以定点 O 为原点建立与刚体固结的主轴坐标系($O-xyz$)，设($O-xyz$)的初始位置为($O-XYZ$)，先绕 Z 轴转过 ψ 角到达($O-x_0y_0z_0$)位置，再绕 x_0 转过 θ 角到达($O-x_1y_1z_1$)位置，最后绕 z_1 轴转动 φ 角到达($O-xyz$)的实际位置。3 个角度坐标 ψ，θ，φ 称为欧拉角，是确定刚体相对($O-XYZ$)姿态的广义坐标。其中 ψ 为进动角，θ 为章动角，φ 为自转角(图 A.2)。此转动次序可用以下方式表示：

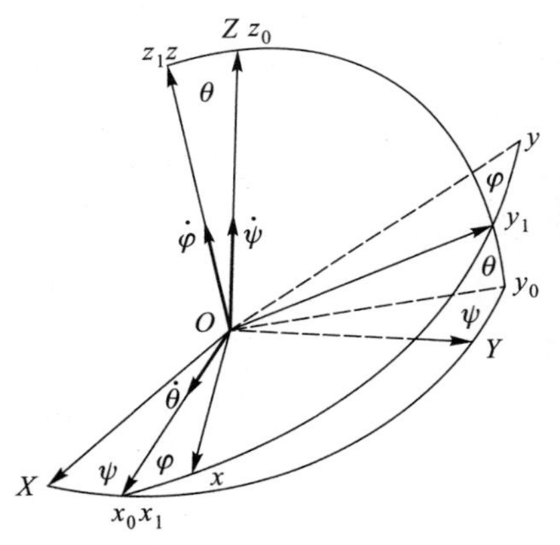

图 A.2　欧拉角

$$(O-XYZ)\xrightarrow[\psi]{Z}(O-x_0y_0z_0)\xrightarrow[\theta]{x_0}(O-x_1y_1z_1)\xrightarrow[\varphi]{z_1}(O-xyz)$$

两次转动后的坐标系($O-x_1y_1z_1$)通常称为莱查(H.Resal)坐标系，

其中的 z_1 轴与刚体固结的 z 轴重合，x_1 轴沿 (X,Y) 与 (x,y) 二坐标平面的节线。若刚体的质量相对 z_1 轴对称分布，则莱查坐标系 $(O-x_1y_1z_1)$ 与连体坐标系 $(O-xyz)$ 同为刚体的主轴坐标系，但前者不参与刚体绕对称轴的自转，因此将莱查坐标系作为轴对称刚体的参考坐标系可明显使计算简化。

刚体在无限小时间间隔 Δt 内的无限小转动可以用无限小转动矢量 $\Delta\boldsymbol{\phi}$ 表示，以转过的无限小角度为模，以转动轴为作用线。$\Delta\boldsymbol{\phi}$ 可分解为绕 Z，x_0 和 z_1 轴的无限小转动 $\Delta\psi$，$\Delta\theta$，$\Delta\varphi$ 的合成。以 $\boldsymbol{i}$，$\boldsymbol{j}$，$\boldsymbol{k}$ 和 $\boldsymbol{I}$，$\boldsymbol{J}$，$\boldsymbol{K}$ 表示 x，y，z 和 X，Y，Z 各轴的基矢量，则 $\Delta\boldsymbol{\phi}$ 可表示为

$$\Delta\boldsymbol{\phi}=\Delta\psi\boldsymbol{K}+\Delta\theta\boldsymbol{i}_0+\Delta\varphi\boldsymbol{k}_1 \tag{A.2.1}$$

将上式各项除以 Δt，令 $\Delta t\to 0$，定义 $\boldsymbol{\omega}=\lim\limits_{\Delta t\to 0}\Delta\boldsymbol{\phi}/\Delta t$ 为刚体的瞬时角速度矢量。得到

$$\boldsymbol{\omega}=\dot{\psi}\boldsymbol{K}+\dot{\theta}\boldsymbol{i}_0+\dot{\varphi}\boldsymbol{k}_1 \tag{A.2.2}$$

利用上式中各基矢量与 $(O-xyz)$ 各轴基矢量之间的关系式：

$$\left.\begin{aligned}&\boldsymbol{K}=\sin\theta(\sin\varphi\boldsymbol{i}+\cos\varphi\boldsymbol{j})+\cos\theta\boldsymbol{k}\\&\boldsymbol{i}_0=\cos\varphi\boldsymbol{i}-\sin\varphi\boldsymbol{j},\ \boldsymbol{k}_1=\boldsymbol{k}\end{aligned}\right\} \tag{A.2.3}$$

导出瞬时角速度 $\boldsymbol{\omega}$ 在 $(O-xyz)$ 中的投影式：

$$\left.\begin{aligned}&\boldsymbol{\omega}=\omega_x\boldsymbol{i}+\omega_y\boldsymbol{j}+\omega_z\boldsymbol{k}\\&\omega_x=\dot{\psi}\sin\theta\sin\varphi+\dot{\theta}\cos\varphi\\&\omega_y=\dot{\psi}\sin\theta\cos\varphi-\dot{\theta}\sin\varphi\\&\omega_z=\dot{\psi}\cos\theta+\dot{\varphi}\end{aligned}\right\} \tag{A.2.4}$$

对于轴对称刚体情形，可将莱查坐标系 $(O-x_1y_1z_1)$ 代替 $(O-xyz)$ 作为主轴坐标系。$\boldsymbol{\omega}$ 在 $(O-x_1y_1z_1)$ 中的投影式简化为

$$\begin{gathered}\boldsymbol{\omega}=\omega_{x1}\boldsymbol{i}_1+\omega_{y1}\boldsymbol{j}_1+\omega_{z1}\boldsymbol{k}_1\\\omega_{x1}=\dot{\theta},\ \omega_{y1}=\dot{\psi}\sin\theta,\ \omega_{z1}=\dot{\psi}\cos\theta+\dot{\varphi}\end{gathered} \tag{A.2.5}$$

一种特殊的刚体运动称为规则进动，即章动角 θ，进动角速度 $\dot{\psi}$ 和自转角速度 $\dot{\varphi}$ 均保持常值的运动。

使用欧拉角时不允许 θ 等于或接近 $n\pi$($n=0,1,\cdots$)，否则坐标平面(X,Y)与(x,y)重合，x_1 轴的位置变得不确定，角度 ψ 与 φ 亦不能确定。此特殊位置为欧拉角的奇点。因此当 z 轴与 Z 轴接近时应采用另一种角度坐标表示刚体的姿态。卡尔丹角是按照另一种顺序确定的角度坐标(图 A.3)，其转动次序可表示为

$$(O-XYZ)\xrightarrow[\psi]{X}(O-x_0y_0z_0)\xrightarrow[\theta]{y_0}(O-x_1y_1z_1)\xrightarrow[\varphi]{z_1}(O-xyz)$$

用卡尔丹角表示的角速度矢量为

$$\boldsymbol{\omega}=\dot{\psi}\boldsymbol{I}+\dot{\theta}\boldsymbol{j}_0+\dot{\varphi}\boldsymbol{k}_1 \tag{A.2.6}$$

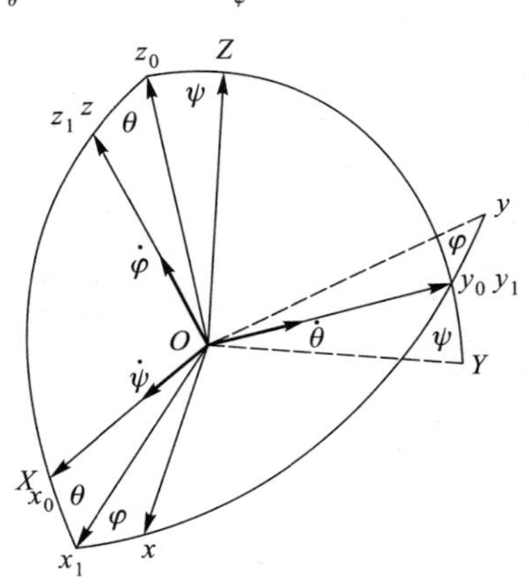

图 A.3 卡尔丹角

利用基矢量之间的关系式：

$$\boldsymbol{I}=\cos\theta(\cos\varphi\boldsymbol{i}-\sin\varphi\boldsymbol{j})+\sin\theta\boldsymbol{k}$$

$$\boldsymbol{i}_0=\sin\varphi\boldsymbol{i}+\cos\varphi\boldsymbol{j},\quad \boldsymbol{k}_1=\boldsymbol{k} \tag{A.2.7}$$

导出 $\boldsymbol{\omega}$ 在($O-xyz$)中的投影：

$$\omega_x=\dot{\psi}\cos\theta\cos\varphi+\dot{\theta}\sin\varphi$$

$$\omega_y=-\dot{\psi}\cos\dot{\theta}\sin\varphi+\dot{\theta}\cos\varphi$$

$$\omega_z=\dot{\psi}\sin\theta+\dot{\varphi} \tag{A.2.8}$$

$\boldsymbol{\omega}$ 在莱查坐标系($O-x_1y_1z_1$)中的投影为

$$\omega_{x1}=\dot{\psi}\cos\theta,\quad \omega_{y1}=\dot{\theta},\quad \omega_{z1}=\dot{\psi}\sin\theta+\dot{\varphi} \tag{A.2.9}$$

卡尔丹角中的 θ 也存在奇点($\pi/2$)$+n\pi$ ($n=0,1,\cdots$)，但与欧拉角不同，此奇点远离 θ 的零点。因此更适合在工程技术中使用。

A.3 Section 动量矩定理

刚体以瞬时角速度 $\boldsymbol{\omega}$ 绕固定点 O 转动时，设 P 为刚体内相对 O 点矢径为 $\boldsymbol{r}$ 的任意点，转动引起的 P 点速度 $\boldsymbol{v}$ 为

$$\boldsymbol{v}=\dot{\boldsymbol{r}}=\boldsymbol{\omega}\times\boldsymbol{r} \tag{A.3.1}$$

刚体相对 O 点的动量矩 $\boldsymbol{L}$ 定义为

$$\boldsymbol{L}=\int\boldsymbol{r}\times\dot{\boldsymbol{r}}\mathrm{d}m \tag{A.3.2}$$

将式(A.3.1)代入式(A.3.2)，利用矢量代数公式化为

$$\boldsymbol{L}=\int\boldsymbol{r}\times(\boldsymbol{\omega}\times\boldsymbol{r})\mathrm{d}m=\int[r^2\boldsymbol{\omega}-(\boldsymbol{r}\cdot\boldsymbol{\omega})\boldsymbol{r}]\,\mathrm{d}m \tag{A.3.3}$$

将式(A.1.2)，式(A.2.4)代入整理后，得到动量矩 $\boldsymbol{L}$ 在($O-xyz$)中的投影式：

$$\left.\begin{aligned}&\boldsymbol{L}=L_x\boldsymbol{i}+L_y\boldsymbol{j}+L_z\boldsymbol{k}\\&L_x=J_{xx}\omega_x-J_{xy}\omega_y-J_{zx}\omega_z\\&L_y=-J_{xy}\omega_x+J_{yy}\omega_y-J_{yz}\omega_z\\&L_z=-J_{zx}\omega_x-J_{yz}\omega_y+J_{zz}\omega_z\end{aligned}\right\} \tag{A.3.4}$$

其中 J_{xx}，J_{yy}，J_{zz}，J_{yz}，J_{zx}，J_{xy} 分别为式(A.1.5)定义的刚体相对 x，y，z 各轴的惯量矩和惯量积。若($O-xyz$)为刚体的主轴坐

标系，则惯量积为零，将主惯量矩 J_{xx}，J_{yy}，J_{zz} 改记为 A，B，C，式(A.3.4)简化为

$$L_x = A\omega_x,\ L_y = B\omega_y,\ L_z = C_z\omega_z \tag{A.3.5}$$

设 P 点处的微元质量 $\mathrm{d}m$ 受到内力 $\mathrm{d}\boldsymbol{F}_\mathrm{i}$ 和外力 $\mathrm{d}\boldsymbol{F}_\mathrm{e}$ 的作用，根据牛顿定律列出

$$\mathrm{d}m\,\ddot{\boldsymbol{r}} = \mathrm{d}\boldsymbol{F}_\mathrm{i} + \mathrm{d}\boldsymbol{F}_\mathrm{e} \tag{A.3.6}$$

令上式各项与 $\boldsymbol{r}$ 作矢积计算对 O 点的矩，并对全部刚体积分。其中内力的积分抵消为零，令外力对 O 点的合力矩为 $\boldsymbol{M}$，得到

$$\left.\begin{aligned} &\int \boldsymbol{r} \times \ddot{\boldsymbol{r}}\mathrm{d}m = \frac{\mathrm{d}}{\mathrm{d}t}\left(\int \boldsymbol{r} \times \dot{\boldsymbol{r}}\mathrm{d}m\right) = \frac{\mathrm{d}\boldsymbol{L}}{\mathrm{d}t} \\ &\int \boldsymbol{r} \times \mathrm{d}\boldsymbol{F}_\mathrm{i} = 0,\ \int \boldsymbol{r} \times \mathrm{d}\boldsymbol{F}_\mathrm{e} = \boldsymbol{M} \end{aligned}\right\} \tag{A.3.7}$$

导出

$$\frac{\mathrm{d}\boldsymbol{L}}{\mathrm{d}t} = \boldsymbol{M} \tag{A.3.8}$$

此即刚体相对定点的动量矩定理：刚体对定点 O 的动量矩对时间的导数等于外力对 O 点的矩。

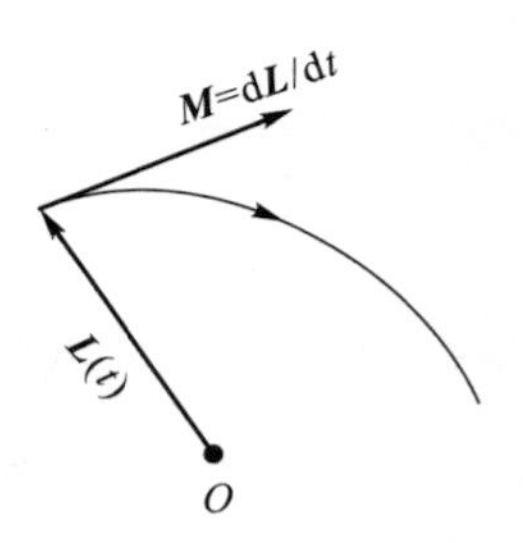

图 A.4　动量矩矢量端点速度等于外力矩

矢量导数的几何意义为矢量端点沿端点轨迹的移动速度，因此动量矩定理也可形象地理解为：刚体对定点 O 的动量矩矢量的端点速度等于外力对 O 点的力矩矢量(图 A.4)。对于以极高角速度绕极轴旋转的轴对称刚体，其动量矩矢量 $\boldsymbol{L}$ 接近于始终与极轴重合。这种快速旋转刚体的运动规律可近似地叙述为：轴对称刚体绕极轴快速旋转时，极轴的端点速度等于外力对 O 点的力矩矢量。这种由力矩的作用引起刚体的极轴在惯性空间中缓慢转动的现象称为刚体的进动性。无力矩作用时，极轴在惯性空间中的指向恒定不变，称为刚体的定轴性。

若 O 点是具有速度 v_0 的动点，则式(A.3.6)中的第一项应改为 $\mathrm{d}m(\dot{\boldsymbol{v}}_0+\ddot{\boldsymbol{r}})$。计算其对 O 点的矩时，应有

$$\int \boldsymbol{r} \times (\dot{\boldsymbol{v}}_0 + \ddot{\boldsymbol{r}})\,\mathrm{d}m = \left(\int \boldsymbol{r}\mathrm{d}m\right) \times \dot{v}_0 + \frac{\mathrm{d}}{\mathrm{d}t}\left(\int \boldsymbol{r} \times \dot{\boldsymbol{r}}\mathrm{d}m\right) \tag{A.3.9}$$

设 $\boldsymbol{r}_c = (1/m)\int \boldsymbol{r}\mathrm{d}m$ 为 O 点至刚体质心的矢径，m 为刚体的质量，则上式右边第一项可写为 $\boldsymbol{r}_c \times m\dot{\boldsymbol{v}}_0$。因此当 O 点为动点时，动量矩定理(A.3.8)的右边应增加一项 $\boldsymbol{r}_c\times(-m\dot{\boldsymbol{v}}_0)$，其物理意义为刚体质量集中在质心处的质点由于 O 点加速度引起的牵连惯性力对 O 点的力矩。于是刚体对动点的动量矩定理与相对定点的动量矩定理的区别仅在于：力矩项中应包括由于动点加速度导致的惯性力矩：

$$\frac{\mathrm{d}\boldsymbol{L}}{\mathrm{d}t} = \boldsymbol{M} + \boldsymbol{r}_c \times (-m\dot{\boldsymbol{v}}_0) \tag{A.3.10}$$

若动点 O 为刚体的质心，则 $\boldsymbol{r}_c=0$，式(A.3.10)与式(A.3.8)完全相同。因此，刚体相对质心的动量矩定理与相对定点的动量矩定理的叙述完全相同：刚体对质心 O 的动量矩对时间的导数等于外力对 O 点的矩。

在上述刚体相对定点或质心的动量矩定理中，求导过程必须在惯性空间中进行。若以运动物体作为求导的参考坐标系，则动量矩定理应改写为

$$\frac{\tilde{\mathrm{d}}\boldsymbol{L}}{\mathrm{d}t} + \boldsymbol{\omega}_{\mathrm{R}} \times \boldsymbol{L} = \boldsymbol{M} \tag{A.3.11}$$

其中 $\boldsymbol{\omega}_{\mathrm{R}}$ 为动参考坐标系的角速度，带波浪号的局部导数符号表示相对动坐标系的求导过程。

若以刚体的连体坐标系($O-xyz$)作为动参考坐标系，令式(A.3.11)中 $\boldsymbol{\omega}_{\mathrm{R}}=\boldsymbol{\omega}$，将式(A.2.4)，式(A.3.5)代入，力矩 $\boldsymbol{M}$ 的投影记作 M_x，M_y，M_z，得到动量矩定理在($O-xyz$)中的投

影式：

$$A\dot{\omega}_x+(C-B)\omega_y\omega_z=M_x \tag{A.3.12a}$$

$$B\dot{\omega}_y+(A-C)\omega_z\omega_x=M_y \tag{A.3.12b}$$

$$C\dot{\omega}_z+(B-A)\omega_x\omega_y=M_z \tag{A.3.12c}$$

此方程组称为欧拉方程。

对于轴对称刚体情形，改用莱查坐标系($O-x_1y_1z_1$)为动参考坐标系可使数学表达明显简化。令 $A=B$，将式(A.2.5)代入方程(A.3.11)，得到轴对称刚体的欧拉方程：

$$A\dot{\omega}_x+(C\omega_z-A\omega_{Rz})\omega_y=M_x \tag{A.3.13a}$$

$$A\dot{\omega}_y+(A\omega_{Rz}-C\omega_z)\omega_x=M_y \tag{A.3.13b}$$

$$C\dot{\omega}_z=M_z \tag{A.3.13c}$$

若轴对称刚体绕极轴的力矩为零，$M_z=0$，则从方程(A.3.13c)积分得出 $\omega_z=\mathrm{const}$。当刚体以极高角速度绕极轴旋转时，若近似认为动量矩矢量 $\boldsymbol{L}$ 与极轴重合，则动量矩定理(A.3.11)的第一项为零，简化为

$$\boldsymbol{\omega}_R\times\boldsymbol{L}=\boldsymbol{M} \tag{A.3.14}$$

其中 $\boldsymbol{\omega}_R$ 为动量矩矢量 $\boldsymbol{L}$ 的角速度，即刚体的进动角速度。

刚体的动能

绕固定点 O 转动的刚体动能定义为

$$T=\frac{1}{2}\int \dot{\boldsymbol{r}}\cdot\dot{\boldsymbol{r}}\mathrm{d}m \tag{A.4.1}$$

将式(A.3.1)代入后，利用矢量代数公式化为

$$T=\frac{1}{2}\int(\boldsymbol{\omega}\times\boldsymbol{r})\cdot(\boldsymbol{\omega}\times\boldsymbol{r})\mathrm{d}m=\frac{1}{2}\boldsymbol{\omega}\cdot\int\boldsymbol{r}\times(\boldsymbol{\omega}\times\boldsymbol{r})\mathrm{d}m=\frac{1}{2}\boldsymbol{\omega}\cdot\boldsymbol{L} \tag{A.4.2}$$

将矢量 $\boldsymbol{\omega}$ 和 $\boldsymbol{L}$ 在 $(O-xyz)$ 坐标系中的投影式(A.2.4)，式(A.3.4)代入后，得到

$$2T=J_{xx}\omega_x^2+J_{yy}\omega_y^2+J_{zz}\omega_z^2-2J_{yz}\omega_y\omega_z-2J_{zx}\omega_z\omega_x-2J_{xy}\omega_x\omega_y \tag{A.4.3}$$

若 $(O-xyz)$ 为刚体的主轴坐标系，简化为

$$2T=A\omega_x^2+B\omega_y^2+C\omega_z^2 \tag{A.4.4}$$

在动能 T 保持常值条件下，刚体的角速度 $\boldsymbol{\omega}$ 的矢量端点轨迹为以 O 点为中心的椭球，称为能量椭球。与式(A.1.8)对照可以看出，同一个刚体相对同一个 O 点的能量椭球和惯量椭球的形状相似。

线性系统的稳定性

A.5 Section

设讨论对象的动力学方程可简化为二阶线性微分方程：

$$a\ddot{x}+b\dot{x}+cx=0 \tag{A.5.1}$$

此方程的零解 $x=0$ 对应于讨论对象的稳态运动。将受扰后的运动以指数函数 $x=x_0e^{\lambda t}$ 表示，代入方程(A.5.1)，导出 λ 的代数方程，称为线性方程的特征方程：

$$\lambda^2+b\lambda+c=0 \tag{A.5.2}$$

从特征方程解出 λ，称为线性方程的特征值

$$\lambda=\frac{-b\pm\sqrt{b^2-4c}}{2} \tag{A.5.3}$$

一般情况下特征值为共轭复数，写作 $\lambda=\mu\pm ik$。利用欧拉公式化作

$$x=x_0e^{\mu t}(\cos kt\pm i\sin kt) \tag{A.5.4}$$

零解的稳定性取决于特征值的实部 μ

$$\begin{aligned}&\mu>0:\quad e^{\mu t}\text{随时间无限增大，零解不稳定}\\&\mu=0:\quad e^{\mu t}=1\text{，零解不增大也不减小}\\&\mu<0:\quad e^{\mu t}\text{随时间趋近于零，零解渐进稳定}\end{aligned} \tag{A.5.5}$$

式(A.5.4)中括号内的正弦函数和余弦函数均为时间的周期函数。因此在 $\mu=0$ 情形，特征值为纯虚数，受扰运动是零解附近的微幅周期运动，不会远离零解。根据李雅普诺夫(A. M. Lyapunov)的稳定性定义，认为此时的零解稳定，但不是渐进稳定[2]。因此本书在多数情况下将特征方程的纯虚根条件作为稳态运动的稳定性条件。

以单摆为例(图 A.5)。设质点 P 的质量为 m，摆长为 l，绕 z 轴的摆动角为 φ，令欧拉方程(A.3.12c)中 $\omega_x=\omega_y=0$，$\omega_z=\dot{\varphi}$，$C=ml^2$，$M_z=-mgl\sin\varphi$，导出单摆的动力学方程

$$ml^2\ddot{\varphi}+mgl\sin\varphi=0 \tag{A.5.6}$$

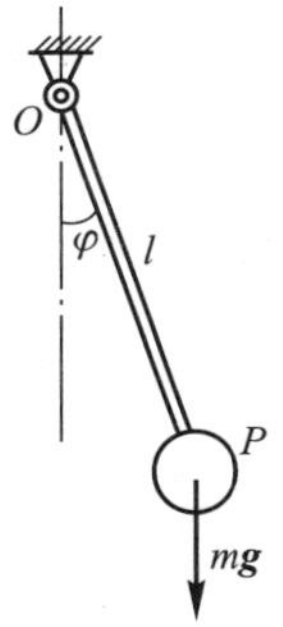

单摆的平衡位置 φ_0 为 0 或 $\pi/2$。设 $x=\varphi-\varphi_0$ 为偏离平衡状态的扰动角，仅保留 x 的一次项，扰动方程(A.5.6)简化为

$$\ddot{x}\pm k^2x=0 \tag{A.5.7}$$

O φ l P mg

图 A.5　单摆

其中 $k^2=g/l$，正号或负号分别对应于 $\varphi_0=0$ 或 $\varphi_0=\pi/2$。其特征方程为

$$\lambda^2\pm k^2=0 \tag{A.5.8}$$

利用特征根判断：

$$\varphi_0=0：\lambda=\pm\mathrm{i}k，稳定$$
$$\varphi_0=\pi/2：\lambda=\pm k，不稳定 \tag{A.5.9}$$

可见单摆仅当 x 前的系数为正值时稳定。满足此条件时，受扰后单摆在平衡位置附近以 k 为圆频率做微幅周期摆动。周期为

$$T=\frac{2\pi}{k}=2\pi\sqrt{\frac{l}{g}} \tag{A.5.10}$$

还需指出，线性化扰动方程只是实际受扰运动的近似表达。利用线性化方法判断的稳定性为一次近似稳定性。仅在李雅普诺夫一次近似理论规定的范围内方可用于推断未经简化的原系统的稳定性[2]。

参考文献

References

[1] 刘延柱，朱本华. 杨海兴. 理论力学(第三版)[M]. 北京：高等教育出版社，2009.

[2] 刘延柱. 高等动力学(第二版)[M]. 北京：高等教育出版社，2016.

[3] 贾书惠. 刚体动力学[M]. 北京：高等教育出版社，1987.

[4] 戈德斯坦 H. 经典力学[M]. 北京：科学出版社，1981.